ELEMENTI

DI

GEOMETRIA

AD USO DEGL' ISTITUTI TECNICI (I° BIENNIO) E DEI LICEI

PER

AURELIANO FAIFOFER

PROFESSORE NEL LICEO MARCO FOSCARINI

SETTIMA EDIZIONE
MIGLIORATA

VENEZIA
TIPOGRAFIA EMILIANA
1890

ELEMENTI DI GEOMETRIA

CAPITOLO I

NOZIONI FONDAMENTALI

Enti geometrici.

1. Dobbiamo all'esperienza (*) l'idea di *spazio.*

L'idea di spazio, perchè fondamentale, primitiva, non si può definire.

2. Non sapendo concepire nessuna interruzione, nè limiti dello spazio, diciamo che lo spazio è *continuo* ed *illimitato.*

Possiamo concepire parti dello spazio, e suddividerle idealmente senza fine. Perciò diciamo che lo spazio è *divisibile indefinitamente.*

Non sapendo concepire diversità intrinseche tra parti dello spazio, diciamo che lo spazio è *omogeneo.*

Pensando ad una parte dello spazio, sappiamo poi pensarne un'altra distinta dalla precedente, e poi una terza distinta dalle due precedenti (e senz'altra dipendenza da queste) e così via senza fine. Perciò diciamo che lo spazio è *infinito.*

Non possiamo concepire che lo spazio od una sua parte si muova; perciò diciamo che lo spazio è *immobile.*

(*) Particolarmente alla vista, al tatto, alla facoltà di muoverci.

3. Pensando ad un corpo, e facendo astrazione da ogni proprietà, che non sia la *forma* e l'*estensione* del corpo, otteniamo il concetto di *solido* o *corpo geometrico.*

Non sappiamo definire neanche i concetti di forma ed estensione.

4. Il limite di un solido si dice *superficie* (la superficie del solido) (*).

Pensando un solido come composto di due parti, queste hanno parte della loro superficie in comune. Codesta parte comune è una superficie segnata nel solido.

5. Pensando una superficie come composta di due parti, nel limite comune a queste parti abbiamo ciò che dicesi *linea.*

Suol dirsi che questa linea è *segnata*, che *giace* sulla superficie, che *appartiene* alla superficie, ed anche che questa *passa* per quella linea; ecc.

6. Pensando una linea come composta di due parti, nel limite comune a queste parti abbiamo ciò che dicesi *punto.*

Suol dirsi che questo punto *giace*, che *cade* su quella linea, che *appartiene* alla linea; ed anche che questa *passa* per quel punto; ecc.

7. In una linea esistono innumerevoli punti; in una superficie innumerevoli linee e quindi anche innumerevoli punti; e in un solido esistono innumerevoli superficie e quindi anche innumerevoli linee ed innumerevoli punti.

(*) La superficie di un solido è formata da quei punti del solido, che possono allontanarsi dagli altri senza passare per le posizioni occupate da questi.

Tuttociò è una conseguenza della divisibilità indefinita [2] dello spazio.

8. I solidi, le superficie, le linee, i punti si dicono *enti geometrici.*

Un sistema di enti geometrici si dice *figura.*

9. La scienza che tratta delle figure, studiandone le proprietà e le mutue relazioni, si chiama *Geometria* (*).

Che cosa sia un trattato di Geometria.

10. Indipendentemente da qualsiasi insegnamento, con la semplice osservazione del mondo fisico, ognuno impara a conoscere *molte* proprietà delle figure (**).

Tra le proprietà delle figure sussistono relazioni, per modo che si può provare che taluna è necessaria conseguenza di qualche altra.

Quando due proprietà di figure non godano dello stesso grado d'evidenza e si possa provare che la meno evidente è una conseguenza necessaria dell'altra, quella ha poi lo stesso grado di certezza di questa.

11. Le proprietà delle figure, che si assumono come fondamentali e dalle quali si deducono logicamente tutte le altre, si dicono *postulati.*

(*) Si agevola lo studio delle figure, rappresentandone alla meglio le linee e i punti, mediante linee e punti materiali, costituenti disegni delle figure.

Un punto si accenna con una lettera, che si adopera qual nome del punto, e che si scrive (quando si fa uso di un disegno) a canto dell'imagine del punto.

(**) Leggi geometriche si scorgono nell'universo e tanto che PLATONE, richiesto di che si occupasse IDDIO, rispose: *geometrizza.*

Le proprietà, che si deducono dai postulati mediante raziocini, si dicono *teoremi*.

Il ragionamento, il quale prova che un teorema è conseguenza necessaria dei postulati, si dice *dimostrazione* del teorema.

Una proprietà di figure, che sia conseguenza manifesta di un' altra, tanto da poter, se si vuole, omettere la dimostrazione, si dice *corollario* di quella proprietà.

12. Un trattato di Geometria è un elenco delle principali proprietà delle figure, dove ciascuna, purchè non sia un postulato [11], è seguita dalla sua dimostrazione.

13. Nella scelta dei postulati vi è dell'arbitrario. Ma poichè *il grado di certezza di un teorema è quello stesso del postulato o dell' insieme dei postulati dai quali è dedotto*, i postulati devono sodisfare a questa condizione di godere della massima evidenza.

14. Quindi lo sforzo di ridurre i postulati al minor numero possibile, e il tentativo ripetuto di ricavare ciascuno dei postulati ammessi dagli altri, finchè non sia provato che esso è da questi indipendente.

15. Una conseguenza del principio accennato [13] è anche questa che nella dimostrazione di un teorema si procura di fondarsi sul minor numero dei postulati che si possa (*).

(*) Noi assumiamo a postulati quelle stesse proprietà delle figure che sono state scelte da Euclide. Il numero dei nostri è maggiore, ma solo apparentemente, dacchè quelli, che non si trovano negli *Elementi d'Euclide*, sono proprietà tanto semplici ed evidenti che il geometra greco ne ha fatto uso senza credersi obbligato di farne esplicita dichiarazione. (Non v'ha dubbio però che il numero dei postulati è tuttavia maggiore di quello dei postulati che assumeremo).

Del movimento.

16. Col mezzo dei sensi ci formiamo l'idea del *movimento*; idea, che non sappiamo definire (*). Determiniamo l'uso, che intendiamo di farne, mediante il seguente:

17. Postulato del movimento.

1°. *Qualunque figura si può muovere nello spazio senza deformazione (**), e in modo che un suo punto assegnato vada a coincidere con un altro punto assegnato dello spazio.*

2°. *Una figura può muoversi (senza deformazione) pur rimanendo fisso uno de' suoi punti.*

3°. *Una figura può muoversi (senza deformazione) pur rimanendo fissi due de' suoi punti.*

18. Avv. Nel seguito, quando imagineremo che una figura si muova, intenderemo (purchè non sia detto esplicitamente il contrario) che la figura non soffre deformazione.

19. Quando una figura si muove restando fisso uno de' suoi punti (od un punto con essa collegato invariabilmente), si dice che essa *ruota* intorno a quel punto come *centro*.

(*) L'uso che si fa del movimento, per isviluppare la Geometria teoretica, forse non è necessario; certo esso adduce semplicità e chiarezza nell'esposizione.

(**) Intendiamo dire che la figura, in qualunque nuova posizione assunta col movimento, è *uguale* a quello che era prima del movimento. (Nell'ordinaria definizione di eguaglianza di due figure è fatto uso del concetto d'uguaglianza. Non conoscendo definizione immune da codesto difetto, non ne abbiamo dato nessuna).

20. Cor. *Un punto si può muovere in modo da percorrere una linea.* [17, 1°].

21. Per esprimere che un punto si muove sopra una linea senza mai ritornare in posizioni già prese (almeno prima che non abbia percorsa tutta la linea), si dice che il punto percorre quella linea in una *direzione costante.*

Un punto può percorrere una linea in una direzione od in un'altra *opposta* alla prima.

Un punto, che percorra tutta intera una linea, in una o nell' altra delle due direzioni possibili, *descrive*, *genera* quella linea.

Se percorrendo una linea in direzione costante, un punto torna nella posizione primitiva, la linea si dice *chiusa.*

22. La conoscenza di relazioni particolari tra enti geometrici costituenti due figure può bastare per poter asserire che le due figure sono eguali tra loro. La dimostrazione di codesta eguaglianza si ottiene provando che, col trasportare e disporre convenientemente una delle figure [17, 1°; 2°], si può ottenere che ogni punto di ciascuna di esse coincida con un punto dell'altra (*).

Indicheremo, per iscritto, l' eguaglianza di due figure, framettendo il segno $\equiv$ ai due simboli che siano stati adottati per indicare le due figure.

23. Se due figure sono eguali, ciascun ente del-

(*) Quando si possa, si dimostra l' eguaglianza di due figure provando, in base a ciò che si sa delle stesse, che esse sono eguali ad una terza. E così si procede anche quando riuscirebbe più spedita la dimostrazione imaginando di ricorrere al metodo della sovrapposizione. In ciò si segue l'esempio di EUCLIDE.

l'una si dice *corrispondente* (*omologo*) a quell'ente dell'altra, col quale viene a coincidere, quando le due figure sian fatte coincidere.

Se due figure uguali si possono far coincidere in più modi, si può stabilire in più modi la corrispondenza tra i loro elementi.

La retta.

24. Tra le linee considereremo in primo luogo le *rette*. Le proprietà d'ogni retta, dalle quali si possono ricavare le altre mediante ragionamento, sono espresse dal seguente postulato (il quale adunque, in certo modo, tien luogo di definizione della retta).

25. Postulato della retta.

Tra le linee ve ne ha di quelle che si dicono rette, *e desse possiedono tutte le seguenti proprietà:*

1°. *Ciascun punto di una retta divide* (*) *la retta in due* (**) *parti.*

(*) Un punto d'una linea la *divide*, se si possono segnare sulla linea due altri punti in modo che per andare dall'uno altro di questi, percorrendo la linea [20], è necessario passare per il punto di divisione.

Ad es., il punto A, della linea qui a canto, non divide la linea. Neanche il punto D non la divide. Il punto B la divide in due parti, e il punto C in tre.

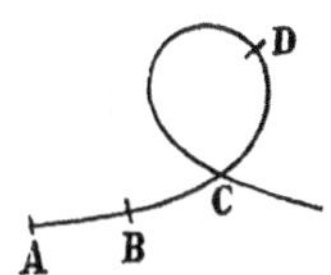

Se un punto divide una linea, due altri punti dalla linea stessa si dicono *da bande opposte* del punto di divisione, nel caso che non si possa andare dall'uno all'altro, percorrendo la linea, senza passare per il primo punto; altrimenti si dirà che cadono da una stessa banda del punto di divisione.

(**) Con queste parole si esprime che la retta è una linea *indefinita*, *ininterrotta*, *aperta*. Se avesse punti estremi, o

2°. *Ciascuna delle parti, in cui una retta è divisa da un suo punto qualunque, rotando intorno a questo punto* [17, 2°], *può venire a passare per un punto assegnato arbitrariamente nello spazio* (*).

3°. *Una retta è individuata da due suoi punti qualunque* (**).

4°. *Una retta può muoversi in due direzioni opposte, passando sempre per due dati punti dello spazio.*

26. Poichè una retta è individuata da due suoi punti qualunque [25, 3°], per indicare una retta basta indicare due suoi punti. Così la retta, che passa per due punti A, B, si accenna dicendo: *la retta* A, B.

Le due parti, nelle quali una retta è divisa da un suo punto, si dicono *raggi* (uscenti da quel punto). Un raggio si accenna nominando il punto ond' esce (l'*origine* del raggio) e un' altro punto qualunque del raggio stesso.

d'arresto, questi non avrebbero la proprietà di dividerla. Se la retta (od anche soltanto una parte di essa) fosse *chiusa*, ci sarebbero punti che non la dividerebbero.

Le parti, in cui un punto qualunque d'una retta la divide, sono *due*, perchè, presi della retta due punti, che siano da bande opposte del primo, se poi si considera un terzo suo punto qualunque, da questo si può andare, percorrendo la retta, ad uno e ad uno solo dei due altri, senza passare per il punto di divisione.

(*) Con queste parole si esprime (in maniera da poterlo sfruttare) il modo di estendersi della retta da ambedue le bande d'un suo punto qualunque. (Una linea può essere indefinita, e ciò non pertanto esser tutta compresa in uno spazio limitato).

(**) S' intende dire che, *conoscendo due punti di una retta, essa non si può confondere con nessun' altra.* Od anche che *per due punti non passa che una retta sola.* Ossia che: *se due rette hanno due punti comuni, esse coincidono compiutamente.*

27. Teor. *Per due punti qualunque dello spazio si può far passare una retta.*

Dim. Infatti, condotta una retta a passare per uno dei punti dati [17, 1°], facendola poi rotare intorno a codesto punto, si può [25, 2°] ottenere che essa vada a passare anche per l'altro punto dato.

28. Quando si fa passare una retta per due dati punti A, B, si dice che si *tira*, che si *conduce* la retta AB.

L'istromento ideale, con cui si tira la retta, che passa per due punti, si dice *riga*.

29. Teor. *Tutte le rette sono eguali.*

Dim. Infatti, conducendo una retta a passare per due punti d'un'altra [27], si ottiene che le rette coincidano. [25, 3°].

30. Teor. *Per uno stesso punto passano innumerevoli rette.*

Dim. Sia A il punto dato, e si faccia passare per questo punto una retta qualunque. Poi, preso nello spazio un punto B qualunque, che non sia però sulla retta, si faccia passare una retta per i due punti A e B [27]. Le due rette oltre del punto A non hanno nessun altro punto in comune, giacchè, se ne avessero un altro, coinciderebbero compiutamente [25, 3°]; ma allora avrebbero in comune anche il punto B.

Ed ora, scelto nello spazio un punto C, che non appartenga a nessuna delle rette considerate, e fatta passare una retta per A e per C, si ha una terza retta distinta dalle precedenti. E così via.

31. Teor. *Due rette si possono rendere coincidenti in modo che un raggio assegnato dell'una coincida con un raggio assegnato dell'altra.*

Dim. Infatti, considerando i raggi MA, NB, si può [17, 1°] cominciare a trasportare il raggio MA così che il punto M cada in N; poi, facendolo rotare intorno ad N, si consegue che esso divenga coincidente con NB. [25, 2°].

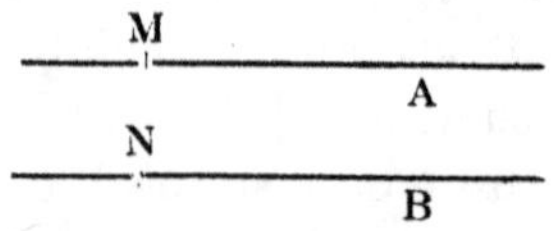

32. Cor. *Tutti i raggi sono eguali* (*).

33. Teor. *Una retta può muoversi pur coincidendo sempre con una retta fissa.*

Dim. Basta infatti, perchè ciò abbia luogo, che la retta mobile passi costantemente per due punti qualunque [25, 4°] della retta fissa [25, 3°].

34. Quando una retta si muove nel modo indicato nel precedente teorema, si dice che la retta *scorre su se stessa.* Lo scorrimento può aver luogo in una direzione o nella direzione opposta.

35. Quando una figura ruota intorno a due punti fissi A, B [17, 3°], rimangono fissi tutti i punti della figura che sono sulla retta AB, perchè codesta retta non si muove [25, 3°]. Perciò codesto movimento si dice *rotazione* intorno a quella retta, e la retta si chiama l'*asse* della rotazione.

36. Due punti d'una retta tagliano la retta in tre parti; quella limitata dai due punti si dice *segmento* (segmento di retta, *tratto*); le altre due parti sono due raggi, e si dicono i *prolungamenti* del segmento, dall'una e dall'altra *banda* di esso. I due punti

(*) Si può dunque dire che qualsivoglia punto d'una retta divide la retta in parti eguali. Ma questa proprietà, per quanto speciosa, non basta a caratterizzare la retta. (Infatti anche un'elica, ad es., è divisa in parti eguali da qualsivoglia suo punto).

si dicono i *termini*, le *estremità* del segmento. Si dice anche che il segmento *unisce* i suoi estremi, che è *compreso* tra questi; *ecc.*

Il segmento, che termina nei punti A, B, si indica dicendo il segmento A, B (oppure il segmento B, A).

37. Dati due segmenti AB, CD, imaginiamo di voler riconoscere se sono eguali. Se mai ha luogo questo caso, ad una estremità d'un segmento deve corrispondere una estremità dell'altro [23]. La prova della sovrapposizione può dunque cominciare in quattro modi, dacchè si può mettere C in A od in B, oppure cominciare a porre D in A od in B. Trasportiamo intanto il raggio CD sul raggio AB [31].

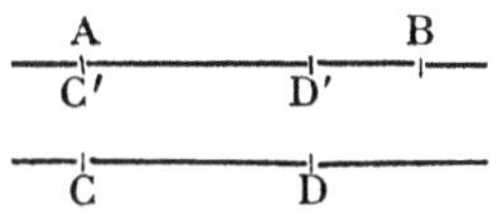

Se il punto D cade in B, si conchiude [25, 3°] che i segmenti sono uguali.

Se il punto D non cade in B, ma, ad es., in D', allora senza bisogno di fare gli altri tre saggi, possiamo conchiudere che i due segmenti non possono diventar coincidenti. Infatti, se si mettesse il punto D in A, l'estremità C andrebbe a cadere in D'; e se, lasciando fermo il segmento $C'D'$, mettiamo l'estremità B dell'altro in A, A va a cadere in B; e se infine si mettesse D' in C', allora C' andrebbe a cadere in D'.

Le ultime affermazioni sono fondate sul seguente:

38. Postulato del segmento. *Un segmento non può essere uguale ad un'altro segmento e ad una parte di esso.*

39. Cor. *Un segmento si può rimettere in una*

posizione già da esso occupata, anche scambiando tra loro di posto le estremità del segmento.

40. Il segmento, che unisce due punti A, B, si dice anche *distanza* (reciproca) di quei due punti (dell'uno dall'altro).

Così, dati i punti A, B, C, se il segmento AB è uguale al segmento AC, i punti B e C si possono dire *equidistanti* da A, e questo punto si può dire *equidistante* dagli altri due.

41. Se due segmenti AB, CD non sono eguali, perchè, ad es., sovrapponendoli in modo che C cada in A, il termine D non cade in B (ma in D'), allora uno dei segmenti è uguale ad una parte dell'altro. Ciò si esprime dicendo che il primo è *minore* del secondo, od anche che questo è *maggiore* del primo.

Per indicare che un segmento CD è uguale ad una parte di AB (che è minore di AB), si scrive:

$$CD < AB \quad \text{oppure} \quad AB > CD.$$

42. Due segmenti, che abbiano una estremità in comune e nessun altro punto comune, si dicono *consecutivi.*

Se due segmenti consecutivi giacciono sopra una stessa retta, i due segmenti si dicono *per diritto* (l'uno all'altro).

43. Ponendo due segmenti per diritto [28], si ottiene un segmento del quale i dati sono *parti*, e che si dice *somma* di questi segmenti.

Ciascuno dei due segmenti si dice *differenza* tra la somma ed una delle parti.

Aggiungendo alla somma di due segmenti un terzo, si ottiene la somma dei tre segmenti; ecc.

44. Teor. *La somma di più segmenti è indipendente dall'ordine in cui si susseguono gli addendi.*

Dim. Infatti, movendo il segmento formato da due addendi consecutivi, in modo che riescano scambiate di posto le estremità del segmento [39], si muta l'ordine di due addendi consecutivi, senza alterare la somma. E mediante lo scambio replicato di due addendi consecutivi, si può ottenere che gli addendi, succedentisi in un ordine qualunque dato, si succedano poi in un altro ordine prestabilito qualunque.

45. Cor. *Dovendo far la somma di più segmenti, si può, dividerli in parti, e sommar poi queste parti in un ordine qualunque.*

46. Per significare l'*addizione* ed anche la somma di quanti si vogliano segmenti AB, CD, EF..., si scrive:

$$AB + CD + EF + \dots$$

Per significare la *sottrazione* e quindi anche la differenza tra due segmenti AB, CD, posto che AB sia il maggiore (o almeno non sia minore dell'altro), si scrive: $AB - CD$.

Se il resto della sottrazione, sia eguale, ad es., al segmento EF, si significherà questo scrivendo:

$$AB - CD \equiv EF.$$

Il piano.

47. Tra le superficie consideriamo in primo luogo i *piani*. Le proprietà d'ogni piano, dalle quali si possono logicamente dedurre le altre, sono espresse dal seguente postulato (che tien quindi luogo, in certo modo, anche di definizione di codesta superficie).

48. Postulato del piano.

Tra le superficie ve ne sono di quelle chiamate piani, *le quali possiedono tutte le seguenti proprietà:*

1°. *Una retta, se passa per duè punti di un piano, giace tutta nel piano.*

2°. *Ogni retta di un piano* divide (*) *il piano in* due *parti* (**).

3°. *Facendo rotare un piano intorno ad una sua retta qualunque* [17, 3°], *qualsivoglia delle parti, in cui il piano è diviso dalla retta, può venire a passare per un punto assegnato arbitrariamente nello spazio.*

4°. *Se due rette di un piano hanno un punto comune, i raggi in cui ciascuna delle rette è divisa dal punto comune, sono situati da bande opposte rispetto all'altra retta* (***).

5°. *Un piano può muoversi in modo che una sua retta scorra su se stessa in una qualunque delle due direzioni, e in modo poi che esso passi costantemente per un punto dello spazio esterno alla retta.*

6°. *Un piano può rotare in due sensi opposti in-*

(*) Si dice che una linea *divide* una superficie, quando si possono segnare sulla superficie due punti in modo che qualunque linea, che unisce i due punti e giace sulla superficie, deve incontrare necessariamente la linea di divisione. Due punti così fatti si dicono *situati sulla superficie da bande opposte rispetto alla linea.* Similmente due figure situate sulla superficie si dicono da bande opposte d'una linea di divisione, se tali sono rispetto a questa linea un punto qualunque d'una figura ed un punto qualunque dell'altra.

(**) Le parti, in cui una retta qualunque d'un piano lo divide, sono *due*, perchè, presi del piano due punti, che siano da bande opposte della retta, se poi si prende un terzo punto del piano, da questo si può andare, restando sul piano, ad uno e ad uno solo dei due primi, senza incontrare la retta.

(***) Quando due rette hanno un punto comune, si dice che le rette si *tagliano*, si *segano*, s'*incontrano* in quel punto, il quale si dice punto d'*intersezione* o d'*incontro* delle due rette; ecc.

torno ad un suo punto e in modo da passare costantemente per due punti dello spazio che non sono in una stessa retta col centro di rotazione.

7°. *Un piano* divide *lo spazio in* due *parti* (*).

8°. *Se una retta ha in comune con un piano un solo punto* (**), *i raggi, in cui la retta è divisa da codesto punto, sono situati da bande opposte rispetto al piano.*

49. Teor. *Per tre punti qualunque, che non siano in una retta, si può far passare un piano, ed uno soltanto* (***).

Dim. Siano A, B, C tre punti qualunque; però la retta, che passa per due, non contenga anche il terzo. Si vuol dimostrare che un piano si può condurre a passare per i tre punti; e che due piani, se passano entrambi per i tre punti, coincidono per intero.

Preso un piano qualunque, e tirata in questo una retta ad arbitrio, si muova tutta la figura, così da ottenere [26] che la retta (e con essa il piano) passi per

(*) Si dice che una superficie *divide* lo spazio (od un solido), quando si possono prendere due punti dello spazio (o del solido) in modo che qualunque linea, che li unisce, (senza uscire dal solido) deve incontrare necessariamente la superficie. Due punti così fatti si dicono *situati da bande opposte rispetto alla superficie.* Similmente si dice che due figure sono situate da bande opposte d'una superficie, se tali sono, rispetto alla superficie, un punto qualunque d'una figura e un punto qualunque dell'altra.

(**) Se una retta passa per un punto di un piano e per un punto che non appartiene al piano, essa non ha col piano che quel solo punto in comune. Infatti, se avesse col piano un secondo punto in comune, giacerebbe [48, 1°] nel piano per intero, e allora non passerebbe più per il punto che è fuori del piano.

(***) Ossia: *un piano è individuato da tre punti, purchè non siano posti in una stessa retta.*

i due punti A, B. Indi si faccia rotare il piano intorno alla retta AB, finchè esso passi per il punto C [48, 3°]. Così resta provato che per i tre punti A, B, C passa almeno un piano.

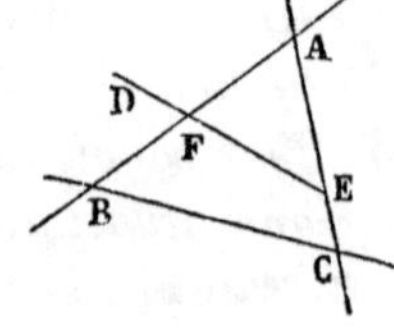

Imaginiamo ora che un secondo piano sia condotto anch'esso a passare per gli stessi tre punti A, B, C. Proveremo che i due piani, che chiameremo α e β, coincidono compiutamente.

Intanto i due piani contengono entrambi [48, 1°] ciascuna delle rette AB, AC, BC, perchè ciascuna ha con l'uno e con l'altro dei piani due punti in comune. Si prenda sul piano α un punto D qualunque, che sia fuori delle tre rette, e poi si prenda su una di esse, ad es. sulla AC, un punto qualunque E, in modo però [48, 4°] che i punti D ed E siano situati da bande opposte rispetto alla retta AB. Il segmento DE, poichè passa per due punti D, E del piano α, giace in esso [48, 1°]; e poichè le sue estremità sono da bande opposte della AB, esso incontra necessariamente [48, 2°] questa retta; sia F il punto d'incontro. Ma i punti E ed F (perchè situati rispettivamente sulle rette AC, AB) appartengono anche al piano β; su questo piano giace per conseguenza [48, 1°] tutta intera la retta EF, e quindi anche il punto D. Così resta provato che ogni punto del piano α giace nel piano β.

Nello stesso modo si proverebbe che ogni punto del piano β appartiene anche al piano α. Dunque i piani coincidono.

50. Cor. 1°. *Tutti i piani sono eguali tra loro.*

Basta infatti condurre un piano a passare per tre punti d'un altro, che non siano in linea retta, perchè i due piani coincidano. [49].

51. Cor. 2°. *Per una retta e un punto fuori di essa passa un piano, ed uno solo.*

Infatti un piano α, che passi [49] per due punti A, B della retta e per il punto C esterno alla retta, passa [48, 1°] per la retta e per questo punto. Ed ogni altro piano, che passi per la retta e per il punto C, poichè passa per i punti A, B, C, coincide [49] col piano α.

52. Cor. 3°. *Per due rette aventi un punto comune passa un piano, ed uno solo.*

Infatti, se C è il punto comune, A un altro punto d'una delle rette e B un altro punto dell'altra, un piano α, che passi per i tre punti A, B, C, passa [48, 1°] per ambedue le rette. Ed ogni altro piano, che passi per le due rette, poichè passa per i punti A, B, C, coincide [49] col piano α.

53. Per indicare un piano, si indicano tre suoi punti qualunque che non siano in linea retta; oppure una sua retta ed un suo punto esterno alla retta; oppure due sue rette.

54. Cor. 4°. *Per una retta passano innumerevoli piani.*

Sappiamo che per una retta e un punto esterno ad essa passa un piano. La retta e un punto, che non appartenga al detto piano, determinano [51] un nuovo piano, distinto dal precedente. E così via.

55. Le parti in cui un piano è diviso da una sua retta si dicono *falde*. La retta si dice *origine* di ciascuna delle due falde.

56. Teor. *Due piani si possono far coincidere in*

modo che una falda assegnata di uno coincida con una falda assegnata dell' altro, e che un raggio assegnato dell' origine d' una delle falde coincida con un raggio assegnato dell' origine dell' altra.

Dim. Invero, fatti diventar coincidenti i due raggi [31], poi, facendo rotare uno dei piani intorno alla retta comune, finchè una delle falde passi per un punto dell' altra [48, 3°], si ottiene la coincidenza [50] accennata nel teorema.

57. Cor. *Tutte le falde piane sono eguali.*

58. Teor. *Un piano può muoversi restando sempre coincidente con un piano fisso e in modo che una sua retta scorra su se stessa, in una direzione o nell' opposta.*

Dim. Siano due piani α e β coincidenti; sia AB una data retta del piano α; chiamiamo CD la retta che coincide con AB ed appartiene al piano β; infine sia E un punto di questo piano.

Imaginiamo di muovere il piano α in modo che la retta AB scorra sulla CD, in una o nell' altra direzione, e che esso passi costantemente per il punto E [48, 5°]. Il piano α in qualunque delle nuove posizioni, avendo in comune col piano β una retta ed un punto esterno alla retta, coincide [51] con questo piano.

59. Quando un piano si muove nel modo indicato nel teorema precedente, si dice che il piano *scorre su se stesso in quella direzione.*

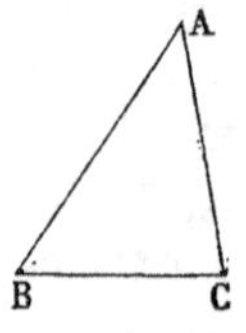

60. Presi in un piano tre punti qualunque A, B, C, che non siano in una stessa retta, uniamoli a due a due coi tre segmenti AB, BC, CA. La figura, che risulta si dice *triangolo*, e si accenna dicendo: il *triangolo* A, B, C. I tre punti A, B, C si dicono i *vertici* del triangolo; i tre segmenti si dicono i *lati* del triangolo. Un vertice e il lato che non termina in esso si dicono *opposti*. Il piano determinato [49] dai vertici del triangolo, e nel quale stanno [48, 1°] i lati, si dice *il piano del triangolo*.

I lati di un triangolo dividono il piano del triangolo in due parti, una limitata e l'altra illimitata. Ogni punto della parte limitata si dice *interno* al triangolo, ed ogni punto dell'altra parte si dice *esterno* al triangolo. La linea formata dai tre lati dice *contorno* del triangolo.

61. Teor. *La retta, che passa per un vertice di un triangolo e per un punto interno al triangolo, incontra il lato opposto.*

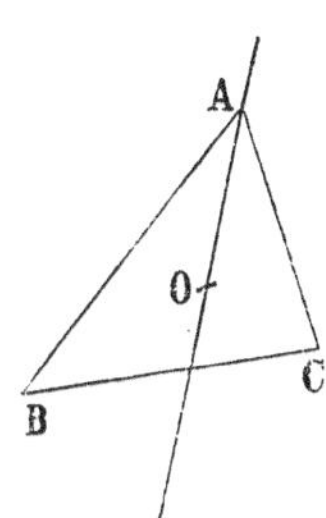

Dim. Sia un triangolo ABC, e preso un punto O interno, si tiri la retta AO. I lati AB, AC cadono da bande opposte della retta AO, e così per conseguenza anche i punti B, C. Pertanto il lato BC incontra necessariamente [48, 2°] la retta AO, cioè questa incontra il lato.

62. Teor. *Un raggio, che giaccia nel piano d'un triangolo ed abbia l'origine in un punto interno al triangolo, incontra il contorno del triangolo.*

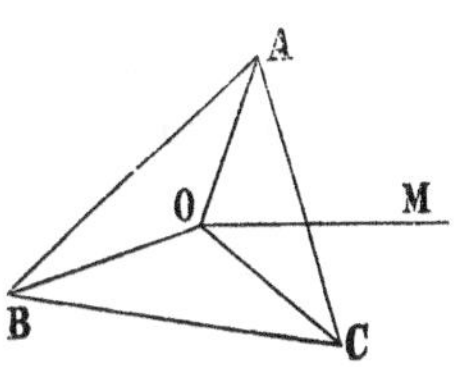

Dim. Sia un triangolo ABC e nel suo piano un raggio OM, uscente da un punto O interno al triangolo. Uniamo questo punto con i tre vertici. Se il raggio OM è sovrapposto ad uno dei segmenti OA, OB, OC, esso incontra il contorno del triangolo ABC in un vertice. Altrimenti esso passa per il vertice O e per un punto interno di uno dei triangoli OAB, OBC, OCA. Per conseguenza esso [61] incontra il lato opposto a questo vertice, incontra cioè uno dei lati del triangolo.

63. Teor. *Un raggio d'un piano si può far rotare intorno alla sua origine, in due sensi opposti, in modo che venga a passare per ogni punto del piano una volta ed una sola, e che non passi mai per punti che non appartengano al piano.*

Dim. Sia un piano α ed in esso un raggio OM. Costruito in un piano β un triangolo ABC, e preso nell'interno un punto O' ad arbitrio, si sovrapponga poi il piano β al piano α, in modo che il punto O' cada in O. Così si ottiene che nel piano α sia segnato un triangolo ABC, in modo che il punto O sia nell'interno del triangolo.

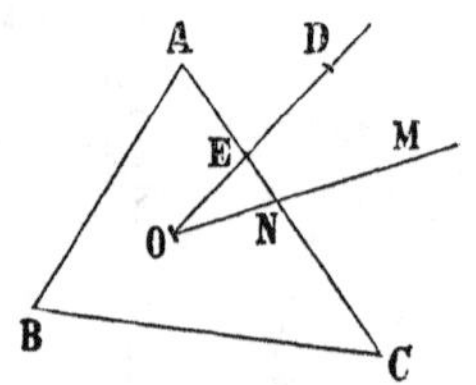

E poichè il raggio OM ha l'origine nell'interno del triangolo, esso incontra il contorno del triangolo in un punto N. Imaginiamo ora che un punto mobile, partendo da N, percorra tutto il contorno in un senso o nell'altro. Per qualunque delle posizioni assunte dal punto mobile possiamo condurre [27] un raggio che, uscendo da O, passi per codesto punto; e possiamo anche imaginare che tutti questi raggi non siano altro che successive posizioni assunte dal raggio OM, che, rotando intorno ad O, accompagni il punto mobile nel suo movimento. Il raggio mobile, come quello che ha costantemente in comune col piano due punti, si mantiene nel suo movimento [48, 1°] tutto nel piano, e per conseguenza non vien mai a passare per nessun punto che non appartenga al piano.

Prendiamo ora nel piano del triangolo un punto qualunque D e tiriamo il raggio OD. Codesto raggio, perchè ha l'origine in un punto interno al triangolo, ne incontra necessariamente [61] il contorno, e sia nel punto E. Quando il punto mobile si trova in E, il raggio OD coincide col raggio OM, il quale per conseguenza passa per D.

E perchè il punto mobile nel suo movimento passa una volta sola per il punto E, il raggio mobile viene a passare una volta sola per il punto D.

64. Quando un raggio si muove nel modo considerato nel teorema precedente, si dice che esso *descrive* (che *genera*) *il piano rotando intorno alla sua origine.*

65. Teor. *Un piano può rotare intorno ad un suo punto e coincidere costantemente con un piano fisso.*

Dim. Siano due piani coincidenti α e β, e in essi un punto O qualunque. Siano poi A e B due altri punti del piano B, i quali non siano in una stessa retta col punto O.

Supponendo che il piano α ruoti intorno ad O, in un senso o nell'altro, e in modo da passar sempre per i punti A e B [48, 6°], esso coincide costantemente col piano β [49].

66. Un piano, che si muova nel modo indicato dal teorema precedente, si dice che *scorre su se stesso, rotando intorno a quel punto.*

L'angolo.

67. Due raggi OA, OB, uscenti da uno stesso punto O, dividono il loro piano [52] in due parti che si dicono *angoli*. Adunque:

68. Def. *Si dice* angolo *la parte di un piano che è limitata (parzialmente) da due suoi raggi uscenti da uno stesso punto.*

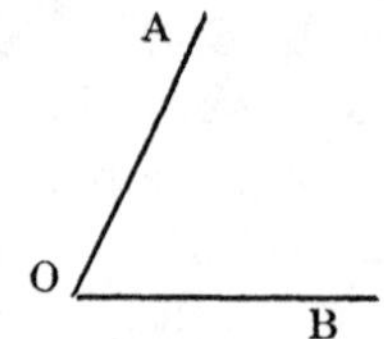

I raggi, che limitano un angolo, si dicono i *lati* dell'angolo; il loro punto comune si dice il *vertice* dell'angolo. Il piano, di cui è parte un angolo, si dice il *piano dell'angolo*. Qualunque punto d'un angolo, che non appartenga ad un lato, si dice *interno* all'angolo, o che è *compreso* dai lati; e l'angolo stesso si dice *compreso* da' suoi lati; ecc.

69. Un lato d'un angolo, rotando nel piano dell'angolo [63], in un senso conveniente, e fino a che si sia sovrapposto all'altro lato, genera l'angolo.

70. Dato il vertice d'un angolo, un punto qualunque d'un lato e un punto qualunque dell'altro lato, sono determinati il piano [49] e i lati [25, 3°] dell'angolo; ma l'angolo stesso non si può dire compiutamente determinato, dacchè i lati tagliano il loro piano in due parti, che sono entrambi due angoli aventi lo stesso vertice e i medesimi lati.

Per evitare ogni indeterminatezza, imagineremo che ogni angolo sia stato generato da un raggio; chiameremo *primo* lato, od origine dell'angolo, la posizione iniziale; *secondo* lato, o termine dell'angolo, la posizione finale del raggio generatore; e indicheremo il verso in cui è avvenuta la rotazione (*). E si indicherà un angolo, nominando per primo un punto del primo lato, quindi il vertice, e in fine un punto del secondo lato.

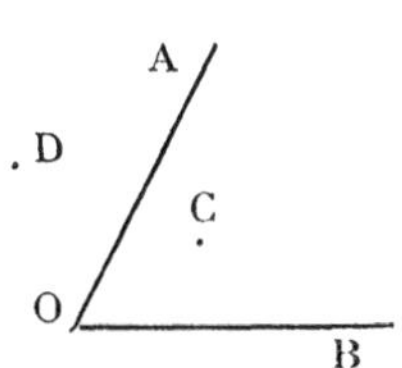

Così nella figura qui sopra (ammesso che le rotazioni avvengano nel senso delle lancette d'un orologio) quello dei due angoli, a cui appartiene il punto C, si indica dicendo: *angolo* A, O, B. L'angolo, a cui appartiene il punto D, si indica dicendo: *angolo* B, O, A.

Dovendo indicare questi angoli per iscritto, scriveremo: *angolo* AOB, ed *angolo* BOA, oppure più semplicemente $A(O)B$ e $B(O)A$, dove si vede chiusa tra parentesi la lettera che indica il vertice.

71. La definizione e meglio il modo di generazione d'un angolo s'adattano al caso che i lati siano per diritto, e al caso che siano sovrapposti.

L'angolo di due raggi opposti si dice *piatto*.

Nel secondo caso l'angolo od è *nullo*, oppure è uguale all'intero piano (*è un perigono*).

72. Qualunque raggio del piano d'un angolo, che abbia l'origine sopra un lato, od esternamente, e che passi per un punto interno, divide l'angolo in due parti. Ma fra i modi di divisione d'un angolo noi considereremo soltanto quelli dovuti a raggi uscenti dal vertice dell'angolo. (Soltanto in questo caso le parti sono angoli tutte e due).

(*) In questo libro si suppone che le rotazioni avvengano sempre, rispetto a chi legge, nel senso in cui girano le lancette d'un orologio.

73. Dati due angoli ABC, DEF, imaginiamo di voler riconoscere se sono eguali. Supposto che abbia luogo questo caso, manifestamente a ciascun lato dell'uno deve corrispondere [23] un lato dell'altro, e quindi il vertice al vertice. Così, per ottenere la sovrapposizione, si comincierà a far coincidere un lato d'un angolo con un lato dell'altro [31], e poi il piano dell'uno col piano dell'altro [56], in modo che gli angoli cadano da una stessa banda del lato comune (*). Posti così gli angoli, se anche gli altri due lati coincidono, si conchiude che essi sono eguali [52]. Nel caso contrario, senza altre prove, si può conchiudere che i due angoli non sono eguali.

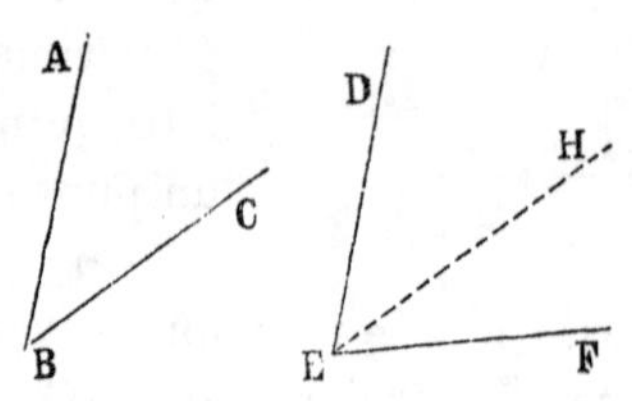

Infatti, supposto, ad es., che sia $D(E)H$ la nuova posizione dell'angolo ABC, se, invece del lato AB, si sovrappone ad ED il lato BC, il lato AB viene a cadere in EH. E se, lasciando l'angolo ABC nella posizione $D(E)H$, disponiamo $D(E)F$ su $D(E)H$, in modo che EF prenda la posizione ED, il lato ED, prende la posizione EF.

Le ultime asserzioni sono fondate sulla proprietà d'ogni angolo che è espressa dal seguente:

74. Postulato dell' angolo. *Un angolo non può essere uguale ad un altro angolo ed anche ad una parte di questo.*

(*) Cioè, per dir meglio, in modo che, quando si volesse che il lato comune generasse poi i due angoli, si dovesse farlo rotare in uno stesso verso.

75. Cor. *Un angolo si può rimettere in una posizione anteriormente occupata anche scambiando di di posto i due lati.*

76. Quando due angoli non sono eguali, uno di essi è uguale ad una parte dell'altro. Si accenna codesta relazione dicendo che il primo angolo è *minore* del secondo, oppure che questo è *maggiore* del primo. Ad es., relativamente alla figura precedente, si dirà che $A(B)C$ è minore di $D(E)F$, oppure che $D(E)F$ è maggiore di $A(C)B$. Si indica ciò scrivendo:

$$A(B)C < D(E)F, \text{ oppure } D(E)F > A(B)C.$$

77. Una posizione qualunque del raggio, che ha generato un angolo (che non sia però nè la prima nè l'ultima) divide l'angolo in due angoli, che si dicono *parti* dell' angolo dato; e questo si dice loro *somma*. Così si è determinato il concetto di *addizione* di due angoli, e in generale di quanti angoli si vogliano.

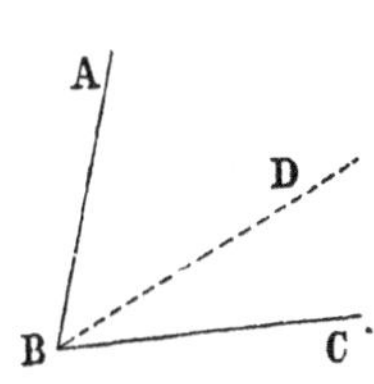

Nella nostra figura il raggio BD taglia l'angolo ABC nei due $A(B)D$, $D(B)C$; ed esso è la somma di codesti due angoli. Si indica questa relazione scrivendo:

$$A(B)D + D(B)C \equiv A(B)C.$$

Ciascuna delle parti è la *differenza* tra la somma e l'altra parte. Ad es., è:

$$A(B)D \equiv A(B)C - D(B)C.$$

78. Teor. *La somma di più angoli è indipendente dall'ordine in cui si succedono gli addendi.*

Dim. Infatti, scambiando tra loro di posto [75] i lati dell'angolo formato da due addendi consecutivi (*), si muta l'ordine di due addendi consecutivi, senza che venga alterata la somma. Ripetendo abbastanza lo scambio di due addendi consecutivi, si finisce ad ottenere che gli addendi si succedano in un ordine prestabilito qualsiasi.

79. La somma di dati angoli potrebbe essere maggiore di un angolo piatto ed anche dell'intero piano. In questo caso si suole accennare la somma, indicando quanti angoli eguali ad un certo angolo minore di un angolo piatto, che considereremo nel seguito, producono una somma eguale a quella degli angoli dati, indicando eventualmente, l'angolo minore di quello accennato, che si deve aggiungere per ottenere la somma.

80. Un angolo si dice *convesso,* quando i prolungamenti dei lati cadono fuori dell'angolo; altrimenti l'angolo si dice *concavo.*

Così, ad es., si può dire che due raggi uscenti da uno stesso punto, e che non siano per diritto, dividono il loro piano in due angoli, che sono uno convesso e l'altro concavo.

Ogni angolo convesso è minore d'un angolo piatto; ed ogni angolo concavo è maggiore d'un angolo piatto [77].

81. Due angoli convessi si dicono *supplementari,* se la loro somma è uguale ad un angolo piatto.

82. *Tutti gli angoli piatti sono eguali tra loro.* [56].

83. Cor. *I supplementi di angoli eguali sono eguali.*

Avv. Nel seguito soltanto in rarissimi casi ci accadrà di dover considerare angoli concavi. Per-

(*) Due angoli, che abbiano un lato comune e null'altro in comune, si dicono *consecutivi.*

tanto nell'indicare un angolo possiamo dispensarci dal distinguere un lato dall'altro, e basterà pronunciare seconda la lettera del vertice. Si farà avvertenza, quando si intenda parlare d'un angolo concavo.

Il cerchio.

84. Preso in un piano un raggio OA, e segnato su questo un punto M, imaginiamo che il raggio ruoti intorno al punto O, mantenendosi nel piano, in un senso o nell'opposto [64], e fino a che abbia ripresa la posizione primitiva. In questo movimento il punto M descrive una linea che si chiama *cerchio* (o *circolo*); il punto O si chiama *centro* del cerchio, ed ogni segmento, che unisce il centro con un punto del cerchio, si chiama *raggio* del cerchio.

O M A

Spesso si chiama *raggio* di un cerchio (non *un* raggio) un segmento che sia eguale ai raggi, indipendentemente dalla sua posizione.

Il piano, in cui giacciono tutti i punti d'un cerchio ed il centro, si dice piano del *cerchio*.

85. *Tutti i raggi d'un cerchio sono eguali tra loro*, perchè non sono altro che posizioni distinte di un medesimo segmento.

86. Def. *Se tutti i punti d'una figura hanno una proprietà comune, e se soltanto i punti di quella figura hanno quella proprietà, quella figura si dice il* luogo (*) *dei punti che godono quella proprietà* (**).

(*) S'intende dire che la figura è il *luogo dove sono posti* tutti i punti che godono quella proprietà. Ma bisogna poi intendere aggiunto che ogni punto della figura gode di quella proprietà.

(**) Così, per conchiudere che una certa figura è il luogo

87. Teor. *In un piano, il luogo dei punti, che hanno da un punto del piano distanze uguali ad un segmento dato, è il cerchio che ha il centro in quel punto e raggi eguali a quel segmento.*

Dim. Sia O il centro del cerchio ed AB il segmento dato.

1°. Per la definizione del cerchio [84] (cioè per il modo in cui si deve intenderlo descritto) ogni punto del cerchio ha dal punto O distanza eguale ad AB.

2°. Se il segmento, che unisce un punto M al centro O, è uguale ad AB, il segmento mobile, uguale ad AB, che rotando intorno ad O descrive con l'estremità mobile il cerchio, viene a coincidere con OM [63], epperò il punto M appartiene al cerchio.

A B

O M

88. Se tutti i punti d'una figura giacciono in un piano la figura si dice *piana*. Altrimenti si dice *storta, gobba.*

Un cerchio è una linea piana, chiusa (rientrante).

89. Un cerchio *divide* il suo piano in due parti, una limitata e l'altra illimitata. La parte limitata si chiama la *superficie del cerchio.*

Il segmento, che, rotando intorno al centro, descrive con l'estremità mobile un cerchio, descrive nella rotazione la superficie del cerchio.

Il centro d'un cerchio appartiene alla superficie del cerchio.

dei punti che godono una certa proprietà, bisogna aver dimostrato: 1°. che tutti i punti della figura hanno la data proprietà; 2°. che i punti, che non appartengono alla figura, non godono la data proprietà (oppure che ogni punto, il quale ha la data proprietà, appartiene a quella figura).

90. Un punto del piano d'un cerchio si dice *interno* od *esterno* al cerchio, secondo che giace nella parte limitata o nella illimitata di quelle due in cui il cerchio divide il suo piano.

91. *Ogni punto interno ad un cerchio ha dal centro distanza minore del raggio.* Infatti, il segmento che lo unisce col centro è parte d'un raggio.

92. *Ogni punto esterno ad un cerchio ha dal centro distanza maggiore del raggio.* Infatti, unendo quel punto col centro, si ottiene un segmento di cui una parte è un raggio del cerchio. [89].

93. *Se la distanza di un punto del piano d'un cerchio dal centro è minore del raggio, il punto è interno; e, se è maggiore del raggio, è esterno.*

Infatti, nel primo caso, il punto non può cadere sul cerchio, nè fuori, perchè la sua distanza dal centro sarebbe uguale o maggiore [92] del raggio; e ciò contro l'ipotesi. Ecc.

94. Teor. *Una retta, se passa per il centro d'un cerchio, ed appartiene al piano del cerchio, ha in comune col cerchio due soli punti, e questi sono situati da bande opposte del centro.*

Dim. Infatti il segmento, che con una estremità genera il cerchio, viene nel suo movimento a cadere su ciascuno dei raggi in cui una retta, che appartenga al piano d'un cerchio e che passi per il centro, è divisa dal centro; epperò questa retta ha in comune col cerchio le due estremità di quelle due posizioni del segmento mobile. Non ha poi col cerchio altri punti comuni, perchè ogni altro punto della retta ha dal centro distanza maggiore o minore del raggio, e quindi [93] non appartiene al cerchio.

95. Ogni segmento, che passi per il centro d'un

cerchio ed abbia le estremità sul cerchio [94], si dice *diametro* di quel cerchio.

96. *Tutti i diametri d'un cerchio sono eguali,* perchè ogni diametro è formato di due raggi.

97. Teor. *Una retta, che passi per un punto interno ad un cerchio e appartenga al piano del cerchio, ha in comune col cerchio due punti almeno, e questi situati da bande opposte del punto dato.*

Dim. Sia un cerchio di centro O ed A un punto interno; e sia MN una retta appartenente al piano del cerchio e passante per A. Si tiri la retta AO, e siano B, C i punti in cui essa incontra il cerchio [94]. Poichè i punti B, C cadono da bande opposte del punto A, e quindi da bande opposte della retta MN [48, 4°], qualunque linea, che giaccia nel piano del cerchio ed unisca B con C, incontra necessariamente [48, 2°] la retta MN. Tanto vale per ciascuna delle parti in cui il cerchio è tagliato dai punti B, C.

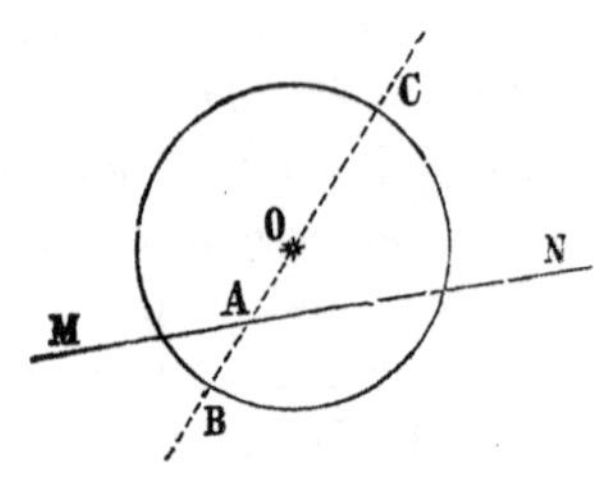

Infine, perchè codesti due punti, che la retta MN ha necessariamente in comune col cerchio, cadono da bande opposte della retta BC, essi sono situati da bande opposte del punto A.

98. Teor. *Si può sempre descrivere un cerchio, che giaccia in un piano dato, abbia il centro in un punto qualunque del piano, e raggio eguale ad un segmento dato.*

Dim. Infatti, posto che sia O il punto dato ed AB il dato segmento, si può [17, 1°; 25, 2°; 48, 1°] intanto porre il raggio AB nel piano dato in modo che A cada in O. Poi, facendo che il raggio AB con una rotazione intorno ad O descriva il piano [64], il punto B descrive il cerchio domandato.

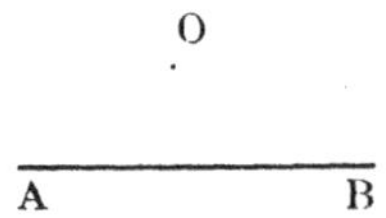

O

A B

99. L'istrumento ideale, con cui si può descrivere qualunque cerchio domandato, si chiama *compasso.*

100. Cor. *Dato un segmento, una retta d'un piano e su questa retta un punto, si possono segnare sulla retta due segmenti, che abbiano una estremità nel punto dato e che siano eguali al segmento dato.* [98, 94].

Divisione della Geometria.

La Geometria si suole dividere in due parti: la *Geometria piana* o *Planimetria,* che studia le figure piane e le relazioni tra figure piane indipendentemente dalla posizione dei loro piani; e la *Geometria solida* o *Stereometria,* che studia le figure senza la restrizione che i loro punti siano tutti in un piano (*).

(*) Questa divisione non è necessaria; ma presenta vantaggi incontestabili nell'insegnamento elementare.

Bretschneider (Jena, 1844) ha pubblicato un trattato di Geometria elementare, destinato all'insegnamento, nel quale, rompendola con le tradizioni classiche, ha soppresso la divisione sopraccennata.

PLANIMETRIA

CAPITOLO II

COSTRUZIONI FONDAMENTALI

101. Probl. *Costruire un triangolo, i cui lati siano rispettivamente uguali a tre dati segmenti, ciascuno dei quali è minore della somma degli altri due* (*).

Risol. Siano α, β, γ tre segmenti dati, e ciascuno sia minore della somma degli altri due.

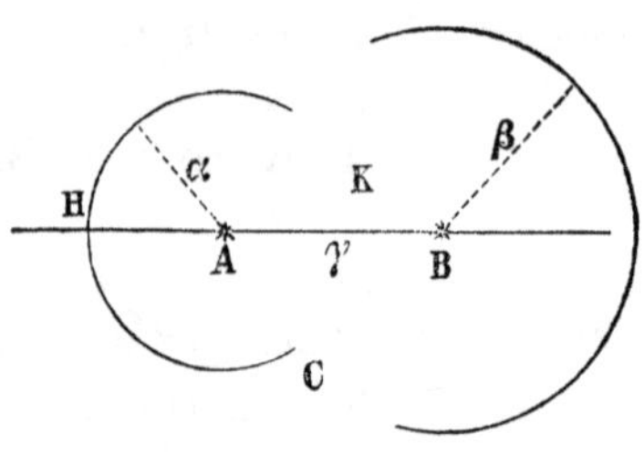

Preso un segmento AB, che sia eguale ad uno qualunque dei segmenti dati, eguale ad es. al segmento γ,

(*) Per ottenere tre segmenti, che sodisfacciano a codeste condizioni, basta, presi due segmenti qualunque, prenderne un terzo che sia minore della somma e maggiore della differenza degli altri due.

Infatti, se chiamiamo α, β i due primi segmenti, e γ il terzo, e supponiamo, per il caso che i due primi siano disuguali, che sia α il maggiore, dalle condizioni:

$$\alpha + \beta > \gamma > \alpha - \beta,$$

e dall'altra:

$$\alpha \gtreqless \beta,$$

risulta facilmente che ciascuno dei tre segmenti è minore della somma degli altri due.

Le condizioni sono sodisfatte manifestamente, se tutti e

poi con centro A e raggio eguale ad un altro dei dati segmenti, eguale ad es. al segmento α, si descriva un cerchio. Infine, con centro B e raggio eguale al rimanente segmento, si descriva un altro cerchio.

Ed ora, considerando uno dei cerchi, ad es. quello di centro A, cominceremo ad osservare che esso ha in comune con la retta AB due punti H, K, perchè codesta retta passa per il centro. [94].

Poi noteremo che il segmento BH, perchè uguale ad $(\alpha + \gamma)$, è maggiore di β. Per conseguenza [93] il punto H è fuori del cerchio (B).

Invece il segmento BK è minore di β. Ed invero, poichè codesto segmento è in ogni caso la differenza tra i segmenti α e γ, nel caso che questi siano eguali, è manifesto senz'altro la verità dell'asserto. Quando sia $\alpha > \gamma$, dalla disuguaglianza:

$$\alpha < \beta + \gamma$$

si ricava:

$$\alpha - \gamma < \beta.$$

E quando sia $\alpha < \gamma$, dalla disuguaglianza:

$$\gamma < \beta + \alpha$$

si ha di nuovo:

$$\gamma - \alpha < \beta.$$

Il segmento BK è dunque in ogni caso minore di β; epperò [93] il punto K cade nell'interno del cerchio (B).

Il cerchio (A) ha dunque un punto esterno ed uno interno al cerchio (B); per conseguenza i due cerchi hanno due punti almeno in comune, uno da una banda della retta AB, ed uno dall'altra banda

tre i segmenti sono eguali; e, per il caso che due soli siano eguali, se il terzo è minore della loro somma.

di codesta retta (*). Se C è uno di questi punti, unendolo con A e con B, si ottiene un triangolo ABC, nel quale è:

$$AC \equiv \alpha, \quad BC \equiv \beta, \quad AB \equiv \gamma.$$

102. Cor. 1°. *Sopra un dato segmento e da una banda assegnata si può sempre costruire un triangolo, i cui due altri lati siano eguali a due dati segmenti, quando ciascuno dei tre segmenti è minore della somma degli altri due.* [101].

103. Cor. 2°. *Sopra un dato segmento e da una banda assegnata si può sempre costruire un triangolo equilatero.* [102].

(Si chiama *equilatero* ogni triangolo, che ha i lati eguali).

104. Cor. 3°. *Sopra una base data e da una banda assegnata si può sempre costruire un triangolo isoscele nel quale i lati eguali siano eguali ad un dato segmento, il cui doppio superi la base.* [102].

(Si dice *isoscele* ogni triangolo, che ha due lati eguali; il terzo lato si dice la *base* del triangolo isoscele).

105. In un triangolo due lati qualunque comprendono un angolo (**) convesso, che si dice *angolo del triangolo.*

Un angolo di un triangolo si dice che è *compreso*

(*) Codesti punti comuni ai cerchi non possono appartenere alla retta AB, perchè il cerchio (A) su questa retta ha solo i punti H e K [94], e questi sono uno esterno e l'altro interno al cerchio (B).

(**) Per *angolo di due segmenti*, aventi un estremo in comune, si deve intendere l'angolo dei due raggi, uscenti da quel punto, ai quali appartengono quei segmenti.

tra i due lati che lo formano, che è *adiacente* a ciascuno di essi, ed *opposto* al terzo lato.

E ciascun lato è *adiacente* agli angoli che forma con gli altri due lati, ed *opposto* all'angolo compreso da questi lati.

I lati e gli angoli d'un triangolo collettivamente si dicono gli *elementi* del triangolo.

106. Lemma (*). *Due triangoli, se hanno due lati e l'angolo compreso rispettivamente uguali, hanno eguali rispettivamente anche gli altri elementi, ed anche i triangoli sono eguali* (**).

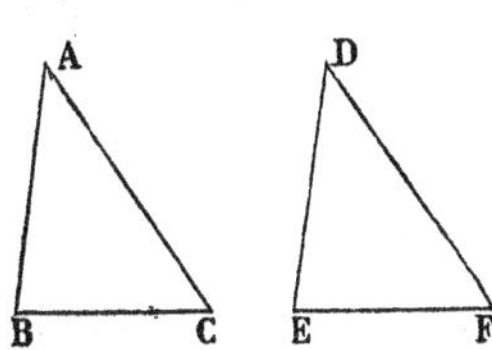

Dim. Nei triangoli ABC, DEF sia $AB \equiv DE$, $AC \equiv DF$ e $C(A)B \equiv F(D)E$.

Si deve provare che è $BC \equiv EF$, che sono eguali gli angoli in B ed E, ed eguali gli angoli in C ed F, e che anche i triangoli sono eguali.

A tale intento sovrapponiamo l'angolo CAB all'angolo FDE, in modo che il lato AB cada sul rag-

(*) Si chiama *lemma* una proposizione, che farebbe parte di una susseguente dimostrazione, ma che si stacca e si premette, perchè è utile poterla citare nel seguito. (Talvolta codesta separazione si fa per ragioni didattiche: per non avere cioè una dimostrazione troppo lunga).

Il titolo particolare serve anche a giustificare il posto occupato dalla proposizione, perchè, confrontata con le prossime, non sembrerebbe far gruppo con esse.

(**) L'ultima parte dell'enunciato sembrerebbe inclusa necessariamente in ciò che precede. Invece più innanzi vedremo che due figure possono avere tutti gli elementi rispettivamente uguali e ciò non pertanto non essere uguali.

gio DE. Allora, perchè l'angolo CAB è uguale all'angolo FDE, il lato AC cadrà sul raggio DF.

E perchè è $AB \equiv DE$, il vertice B cade in E; e perche è $AC \equiv DF$, il vertice C cade in F.

Così, essendo B in E e C in F, anche il segmento BC coincide col segmento EF, l'angolo B con l'angolo E, l'angolo C con l'angolo F, ed il triangolo col triangolo.

107. Oss. Quando due triangoli sono eguali, due lati corrispondenti sono opposti ad angoli eguali, e due angoli corrispondenti sono opposti a lati eguali.

108. Lemma. *Se due lati di un triangolo sono eguali, gli angoli opposti ad essi sono eguali* (*).

Dim. Nel triangolo ABC sia $AB \equiv AC$. Si vuol dimostrare essere $A(B)C \equiv B(C)A$.

A tal fine sui prolungamenti dei lati AB, AC si prendano due segmenti eguali tra loro BD, CE, e poi si tirino BE e CD.

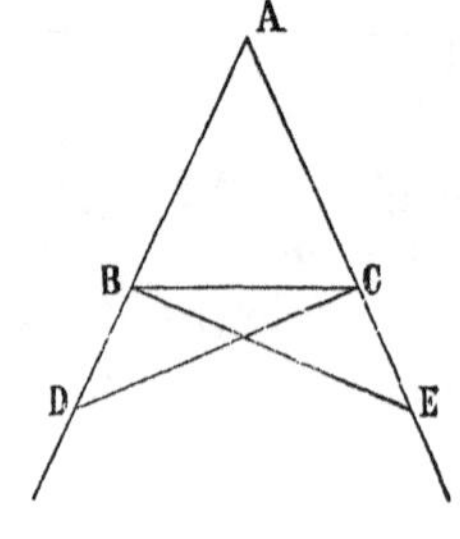

Se ora confrontiamo i triangoli ABE, ACD, troviamo che hanno $AB \equiv AC$, $AE \equiv AD$, e l'angolo in A in comune. Per conseguenza [106] è $BE \equiv CD$,

$$A(B)E \equiv D(C)A \quad \text{e} \quad B(E)C \equiv B(D)C.$$

Così, se si confrontano i triangoli BCE, BCD, poichè è in essi:

$$EC \equiv DB, \quad EB \equiv DC, \quad \text{e} \quad B(E)C \equiv B(D)C,$$

si conchiude [106] essere $C(B)E \equiv D(C)B$.

(*) Questo teorema si suol anche enunciare: *In un triangolo isoscele gli angoli alla base sono eguali.* E lo si cita anche dicendo: *In un triangolo a lati eguali sono opposti angoli eguali.*

Infine, poichè l'angolo ABE è uguale all'angolo DCA, e $C(B)E$, parte del primo, è uguale a $D(C)B$, parte del secondo, anche $A(B)C$ è uguale a $B(C)A$, c. d. d. (*).

109. Probl. *Dividere un dato angolo in due parti eguali.*

Risol. Sia da dimezzare l'angolo ABC.

Sui lati, partendo dal vertice, si prendano due segmenti eguali BD, BE, e tirato il segmento DE, su questo segmento, preso come base, si costruisca [104] ad arbitrio un triangolo isoscele EDF. Tirando il raggio BF, l'angolo ABC resta diviso in parti eguali.

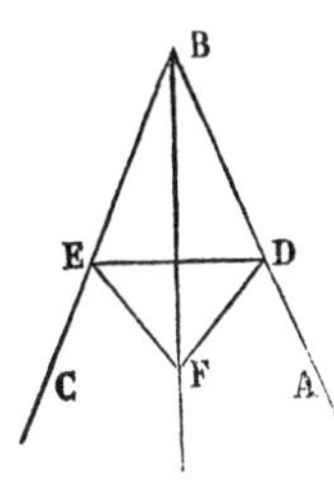

Dim. Infatti, nel triangolo BED, essendo $BE \equiv BD$, è [108]:

$$E(D)B \equiv B(E)D.$$

Così nel triangolo EDF, essendo $EF \equiv FD$, è [108]:

$$F(D)E \equiv D(E)F.$$

Per conseguenza tutto l'angolo FDB è uguale all'angolo BEF. Se ora confrontiamo i triangoli BEF, BDF, troviamo che hanno:

$$BE \equiv BD,\ EF \equiv DF, \text{ e } B(E)F \equiv F(D)B;$$

per conseguenza è $F(B)E \equiv D(B)F$.

Se l'angolo dato è concavo, si dimezza il convesso compreso dagli stessi lati, e si prolunga la bisettrice. [83].

110. Oss. Poichè la costruzione, fatta per risolvere il precedente problema, è sempre possibile, si

(*) Più semplicemente si può dimostrare la proposizione scambiando tra loro di posto i lati dell'angolo CAB [75], oppure, considerando come distinti i triangoli ABC, ACB, e confrontandoli [106] tra loro.

conchiude che qualsivoglia angolo può essere dimezzato. Resta a provare che questo problema non ammette che una sola soluzione, che cioè uno solo è il raggio, il quale ha la proprietà di dimezzare un angolo dato.

Sia dunque un angolo ABC qualunque, e, operando nel modo dianzi insegnato, siasi trovato il raggio BD per dimezzarlo. Si divida l'angolo con un altro raggio qualsivoglia BE. Allora, essendo $D(B)C \equiv A(B)D$, è $D(B)C > A(B)E$, e per conseguenza (*) è $E(B)C > A(B)E$. Una sola è dunque la retta, che divide un angolo in due parti eguali.

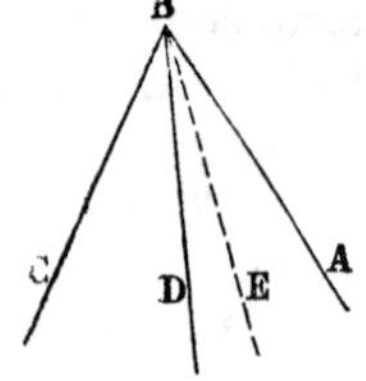

Il raggio, che dimezza un angolo, se ne dice *la bisettrice.*

111. Dividendo per metà un angolo piatto ACB, si ottiene un raggio CD, che parte da un punto di una retta (quella formata dai lati dell'angolo piatto) e che forma con questa retta angoli eguali.

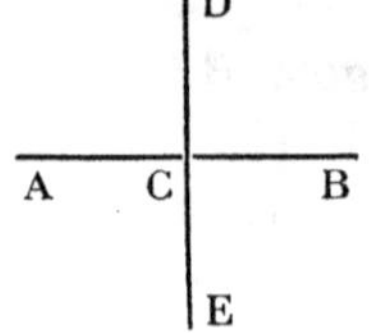

Il prolungamento CE del raggio CD forma anch'esso con la retta AB angoli eguali. Infatti codesti angoli sono supplementari di angoli eguali, epperò [83] anch'essi sono eguali. Se poi confrontiamo l'angolo DCB con l'angolo ECA, troviamo che questi angoli sono eguali, perchè supplementari dello stesso angolo ACD. In conchiusione i quattro angoli, che

(*) Una parte di una parte d'una grandezza è pure una parte della grandezza stessa.

le due rette AB, DE formano intorno al punto d'intersezione, sono tutti e quattro eguali.

112. Def. *Due rette, che si incontrano e formano quattro angoli eguali, si dicono* perpendicolari *l'una all'altra, nel punto comune.*

(Basta che, dei quattro angoli, due consecutivi siano eguali, perchè siano eguali tutti e quattro. [111]).

113. Due rette, che abbiano un punto comune e non siano perpendicolari tra loro, si dicono *oblique.*

114. Poichè si è provato che ogni angolo può esser dimezzato, e può essere dimezzato in un modo soltanto, si può dire che:

Ad una retta, in un suo punto qualunque, si può inalzare una perpendicolare, ed una soltanto.

115. Un angolo, che sia metà di un angolo piatto, si dice *retto.*

Poichè tutti gli angoli piatti sono eguali tra loro [82], e le metà di angoli eguali sono eguali [110], possiamo dire che: *tutti gli angoli retti sono eguali.*

116. Qualsiasi angolo, che sia minore di un retto, si dice *acuto.* Ed ogni angolo maggiore di un retto si dice *ottuso* (*).

117. Due angoli acuti, la cui somma sia eguale ad un retto, si dicono *complementari.*

Angoli acuti eguali hanno complementi eguali [115].

118. Probl. *Inalzare la perpendicolare a una retta data in un suo punto dato* (**).

(*) Si può anche dire che un angolo è acuto, retto, od ottuso, secondochè è minore, uguale, o maggiore del nuovo angolo, che si ottiene prolungando uno dei lati dell'angolo dato (di là dal vertice).

(**) Come si è osservato, questo problema non è che un caso particolare del problema del § 109.

Risol. Sia data la retta AB, e su questa un punto C. Si tratta di tirare la retta che è perpendicolare ad AB in C.

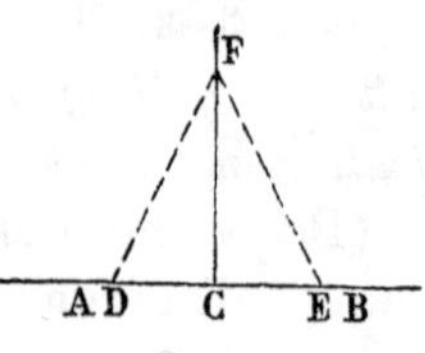

Partendo da C, si prendano sulla retta due segmenti uguali CD, CE. Poi sulla base DE si costruisca [104] un triangolo isoscele qualsivoglia DEF. La retta CF è la perpendicolare domandata.

Dim. Infatti, perchè in un triangolo isoscele gli angoli alla base sono [108] eguali, egli è:

$$F(D)C \equiv C(E)F.$$

Essendo inoltre per costruzione $FD \equiv FE, CD \equiv CE$, i triangoli FDC, FEC hanno anche gli altri elementi [106] rispettivamente uguali; ed in particolare è $D(C)F \equiv F(C)E$.

119. Probl. *Da un punto, dato fuori di una retta, calare su questa una perpendicolare.*

Risol. Siano dati un punto A e una retta BC, che non passi per A. Si vuol tirare una retta che passi per A e sia perpendicolare alla BC.

Preso, fuori della retta, un punto M, in guisa che A ed M giacciano da bande opposte della retta data, si tiri il segmento AM. Questo segmento taglia necessariamente [48, 2°] la retta BC; sia N il punto d'incontro. Quindi, con centro A e raggio AM, si descriva un cerchio. Poichè la retta BC passa per un punto N, che è interno al cerchio, essa ha in comune col cerchio due punti almeno [97] situati da bande

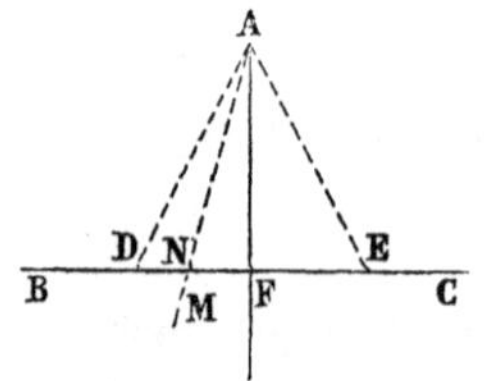

opposte di N. Siano D ed E questi punti; e condotti AD, AE, si divida per metà [109] l'angolo EAD. La bisettrice incontra necessariamente [61] il segmento DE; sia F il punto d'intersezione. AF è la perpendicolare domandata.

Dim. Infatti i triangoli ADF, AEF, avendo AF in comune, $AD \equiv AE$ perchè raggi di uno stesso cerchio, ed $F(A)D \equiv E(A)F$ per costruzione, hanno [106] anche gli altri elementi rispettivamente uguali; e in particolare è $D(F)A \equiv A(F)E$.

120. Oss. Poichè la costruzione, fatta per risolvere il precedente problema, è sempre possibile, conchiudiamo che è sempre possibile calare una perpendicolare sopra una retta da un punto dato fuori di essa.

121. Probl. *Dividere un segmento dato in due parti eguali.*

Risol. Sia da dividere per metà il segmento AB. Costruito [104] ad arbitrio su AB, preso come base, un triangolo isoscele ABC, si dimezzi [109] l'angolo BCA. La bisettrice taglia [61] il segmento AB, ed il punto E d'intersezione divide il segmento dato in parti eguali.

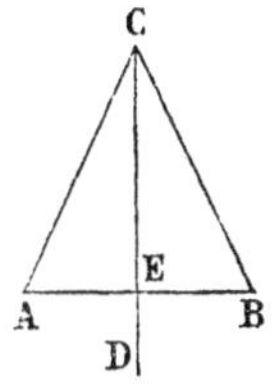

C E A B D

Dim. Infatti, confrontando i triangoli CAE, CBE, si trova che hanno CE in comune, $CA \equiv CB$, e per costruzione $E(C)A \equiv B(C)E$. Per conseguenza [106] è $AE \equiv EB$.

122. Oss. Un segmento non si può dimezzare che in un modo soltanto. Infatti, posto che C sia il punto trovato con la precedente costruzione, fatta per dimezzare il segmento AB, e sia D un altro punto qualsivoglia del segmento stesso, es-

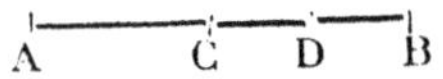

A C D B

sendo $AC \equiv CB$, è $AC > DB$, e per conseguenza è anche $AD > DB$.

123. Probl. *Costruire un angolo, che sia eguale a un angolo dato, che abbia per lato un raggio dato, e che cada da una banda assegnata di codesto raggio.*

Risol. Sia ABC l'angolo dato, ed FE il raggio dato. Si tratta di costruire un angolo, che sia eguale all'angolo ABC e di cui FE sia un lato.

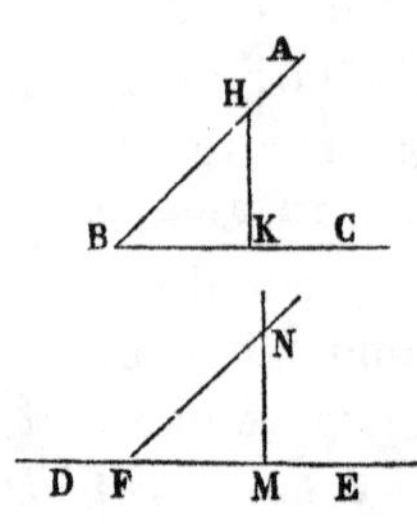

Preso sul lato BA un punto H ad arbitrio, da H si cali [119, 120] una perpendicolare HK sull'altro lato dell'angolo. Quindi, preso su FE un segmento $FM \equiv BK$, si tiri [118] per M la MN perpendicolare ad FE. Infine, fatto $MN \equiv HK$, si tiri il raggio FN. L'angolo NFM è uguale all'angolo dato ABC.

Dim. Infatti, poichè nei triangoli HBK, NFM è: $BK \equiv FM$, $HK \equiv NM$, e $B(K)H \equiv F(M)N$, egli è [106] anche $A(B)C \equiv N(F)E$.

Il problema ammette una sola soluzione. [74].

124. Probl. *Costruire un triangolo che sia eguale ad un triangolo dato.*

Risol. Si costruisce [123], dove la questione richiede, un angolo eguale ad uno di quelli del triangolo dato, e sui lati dell'angolo costruito si prendono, partendo dal vertice, due segmenti rispettivamente uguali a quei due lati del triangolo, che contengono l'angolo prescelto. Unendo le estremità dei due segmenti, si ottiene un triangolo eguale [106] al dato.

CAPITOLO III

ANGOLI E TRIANGOLI

Angoli intorno ad un punto.

125. Gli angoli, fatti con una stessa retta da un raggio uscente da un punto della retta, si dicono *adiacenti.*

126. Teor. *La somma di due angoli adiacenti è uguale a due retti* (*).

Dim. Sia la retta AB e un raggio CD, uscente da un punto C della retta. Dico che la somma dei due angoli adiacenti ACD, DCB è uguale alla somma di due angoli retti.

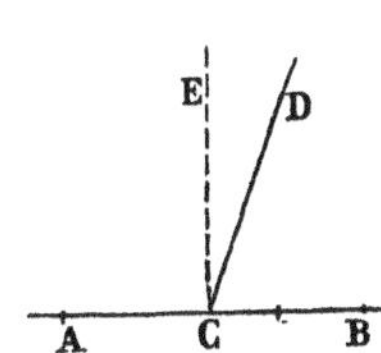

Infatti, se si tira per C la CE, perpendicolare ad AB, si riconosce che la somma dei due angoli ACD, DCB è uguale alla somma dei due angoli retti ACE, ECB.

127. Teor. *Se da uno stesso punto escono quanti si vogliano raggi, la somma degli angoli contenuti ciascuno da un raggio e dal successivo è uguale a quattro retti.*

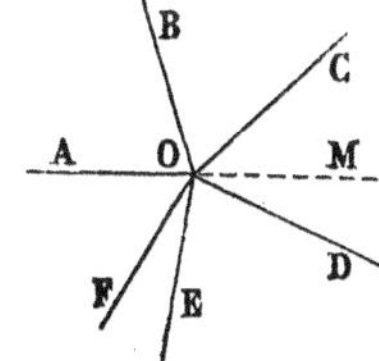

Dim. Se prolunghiamo uno dei raggi, ad es. il raggio OA, l'angolo COD resta diviso nei due angoli COM, MOD, i quali si possono prendere in luogo dell'angolo COD.

(*) Per brevità si suol dire *uguale a due retti,* intendendo dire: *uguale al doppio di un angolo retto.*

Ora, la somma degli angoli, che sono da una banda della AM, è uguale all'angolo piatto AOM, cioè a due retti; e tale è la somma degli angoli che sono dall'altra parte della retta stessa. Pertanto la somma di tutti gli angoli, che sono intorno al punto O, è uguale a quattro retti.

128. Teor. *Se la somma di due angoli consecutivi è uguale a due retti, i lati non comuni sono per diritto.*

Dim. Siano i due angoli consecutivi ABC, CBD; e la loro somma sia eguale a due retti. Dico che i due raggi BA, BD giacciono in una medesima retta.

Supponiamo che ciò non sia, e che sia BE, anzichè BD, il prolungamento del raggio BA.

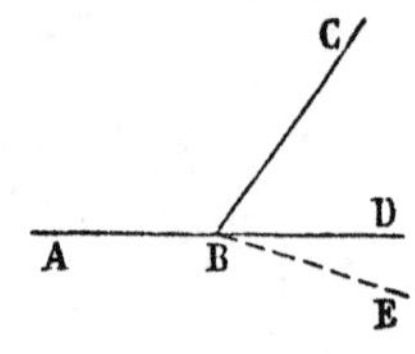

Allora, perchè dal punto B della retta ABE parte il raggio BC, la somma dei due angoli adiacenti ABC, CBE è uguale a due retti [126]. Ma a questa somma, per ipotesi, è pure uguale quella dei due angoli ABC, CBD. È quindi:

$$A(B)C + C(B)E \equiv A(B)C + C(B)D.$$

Ciò non è vero [74]; epperò non BE, ma BD è il prolungamento di BA.

129. Teor. *Se due rette si segano, gli angoli opposti al vertice* (*) *sono eguali tra loro.*

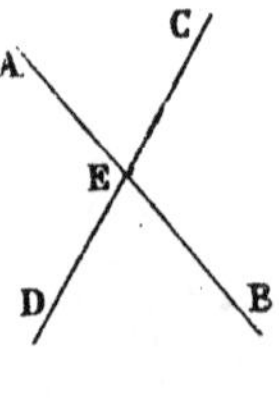

Dim. Siano le due rette AB, CD, che si segano in E. Dico che gli angoli opposti al vertice, quali sono, ad es., i due $A(E)C$, $B(E)D$, sono eguali tra loro.

(*) Così dunque vogliamo chiamare due angoli ciascuno dei quali sia contenuto dai prolungamenti dei lati dell'altro.

Infatti, poichè sono ambidue supplementari dello stesso angolo CEB, essi sono eguali. [81].

130. Teor. *Se due raggi, uscenti da uno stesso punto di una retta, cadono da bande opposte di questa e fanno con essa due angoli eguali che non siano consecutivi, essi sono per diritto.*

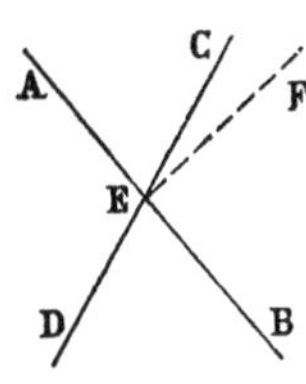

Dim. Sia una retta AB e su questa il punto E, da cui escano due raggi EC, ED. E sia:

$$A(E)C \equiv B(E)D.$$

Si tratta di provare che i due raggi EC, ED giacciono sopra una stessa retta.

Supponiamo che ciò non sia, e che sia EF il prolungamento del raggio ED. Allora i due angoli AEF, BED, perchè opposti al vertice, sono eguali [129]. Ma, per ipotesi, anche $A(E)C$ è uguale a $B(E)D$. Quindi egli è $A(E)C \equiv A(E)F$. Questo non è vero [74]; epperò resta provato che non EF, ma EC è il prolungamento di ED.

Proprietà d'un triangolo.

131. Un angolo, compreso da un lato di un triangolo e da un prolungamento di un altro lato, si dice *angolo esterno* del triangolo. Un angolo esterno è adiacente ad uno degli angoli del triangolo, e si dice *opposto* di ciascuno degli altri due.

132. Teor. *In ogni triangolo un angolo esterno è maggiore di ciascuno dei due angoli interni opposti.*

Dim. Sia un triangolo qualunque ABC, e si prolunghi uno dei lati, ad es. il lato AB, in D. Dico che l'angolo esterno DAC è maggiore di ciascuno dei due angoli interni opposti ABC, BCA.

Perciò, divido AC per metà [121] in E, e condotto il segmento BE, lo prolungo, e faccio $EF \equiv BE$. Poi osservo che il punto F cade necessariamente dentro dell'angolo DAC, ed invero, dappoichè la retta BF incontra la retta BD in B e la retta AC in E, il raggio EF non può incontrare i lati dell'angolo DAC [25, 3°]. Per conseguenza, se si tira il raggio AF, questo divide in due l'angolo DAC.

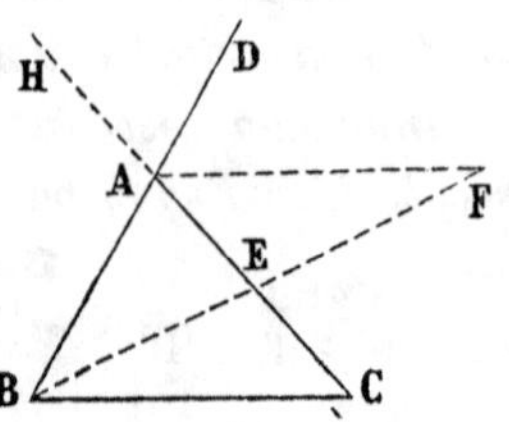

Ora, considerando i triangoli FEA, BEC, troviamo che i lati EF, EA sono per costruzione uguali rispettivamente ai lati EB, EC, e che sono eguali gli angoli AEF, CEB, perchè opposti al vertice. Pertanto [106] anche gli altri elementi sono rispettivamente uguali, e in particolare è:

$$F(A)E \equiv B(C)E.$$

Ma $F(A)C$ è una parte di $D(A)C$; quindi è:

$$B(C)A < D(A)C, \quad \text{ossia è} \quad D(A)C > B(C)A.$$

Similmente, prolungato il lato CA in H, si potrebbe provare (dividendo cioè il lato AB per metà, ecc.) che l'angolo esterno BAH è maggiore dell'angolo ABC. Ma è $B(A)H \equiv D(A)C$ [129]; quindi infine $D(A)C$ è maggiore anche di $A(B)C$.

133. Cor. 1°. *In ogni triangolo la somma di due angoli è minore di due retti.*

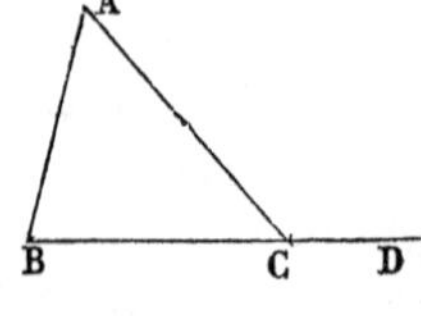

Dim. Sia il triangolo ABC. Dico che la somma di due angoli, ad es. la somma degli angoli ABC, BCA, è minore di due retti.

Infatti, prolungato il lato BC in D, si ha [132] che l'angolo interno ABC è minore dell'esterno opposto ACD. Aggiungendo a ciascuno dei due angoli l'angolo BCA, si ottiene:

$$A(B)C + B(C)A < A(C)D + B(C)A.$$

Ma la somma dei due angoli adiacenti ACD, BCA è [126] uguale a due retti; per conseguenza la somma dei due angoli ABC, BCA è minore di due retti.

134. Cor. 2°. *Se un triangolo ha un angolo retto, o un angolo ottuso, gli altri due angoli sono acuti,* giacchè, se uno di questi fosse retto od ottuso, esisterebbe un triangolo, nel quale due angoli darebbero una somma eguale a due retti, o maggiore. E ciò non può [133] essere.

135. Se un angolo di un triangolo è retto, il triangolo si dice *rettangolo.* Il lato opposto all'angolo retto si dice *ipotenusa*; gli altri due lati si chiamano *cateti.*

Se un angolo di un triangolo è ottuso, il triangolo si dice *ottusangolo.*

136. Oss. Abbiamo provato [119, 120] che da un punto dato fuori di una retta si può sempre calare su questa *una* perpendicolare. Ora possiamo aggiungere che non se ne può calare che una *sola.* Infatti, se da un punto si potessero condurre a una stessa retta due perpendicolari distinte, allora esisterebbe un triangolo con due angoli retti; e ciò non può [134] essere.

137. Teor. *Se due lati di un triangolo sono eguali, gli angoli opposti ai due lati eguali sono eguali.*

Dim. La stessa che nel § 108.

138. Oss. *Se un triangolo ha due angoli eguali, questi sono acuti,* giacchè non esiste nessun triangolo [134] nel quale due angoli siano retti, od ottusi. Possiamo dire pertanto [137]: *Gli angoli alla base di un triangolo isoscele sono acuti.*

139. Se sui lati di un angolo acuto, partendo dal vertice, si prendono due segmenti eguali, e se ne congiungono le estremità, si ottiene un triangolo isoscele, nel quale anche [138] l'angolo opposto alla base è acuto. Esistono dunque triangoli, nei quali tutti e tre gli angoli sono acuti.

Quando tutti e tre gli angoli di un triangolo sono acuti, il triangolo si dice *acutangolo.*

140. Teor. *Se due lati di un triangolo sono disuguali, l'angolo opposto al lato maggiore è maggiore dell' angolo opposto al lato minore.*

Dim. Nel triangolo ABC il lato AB sia maggiore del lato AC. Dico che l'angolo BCA, opposto al lato maggiore AB, è maggiore dell'angolo ABC, che è opposto al lato minore AC.

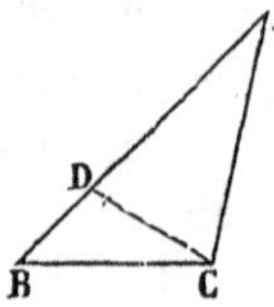

Si tagli dal lato maggiore AB una parte AD eguale ad AC, e si tiri CD. Perchè il punto D cade tra A e B, il raggio CD cade nell' angolo BCA.

Si osservi ora il triangolo ADC. In questo, poichè è $AD \equiv AC$, gli angoli DCA, ADC sono [137] eguali tra loro. E dacchè l'angolo BCA è maggiore di DCA, esso è maggiore anche dell'angolo ADC. Ma questo, come esterno del triangolo BDC, alla sua volta è [132] maggiore dell' angolo DBC, interno opposto. Conchiudiamo essere $B(C)A > A(B)C$.

141. Teor. *Se due angoli di un triangolo sono eguali, i lati opposti ai due angoli eguali sono eguali.*

Dim. Nel triangolo ABC sia $A(B)C \equiv B(C)A$. Dico essere $AC \equiv AB$.

I lati AC, AB non possono infatti essere disuguali, perchè in tal caso anche gli angoli ABC, BCA sarebbero disuguali [140], e ciò contro l'ipotesi.

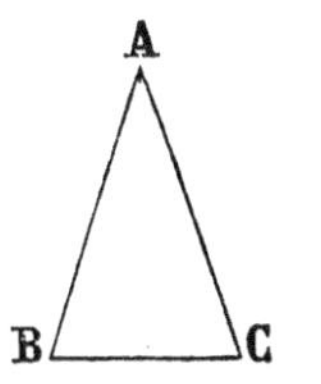

142. Teor. *Se due angoli di un triangolo sono disuguali, il lato opposto all' angolo maggiore è maggiore del lato opposto all' angolo minore.*

Dim. Nel triangolo ABC, l'angolo BCA sia maggiore dell' angolo ABC. Dico che il lato AB, opposto all' angolo maggiore, è maggiore del lato AC, che è opposto all' angolo minore.

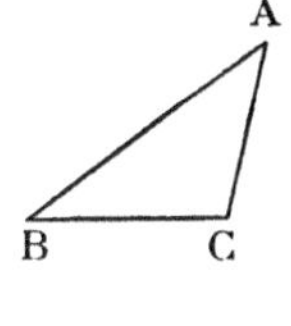

E infatti, non può essere $AB \equiv AC$, perchè allora [137] sarebbe:

$$B(C)A \equiv A(B)C,$$

e ciò contro l'ipotesi. Nè può essere $AB < AC$, perchè [140] ne verrebbe la conseguenza che $B(C)A$ sarebbe minore di $A(B)C$, e ciò nuovamente contro l'ipotesi.

Ma poichè AB non può essere uguale ad AC, nè minore, esso è maggiore di questo lato.

143. Cor. *In un triangolo rettangolo l'ipotenusa è maggiore di ciascun cateto. In un triangolo ottusangolo il lato opposto all' angolo ottuso è maggiore di ciascuno degli altri lati.* [134, 142].

144. Teor. *Ciascun lato di un triangolo è minore della somma degli altri due.*

Dim. Sia un triangolo qualunque ABC. Dico che ciascun lato è minore della somma degli altri due, ad es. che il lato BC è minore della somma

$$BA + AC.$$

Sul prolungamento di BA si prenda $AD \equiv AC$, dimodochè è $BD \equiv BA + AC$; e si tiri DC.

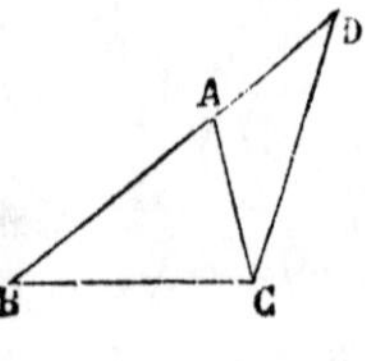

Poichè nel triangolo ADC è $AD \equiv AC$, abbiamo [137] $A(C)D \equiv C(D)A$. Per conseguenza è $B(C)D > C(D)B$. Ma in un triangolo ad angolo maggiore è [142] opposto lato maggiore; quindi è $BD > BC$, ossia:

$$BA + AC > BC.$$

145. Cor. *Ciascun lato di un triangolo è maggiore della differenza degli altri due.*

Dim. Sia il triangolo ABC. Dico che un lato qualunque, ad es. il lato BC, è maggiore della differenza gli altri due.

Nel caso che i lati AB, AC siano eguali, la differenza è nulla, e il teorema sussiste. Imaginiamo che AB ed AC siano disuguali, e sia AB, ad es., il maggiore. Ora, perchè [144] ciascun lato di un triangolo è minore della somma degli altri due, abbiamo:

$$BC + AC > AB.$$

Togliendo dai due membri il segmento AC, otteniamo:

$$BC > AB - AC.$$

146. Oss. Abbiamo veduto [102] che è sempre possibile costruire un triangolo, i cui lati siano rispettivamente uguali a tre dati segmenti, quando ciascuno di questi è minore della somma degli altri due. Ora possiamo aggiungere che queste condizioni, che allora si son trovate sufficienti, sono anche necessarie. Infatti, se una non fosse sodisfatta, e ciò non pertanto si potesse costruire un triangolo, in tal caso esisterebbe un triangolo, nel quale un lato sarebbe uguale alla somma degli altri due, o maggiore. E ciò non può [144] darsi (*).

147. Teor. *Il segmento, che unisce un vertice d'un triangolo con un punto del lato opposto, è minore di uno almeno degli altri due lati.*

Dim. Nel triangolo ABC unisco il vertice A con un punto D qualunque del lato opposto BC. Dico che AD è minore di uno almeno dei lati AB, AC.

Infatti, gli angoli BDA, ADC o sono retti ambidue, e allora AD è minore [143] di ambidue i lati AB, AC. Oppure i due angoli sono disuguali, e in tal caso uno dei due è ottuso, e allora AD è necessariamente minore [143] di quello dei lati AB, AC che è opposto all'angolo ottuso.

148. Cor. *In un triangolo isoscele il segmento, che unisce un punto della base col vertice opposto, è minore dei lati eguali; ed il segmento, che unisce un punto d'un prolungamento della base col vertice opposto, è maggiore dei lati eguali.*

Relazioni tra elementi di due triangoli.

149. Teor. *Se due triangoli hanno due lati e l'angolo compreso rispettivamente uguali, anche gli*

(*) Cogliamo l'occasione per far notare come la risoluzione d'un problema possa gettar luce sopra un teorema. Ad es., se non si fosse ancora risoluto il problema del § 101 (e fatta l'osservazione susseguente), si potrebbe pensare che ci fosse un teorema più perfetto di quello del § 144, per esempio questo che ciascun lato, anche se aumentato d'un suo quarto, è superato dalla somma degli altri due lati.

altri elementi sono rispettivamente uguali, e anche i triangoli sono eguali.

Dim. La stessa che nel § 106.

150. Teor. *Se due triangoli hanno due lati rispettivamente uguali e l'angolo compreso disuguale, i terzi lati sono disuguali; e il maggiore è nel triangolo che ha l'angolo maggiore.*

Dim. Siano i due triangoli ABC, DEF, e sia in essi $AB \equiv DE$, $AC \equiv DF$ e $C(A)B > F(D)E$. Si tratta di provare che è $BC > EF$.

A tal fine dall'angolo maggiore CAB e dalla parte di AB, supposto che sia AB eguale o minore di AC, si tagli via [123] un angolo HAB che sia uguale al minore $F(D)E$. Sia K il punto in cui il raggio AH incontra [61] il lato BC.

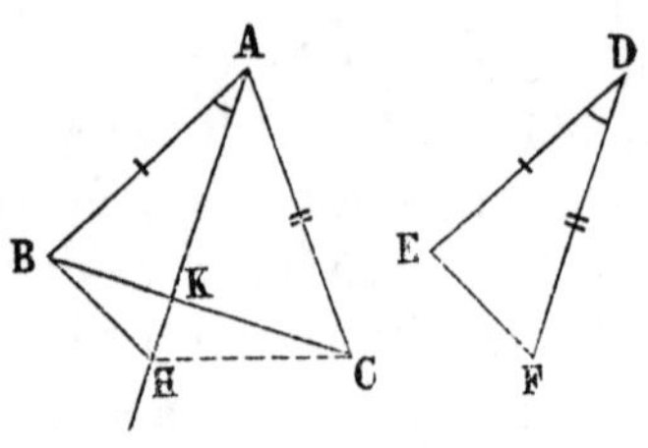

Quando sia $AB \equiv AC$, il segmento AK è minore [148] di ambidue questi lati. Quando poi è $AB < AC$, essendo AK minore necessariamente [147] di uno almeno di questi due lati, esso è certamente minore di AC. Per conseguenza, se sul raggio AK si prende un segmento AH, che sia eguale ad AC, il punto H cade necessariamente fuori del triangolo ABC. Si tiri HC. (*).

(*) Se si volesse dimostrare codesto teorema indipendentemente dal lemma 147, si direbbe: Poichè il lato AC è uguale o maggiore di AB, l'angolo ABC è uguale o maggiore di BCA. Ma è $A(K)C > A(B)C$; quindi è $A(K)C > K(C)A$, e per conseguenza è $AC > AK$. Ecc.

Ora, confrontando i triangoli ABH, DEF, troviamo che hanno, $AB \equiv DE$, $AH \equiv DF$ (perchè è $AC \equiv DF$), ed $H(A)B \equiv F(D)E$. Per conseguenza [106] è $BH \equiv EF$.

Ora si osservi il triangolo AHC. Essendo in esso:

$$AC \equiv AH,$$

egli è [108] $A(H)C \equiv H(C)A$. Ma è $B(H)C > A(H)C$ ed $H(C)A > H(C)B$; quindi è $B(H)C > H(C)B$. Per conseguenza [142] nel triangolo BHC egli è $BC > BH$. Ma è $BH \equiv EF$, quindi infine è $BC > EF$.

Così resta dimostrato che, *ecc.*

151. Teor. *Se due triangoli hanno i lati rispettivamente uguali anche gli angoli opposti ai lati eguali sono rispettivamente uguali; e anche i triangoli sono eguali.*

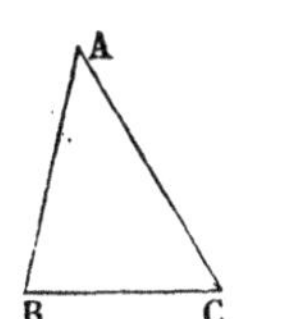

Dim. Nei triangoli ABC, DEF sia $AB \equiv DE$, $AC \equiv DF$ e $BC \equiv EF$. Si deve provare anzitutto che gli angoli opposti ai lati eguali sono eguali.

Consideriamo, ad es., i due angoli CAB, FDE. Essi non possono essere disuguali, perchè in tal caso, essendo $AB \equiv DE$ ed $AC \equiv DF$, i due lati BC, EF sarebbero disuguali [150], e ciò contro l'ipotesi.

Ma ora i due triangoli, poichè hanno $AB \equiv DE$ $AC \equiv DF$ ed eguali gli angoli $C(A)B$, $F(D)E$, hanno rispettivamente uguali gli altri angoli [149], ed essi stessi sono eguali tra loro.

152. Oss. Ora possiamo indicare una costruzione, più comoda in pratica di quella insegnata nel § 123, per risolvere il problema ivi indicato.

Infatti, se sia ABC l'angolo dato, ed FE il raggio dato, basta prendere sui lati dell'angolo dato due punti H, K ad arbitrio, e poi, preso sulla DE un segmento $FN \equiv BK$, costruire dalla banda assegnata, un triangolo MFN, i cui altri lati FM, MN siano eguali rispettivamente ai segmenti BH, HK. E si noti che la costruzione di così fatto triangolo è sempre possibile [102], perchè i tre segmenti BK, BH, HK, ai quali devono essere uguali i lati del triangolo da costruire, sodisfanno [144] appunto alle condizioni che ciascuno sia minore della somma degli altri due.

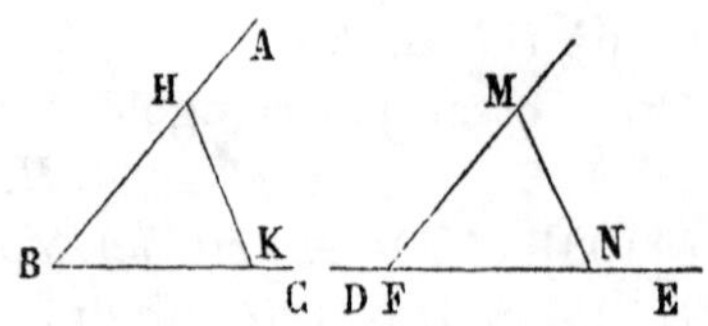

L'angolo MFN, costruito in questo modo, e l'angolo dato ABC sono poi eguali, perchè [151] opposti a lati eguali in triangoli, che hanno per costruzione i lati rispettivamente uguali.

153. Teor. *Se due triangoli hanno due lati rispettivamente uguali e il terzo lato disuguale, al lato maggiore è opposto angolo maggiore.*

Dim. Nei triangoli ABC, DEF sia $AB \equiv DE$, $AC \equiv DF$ e $BC > EF$. Dico che l'angolo in A è maggiore dell'angolo in D.

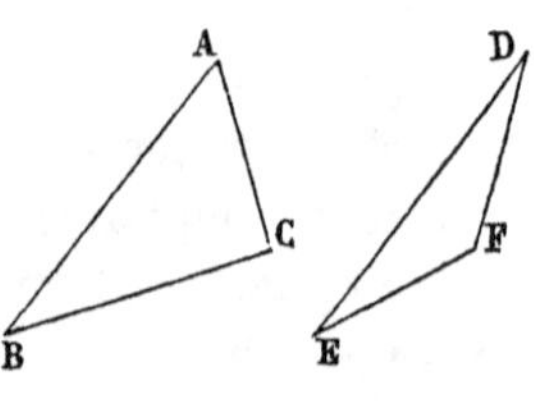

Infatti, non si può ammettere che questi due angoli siano eguali, giacchè allora, essendo nei due triangoli due lati e l'angolo compreso rispettivamente uguali, sarebbe [149]

$BC \equiv EF$, e ciò contro l'ipotesi. Nè l'angolo in A può essere minore dell'angolo in D, perchè ne seguirebbe [150], pure contrariamente all'ipotesi, essere $BC < EF$. L'angolo in A è quindi maggiore dell'angolo in D, come d. d.

154. Teor. *Se due triangoli hanno un lato e due angoli similmente disposti rispettivamente uguali, anche gli altri elementi sono rispettivamente uguali; e anche i triangoli sono eguali.*

Dim. Nella dimostrazione bisogna distinguere due casi, perchè i due angoli o sono entrambi adiacenti al lato che si considera, oppure uno è adiacente e l'altro è opposto.

Nei triangoli ABC, DEF sia: $BC \equiv EF$, $A(B)C \equiv D(E)F$, e poi sia o $B(C)A \equiv E(F)D$, oppure $C(A)B \equiv F(D)E$.

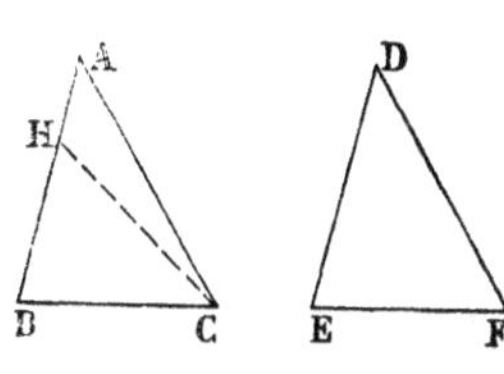

È chiaro che tutto sta a provare l'eguaglianza dei due lati AB, DE, giacchè così ci si riduce al caso, in cui i due triangoli hanno due lati e l'angolo compreso rispettivamente uguali.

Supponiamo, se può essere, che AB e DE siano disuguali. Uno dei due sarà il maggiore; supponiamo sia $AB > DE$. Allora, fatto $BH \equiv DE$, si tiri CH, che cade necessariamente entro l'angolo BCA.

Ora, poichè nei due triangoli HBC, DEF è $BC \equiv EF$, $HB \equiv DE$ ed $H(B)C \equiv D(E)F$, è [149] anche $B(C)H \equiv E(F)D$ e $C(H)B \equiv F(D)E$.

Ora, nel primo caso, essendo $E(F)D \equiv B(C)A$; si conchiude essere $B(C)H \equiv B(C)A$. Il che è falso.

Nel secondo caso, essendo $C(A)B \equiv F(D E$, si

conchiude essere $C(H)B \equiv C(A)B$. Ma ciò è pur falso, perchè l'angolo esterno di un triangolo non è uguale, ma [132] maggiore di ciascuno dei due interni opposti. È dunque necessariamente $AB \equiv DE$, e così [149] rimane dimostrato per entrambi i casi che, *se ecc.*

155. Teor. *Se due triangoli rettangoli hanno l'ipotenusa e un cateto rispettivamente uguali, anche gli altri elementi sono rispettivamente uguali, e anche i triangoli sono eguali.*

Dim. Nei triangoli ABC, DEF, rettangoli in C ed F, sia $AB \equiv DE$ ed $AC \equiv DF$. Manifestamente, se possiamo provare l'eguaglianza degli angoli in B ed E, la proposizione è dimostrata. [154].

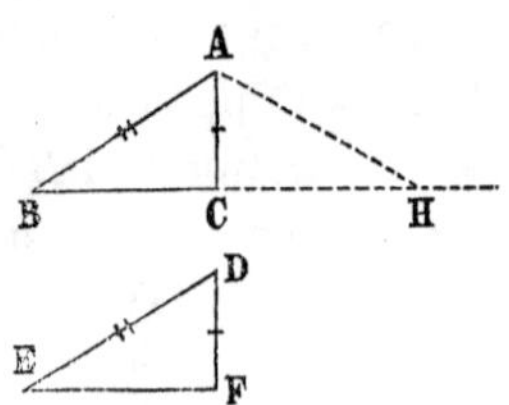

A tal fine, prolungato BC, si faccia $CH \equiv EF$, e si tiri AH. Se ora si confrontano i triangoli ACH, DEF, si trova che hanno $AC \equiv DF$, $CH \equiv EF$ ed eguali gli angoli in C ed F, perchè retti ambidue; il secondo per ipotesi; il primo, perchè adiacente dell'angolo BCA, che è retto. Per conseguenza [149] è $AH \equiv DE$ e $C(H)A \equiv D(E)F$. Ma per dato è $AB \equiv DE$; quindi è anche $AB \equiv AH$, e per conseguenza è $A(B)C \equiv C(H)A$. Ma dianzi abbiamo provato essere $C(H)A \equiv D(E)F$. Quindi infine è anche:

$$A(B)C \equiv D(E)F.$$

E così resta dimostrato [154] che, *ecc.*

156. Teor. *Se in due triangoli rettangoli le ipotenuse sono eguali, e un cateto dell'uno è maggiore di* *un cateto del secondo, l'altro cateto del primo, triangolo è minore del rimanente cateto del secondo.*

Dim. Nei triangoli ABC, DEF, rettangoli in B e in E, sia $AC \equiv DF$ e $BC > EF$. Dico essere $AB < DE$.

Si costruisca in C l'angolo ACH eguale a $E(F)D$, e fatto $CH \equiv EF$, si tirino HA ed HB. Poichè i triangoli ACH, DFE hanno due lati e l'angolo compreso rispettivamente uguali, egli è [149] $AH \equiv DE$ e $C(H)A \equiv D(E)F$. Così, essendo: $BC > EF$ e $A(B)C \equiv D(E)F$, egli è: $BC > CH$ e $C(H)A \equiv A(B)C$.

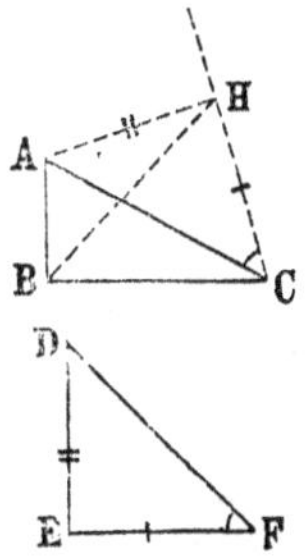

Ora dal triangolo BCH, essendo $BC > CH$, abbiamo [140]: $C(H)B > H(B)C$. Per conseguenza, essendo $C(H)A \equiv A(B)C$ (*), abbiamo $B(H)A < A(B)H$, epperò [142] è $AB < AH$, e quindi anche $AB < DE$, come d. d.

Perpendicolari ed oblique.

157. Sappiamo [120] che per un punto dato fuori di una retta si può sempre condurre una retta, che sia perpendicolare alla retta data. Sappiamo [136] di più che la perpendicolare è unica, che cioè ogni altra retta, che passi per il punto dato e incontri la retta data, è obliqua a questa retta, fa con questa angoli disuguali.

Il segmento della perpendicolare suaccennata, compreso tra il punto e la retta, si suol chiamare, sen-

(*) Il segmento HB taglia AC e quindi gli angoli CHA, ABC, perchè ciascuno degli angoli BCH, HAB, come somma di angoli acuti di triangoli rettangoli, è minore di due retti.

z'altro, *la perpendicolare tirata dal punto alla retta*; e l'estremità, che il segmento ha sulla retta, è detto il *piede* della perpendicolare.

Così per *obliqua condotta da un punto a una retta* s'intende quel segmento di una obliqua, che è compreso tra il punto e la retta.

158. Il segmento, compreso tra il piede della perpendicolare e quello di una obliqua, condotte da uno stesso punto a una medesima retta, si dice *proiezione dell' obliqua sulla retta.*

159. E più generalmente s'intende per *proiezione di un segmento dato sopra una retta data* il segmento compreso tra i piedi delle perpendicolari calate sulla retta dalle estremità del segmento.

160. Teor. *La perpendicolare, tirata da un punto a una retta, è minore d' ogni obliqua; se due oblique hanno proiezioni eguali, esse sono eguali; se hanno proiezioni disuguali, quella che ha proiezione maggiore è maggiore.*

Dim. Da un punto O siano condotte a una retta AB la perpendicolare OC e un'obliqua qualsivoglia OD. Poi fatto $CE \equiv CD$, si tiri OE. Infine, preso un segmento $CH > CE$, si tiri OH. Si deve provare che la perpendicolare OC è minore dell'obliqua OD; che le due oblique OD, OE (che hanno proiezioni eguali CD, CE) sono eguali; e che l'obliqua OH è maggiore dell'obliqua OE, perchè CH, proiezione della prima, è maggiore di CE, che è la proiezione della seconda.

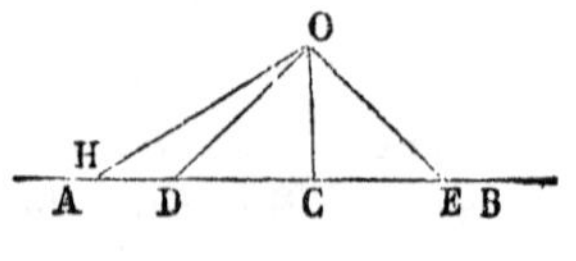

Per la prima parte del teorema basta rammentare che in ogni triangolo rettangolo l'ipotenusa è maggiore dei cateti [143]; egli è perciò $OC < OD$.

Per la seconda parte, considero i triangoli OCD, OCE. Essendo OC comune,

$$CD \equiv CE \quad \text{e} \quad D(C)O \equiv O(C)E,$$

è anche [149] $OD \equiv OE$.

Per provare infine che è $OH > OE$, dal maggior segmento CH si tagli la parte CD eguale al minore CE, e si tiri OD. Le due oblique OD, OE, come quelle che hanno proiezioni eguali, sono eguali. Ed ora si osservi che $H(D)O$, come esterno del triangolo ODC, è maggiore dell'interno opposto $D(C)O$. E poichè questo è retto, $H(D)O$ è ottuso. Ne segue [143] essere $OH > OD$.

161. La perpendicolare, calata da un punto sopra una retta, si dice *distanza del punto dalla retta.*

162. La retta perpendicolare ad un segmento nel punto di mezzo si dice *asse del segmento.*

163. Teor. *Il luogo dei punti equidistanti da due punti dati è l'asse del segmento che unisce i due punti.*

Dim. Siano A e B due punti dati, C il punto di mezzo del segmento AB, e DE la retta perpendicolare ad AB nel punto C. Si deve provare [86] che ogni punto della retta DE è equidistante da A e B; e che ogni punto, che non sia sulla DE, ha dai punti A e B distanze disuguali.

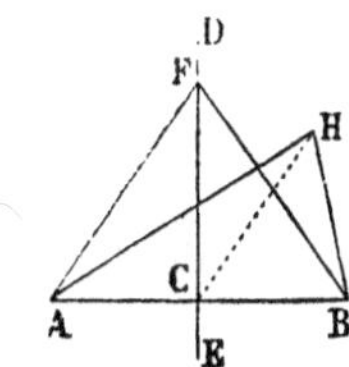

Sulla DE si prenda ad arbitrio un punto F, e lo si unisca con A e con B. Le due oblique FA, FB, perchè hanno proiezioni eguali AC, CB, sono eguali.

Ora si prenda ad arbitrio un punto H fuori della retta DE, e lo si unisca coi punti A, B e C. Si osservi intanto che, essendo H fuori della DE, la retta CH non può coincidere con la perpendicolare DE, epperò essa fa con la AB angoli disuguali. Così i due triangoli HCA, HCB hanno CH in comune, $AC \equiv CB$, ma l'angolo compreso disuguale; quindi [150] i lati HA, HB sono disuguali (*).

In conchiusione *tutti* e *unicamente* i punti, che giacciono sulla DE, hanno la proprietà di aver distanze uguali dai due punti A e B.

164. Teor. *Il luogo dei punti equidistanti da due rette che si tagliano è composto dalle bisettrici degli angoli formati dalle rette stesse.*

Dim. Siano le rette AB, CD, che si tagliano nel punto E.

1°. Preso un punto sopra una delle bisettrici degli angoli formati dalle rette date, ad es. il punto F, da questo punto si tirino le FH, FK perpendicolarmente alle rette date, e si considerino i triangoli EFH, EFK. Poichè in essi il lato EF è comune, gli angoli in H e K sono retti, e per ipotesi è:

$$F(E)H \equiv K(E)F,$$

è anche [154] $FH \equiv FK$.

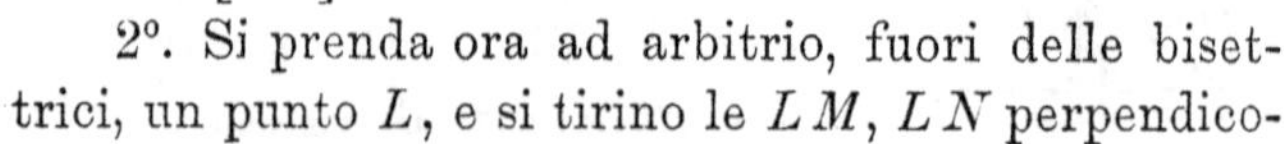

2°. Si prenda ora ad arbitrio, fuori delle bisettrici, un punto L, e si tirino le LM, LN perpendico-

(*) Questa dimostrazione non vale quando il punto H sia preso sulla AB; ma in questo caso le sue distanze da A e B sono disuguali, perchè non vi è [122] che un punto solo (il punto C) che dimezzi il segmento AB.

lari alle rette date, e si unisca L con E (*). Osservando i due triangoli rettangoli LEM, LEN, si vede che, poichè hanno l'ipotenusa in comune, se avessero eguali i cateti LM, LN, sarebbero eguali [155] gli angoli MEL, LEN, e ciò contro l'ipotesi che L non sia su alcuna delle bisettrici. Le distanze LM, LN sono dunque disuguali; e così resta dimostrato che, ecc. (**).

165. Oss. Si noti che le bisettrici, a due a due, sono per diritto. Infatti, ad es., i due angoli QEC, PED, perchè metà di angoli eguali, sono eguali; epperò, essendo EC ed ED per diritto, sono per diritto [130] anche i raggi EQ ed EP.

Poligoni.

166. Dati in un certo ordine n punti A_1, A_2, A_3,... A_{n-1}, A_n, tali che tre consecutivi qualunque (***) non siano in una stessa retta, unendo mediante un segmento ciascun punto col seguente e l'ultimo punto col primo, si forma una figura che si chiama *poligono*.

I punti dati si dicono i *vertici* del poligono; i segmenti sopra indicati si dicono i *lati*.

Un poligono si indica nominando successivamente

(*) La dimostrazione non vale per il caso in cui il punto L (diverso da E) appartenga ad una delle due rette date. Ma per questo caso il teorema è vero manifestamente.

(**) Se M od N coincidesse con E, le perpendicolari sarebbero disuguali, perchè una sarebbe perpendicolare e l'altra obliqua ad una delle rette date. [160].

(***) Consideriamo come consecutivi anche i tre A_{n-1}, A_n, A_1, ed i tre A_n, A_1, A_2.

i vertici nell' ordine in cui sono dati o nell' ordine opposto. Si può anche cominciare da un vertice qualunque; in tal caso l'ultimo ed il primo si considerano come due vertici consecutivi.

Se ci sono lati, i quali abbiano comune un punto che non sia un vertice, il poligono si chiama *intrecciato*. Noi escludiamo poligoni così fatti dalle nostre considerazioni.

Se tutti i vertici e quindi anche tutti i lati di un poligono giacciono in uno stesso piano, il poligono si dice *piano*; altrimenti è *gobbo*.

Un poligono piano si dice *convesso* se, rispetto alla retta a cui appartiene un suo lato qualunque, tutti gli altri lati cadono da una stessa banda.

Rammentiamo che nella *Planimetria* non si considerano altro che poligoni piani; e quando diremo di qualche proprietà di un poligono in generale intenderemo sempre che il poligono sia convesso.

Un poligono piano è una linea *chiusa,* dalla quale il piano resta diviso in due parti. La parte finita si dice *superficie del poligono*; ed ogni suo punto (che non sia però su nessun lato) si dice *interno* al poligono; qualunque punto dell' altra parte si dice *esterno* al poligono.

Spesso la superficie di un poligono si accenna dicendola semplicemente *poligono*, senz' altro.

La linea formata dai lati di un poligono si dice *contorno* del poligono; ed il segmento, che si ottiene sommando i lati di un poligono, si dice *perimetro del poligono.*

In un poligono convesso, gli angoli convessi, formati ciascuno da due lati consecutivi del poligono, si dicono, senz' altro, gli *angoli del poligono.* Gli adiacenti degli angoli di un poligono si dicono angoli *esterni* del poligono.

Ciascun angolo di un poligono si dice *compreso* dai lati che lo formano, e *adiacente* a ciascuno di questi lati.

Quanti sono i vertici di un poligono, tanti sono i lati, tanti gli angoli.

Secondo che il numero dei lati è 3, 4, 5, 6, . . . 8, . . . 10, . . . 12 . . . 15 . . . , il poligono si dice *triangolo, quadrangolo, pentagono, esagono,... ottagono,... decagono, . . . dodecagono, . . . pentedecagono* . . .

Un poligono, che abbia tutti i lati eguali tra loro, si dice *equilatero*; se ha tutti gli angoli eguali tra loro si dice *equiangolo*; infine, se ha ad un tempo tutti i lati eguali e tutti gli angoli eguali, il poligono si dice *regolare*.

167. Sopprimendo un lato di un poligono, resta una linea che si dice *spezzata*. Le estremità del lato soppresso si dicono *estremità* della spezzata; ma si possono dire anch'esse *vertici* della spezzata. Allora in una spezzata il numero dei vertici è di una unità maggiore del numero dei lati. Del resto una spezzata può essere *piana* o *gobba*, *intrecciata* o no, *convessa* o non convessa.

168. Qualunque segmento, che abbia le sue estremità sul contorno di una figura, e non giaccia interamente sul contorno di essa, si dice *corda* della figura.

In un poligono una corda, che abbia le sue estremità in due vertici (non successivi), si dice *diagonale* del poligono.

169. Anticipiamo la spiegazione di alcune altre denominazioni, affine di poterne far uso negli esercizî.

In un triangolo la corda, che unisce un vertice col punto di mezzo del lato opposto, si dice *mediana,* corrispondente a quel vertice o a quel lato. In ogni triangolo ci sono tre mediane.

In un triangolo la corda, che dimezza un angolo, si chiama *bisettrice,* corrispondente a quell'angolo, o al lato opposto, sul quale finisce. In ogni triangolo vi sono tre bisettrici.

In ogni triangolo la perpendicolare, tirata da un vertice sul lato opposto (distanza di quel vertice da quel lato) si dice *altezza* del triangolo, corrispondente a quel vertice, o a quel lato. In ogni triangolo vi sono tre altezze.

Per brevità, talvolta, si accenna un angolo di un triangolo con la sola lettera *maiuscola,* che indica il vertice; e il lato opposto con la stessa lettera *minuscola.*

Dinoteremo, rispettivamente, la mediana, la bisettrice e l'altezza uscenti dal vertice A (corrispondenti al lato a) coi simboli m_a, b_a, h_a; e con p il perimetro.

Talvolta in un triangolo isoscele si dice vertice, semplicemente, il vertice opposto alla base (b). E per lato (l), senz'altro, si deve intendere uno dei lati eguali.

Due punti si dicono *simmetrici* rispetto all'asse [162] del segmento che li unisce.

170. Teor. *Una retta non può avere in comune col contorno di un poligono convesso più di due punti.*

Dim. Infatti, se la retta avesse in comune col contorno un terzo punto, uno dei tre punti cadrebbe necessariamente tra gli altri due, e allora la retta a cui appartiene il lato che passa per quel punto lascerebbe gli altri due punti da bande opposte; e ciò contro l'ipotesi che il poligono sia convesso.

171. Teor. *Ciascun lato di un poligono qualunque è minore della somma di tutti gli altri.*

Dim. Sia un poligono qualunque $ABCDE$. Dico che uno qualunque dei lati, ad es. il lato AB, è minore della somma di tutti gli altri. Perciò unisco il vertice A con tutti gli altri vertici del poligono, ed osservo che, essendo [144] nel triangolo ABC, $AB < BC + AC$, e nel triangolo ACD,

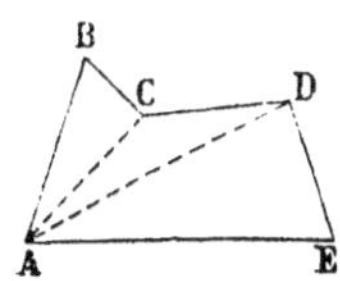

$$AC < CD + AD,$$

egli è $AB < BC + CD + AD$. Infine, essendo nel triangolo: ADE, $AD < DE + EA$, abbiamo:

$$AB < BC + CD + DE + EA.$$

172. Cor. *Il perimetro d'una spezzata è maggiore del segmento che ne unisce le estremità.*

173. Teor. *Un raggio, uscente da un punto interno ad un poligono, incontra il contorno del poligono.*

Dim. Infatti, unendo quel punto con tutti i vertici del poligono, si trova che quel raggio in uno dei triangoli risultanti incontra [61] il lato opposto al vertice ond'esce, e quel lato è parte del contorno del poligono.

174. In un piano un poligono si dice *inviluppato* da un altro poligono, se esso è una parte di questo poligono (o in altre parole, se nessun punto del contorno del primo poligono è esterno al secondo).

175. Teor. *Il perimetro di un poligono convesso è minore del perimetro di qualunque altro poligono che lo inviluppi.*

Dim. Sia il poligono convesso $ABCDEF$, e $AHKLMNO$ un altro poligono che lo inviluppa. Voglio provare che il perimetro del primo è minore del perimetro del secondo.

A tal fine, perchè i vertici D ed F del primo poligono cadono nell' interno del secondo, prolungo CD ed EF fino ad incontrare in P e Q il contorno dell'inviluppante. Ed ora, essendo [144]:

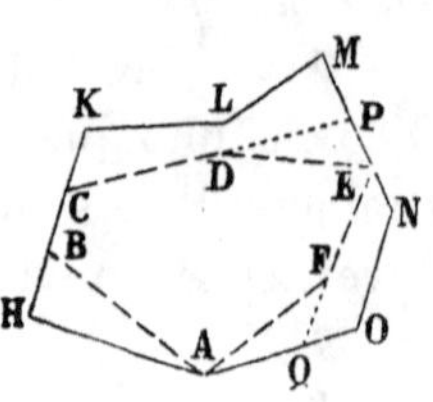

$$DP + PE > DE, \text{ ed } FQ + QA > FA,$$

il perimetro del poligono $ABCPEQ$ è maggiore del perimetro del poligono $ABCDEF$. E perchè la spezzata $CKLMP$ è maggiore del segmento CP col quale ha in comune le estremità, e la spezzata $ENOQ$ è maggiore di EQ, ed è $AH + HB > AB$, il perimetro del poligono $AHKLMNO$ è maggiore del perimetro del poligono $ABCPEQ$. Per conseguenza il perimetro del poligono $AHKLMNO$ è maggiore del perimetro del poligono $ABCDEF$.

176. Cor. 1°. *Se due poligoni, uno dei quali inviluppa l'altro, hanno parte del contorno in comune, il teorema precedente ha luogo anche prescindendo dalla parte del contorno che è comune.*

177. Cor. 2°. *La somma dei segmenti, che uniscono un punto preso nell' interno di un triangolo con le estremità d'un lato, è minore della somma degli altri due lati.* [176].

178. Teor. *Se in due poligoni d'egual numero di lati, prescindendo da un lato e dagli angoli ad esso adiacenti, sui quali non si fa nessuna ipotesi, tutti i lati e gli angoli sono ordinatamente uguali, anche quel* *lato e quegli angoli sono rispettivamente uguali, ed anche i poligoni sono eguali.*

Dim. Nei poligoni d'egual numero di lati $ABCDE$, $FHKLM$, prescindendo dai lati AE, FM e dagli angoli ad essi adiacenti (sui quali non si fa nessuna ipotesi), i lati e gli angoli siano ordinatamente (*) uguali.

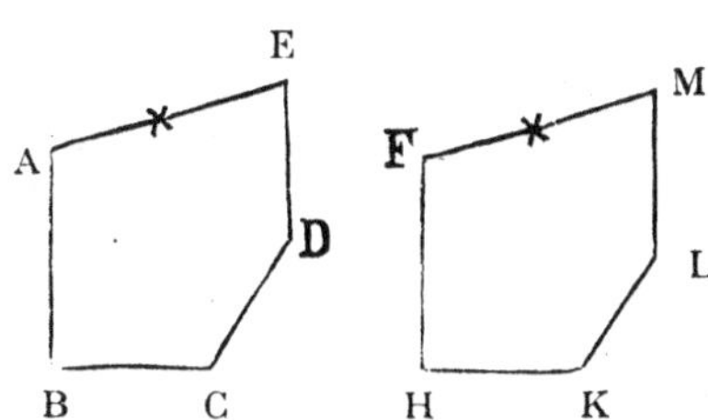

Sovrapponiamo l'angolo B all'angolo H in modo che il lato BA cada sul raggio HF. Essendo $BA \equiv HF$, il punto A cadrà in F. Essendo $A(B)C \equiv F(H)K$, il lato BC cadrà sul raggio HK. Essendo $BC \equiv HK$, il punto C cadrà in K. Così, continuando, si trova che i poligoni coincidono compiutamente; epperò resta provato che, *ecc.*

(*) Dicendo che i lati e gli angoli dei poligoni sono *ordinatamente* uguali, s'intende dire che due elementi uguali sono similmente disposti, rispetto a due altri eguali, dimodochè due lati consecutivi d'un poligono sono rispettivamente uguali a due consecutivi dell'altro e sono eguali gli angoli compresi.

Due poligoni d'egual numero di lati potrebbero avere tutti gli elementi rispettivamente uguali e non essere uguali. Ad es., se nel poligono $ABCDE$, tirata la diagonale AD, sia $D(A)B \equiv C(D)A$, ribaltando il poligono $ABCD$ in modo che si scambino di posto i vertici A e D, si ottiene un poligono che ha tutti gli stessi lati ed angoli del primitivo e che non è uguale (in generale) al primitivo.

Esercizî.

(**Avv.** I numeri, che sono scritti in fine di taluni esercizî, accennano le proposizioni del testo sulle quali *principalmente* si fonda (od almeno si può fondare) la dimostrazione del teorema, o la risoluzione del problema. Ma quando i detti numeri sono in quel carattere stesso, che si è usato per numerare gli esercizî, in tal caso l'accenno si riferisce a precedente esercizio. Quando i numeri sono più d'uno, essi accennano le proposizioni ausiliarie in quell'ordine in cui esse occorrono).

1. Se due rette, che dividono due angoli adiacenti, sono perpendicolari tra loro, e una dimezza uno degli angoli, l'altra è anch'essa la bisettrice dell'altro angolo. — Se le bisettrici di due angoli consecutivi sono perpendicolari tra loro, i lati non comuni dei due angoli sono per diritto.

2. Se degli angoli, formati da quattro raggi uscenti da uno stesso punto, il primo è uguale al terzo e il secondo al quarto, i quattro raggi formano due rette. Se dei quattro angoli sopra accennati il primo è uguale al terzo, le bisettrici degli altri due sono per diritto. [128].

3. Se le diagonali di un quadrangolo si dimezzano scambievolmente, il quadrangolo ha i lati opposti eguali e gli angoli opposti eguali.

4. Se un quadrangolo ha i lati opposti eguali, anche gli angoli opposti sono eguali, e le diagonali si dimezzano scambievolmente.

5. Se le diagonali di un quadrangolo si dimezzano scambievolmente e sono eguali, il quadrangolo è equiangolo. — Se le diagonali si dimezzano scambievolmente e sono perpendicolari tra loro, il quadrangolo è equilatero.

6. Se le diagonali di un quadrangolo sono eguali e si dimezzano scambievolmente ad angoli retti, il quadrangolo è regolare.

7. In un triangolo il piede di una altezza si trova sul lato sul quale è calata, o sul prolungamento di questo lato, secondo che ambidue gli angoli adiacenti al lato sono acuti, oppure uno è acuto e l'altro ottuso. (Dal teor. 132, indirettamente).

8. L'angolo, compreso dai segmenti tirati alle estremità di un lato di un triangolo da un punto preso nell'interno del triangolo, è maggiore dell'angolo compreso dagli altri due lati del triangolo. (Si prolunghi... [132]).

9. Se un poligono ha i vertici in un cerchio (cioè è *iscritto* in un cerchio) ed è equilatero, esso è anche equiangolo.

10. Iscrivere in un cerchio dato un poligono regolare di 8, o di 16, o di 32 lati...

11. Se un quadrangolo è iscritto in un cerchio, la somma di due angoli opposti è uguale alla somma degli altri due. [108].

12. Secondo che una mediana è maggiore, uguale, o minore della metà del lato a cui è condotta, l'angolo opposto a questo lato è minore, uguale, o maggiore della somma degli altri due. E reciprocamente. [140, 108].

13. Due punti A, B sono situati da una stessa banda di una retta CD; e la retta AB incontra la CD in E. Si dimostri che la differenza delle distanze del punto E dai punti A,B è maggiore della differenza delle distanze di qualsivoglia altro punto della CD dai medesimi punti A e B. [145].

14. Dimostrare l'eguaglianza di due triangoli che hanno i lati rispettivamente uguali, e ciò fondandosi unicamente sui teoremi 106 e 108. (Si dispongano i due triangoli così che abbiano un lato in comune e cadano da bande opposte di questo lato. Bisogna poi unire i vertici opposti al lato comune, e distinguere tre casi).

15. Se due triangoli hanno un lato e le altezze corrispondenti agli altri due lati rispettivamente uguali, essi sono eguali.

16. Se due triangoli isosceli hanno gli angoli alla base rispettivamente uguali, ed eguali le altezze corrispondenti alle basi, o quelle corrispondenti ai lati eguali, essi sono eguali.

17. Se due triangoli isosceli hanno l'angolo al vertice e la mediana uscente dal vertice rispettivamente uguali, essi sono eguali.

18. Se due triangoli hanno due lati e l'angolo opposto a uno di questi rispettivamente uguali, gli angoli opposti all'altro lato o sono eguali, o sono supplementari. (Mediante sovrapposizione).

19. Dimostrare, indipendentemente dal teor. 144, che ciascun lato di un triangolo è maggiore della differenza tra gli

altri due. (Dal maggiore dei due lati si taglia una parte uguale all'altro; ecc., [138, 126, 142]).

20. Se due triangoli ABC, DEF hanno eguali i lati BC, EF ed eguali gli angoli cpposti, e l'angolo in B è maggiore dell'angolo in E, l'angolo in C è minore di quello in F. (Mediante sovrapposizione, e provando che il vertice A non può cadere dentro del triangolo DEF. [8,132]).

21. Se in due poligoni d'egual numero di lati, prescindendo da un angolo e dai lati che lo comprendono, sui quali non si fa nessuna ipotesi, i lati e gli angoli sono ordinatamente uguali, anche quell'angolo e quei lati sono rispettivamente uguali. (Si uniscano tra loro, in ciascuno dei poligoni, i vertici attigui a quello dell'angolo, di cui si vuol provare l'eguaglianza. Così si può trar profitto dal teorema 178).

22. Se in due poligoni d'egual numero di lati, prescindendo da tre angoli consecutivi, sui quali non si fa nessuna ipotesi, i lati e gli angoli sono ordinatamente uguali, anche quei tre angoli sono rispettivamente uguali. (Si uniscano tra loro, in ciascuno dei poligoni, i vertici del primo e del terzo dei tre angoli. [178, 154]).

23. Se si unisce un punto qualunque O con tutti i vertici di un poligono, e si prolunga ciascun segmento dalla parte del punto O di una parte uguale a se stesso, e si uniscono poi ordinatamente le estremità dei prolungamenti, si ottiene un poligono eguale al primitivo.

24. Se da due punti partono dei segmenti uguali, ciascuno a ciascuno, e formanti, ciascuno col seguente, angoli ordinatamente uguali, e si uniscano ordinatamente da una parte e dall'altra le estremità di quei segmenti, si ottengono due poligoni eguali.

25. Se si hanno due poligoni eguali, e divisi ad arbitrio i lati di un poligono, ciascuno in due parti, si tagliano nello stesso modo i lati dell'altro poligono, e si unisce in ciascuno dei poligoni ciascuno dei punti di divisione con quello che divide il lato seguente, si ottengono due poligoni eguali. (Il teorema vale anche se uno o più lati vengono divisi in tre parti; e se su qualche lato non si fa cadere nessun vertice del nuovo poligono; e anche se si fa cader qualche vertice del poligono iscritto in un vertice del poligono dato).

26. Se sui lati di un poligono regolare si prendono, partendo dai vertici, dei segmenti tutti eguali tra loro, e l'estremità di ciascun segmento si unisce con quella del segmento susseguente, si ottiene un poligono regolare.

27. Se un poligono regolare ha più di quattro lati, e si uniscono a due a due i vertici che sono separati da un solo vertice, si ottengono rette, che intersecandosi formano un nuovo poligono regolare.

28. Se una spezzata a zig-zag ha lati eguali ed angoli eguali, i punti di mezzo dei lati sono in linea retta. [130].

29. Due rette perpendicolari a una terza non hanno nessun punto in comu e. (Se si incontrassero, allora si avrebbe esempio di un triangolo... [133]).

30. Se due rette fanno con una terza angoli *alterni* (*) eguali, od angoli *corrispondenti* eguali, esse non hanno nessun punto in comune. (Dal punto medio di quel segmento della terza retta, che è compreso tra le due prime, si calino le perpendicolari su queste due rette. Provando [130] che le due perpendicolari sono per diritto, si riduce la questione all'esercizio precedente. Per la seconda parte dell'esercizio basta poi ricorrere al teor. 129).

31. Se ciascuna di due rette taglia i lati di un angolo in punti equidistanti dal vertice, le due rette non possono incontrarsi. (Si dimezzi l'angolo. [**29**]).

32. Se si prolunga, di là dal vertice, uno dei lati eguali di un triangolo isoscele, e si dimezza l'angolo esterno risultante, la bisettrice non può incontrare la retta a cui appartiene la base del triangolo. (Si dimezzi anche l'angolo al vertice. [**29**]).

33. Qualunque retta perpendicolare alla bisettrice dell'angolo al vertice di un triangolo isoscele (in un punto preso nell'interno del triangolo) taglia i due lati eguali in due punti equidistanti dalla base del triangolo. [**29**, 57].

34. Ciascun lato di un triangolo è minore del semiperimetro del triangolo. [144].

35. La somma dei segmenti tirati ai vertici di un triangolo da un punto situato nell'interno del triangolo è minore

(*) Il significato delle parole *alterno* e *corrispondente* è dichiarato al §. 240.

del perimetro del triangolo, ma maggiore del semiperimetro. [177, 144].

36. La somma delle diagonali di un quadrangolo è minore del perimetro e maggiore del semiperimetro del quadrangolo.

37. La somma delle altezze di un triangolo è minore del perimetro del triangolo.

38. Se da un punto M di un lato di un angolo acuto si cala la perpendicolare MN sull'altro lato, poi da N la NP perpendicolare sul primo lato, e da P nuovamente la perpendicolare ecc. e così via indefinitamente, un punto, che percorra la spezzata $MNP\ldots$, si avvicina sempre più al vertice, senza poter mai arrivarvi. [160].

39. Se due punti si muovono sui lati di un angolo retto od ottuso, allontanandosi dal vertice, la loro distanza diventa sempre più grande. Può accadere il contrario, se l'angolo è acuto.

40. Tirare tra i lati di un angolo dato un segmento in modo che sia dimezzato da una data corda dell'angolo. [109, 118].

41. Se in un triangolo isoscele per le estremità della base si tirano due rette che si seghino in un punto della mediana corrispondente alla base, queste due rette incontrano i lati eguali in due punti che sono equidistanti dalla base del triangolo.

42. Se più segmenti posti sopra una stessa retta ed aventi il punto di mezzo in comune sono basi di triangoli isosceli, i vertici di codesti triangoli, che sono opposti alle basi, si trovano sopra una stessa retta.

43. Se sopra i lati di un angolo si prendono, partendo dal vertice, due segmenti eguali AB, AC, e consecutivamente altri due segmenti eguali BD, CE, e tirati i segmenti CD, BE, si unisce il loro punto d'intersezione col vertice dell'angolo dato, l'angolo viene così diviso per metà.

44. In un triangolo isoscele le mediane s'incontrano in uno stesso punto [**43**].

45. Se, diviso in due ad arbitrio un lato di un triangolo equilatero, si tagliano nello stesso modo gli altri lati, e ciascun punto di divisione si unisce col vertice opposto, si ottengono tre rette, che, intersecandosi, formano un triangolo equilatero.

46. Sia $ABCD$ un quadrangolo regolare. Sui lati AB, BC,

CD, DA si prendano quattro segmenti eguali AE, BF, CH, DK, e si tirino le rette AH, BK, CE, DF. Queste, incontrandosi, formano un quadrangolo regolare.

47. Se la bisettrice di un angolo di un triangolo dimezza il lato opposto, i lati dell'angolo dimezzato sono eguali. (Si prolunghi la bisettrice di là dal lato dimezzato di un segmento uguale alla bisettrice. [141]).

48. Le bisettrici degli angoli di un triangolo s'incontrano in uno stesso punto. (Tirate due bisettrici, si prova che il punto d'incontro è equidistante dai lati del triangolo. Si unisce questo punto col terzo vertice, e si prova che questa retta è la terza bisettrice).

49. Dimezzare un angolo dato senza adoperare il vertice dell'angolo. (Si tirino due secanti ... È una applicazione del precedente esercizio).

50. Le bisettrici degli angoli di un triangolo equilatero formano nel punto d'incontro tre angoli eguali.

51. Iscrivere in un cerchio dato un triangolo equilatero, e un esagono regolare. (Preso un triangolo equilatero qualunque, se ne dimezzino gli angoli [**48**], poi si costruiscano nel centro del cerchio angoli eguali a quelli compresi dalle bisettrici).

52. Dividere un angolo retto in tre parti eguali. (Se da uno degli angoli compresi dalle bisettrici di un triangolo equilatero si toglie un retto, resta un angolo che è un terzo di retto).

53. Se per le estremità e per il punto di mezzo di un segmento si tirano tre perpendicolari al segmento, qualunque punto della perpendicolare intermedia è equidistante dalle altre due.

54. Se due punti A, B sono situati da una stessa banda di una retta data, ed A', B' sono i punti simmetrici di A, B rispetto alla retta stessa, unendo un punto O qualunque di codesta retta coi quattro punti, si ottengono due angoli AOB, $A'OB'$, che sono eguali.

55. Riferendosi al precedente esercizio, dimostrare che è $AB \equiv A'B'$, $AB' \equiv A'B$, e che questi due ultimi segmenti si segano sulla retta data. (Si uniscano i punti A ed A' con quello in cui BB' sega la retta).

56. Dimostrare che, se si prendono sui due segmenti AB, $A'B'$

indicati nell'esercizio 54, due segmenti eguali AM, $A'M'$, i punti M ed M' sono simmetrici rispetto alla retta data.

57. Dimostrare che se la retta, che passa per i punti A e B, indicati nell'esercizio 54, incontra la retta ivi stesso accennata, anche la retta $A'B'$ passa per quel punto.

58. Se si trovano i punti, che sono simmetrici ai vertici di un poligono rispetto a una retta, e si uniscono questi punti ordinatamente tra loro, si ottiene un poligono eguale al dato.

59. Due punti simmetrici rispetto a una retta data AB sono equidistanti da una retta qualunque, che sia perpendicolare ad AB; e anche i piedi delle perpendicolari sono simmetrici rispetto a codesta retta.

60. Costruire col solo compasso il punto che è simmetrico ad un altro rispetto alla retta che passa per due altri punti dati.

61. Come si può riconoscere, col mezzo del solo compasso, se tre punti dati sono in linea retta? (Si costruiscano due punti simmetrici rispetto alla retta, che passa per due dei dati. Ecc.).

62. Come si può riconoscere, per mezzo del solo compasso, se la retta che passa per due dati punti A e B è perpendicolare alla retta che passa per due punti dati C e D? (Si trova il punto E simmetrico ad A rispetto alla retta CD; poi [61]).

63. Data una retta e due punti da una stessa banda di essa, trovare sulla retta un punto tale che i segmenti, che lo uniscono coi punti dati, formino con la retta angoli eguali. (Si costruisce il punto, che con uno dei dati è simmetrico rispetto alla retta data).

64. Dimostrare che la somma dei due segmenti, che risolvono il problema precedente, è minore della somma dei segmenti tirati dai due punti a qualsivoglia altro punto della retta. (Si unisce il nuovo punto con quello simmetrico a uno dei dati, che si è trovato per risolvere il problema. [144]).

65. Unire due punti, dati fra i lati di un angolo, con una spezzata trilatera, avente i vertici sui lati dell'angolo dato, e tale che ciascun lato di codesto angolo formi angoli eguali con quei lati della spezzata che lo incontrano.

66. Dato un angolo acuto e un punto A fra i lati dell'angolo,

trovare su questi lati due punti B e C tali che il triangolo $A\,B\,C$ abbia il minor perimetro possibile. (Si costruiscano e si uniscano tra loro i punti che sono simmetrici ad A rispetto ai lati dell'angolo).

67. In un triangolo ciascuna mediana è minore della semisomma dei due lati che con essa concorrono nello stesso vertice. (Bisogna prolungare la mediana d'un segmento uguale alla mediana). La somma delle mediane è minore del perimetro del triangolo ed è maggiore del semiperimetro.

68. Se due lati di un triangolo sono disuguali, la mediana, che ha con essi in comune una estremità, fa col lato maggiore angolo minore. (Si prolunghi la mediana d'un segmento ad essa eguale). — L'altezza invece fa col lato maggiore angolo maggiore.

69. Se due lati di un triangolo sono disuguali, la bisettrice dell'angolo compreso da questi lati cade tra la mediana e l'altezza uscenti dallo stesso vertice. (È una conseguenza dell'esercizio precedente).

70. Se sopra una retta, e consecutivamente, si prendono dei segmenti uguali, in numero dispari, e sulla somma di questi segmenti si costruisce ad arbitrio un triangolo isoscele, e poi si unisce il vertice coi punti di divisione della base, l'angolo al vertice resta diviso in parti, l'intermedia delle quali è maggiore delle rimanenti. Queste sono a due a due uguali, e tanto più piccole quanto più discoste dall'intermedia. [**68**].

71. La bisettrice di un angolo di un triangolo taglia il lato opposto in parti rispettivamente minori degli altri due lati. [132, 142].

72. In un triangolo la bisettrice di un angolo contenuto da lati disuguali, taglia il terzo lato in parti disuguali; ed è maggiore la parte adiacente al lato maggiore.

73. Ciascuna delle bisettrici di un triangolo resta divisa dal punto d'incontro delle bisettrici per modo che la parte, che ha una estremità nel vertice dell'angolo dimezzato, è maggiore dell'altra. (Conseguenza dei due esercizî precedenti).

74. Ogni mediana è maggiore della bisettrice uscente dallo stesso vertice, purchè i lati che contengono l'angolo dimezzato non siano eguali. [**69**].

75. In un triangolo ogni bisettrice è minore della semisomma dei lati dell'angolo dimezzato. — La somma delle bisettrici è minore del perimetro del triangolo. [**74**, **67**].

76. In un triangolo su lati eguali cadono altezze uguali; e su lato maggiore cade altezza minore. — E reciprocamente. (Bisogna distinguere più casi. [140, 132]).

77. In un triangolo a lati eguali corrispondono mediane uguali; a lato maggiore corrisponde mediana minore. — E reciprocamente. (Se è $AB > AC$, e D ed E sono i punti di mezzo, si consideri dapprima il triangolo ADE [140, 126]. Poi, preso su DB un segmento $DF \equiv EC$, si confrontino [150] i triangoli EDC, EDF. Resta poi a provare essere $EB > EF$).

78. In un triangolo a lati eguali corrispondono bisettrici eguali; a maggior lato corrisponde bisettrice minore. — E reciprocamente. (Si comincia a provare che la bisettrice corrispondente al minore dei tre lati è maggiore di ciascuna delle altre due. La dimostrazione è piuttosto difficile).

79. Costruire un triangolo, dati due lati e la mediana corrispondente al terzo lato. (Preso un triangolo qualunque, e tirata una mediana, si supponga che il triangolo sia quello che si vuol costruire. Si prolunghi la mediana di un segmento eguale ad essa... Così, connesso col triangolo domandato, risulta un triangolo, che si può costruire. Ecc.).

80. Se per i punti di mezzo dei lati di un triangolo equilatero si tirano tre segmenti uguali e perpendicolari ai lati, tutti e tre rispettivamente dalla stessa banda del triangolo, o dalla banda opposta, e si uniscono le estremità di codesti segmenti, si ottiene un triangolo equilatero.

81. Se per i vertici di un triangolo equilatero si tirano tre segmenti eguali e perpendicolari ai lati, in modo che ciascun segmento, rispetto alla retta a cui è perpendicolare, cada dalla stessa banda che il triangolo o da bande opposte, e si uniscono le estremità di questi segmenti, si ottiene un triangolo equilatero.

82. Se due triangoli hanno due lati e una mediana rispettivamente uguali, essi sono eguali. (Si distingueranno due casi. Per quello in cui la mediana è la corrispondente al terzo lato, si prolungherà la mediana di un segmento ad essa eguale).

83. Se due triangoli hanno un lato, la somma degli altri due, e uno degli angoli adiacenti al primo lato, rispettivamente uguali, essi sono eguali. (Presi due triangoli, e supposto che essi siano i triangoli in questione, si prolunghino due lati, quelli adiacenti all'angolo eguale, di segmenti eguali rispettivamente agli altri due lati, così da formare le due somme che si sa essere uguali. Considerando i due triangoli, che ne risultano, si può poi provare l'eguaglianza dei due primi).

84. Se due triangoli isosceli hanno i perimetri e le altezze corispondenti alle basi rispettivamente uguali, essi sono eguali.

85. Se due triangoli hanno perimetri uguali e due angoli rispettivamente uguali, essi sono eguali. (Siano ABC, DEF i triangoli, i cui perimetri sono eguali, e sia $A(B)C \equiv D(E)F$ e $C(A)B \equiv F(D)E$. Manifestamente la difficoltà si riduce a provare che è $AB \equiv DE$. Non siano eguali; sia, ad es., $AB > DE$ e $BH \equiv DE$. Si costruisca in H l'angolo KHB eguale a $C(A)B$. Il lato HK non può incontrare [**30**] il lato AC; incontra [173] quindi BC in K. Così si trova che i triangoli ABC, HBK dovrebbero avere perimetri eguali. E ciò non può [171] essere).

86. Costruire un triangolo, dato un lato, un angolo adiacente ad esso, e la somma degli altri due lati.

87. Costruire un triangolo isoscele, dato il perimetro e l'altezza corrispondente alla base.

88. Se per due punti A, B d'una retta, e da una stessa banda di essa, si tirano due segmenti AC, BD eguali e perpendicolari alla retta, codesta e la retta CD non hanno nessun punto comune. (Si proverà che le due rette sono perpendicolari a quella che passa per i punti di mezzo dei segmenti AB, CD).

89. Riferendosi alla figura dell'esercizio precedente, si mostri che CD non può essere minore di AB. (Dimostrazione indiretta. Sul prolungamento di AB si prendano dei segmenti uguali ad AB, e siano BA', $A'B'$, $B'A''$ ecc.; si conducano per A', B', A'' ecc. le $A'C'$, $B'D'$, $A''C''$ ecc. perpendicolari ad AB ed eguali ad AC. Supponendo sia $CD < AB$, si può pervenire alla conchiusione che la spezzata $ACDC'D'C''D''B''\ldots$ è minore del segmento $AB''\ldots$).

90. Qualunque retta, che passi per il punto di mezzo di un segmento AB, o che sia perpendicolare all'asse del segmento AB, è equidistante dai punti A, B.

91. Se una retta è equidistante da due punti A, B, essa, o passa per il punto di mezzo del segmento AB, o non ha con la retta AB nessun punto comune.

92. Una retta, che incontri il prolungamento di un segmento od il segmento stesso in un punto che non sia il punto di mezzo, ha dalle estremità del segmento distanze disuguali.

93. Se da due punti, presi sopra un lato di un angolo, si calano le perpendicolari sull'altro lato, le due perpendicolari sono disuguali, ed è maggiore quella che è più distante dal vertice. (Indirettamente, giovandosi dell'esercizio precedente).

94. Se due punti scorrono sopra i lati di un angolo, allontanandosi dal vertice, e in modo che le loro distanze dal vertice siano sempre uguali tra loro, la distanza tra i due punti va sempre crescendo. (Si dimezzi l'angolo).

95. Sia ABC un triangolo isoscele, e BC la base. Preso su AC un punto D ad arbitrio, sul prolungamento di AB si prenda $BE \equiv CD$. Poi si conduca ED. Dimostrare che ED è dimezzata (in K) dalla base. E reciprocamente: se ED è dimezzata dalla base, è $BE \equiv CD$. Si osservi poi che fra i triangoli, che hanno un angolo in comune e eguale la somma dei lati che contengono l'angolo comune, l'isoscele ha maggior superficie. (Da D e da E si calino le perpendicolari DF, EH sulla BC, e si considerino, prima i triangoli DCF, EBH, poi i due DFK, EHK).

96. Dedurre dall'esercizio precedente questa conseguenza che il poligono regolare, che ha i vertici nei punti di mezzo dei lati di un poligono regolare dato, è quello tra i poligoni, che si possono ottenere operando come indica l'esercizio 26, che ha la minima superficie.

97. Se per D, punto di mezzo della base BC di un triangolo isoscele ABC, si tira una retta che tagli il prolungamento di AB in E e il lato AC in F, è $DE > DF$ e $BE > CF$. (Dall'angolo CBE si tagli una parte eguale all'angolo

DCA. Poi, preso su BA un segmento $BH \equiv CF$, si tiri DH. [**72**]).

98. Se si prendono sopra una retta quanti si vogliano segmenti eguali consecutivi AB, BC, CD..., e, preso fuori della retta un punto O e tirati i segmenti OA, OB, OC..., si prolungano, ciascuno d'un segmento eguale a se stesso, si ottengono punti A', B', C'... equidistanti dalla retta data. E i segmenti $A'B'$, $B'C'$, $C'D'$... sono eguali tra loro.

99. Fra i triangoli isoperimetri, costruiti sulla medesima base, l'isoscele ha la massima superficie. (Sia ABC il triangolo isoscele, e DBC l'altro triangolo. Bisogna provare dapprima [177] che i perimetri devono segarsi. Posto che BD seghi AC in E, si prende su EB un segmento EF uguale al minore [142] EC, e su EA un segmento $EH \equiv ED$. Poi si osserva essere $BF + FA > AB$; donde si può dedurre la conseguenza che è $FA + AE > FH + HE$, la quale prova trovarsi il punto H tra A ed E; ecc.).

100. Se un segmento si muove in modo che una estremità scorra sopra una retta data, e si mantiene perpendicolare a codesta retta, l'altra estremità del segmento descrive una linea che è divisa in due parti eguali da qualsivoglia suo punto.

CAPITOLO IV

DEL CERCHIO

Prime proprietà d'un cerchio.

179. Teor. *Una retta ed un cerchio non possono avere più di due punti in comune.*

Dim. Presi sopra un cerchio qualunque due punti qualunque A, B si tiri la retta AB. Se mai questa retta passa per il centro O, possiamo asserire senz'altro [94] che essa non ha altri punti in comune col cerchio. Supponiamo che non passi per il centro, e uniamo il centro con A e B; così ci risulta un triangolo isoscele OAB, perchè è $OA \equiv OB$. Ora, perchè il segmento, che unisce un punto qualunque della base di un triangolo isoscele o dei prolungamenti della base col vertice opposto, non è uguale al lato del triangolo [148], nessun punto della retta, diverso dai due A e B, può appartenere al cerchio. [93].

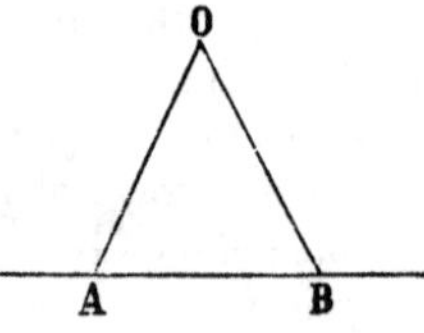

180. Cor. 1°. *Nessuna parte d'un cerchio è un segmento.*

Infatti, sopra un segmento ci sono più di due punti in linea retta, ed un cerchio non può avere con una retta più di due punti in comune.

181. Cor. 2°. *Non c'è che un solo piano che contenga tutti i punti d'un cerchio.*

Infatti tre punti qualunque d'un cerchio, non essendo in una stessa retta [179], determinano un piano [49], e questo coincide [49] con quello in cui fu descritto il cerchio.

182. Teor. *Un cerchio ha un centro solo.*

Dim. Sia un cerchio qualunque descritto con centro O. Dico che ***nel piano del cerchio*** non esiste nessun altro punto, il quale, come il centro O, goda la proprietà di essere ugualmente distante da tutti i punti del cerchio.

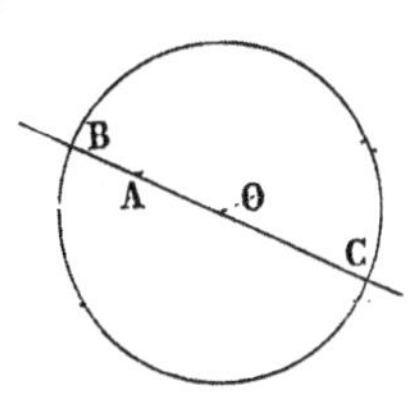

Preso un punto A ad arbitrio, si tiri la retta AO. Questa retta, poichè passa per il centro, incontra il cerchio [94] in due punti B, C ed è $OB \equiv OC$. Per conseguenza [122] i segmenti AB ed AC sono disuguali; e tanto basta per poter dire che il punto A non si potrebbe considerare come un altro centro del cerchio (giacchè il centro d'un cerchio ha egual distanza da *tutti* i punti del cerchio).

183. Teor. *Due cerchi, che abbiamo raggi eguali, sono eguali.*

Dim. Due cerchi abbiano raggi eguali. Dico che sono eguali.

Si trasporti uno dei cerchi sull'altro, in modo che i centri e i piani dei cerchi coincidano. Ciò fatto, si può dire che ciascun punto di ciascuno dei due cerchi ha dal centro dell'altro distanza eguale al raggio di codesto cerchio; epperò [93] ciascun punto di ciascuno dei due cerchi cade sull'altro cerchio. I cerchi sono dunque eguali, c. d. d.

184. Cor. 1°. *Un cerchio è individuato, quando ne sia dato il piano, il centro e il raggio; o, ciò che fa lo stesso, il piano, il centro e un punto qualsivoglia del cerchio.*

Chè infatti tutti i cerchi, descritti con quel centro e con quel raggio, coincidono. [183].

185. Cor. 2°. *Se il piano d'un cerchio vien fatto scorrere su se stesso, rotando intorno al centro* [65], *il cerchio scorre su se stesso.*

Infatti il cerchio nella posizione primitiva e in una nuova posizione, assunta rotando, si possono considerare come due cerchi posti in uno stesso piano, con centro comune e raggi eguali.

186. Teor. *La retta, che passa per il centro e per il punto di mezzo d'una corda, è perpendicolare alla corda.*

Dim. Sia un cerchio di centro O, una corda AB e sia C il punto di mezzo della corda AB. Dico che OC è perpendicolare ad AB.

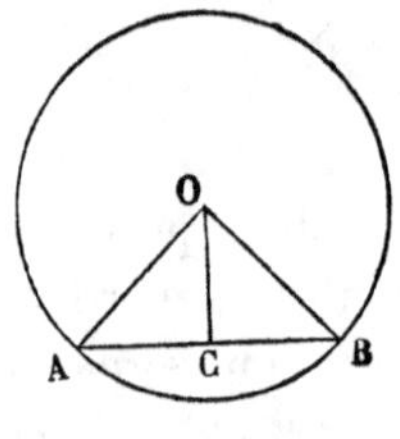

Infatti poichè nei triangoli OAC, OBC è OC comune, $OA \equiv OB$ ed $AC \equiv CB$, è [151] anche $A(C)O \equiv O(C)B$.

187. Teor. *La perpendicolare, calata dal centro d'un cerchio sopra una corda qualunque, divide la corda per metà.*

Dim. Infatti, se la corda non fosse dimezzata dalla perpendicolare, unendo il centro col punto di mezzo della corda, si otterrebbe un' altra perpendicolare alla corda [186], e così da uno stesso punto sarebbero tirate ad una stessa retta due perpendicolari distinte, il che non può essere. [136].

188. Teor. *La perpendicolare condotta ad una corda nel punto di mezzo (l'asse della corda) passa per il centro del cerchio.*

Dim. Infatti, se la perpendicolare non passasse

per il centro, unendo il centro col punto di mezzo della corda, si otterrebbe un' altra perpendicolare alla corda nel medesimo punto, e ciò non può darsi. [114].

Questa proposizione è anche conseguenza della proprietà dell'asse d'un segmento di contenere tutti i punti che sono equidistanti dalle estremità del segmento. [163].

189. Probl. *Trovare il centro d'un cerchio dato.*

Risol. Sul cerchio dato si prendano ad arbitrio tre punti A, B, C, e tirino le corde AB, BC, e poi i loro assi DF, EH. Queste rette devono incontrarsi, e il punto d'intersezione è il centro ricercato.

Dim. Sappiamo [188] che l'asse di qualsivoglia corda passa per il centro del cerchio. Ambedue le rette DF, EH devono adunque passare per il centro, epperò esse hanno un punto almeno (il centro) in comune. Ma bisogna provare che non può darsi che le due perpendicolari coincidano, giacchè, se questo caso potesse avvenire, la costruzione indicata non varrebbe sempre a determinare il centro d'un cerchio dato. A tal fine si osservi che, poichè una delle perpendicolari passa per D e l'altra per E, se esse coincidessero, si confonderebbero ambedue con la retta DE, e allora esisterebbe un triangolo DBE con due angoli retti EDB, BED, il che non può essere. [134].

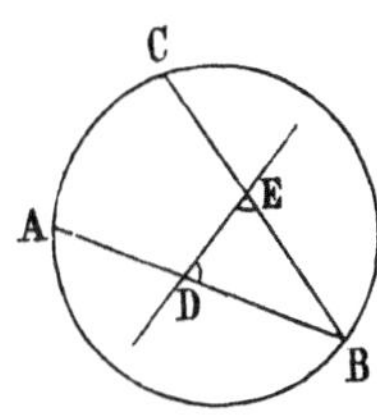

In conchiusione, non può darsi che le due rette DF, EH non abbiano nessun punto comune, nè che esse coincidano; esse adunque s'incontrano necessariamente, e il punto d'incontro è [188] il centro del cerchio.

190. Cor. 1°. *Se due cerchi hanno tre punti comuni, essi coincidono.*

Infatti la costruzione, che si facesse per trovare il centro di uno dei cerchi (usando dei tre punti comuni ai cerchi), determinerebbe nel tempo stesso il centro dell'altro cerchio. I due cerchi, giacendo in uno stesso piano [181], avendo il centro e un punto comune, coincidono. [184].

191. Cor. 2°. *Un cerchio è individuato, quando sono dati tre suoi punti qualunque.*

192. Cor. 3°. *Due cerchi descritti con raggi diversi, non possono diventar coincidenti.* (Infatti non potrebbero aver più di due punti comuni).

Di due cerchi descritti con raggi diversi, quello che ha il raggio maggiore si dice il *maggiore,* e l'altro il *minore.*

193. Teor. *Se tre segmenti condotti ad un cerchio da uno stesso punto sono eguali, quel punto è il centro.*

Dim. Sia un cerchio ABC, e i tre segmenti OA, OB, OC, condotti ad esso da uno stesso punto O, siano eguali tra loro. Dico che il punto O è il centro del cerchio.

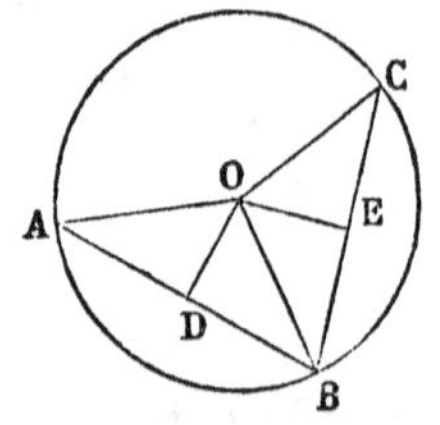

A tal uopo, divise per metà le corde AB, BC in D ed E, si tirino le rette OD, OE. Ora, poichè nei triangoli OAD, OBD i lati sono rispettivamente uguali, è $A(D)O \equiv O(D)B$. La retta OD è dunque l'asse della corda OB, epperò [188] essa passa per il centro del cerchio. Similmente si prova che il centro del cerchio deve trovarsi anche sulla retta OE, epperò esso è il punto O.

Archi di cerchio.

194. Un punto d'un cerchio non lo divide in due parti (come avviene nella retta), ma due punti lo dividono in due parti; ciascuna di queste si dice *arco* (di cerchio). I due punti sono i *termini*, le *estremità* di ciascun arco.

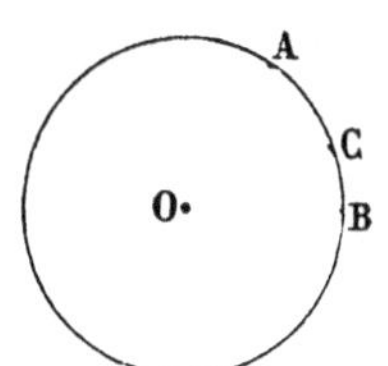

Si può supporre che un arco (come il cerchio a cui appartiene) sia stato descritto dall'estremità d'un raggio rotando intorno al centro. Il punto di partenza si dice *origine* dell'arco.

Dovendo indicare archi posti in uno stesso piano, supporremo che le rotazioni abbiano luogo nello stesso verso che per gli angoli, e nomineremo prima l'origine e poi l'altra estremità dell'arco. Così nella nostra figura, l'arco AB è quello che passa per il punto C, e l'arco BA è il rimanente del cerchio. (Il primo arco, perchè passa per il punto C, si può anche indicare dicendo: arco ACB).

Un arco si dice *compreso* da un angolo, se ha gli estremi sui lati dell'angolo ed ogni altro suo punto è interno all'angolo.

195. Un angolo, il cui vertice sia nel centro d'un cerchio, si dice *angolo al centro* rispetto a quel cerchio; e per arco corrispondente a quell'angolo s'intende l'arco compreso tra i lati di quell'angolo.

Si suol anche dire che un angolo al centro *insiste* sull'arco corrispondente.

196. Teor. *In cerchi eguali (o in uno stesso cerchio), se due angoli al centro sono eguali, gli archi corrispondenti sono eguali.*

Dim. Siano due cerchi eguali (B) ed (E) (*), (cioè descritti con raggi eguali); e i due angoli al centro ABC, DEF siano eguali. Dico che i due archi AC, DF sono eguali.

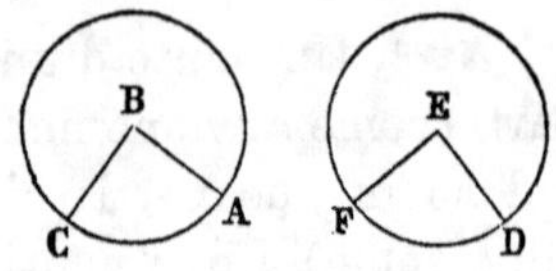

Se sovrapponiamo l'uno all'altro i due angoli eguali, ad es. l'angolo B all'angolo E, in modo che il lato BA cada su DE, il lato BC cade su EF, il punto A in D, il punto C in F e un cerchio sull'altro, e quindi anche l'arco AC sull'arco DF.

197. Cor. 1°. *Ogni diametro d'un cerchio divide il cerchio in due parti eguali.*

Infatti i due archi, ne' quali un cerchio è diviso dalle estremità d'un diametro, corrispondono a due angoli al centro che sono eguali, perchè piatti ambidue.

198. Cor. 2°. *Per dimezzare un arco dato, basta* [196] *dividere per metà l'angolo al centro corrispondente.*

199. Teor. *In un cerchio, angolo al centro maggiore insiste su arco maggiore.*

Dim. Nel cerchio (O) siano i due angoli al centro AOB, COD disuguali, e sia il primo il maggiore. Dico che l'arco AB è maggiore dell'arco CD.

(*) Per brevità, quando non sia possibile equivoco, si indica un cerchio nominandone solo il centro. Supposto noto il piano d'un cerchio, il cerchio si indica compiutamente dicendo ad es.: *cerchio* (OA), dove O sia il centro ed OA un raggio qualunque.

Si tagli [152] dall'angolo maggiore l'angolo $A\,O\,E$ uguale al minore $C(O)D$. L'arco $A\,E$ è [196] uguale all'arco $C\,D$; epperò l'arco $A\,B$ è maggiore dell'arco $C\,D$ (una parte del primo è uguale al secondo).

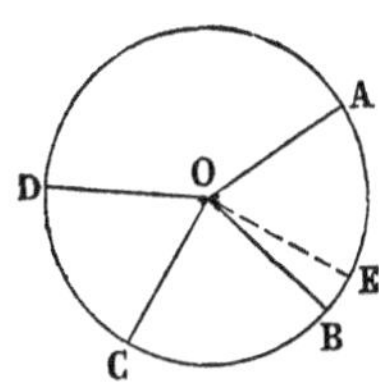

200. Teor. *In un cerchio, su archi eguali insistono angoli al centro eguali.*

Dim. Infatti, se gli angoli fossero disuguali, tali sarebbero [199] anche i due archi; e ciò contro l'ipotesi.

201. Teor. *In un cerchio, su arco maggiore insiste angolo al centro maggiore.*

Dim. L'angolo corrispondente all'arco maggiore non può essere uguale all'altro angolo, nè minore, perchè l'arco corrispondente sarebbe allora eguale [196] all'altro arco, o minore [199]; e ciò contro l'ipotesi.

202. Un punto C, che appartenga ad un arco $A\,B$, divide l'arco in due parti, di cui l'arco $A\,B$ si dice *somma*.

Si sommano archi di cerchi eguali (o d'uno stesso cerchio) costruendo nel centro d'uno dei cerchi un angolo che sia la somma di quelli al centro corrispondenti agli archi dati. [196].

E si trova la differenza di due archi di cerchi uguali (o d'uno stesso cerchio), costruendo nel centro d'uno dei cerchi un angolo eguale alla differenza dei due angoli al centro corrispondenti agli archi dati.

Poichè la somma di più angoli è indipendente dall'ordine in cui si succedono, tanto vale per la somma degli archi.

Posizione rispettiva d'una retta e d'un cerchio.

203. Teor. *Se la distanza di una retta dal centro d'un cerchio è minore del raggio, la retta ha col cerchio due punti in comune; ogni altro punto della retta, se è compreso tra quei due, è interno al cerchio; altrimenti è esterno.*

Dim. Sia O il centro del cerchio, AB la retta, e la perpendicolare OC calata dal centro sulla retta [161] sia minore del raggio del cerchio.

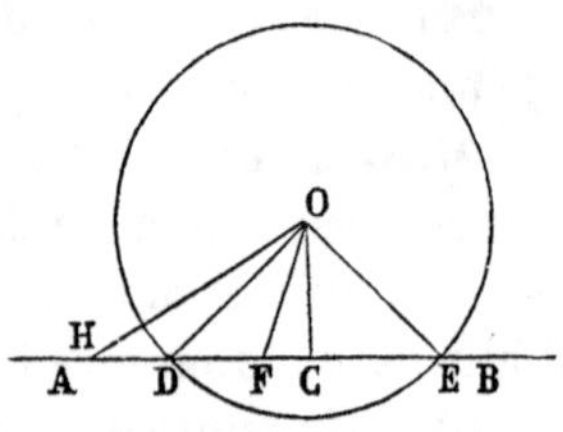

Intanto, poichè OC è minore del raggio, il punto C è [93] interno al cerchio, e per conseguenza [97] la retta ha in comune col cerchio due [179] punti situati da bande opposte di C. Chiamiamo D, E questi punti, ed uniamoli col centro.

Ora, essendo $OD \equiv OE$, il triangolo ODE è isoscele; epperò, prendendo sulla base un punto qualunque F, e tirando OF, abbiamo [148] $OF < OD$; e prendendo su un prolungamento di DE un punto H ed unendolo con O, abbiamo $OH > OD$. Per conseguenza [93] ogni punto della retta AB, che è compreso tra D ed E, è interno al cerchio, ed ogni punto dei prolungamenti di DE è fuori.

204. Poichè nei punti D ed E la retta dianzi considerata passa dall'interno all'esterno del cerchio, e viceversa, si dice che la retta *sega* il cerchio in quei punti, od anche che è una *secante* del cerchio in D ed E.

205. Teor. *Se la distanza di una retta dal cen-*

tro d'un cerchio è minore del raggio, la retta ha col cerchio in comune un punto solo, ed ogni altro punto della retta è fuori del cerchio.

Dim. Sia O il centro del cerchio, ed AB la retta. E la perpendicolare OC, calata dal centro sulla retta, sia eguale al raggio del cerchio.

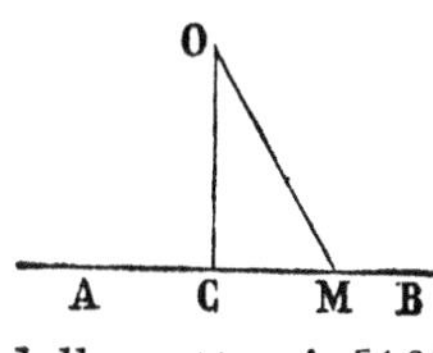

Intanto, poichè OC è uguale al raggio del cerchio, il punto C appartiene al cerchio. Ma ogni altro segmento, tirato dal centro a qualsivoglia altro punto M della retta, è [160] maggiore della perpendicolare OC; quindi ogni punto della retta, diverso dal punto C, è fuori del cerchio [93].

206. Una retta ed un cerchio, che giacciono in uno stesso piano ed abbiano un solo punto comune, si dicono *tangenti* in quel punto; il punto comune si dice *punto di contatto.* (Ordinariamente si dice che è la retta tangente del cerchio; che lo *tocca* in quel punto).

207. L'ultimo teorema si può ora enunciare nel modo seguente:

La retta perpendicolare a un raggio di un cerchio, nell'estremità, è tangente al cerchio nell'estremità di quel raggio. Ogni altro punto della retta è fuori del cerchio.

208. Teor. *Per qualunque punto d'un cerchio si può condurre una tangente al cerchio in quel punto, e una soltanto.*

Dim. Sia un cerchio di centro O, e su questo un punto A qualunque.

Intanto, se tiriamo il raggio OA, e poi la retta BC perpendicolare ad OA nel punto A, abbiamo [207] una retta tangente al cerchio nel punto dato. Resta dunque a provare che per A non si può condurre nessun' altra retta, che sia tangente al cerchio in A. A tal fine si tiri per A una retta DE ad arbitrio, diversa dalla BC. Allora, poichè l'angolo OAC è retto, tale non è l'angolo OAE; epperò la OF, perpendicolare alla DE, calata dal centro O, è necessariamente distinta dalla OA. E perchè [160] la perpendicolare è minore d'ogni obliqua, la OF è minore del raggio OA; quindi la retta DE è una secante del cerchio, ed A è uno dei punti d'intersezione. [203].

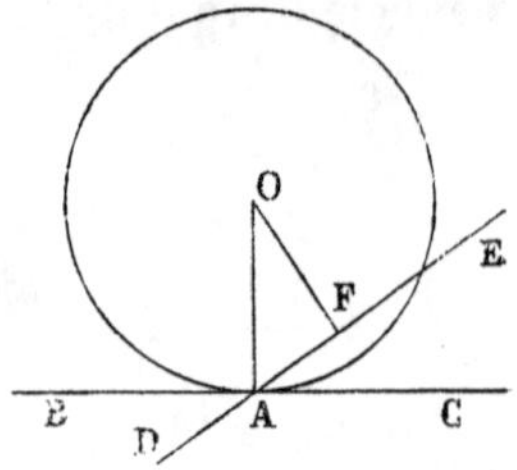

209. Cor. *Il raggio, che va al punto di contatto di una tangente d'un cerchio, è perpendicolare alla tangente.*

Infatti, se così non fosse, tirando la perpendicolare al raggio nella sua estremità, si otterrebbe una seconda tangente [207] al cerchio nello stesso punto. E sappiamo [208] che una sola è la retta tangente ad un cerchio in uno stesso punto.

210. Lemma. *Per un punto di un cerchio si può sempre tirare una corda del cerchio, che sia eguale a un dato segmento, il quale non superi il diametro.*

Dim. Sia dato un cerchio, e su questo un punto A; e sia pur dato un segmento, che non superi il diametro del cerchio. Si tratta di provare che si può condurre per A una corda eguale al segmento dato.

Condotta la retta, che passa per A e per il centro del cerchio, su questa, partendo da A, si prendano due segmenti AB, AC eguali al dato.

Quando questo segmento fosse uguale al diametro del cerchio, lo stesso diametro, che ha una estremità nel punto A, sarebbe una corda eguale al segmento dato, e condotta per A.

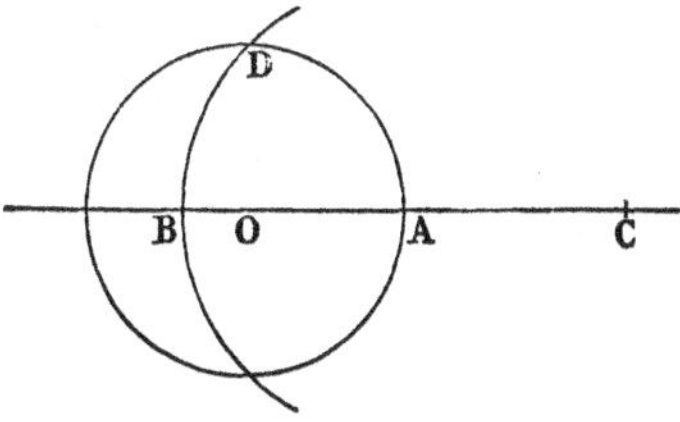

Ma quando il segmento dato è minore del diametro, il punto B cade dentro del cerchio; il punto C poi è esterno. Pertanto il cerchio di centro A e raggio $AB \equiv AC$ incontra il cerchio dato [89]; e, se D è un punto comune ai due cerchi, la corda $AD \equiv AB$ è uguale al dato segmento.

211. Probl. *Per un punto dato fuori d'un cerchio condurre una tangente al cerchio.*

Risol. Sia O il centro d'un cerchio, ed A un punto qualunque esterno al cerchio. Si tratta di condurre per A una retta, che sia tangente al cerchio.

Si descriva a tal fine un cerchio con centro A e raggio eguale ad AO; e in questo cerchio e per il suo punto O, si tiri una corda OB eguale al diametro del cerchio dato. E ciò si può fare [210], dappoichè il segmento, al quale dev'essere uguale la corda, è minore [92] del diametro del cerchio in cui si vuole adattare la corda.

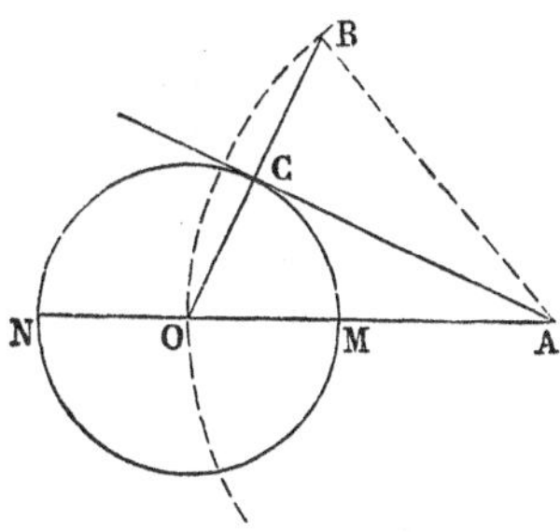

Ed ora, poichè il segmento OB è uguale al diametro MN, il punto B è fuori [93] del cerchio, epperò la corda OB taglia il cerchio dato; se C è il punto d'intersezione, la retta AB è la tangente domandata.

Dim. Infatti, poichè OB è uguale a un diametro del cerchio dato, ed OC è un raggio del cerchio stesso, egli è $OC \equiv CB$. Ma allora la retta AC, perchè passa per il centro del cerchio (A) e per il punto di mezzo della corda OB, è [186] perpendicolare ad OB, e quindi anche al raggio OC del cerchio dato nell'estremità C. Perciò [207] essa è tangente a questo cerchio.

212. Teor. *Da un punto dato fuori di un cerchio si possono condurre al cerchio due tangenti e due sole.*

Dim. Sia un cerchio di centro O, ed A un punto esterno. Noi abbiamo già [211] appreso a condurre per A una tangente al cerchio. Tale sia la AB, e sia B il punto di contatto, sicchè [209] l'angolo ABO è retto. Ora, fatto $C(A)O \equiv O(A)B$, si tiri OD perpendicolarmente ad AC. Confrontando i triangoli ODA, OBA, si vede che hanno OA in comune, hanno eguali per costruzione gli angoli in A, ed eguali, perchè retti, gli angoli in D e in B. Per conseguenza [154] è $OD \equiv OB$, epperò D è un punto del cerchio dato; ed AC è [207] una tangente del cerchio in D. Così si è provato che da un punto esterno ad un cerchio si possono sempre condurre *due* tangenti. Ci rimane a provare che se ne possono tirare *due* soltanto.

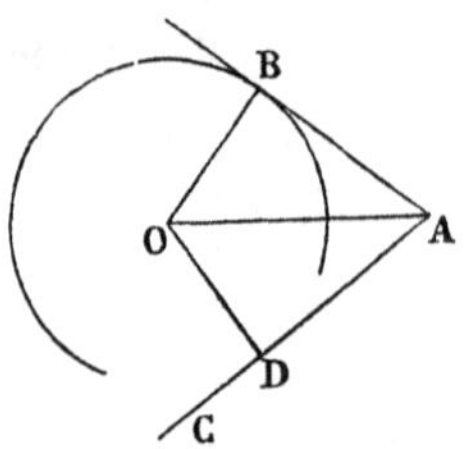

A tal fine imaginiamo che AB ed AD siano due delle tangenti, che si possono condurre al cerchio dal punto A, e che B e D siano i punti di contatto. I raggi OB, OD sono [209] perpendicolari alle tangenti; epperò, essendo che i triangoli rettangoli OAB, OAD hanno comune l'ipotenusa, ed è $OB \equiv OD$, è anche [155] $O(A)B \equiv D(A)O$. Così possiamo dire, in generale, che le tangenti condotte ad un cerchio da uno stesso punto formano angoli eguali col raggio, che esce da codesto punto e passa per il centro del cerchio. Ne vien la conseguenza che le tangenti sono due sole, perchè per un punto non si possono condurre che due sole rette che facciano angoli eguali con un raggio uscente da quel punto.

213. Il segmento di una tangente ad un cerchio, condotta da un punto esterno, compreso tra questo punto e il punto di contatto, suol dirsi, senz'altro, una tangente condotta al cerchio dal punto esterno. Così, riferendoci alla dimostrazione precedente, ed osservando essere $OB \equiv OD$, possiamo dire che:

214. *Le tangenti, condotte ad un cerchio da un punto esterno, sono eguali tra loro, e fanno angoli eguali col segmento che unisce il loro punto comune col centro.*

215. Teor. *Se la distanza di una retta dal centro di un cerchio è maggiore del raggio, ogni punto della retta è fuori del cerchio.*

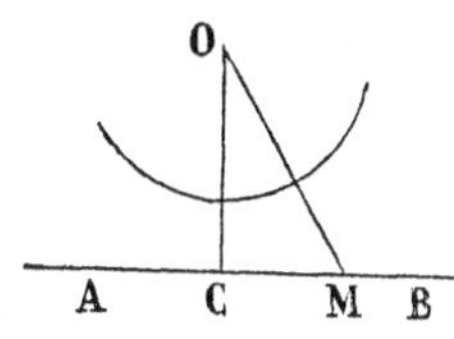

Dim. Sia O il centro del cerchio, AB la retta, e la perpendicolare OC calata dal centro sulla retta sia maggiore del raggio. Si deve provare che ogni punto della retta è fuori del cerchio.

Intanto, perchè OC è maggiore del raggio, il punto C è fuori [93] del cerchio. È poi fuori del cerchio ogni altro punto M della retta AB, perchè ogni obliqua è [160] maggiore della perpendicolare.

216. Teor. *Secondo che una retta ha due punti, uno solo, o nessun punto in comune con un cerchio, la distanza fra il centro e la retta è minore, uguale, o maggiore del raggio.*

Dim. Infatti, le ipotesi contrarie conducono a conseguenze che sono in contradizione col dato. [203, 205, 215].

217. Probl. *Costruire un triangolo, che abbia due lati eguali a due segmenti dati, e l'angolo opposto a uno di essi eguale ad un angolo dato.*

Risol. Sia $C(A)B$ l'angolo dato; chiamiamo α e β i due segmenti, e sia α il segmento a cui dev' essere uguale il lato opposto all' angolo dato.

Sopra un lato dell' angolo si prenda un segmento AD che sia eguale a β. A e D sono due vertici del triangolo da costruire. Il terzo vertice deve trovarsi sul lato AB; e perchè deve avere dal punto D distanza eguale ad α, deve [87] trovarsi sul cerchio che ha centro in D e raggio α. Descritto questo cerchio, se esso incontra in F il lato AB, il triangolo DAF sodisfa il problema.

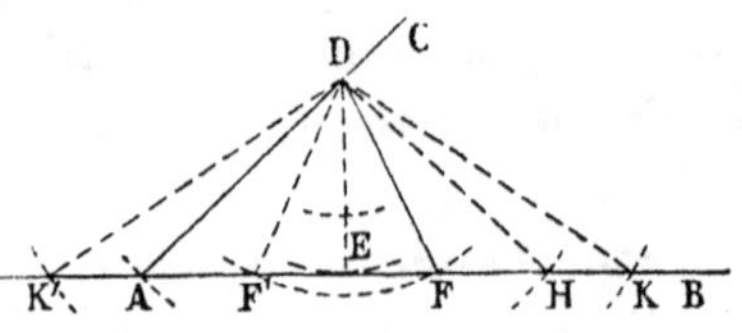

Oss. L'angolo dato può essere acuto, retto od ottuso.

I. L'angolo dato sia acuto, e si cali da D la perpendicolare DE sul lato AB.

1°. Se è $\alpha < DE$, il cerchio con centro D e raggio α non ha [215] nessun punto comune con la retta AB, e ciò prova che il problema in tal caso non ammette soluzione, che non esiste cioè triangolo con tre elementi eguali rispettivamente ai dati, e disposti come richiede il problema.

2°. Quando è $\alpha \equiv DE$, il cerchio e la retta hanno in comune [205] il solo punto E, e il triangolo domandato è il triangolo rettangolo ADE.

3°. Quando è $\alpha > DE$, ed $\alpha < AD$, il cerchio taglia [203, 160] il raggio AB in due punti F, F', e i due triangoli ADF, ADF' sodisfanno ambidue al problema.

4°. Se è $\alpha \equiv AD$, il cerchio taglia [203, 160] il raggio AB nel punto A e in un altro punto H, epperò il problema ammette per unica soluzione il triangolo isoscele ADH.

5°. Quando infine è $\alpha > AD$, il cerchio taglia [203, 160] il lato AB in un punto K e il prolungamento del lato in un altro punto K'. In questo caso il problema ha per unica soluzione il triangolo ADK; perchè il triangolo ADK' ha bensì due lati eguali ai dati segmenti, ma l'angolo opposto al lato DK', e che dovrebb'essere uguale all'angolo acuto dato, è invece supplementare di questo angolo.

II. Quando l'angolo dato è retto, perchè il problema ammetta soluzione, è necessario e sufficiente che il lato opposto all'angolo dato sia maggiore dell'adiacente. Il cerchio, che bisogna descrivere, taglia il lato opposto in un punto e il prolungamento in un altro. Ambidue i triangoli risultanti sodisfanno alle condizioni volute; sono però [155] eguali, e così le due soluzioni si riducono infine ad una sola.

III. Quando l'angolo dato è ottuso, il piede della perpendicolare DE cade sul prolungamento del lato

AB. In questo caso, perchè il cerchio tagli il lato AB, non basta che il raggio superi la perpendicolare, ma si richiede [160] che superi anche il lato DA adiacente all'angolo dato; allora il cerchio taglia una volta il lato AB e l'altra il prolungamento, epperciò il problema ammette una soluzione soltanto.

Corde nel cerchio.

218. Una corda d'un cerchio, quando non passa per il centro, divide il cerchio in due parti disuguali. [197].

Per indicare la corda, che unisce le estremità di un arco dato, si dice: la corda *sottesa* da quell'arco. Per converso, trattandosi d'un cerchio, e volendo indicare l'arco che ha le estremità in comune con una data corda, si dice: l'arco che *sottende* quella corda. Ma perchè in un cerchio sono due gli archi che sottendono una data corda, stabiliamo che, quando si parla dell'arco che sottende una data corda, dei due archi si intenda il minore.

219. Teor. *In un cerchio, se due corde sono uguali, gli archi che le sottendono sono eguali; e se sono disuguali, la corda maggiore è sottesa da arco maggiore.*

Dim. Sia un cerchio con centro O, e in esso due corde uguali AB, CD. Dico che gli archi AB, CD, che le sottendono, sono eguali.

Infatti, poichè i triangoli OAB, OCD, hanno i lati rispettivamente uguali, è [151] anche:

$$A(O)B \equiv C(O)D.$$

Per conseguenza [196] l'arco AB è uguale all'arco CD.

Supponiamo, in secondo luogo, che la corda AB

sia maggiore della CD. Dico che l'arco AB è maggiore dell' arco CD.

Infatti, poichè nei triangoli OAB, OCD i lati concorrenti in O sono eguali, e il lato AB è maggiore del lato CD, è [150] $A(O)B > C(O)D$. Quindi [199] anche l'arco AB è maggiore dell'arco CD.

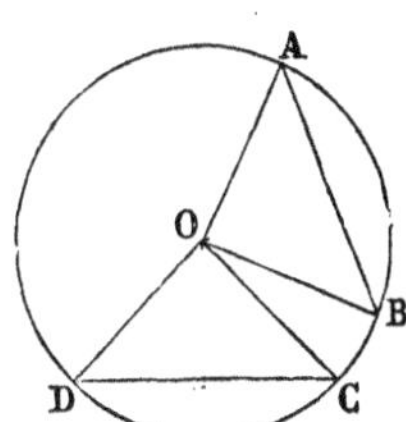

220. Teor. *In un cerchio, se due archi sono eguali, essi sottendono corde uguali; e se sono disuguali, e minori di mezzo cerchio, l' arco maggiore sottende corda maggiore.*

Dim. Sia O il centro del cerchio, ed AB, CD i due archi eguali. Dico che le corde AB, CD sono eguali.

Si considerino i due triangoli OAB, OCD. Poichè gli angoli in O sono eguali, come quelli che [200] insistono su archi eguali, e i lati che concorrono in O sono eguali, è [149] anche $AB \equiv CD$.

Supponiamo, in secondo luogo, che l'arco AB (senza superare mezzo cerchio) sia maggiore dell' arco CD. Si deve provare che la corda AB è maggiore della CD.

In questo caso, poichè [201] su arco maggiore insiste angolo al centro maggiore, abbiamo:

$$A(O)B > C(O)D.$$

Ed ora, osservando i triangoli AOB, COD, si conchiude [150] essere $AB > CD$.

221. Teor. *In un cerchio un diametro è maggiore di qualunque corda, che non passi per il centro.*

Dim. Sia O il centro del cerchio, e in questo

un diametro AB e una corda CD qualunque, che non passi per il centro. Dico essere $AB > CD$.

Infatti, poichè la somma dei lati OC, OD del triangolo COD è maggiore [144] del terzo CD, ed è $CO \equiv AO$, e $OD \equiv OB$, anche la somma dei segmenti AO, OB, cioè il diametro AB, è maggiore della corda CD.

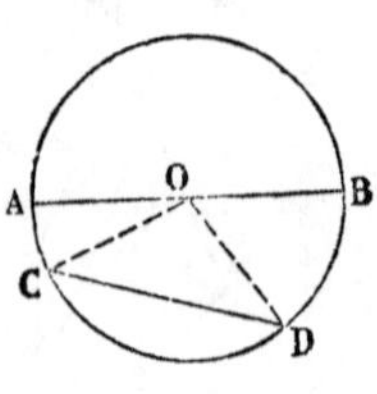

222. Teor. *In un cerchio, se due corde sono uguali, esse hanno distanze uguali dal centro.*

Dim. Siano due corde uguali AB, CD. Dico che esse sono equidistanti dal centro, che sono eguali cioè le perpendicolari OE, OF calate dal centro sulle due corde.

Intanto, perchè la perpendicolare, calata dal centro sopra una corda, divide [187] la corda per metà, e le corde AB, CD sono eguali, sono eguali anche le metà EB, CF. I triangoli rettangoli OBE, OCF hanno adunque l'ipotenusa e un cateto rispettivamente uguali; quindi è anche [155] $OE \equiv OF$.

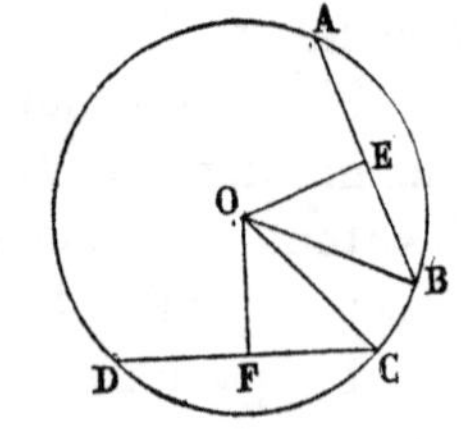

223. Teor. *Se due corde di un cerchio sono disuguali, la maggiore ha dal centro distanza minore.*

Dim. Siano due corde AB, CD disuguali, e sia $AB > CD$. Conduco le perpendicolari OE, OF. Dico essere $OE < OF$.

Infatti, poichè la perpendicolare, calata dal centro sopra una corda dimezza [187] la corda, ed è $AB > CD$,

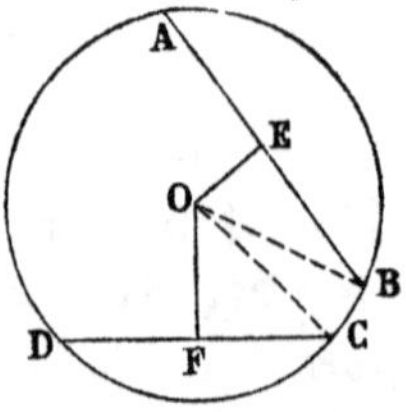

anche BE, metà di AB, è maggiore di CF, che è una metà di CD. Se ora consideriamo i triangoli rettangoli OEB, OFC, troviamo che hanno le ipotenuse uguali, e che il cateto BE del primo è maggiore del cateto CF dell' altro. Ne segue [156] che l'altro cateto OE del primo triangolo è minore di OF.

224. Teor. *In un cerchio, se due corde sono equidistanti dal centro, esse sono eguali.*

Dim. Le corde infatti non possono essere disuguali, perchè in tal caso anche le distanze dal centro sarebbero [223] disuguali, e ciò contro l'ipotesi.

225. Teor. *In un cerchio, se due corde hanno dal centro distanze disuguali, la più vicina è maggiore della più lontana.*

Dim. Siano AB, CD due corde di uno stesso cerchio, e la AB sia più vicina al centro che non la CD. Dico che la AB è maggiore della CD.

Infatti, non può la AB essere uguale alla CD, perchè in tal caso essa avrebbe [222] dal centro la stessa distanza che la CD, e ciò contro l' ipotesi.

Nè potrebb'essere $AB < CD$, perchè in tal caso la AB avrebbe [223] dal centro distanza maggiore di quella della CD, e ciò pure contro l' ipotesi.

Così, poichè non può essere $AB \equiv CD$, nè $AB < CD$, è necessariamente $AB > CD$.

Posizione rispettiva di due cerchi.

226. Lemma. *Fra le distanze dei punti d' un cerchio da uno stesso punto che non sia il centro, quella che passa per il centro è maggiore d'ogni altra, e quella un cui prolungamento passa per il centro, è minore d'ogni altra.*

Dim. Dobbiamo distinguere due casi, secondo cioè che il punto giace nell'interno del cerchio, od è esterno.

1°. Sia O il centro del cerchio ed A un punto interno al cerchio, ma che non sia il centro. Tirando per A il diametro BC, abbiamo in AC il segmento che unisce il punto A ad un punto del cerchio passando per il centro, e in AB quel segmento un cui prolungamento passa per il centro. Si vuol provare che AC è maggiore ed AB minore d'ogni altro segmento condotto da A fino al cerchio.

A tale intento, preso sul cerchio un punto M ad arbitrio, diverso però da B e da C, e condotto il segmento AM, si tiri il raggio OM.

Ed ora, essendo $OC \equiv OM$, aggiungendo AO in comune, abbiamo che AC è uguale alla somma dei segmenti AO, OM. Ma questa somma è [144] maggiore di AM; quindi è anche $AC > AM$.

Osserviamo ancora il triangolo AOM. Poichè [144] ciascun lato di un triangolo è minore della somma degli altri due, OM, ed in sua vece OB è minore della somma dei lati AO, AM. Tolto AO di comune, risulta che AB è minore di AM.

2°. Sia ora un punto A esterno al cerchio. Condotto AO, e prolungato questo segmento fino in B, abbiamo in AB il segmento che passa per il centro; AC invece è il segmento un cui prolungamento passa per il centro. Si deve provare che AB è massimo ed AC mi-

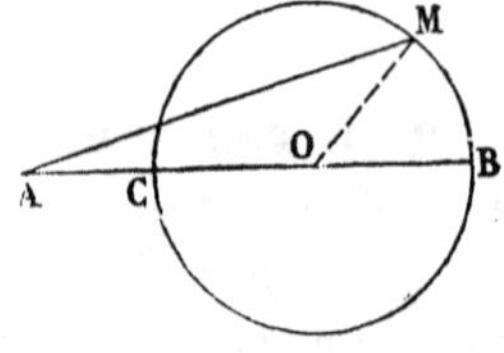

nimo fra tutti i segmenti, che uniscono il punto A con punti del cerchio.

Sia M un punto qualunque del cerchio, diverso da C e da B. Si tiri AM e il raggio OM.

Ed ora, poichè è $OB \equiv OM$, aggiungendo di comune AO, egli è AB eguale alla somma dei due segmenti AO, OM. Ma [144] questa somma è maggiore di AM; quindi è anche $AB > AM$.

Osserviamo di nuovo il triangolo AOM. Poichè ciascun lato di un triangolo è minore della somma degli altri due, il lato AO è minore della somma di AM ed OM. Ma è $OC \equiv OM$; quindi il rimanente AC è minore del rimanente AM.

227. Oss. Quando il punto A appartenga al cerchio, in questo caso il segmento che passa per il centro è un diametro; l'altro segmento è nullo. Il teorema sussiste adunque anche in questo caso, perchè [221] un diametro è maggiore di qualsiasi corda che non passa per il centro.

228. Teor. *Se la distanza dei centri di due cerchi è maggiore della somma dei raggi, ciascun cerchio è tutto fuori dell'altro.*

Dim. Siano A e B i centri di due cerchi di raggi α e β, e sia:

$$AB > \alpha + \beta,$$

e per conseguenza:

$$AB - \alpha > \beta.$$

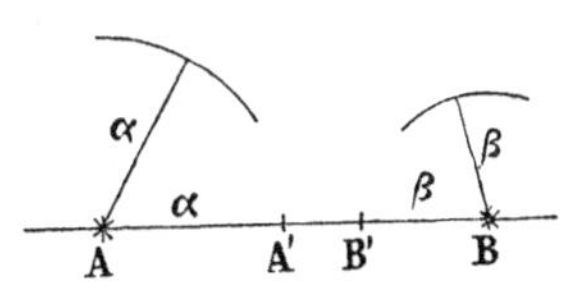

Quindi, facendo $AA' \equiv \alpha$, si ha $A'B > \beta$. Pertanto [87, 93] il punto A' appartiene al cerchio (A) ed è fuori del cerchio (B).

Ma fra le distanze dei punti del cerchio (A) dal

punto B, quella del punto A' è minore d'ogni altra, perchè [226] è la distanza un cui prolungamento passa per il centro del cerchio. E poichè la minore distanza è maggiore di β, tutti i punti del cerchio (A) hanno da B distanza maggiore di β, epperò [93] sono tutti fuori del cerchio (B).

Nello stesso modo si prova che il cerchio (B) è tutto fuori del cerchio (A).

229. Teor. *Se la distanza dei centri di due cerchi è uguale alla somma dei raggi, i due cerchi hanno un solo punto in comune, e questo è situato sul segmento che unisce i centri. E ogni altro punto di ciascuno dei cerchi è fuori dell'altro cerchio.*

Dim. Siano A e B i centri di due cerchi di raggi α e β, e sia:

$$AB \equiv \alpha + \beta$$

e per conseguenza:

$$AB - \alpha \equiv \beta.$$

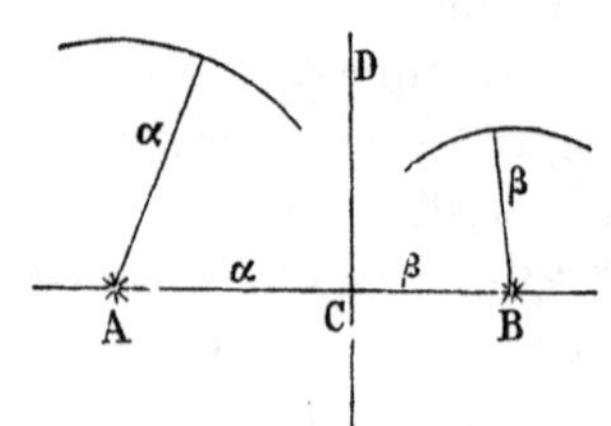

Quindi, facendo $AC \equiv \alpha$, si ha $CB \equiv B$. Pertanto il punto C appartiene ad ambidue i cerchi.

Ma fra le distanze dei punti del cerchio (A) dal punto B, quella del punto C è minore d'ogni altra, perchè [226] è la distanza un cui prolungamento passa per il centro del cerchio. E poichè questa distanza è uguale a β, tutti gli altri punti del cerchio (A) hanno da B distanza maggiore di β, epperò [93] sono tutti fuori del cerchio (B).

Nello stesso modo si prova che, eccettuato il punto C, ogni punto del cerchio (B) è fuori del cerchio (A).

230. Teor. *Se la distanza dei centri di due cerchi è minore della somma dei raggi e maggiore della* *loro differenza, i due cerchi hanno due punti comuni, i quali sono posti fuori della retta dei centri e sono simmetrici rispetto a questa retta. Dai due punti comuni ciascun cerchio è diviso in due archi, che sono, uno interno e l'altro esterno all'altro cerchio.*

Dim. Siano A, B i centri di due cerchi, di raggi α e β. Supponiamo, per il caso che i raggi siano disuguali, che sia α il raggio maggiore. E sia:

$$AB < \alpha + \beta, \qquad (1)$$

$$AB > \alpha - \beta. \qquad (2)$$

Cominciamo ad osservare che ciascuno dei segmenti AB, α e β è minore della somma degli altri due. Per conto di AB questa relazione è accennata esplicitamente nell' enunciato del teorema. Per conto di β, essendo $\beta \gtreqless \alpha$, è in ogni caso:

$$\beta < \alpha + AB.$$

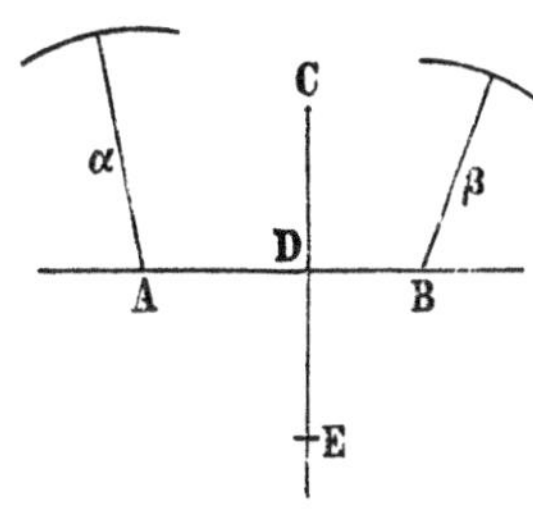

Infine, aggiungendo il segmento β ai due segmenti significati dai membri della disuguaglianza (2), otteniamo $\alpha < AB + \beta$.

Sappiamo poi [101, 102] che, se sono dati tre segmenti, ciascuno dei quali sia minore della somma degli altri due, e, facendo centro nelle estremità d' uno qualsivoglia di essi, si descrivono due cerchi con raggi rispettivamente uguali agli altri due segmenti, i cerchi hanno un punto almeno in comune, e questo fuori della retta dei centri. Tanto possiamo dunque dire dei nostri due cerchi; e sia C il punto comune.

Ed ora si cali da C la CD perpendicolare ad AB, e si faccia $DE \equiv CD$. Poichè la retta AB è l' asse del segmento CE, i punti A e B sono equidistanti da C ed E [163], epperò anche il punto E è comune ai due cerchi. I cerchi non hanno poi altri punti comuni, giacchè se ne avessero un terzo, avrebbero medesimo centro [190], e allora la distanza dei centri non potrebb'essere maggiore della differenza dei raggi (neanche nel caso in cui i raggi fossero eguali).

Chiamiamo ora M, N i punti [94] in cui la retta AB incontra il cerchio (A). Le distanze BM, BN sono, una maggiore [226], e l'altra minore di BC; epperò, essendo $BC \equiv \beta$, possiamo dire [98] che dei due punti M, N, uno è interno l'altro esterno al cerchio (B). Per conseguenza un punto, che percorra il cerchio (A), nel percorrere uno dei due archi, in cui il cerchio è diviso dai punti M, N, deve incontrare il cerchio (B) per uscire, e nel percorrere l'altro arco deve incontrarlo nuovamente per rientrare. E perchè i due cerchi non hanno altri punti comuni che i due C e E, uno di questi dev'essere il punto d'uscita e l'altro quello d'entrata; e per conseguenza dei due archi, in cui il cerchio (A) è diviso dai punti C, E, uno è tutto interno e l'altro tutto esterno al cerchio B.

Similmente si prova che dei due archi, in cui il cerchio (B) è diviso dai punti C, E, uno è tutto interno e l'altro tutto esterno al cerchio (A).

231. Teor. *Se la distanza dei centri di due cerchi è uguale alla differenza dei raggi, i cerchi hanno un punto comune, il quale cade su quel prolungamento del segmento dei centri che è dalla banda del centro del cerchio minore; ogni altro punto del cerchio maggiore è fuori del cerchio minore; e ogni altro punto di questo cerchio è interno all'altro cerchio.*

Dim. Cominciamo ad osservare che i raggi dei

due cerchi non possono essere uguali, dacchè in tal caso la distanza dei centri sarebbe nulla, e quindi i due cerchi coinciderebbero. Chiamiamo A il centro del cerchio maggiore ed α il suo raggio; chiamiamo B il centro e β il raggio dell'altro cerchio. L'ipotesi è significata dall'eguaglianza: $AB \equiv \alpha - \beta$, o in altro modo dalla seguente: $AB + \beta \equiv \alpha$.

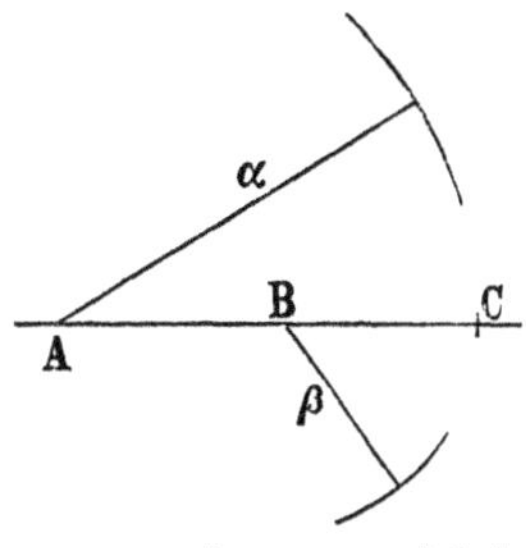

Sul prolungamento di AB, partendo da B, si prenda un segmento $BC \equiv \beta$. Così, essendo $AC \equiv AB + \beta$, è $AC \equiv \alpha$. Perciò il punto C spetta ad entrambi i cerchi.

Ma fra le distanze dei punti del cerchio (A) dal punto B, quella del punto C è minore d'ogni altra, perchè [226] è la distanza un cui prolungamento passa per il centro del cerchio. E poichè questa distanza del punto C da B è uguale a β, tutti gli altri punti del cerchio (A) hanno da B distanza maggiore di β, epperò [93] sono tutti fuori del cerchio (B).

Resta provare che ogni punto del cerchio minore, fatta eccezione per il punto C, cade nell'interno del cerchio maggiore. A tal fine si osservi che fra le distanze dei punti del cerchio (B) dal punto A, quella del punto C è maggiore di ogni altra, perchè [226] è la distanza che passa per il centro del cerchio. E poichè questa distanza del punto C da A è uguale ad α, tutti gli altri punti del cerchio (B) hanno da A distanza minore di α, epperò [93] sono tutti nell'interno del cerchio (A) (*).

(*) Sembrerebbe che bastasse provare che ogni punto del cerchio minore è interno al maggiore, per poter conchiudere

232. Teor. *Se la distanza dei centri di due cerchi ` minore della differenza dei raggi, il cerchio maggiore è tutto fuori del minore, e questo è tutto nell' interno del primo.*

Dim. Cominciamo ad osservare che i raggi dei due cerchi non possono essere uguali, dacchè in tal caso la distanza dei centri dei due cerchi (neanche se i centri coincidessero) non potrebb' essere minore della differenza dei raggi. Chiamiamo A il centro del cerchio maggiore ed α il suo raggio; chiamiamo B il centro e β il raggio dell'altro cerchio. L' ipotesi è significata dalla disuguaglianza:

$$AB < \alpha - \beta,$$

o in altro modo dalla seguente:

$$AB + \beta < \alpha.$$

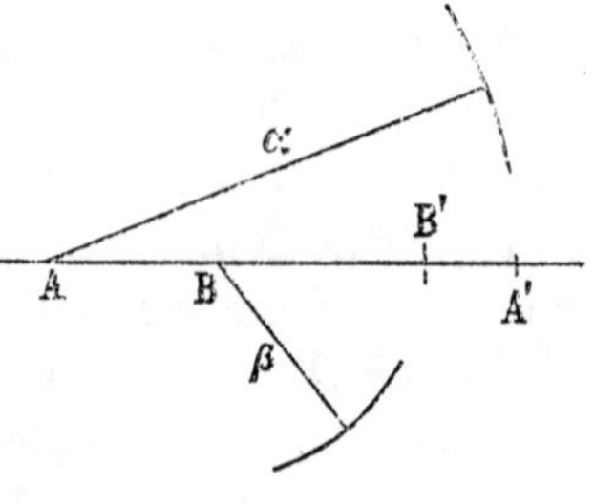

Sul prolungamento di AB si prenda un segmento $BB' \equiv \beta$. Così, essendo $AB' \equiv AB' + \beta$, ed $AB + \beta < \alpha$, è anche $AB' < \alpha$. Pertanto il punto B', appartiene al cerchio (B), e cade nell'interno del cerchio (A). Se poi si fa $AA' \equiv \alpha$, il punto A' viene a cadere sul prolungamento di $BB' \equiv \beta$, epperò fuori del cerchio (B).

Ora si osservi che fra le distanze dei punti del cerchio (A) dal punto B, quella del punto A' è minore d' ogni altra, perchè [226] è la distanza un cui

l'altra parte del teorema. Ma non abbiamo la proposizione: se una figura è tutta interna ad un'altra, questa è tutta fuori della prima. Infatti, ad es., se dividiamo un angolo in tre parti, ogni punto dell'angolo intermedio è dentro dell'angolo dato, e questo non è tutto fuori dell'altro.

prolungamento passa per il centro del cerchio. E poichè la minore distanza è maggiore di β, tutti i punti del cerchio (A) hanno da B distanza maggiore di β, epperò [93] sono tutti fuori del cerchio (B).

Resta a provare che ogni punto del cerchio minore è interno al cerchio maggiore. Perciò osserveremo che fra le distanze dei punti del cerchio (B) dal punto A, quella del punto B' è maggiore d'ogni altra, perchè [226] è la distanza che passa per il centro del cerchio. E poichè la maggiore distanza è minore di α, tutti i punti del cerchio (B) hanno da A distanza minore di α, epperò [93] sono tutti nell'interno del cerchio (A).

233. Teor. *Se due cerchi hanno in comune un punto, che non sia sulla retta dei centri, allora la distanza dei centri è minore della somma ed è maggiore della differenza dei raggi.*

Dim. Infatti, unendo il punto comune coi centri dei cerchi, si ottiene un triangolo, un cui lato è la distanza dei centri e gli altri due sono due raggi dei cerchi. [144, 145].

234. Cor. 1°. *Se due cerchi hanno un punto comune, che non sia sulla retta dei centri, essi hanno un altro punto comune.* [233, 230].

235. Cor. 2°. *Se due cerchi hanno un solo punto comune, questo appartiene alla retta dei centri.* [234].

236. Teor. *Se due cerchi hanno un solo punto comune, la distanza dei centri è uguale alla somma o alla differenza dei raggi, secondo che ciascun cerchio è esterno all'altro, oppure uno è interno all'altro.* [235, 228, 232].

237. Teor. *Se due cerchi non hanno nessun punto comune, la distanza dei centri è maggiore della* *somma dei raggi o minore della differenza dei raggi, secondo che ciascun cerchio è tutto fuori dell' altro, oppure uno dei cerchi è interno all'altro.* [228, 229, 230, 231].

238. Due cerchi, se hanno un solo punto comune, si dicono *tangenti* in quel punto (si *toccano* in quel punto), il quale si dice *punto di contato.*

I due cerchi si dicono tangenti *esternamente,* se ciascuno è esterno all' altro; e sono tangenti *internamente*, se uno dei due è interno all'altro.

Due cerchi, se hanno due punti comuni, si dice che si *segano* in quei due punti.

239. Teor. *Se due cerchi si toccano, essi hanno medesima tangente nel punto di contatto.*

Dim. Infatti, poichè il punto di contatto si trova sulla retta dei centri [235], la perpendicolare a questa retta in quel punto è tangente [207] ad ambidue i cerchi (*).

Esercizî.

101. Due corde di uno stesso cerchio, se non sono ambedue due diametri, non possono dimezzarsi scambievolmente. (Indirettamente. [186, 114]).

102. Condurre per un punto, dato nell'interno di un cerchio, una corda in modo che essa sia dimezzata dal punto dato. [186].

103. Se una retta taglia due cerchi concentrici, i segmenti di essa, compresi tra i cerchi, sono eguali tra loro. [187].

104. Se due corde uguali si tagliano, le parti dell'una sono rispettivamente uguali alle parti dell'altra.

105. Se due cerchi eguali si tagliano, essi si tagliano in parti rispettivamente uguali. [196].

106. Due cerchi non possono tagliarsi scambievolmente per metà.

(*) A tal punto si potrebbe passare alla lettura dei tre primi capitoli della *Stereometria.*

107. Due corde, condotte per le estremità di un diametro e for manti con questo angoli alterni eguali, sono eguali. I lor punti di mezzo e il centro sono in linea retta.

108. Tirare per un punto, dato nell'interno di un cerchio, la più piccola corda possibile.

109. Costruire un triangolo, dati due lati e l'altezza relativa a terzo lato.

110. Costruire un triangolo, dato un lato, un angolo adiacente e l'una o l'altra delle mediane uscenti dai vertici degli altri due angoli.

111. Condurre in un cerchio una corda, così che (prolungata, se il punto è esterno) passi per un punto dato, ed abbia le estremità equidistanti da un altro punto dato.

112. Con centro dato descrivere un cerchio, che tocchi un cerchio dato.

113. Riconoscere, col solo compasso, se la distanza tra due punti dati è uguale alla somma di due dati segmenti. [229].

114. Con centri dati descrivere due cerchi, che si tocchino esternamente, e i cui raggi abbiano data differenza.

115. Con centri dati descrivere due cerchi, che si tocchino internamente, e i cui raggi formino una somma data.

116. È dato un cerchio e una retta. Condurre una tangente al cerchio, la quale non abbia con la retta data nessun punto in comune. [**29**].

117. Dato un triangolo equilatero e un punto dove che sia, descrivere un cerchio, che disti egualmente dai vertici del triangolo e dal punto dato.

118. Se due cerchi eguali si tagliano, e si conduce una retta perpendicolare alla corda comune, i segmenti della retta compresi tra i cerchi sono eguali tra loro.

119. Se un cerchio è tutto interno ad un altro, e una retta li taglia tutti e due in modo che le parti di essa, comprese tra i cerchi, siano eguali, essa retta è perpendicolare alla retta dei centri.

120. Se un cerchio è iscritto in un angolo, tutti i triangoli tagliati via dall'angolo dato con tangenti al cerchio, condotte in modo che il cerchio rimanga fuori di ciascun triangolo, hanno perimetri uguali. [214]. — E, se si congiunge il centro con le estremità di una di queste tangenti, l'angolo che si ottiene è costante (uguale alla metà dell'angolo compreso dai raggi, che vanno ai punti di contatto dei lati dell'angolo dato).

121. Se un poligono, di numero pari di lati, è circoscritto (*) ad un cerchio, la somma dei lati di posto pari è uguale alla somma dei lati di posto dispari.

122. Se una spezzata circoscritta ad un cerchio ha i lati eguali, gli angoli di posto pari sono eguali tra loro; e così i rimanenti.

123. Descrivere un quadrangolo regolare, che abbia i vertici sui due archi interni di due cerchi eguali che si tagliano.

124. In cerchi disuguali, corde uguali hanno dai centri rispettivi distanze disuguali; e se due corde hanno dai centri distanze uguali, esse sono disuguali. [187].

125. Per segnare i punti di contatto delle tangenti ad un cerchio, passanti per un punto dato fuori del cerchio, basta: descrivere il cerchio concentrico al dato e che passa per il punto dato; quindi tirare la tangente al cerchio dato nel punto in cui esso è incontrato dal segmento che unisce il centro col punto esterno; e infine unire i punti, ne' quali codesta tangente incontra [97] il maggiore dei due cerchi, col loro centro.

126. Due corde, perpendicolari a uno stesso diametro, comprendono archi eguali; e, reciprocamente, se due corde, che non si tagliano, comprendono archi eguali, il diametro perpendicolare ad una è perpendicolare anche all'altra.

127. Due corde, perpendicolari a una terza ed equidistanti dai termini di questa, sono eguali.

128. Circoscrivere a un cerchio una spezzata equilatera, i cui lati siano eguali a un segmento dato.

129. Ciascuno di due cerchi è esterno all'altro. Quale è la più grande, e quale la più piccola delle distanze tra un punto di uno dei cerchi e un punto dell'altro? [172].

130. Un cerchio è tutto nell'interno di un altro, senz'aver con questo il centro in comune. Quale è la più grande, e quale la più piccola delle distanze tra un punto di uno dei cerchi e un punto dell'altro?

131. Il minore di due cerchi è tutto nell'interno dell'altro, e i due cerchi non sono concentrici. Fra le corde del mag-

(*) Un cerchio si dice *iscritto* in un poligono, se tocca tutti i lati del poligono. Per converso il poligono si dice *circoscritto* al cerchio.

giore, tangenti al minore, quale è la più grande, e quale la minima? [226].

132. Tra i segmenti, che si possono condurre a un cerchio da un punto che non è il centro, due, che facciano angoli eguali col minimo, sono eguali tra loro; e se fanno angoli disuguali, quello, che fa angolo maggiore, è minore. [150].

133. Condurre la tangente a un cerchio in un suo punto dato, senza usare del centro. (Si prendono sul cerchio, partendo dal punto, due archi eguali...).

134. Tirare una retta, che tocchi due cerchi eguali ed esterni l'uno all'altro. [121, 211].

135. Costruire un triangolo, dati h_a, m_a, e b.

136. Se due cerchi eguali hanno i centri sopra un terzo cerchio, e questo ne taglia uno, esso taglia anche l'altro. E i due primi cerchi sono divisi dal terzo in parti rispettivamente uguali.

137. Se due poligoni d'egual numero di lati sono circoscritti a due cerchi eguali, e sono rispettivamente uguali le distanze dei vertici dai centri, i poligoni sono eguali.

138. Se due cerchi eguali si tagliano, ogni segmento terminato ai due archi interni, oppure ai due esterni, e condotto per il punto dove la corda comune è tagliata dalla retta dei centri, è diviso per metà da questo punto.

139. Trovare un punto, che sia equidistante da due punti dati A, B, e che abbia data distanza da un terzo punto C.

(Attesa l'infinita varietà di questioni geometriche, che possono essere proposte, è impossibile indicare un metodo generale per risolvere tutti i problemi di Geometria. Esistono però dei metodi, che si possono applicare a intere classi di questioni; il più generale è quello in cui si fa uso dei luoghi [86] *geometrici. Di questo metodo daremo qui un breve cenno.*

La risoluzione della maggior parte dei problemi geometrici si riduce infine alla determinazione di un punto. E la difficoltà dipende ordinariamente da ciò che cotal punto deve sodisfare nel tempo stesso a più condizioni. In tal caso si considerano queste condizioni separatamente l'una dall'altra; ciascuna sarà sodisfatta da innumerevoli punti, da tutti i punti di una certa figura, insomma da un luogo geometrico. Se questi luoghi saranno rette o cerchi, e si saprà trovarli, nel punto comune, si avrà il punto richiesto. Che se i luoghi descritti avessero più punti comuni, o nessuno, si conchiuderebbe rispettivamente che il problema ammette altrettante soluzioni, o che non ne ammette nessuna.

Ad es., nel problema precedente si vede chiaro che il punto domandato deve sodisfare a due condizioni distinte; a quella di essere equidistante dai due punti A *e* B, *e a quella di avere dal punto* C *una distanza data. Alla prima sodisfanno tutti e unicamente* [163] *i punti dell'asse del segmento* AB; *alla seconda condizione sodisfanno tutti, e soltanto i punti del cerchio, che ha centro in* C *e raggio eguale alla distanza data. Pertanto il punto cercato deve trovarsi ad un tempo e sulla retta e sul cerchio accennati.*

Se si tratta di un caso particolare, la retta e il cerchio si descrivono, e, secondo che hanno nessuno, uno, o due punti in comune, nessun punto, uno, o due sono i punti domandati. Ma quando si tratta di accennare soltanto il come si risolva il problema, allora si può anche tralasciar di fare una figura; allora la considerazione delle particolarità, che possono presentarsi, costituisce un complemento necessario della trattazione del problema, complemento che si dice discussione del problema; *laddove le considerazioni preliminari, dalle quali risulta il da farsi, costituiscono ciò che si dice* l'analisi del problema.

Da quanto precede riesce manifesta l'importanza di conoscere molti luoghi geometrici, che siano però rette, o cerchi. Ora ne accenneremo parecchi, e poi proporremo problemi, nei quali si possa farne applicazione).

140. Quale figura è il luogo dei centri dei cerchi di dato raggio, che passano per un punto dato?

141. Luogo dei centri dei cerchi che passano per due punti dati.

142. Luogo dei centri dei cerchi, che toccano una retta in un punto dato.

143. Luogo dei centri dei cerchi, che toccano due rette che si tagliano.

144. Luogo dei centri dei cerchi, che toccano, esternamente o internamente, un cerchio in un punto dato.

145. Luogo dei centri dei cerchi di dato raggio, che toccano (internamente od esternamente) un cerchio dato.

146. Luogo dei centri dei cerchi, che toccano due dati cerchi concentrici.

147. Luogo dei centri dei cerchi di dato raggio, che hanno con un dato cerchio in comune una corda eguale a un dato segmento.

148. Luogo dei centri dei cerchi di dato raggio, che dimezzano un cerchio dato.

149. Luogo dei punti di mezzo delle corde di un cerchio, che sono eguali a un dato segmento.

150. Luogo dei punti da cui si possono condurre a un cerchio dato tangenti eguali a un dato segmento.

151. Luogo dei centri dei cerchi di dato raggio, che tagliano un cerchio dato sotto angolo dato (tali, cioè, che le rispettive tangenti nel punto d'incontro comprendono un angolo dato).

152. Descrivere con raggio dato un cerchio, che passi per un punto dato, ed abbia il centro sopra una retta data, o sopra un cerchio dato. [**140**].

153. Descrivere con raggio dato un cerchio, che passi per due punti dati. [**140**].

154. Descrivere un cerchio, che passi per due punti dati, ed abbia il centro sopra un cerchio dato. [**141**].

155. Descrivere un cerchio di dato raggio, che tocchi una retta data in un punto dato. [**142, 140**].

156. Descrivere un cerchio, che tocchi due date rette le quali si tagliano, e che abbia il centro sopra un cerchio dato. [**143**].

157. Da un punto sono tirate le tangenti ad un cerchio. Si descriva un altro cerchio, che tocchi le due tangenti e il cerchio dato. [**143**].

158. Con raggio dato descrivere un cerchio, che tocchi un cerchio dato in un punto dato. [**144, 140**].

159. Descrivere un cerchio, che abbia raggio dato, passi per un punto dato, ed abbia data distanza da un punto dato. [226].

160. Descrivere un cerchio, che tocchi l'ipotenusa di un triangolo rettangolo, e un cateto in un punto dato. [**142, 143**].

161. Con raggio dato descrivere un cerchio, che tocchi un cerchio dato, ed abbia il centro sopra una retta data. [**145**].

162. Descrivere con raggio dato un cerchio, che abbia il centro sopra un cerchio dato, e che tocchi un altro cerchio dato. [**145**].

163. Descrivere un cerchio, che tocchi due dati cerchi concentrici, e passi per un punto situato tra i due cerchi. [**146**].

164. Con raggio dato descrivere un cerchio, che passi per un punto dato e tocchi un dato cerchio. [**140, 145**].

165. Con raggio dato descrivere un cerchio, che tocchi due cerchi dati. [**145**].

166. Descrivere con raggio dato un cerchio, che passi per un punto dato, e dimezzi un cerchio dato. [**140, 148**].

167. Iscrivere e circoscrivere un cerchio a un triangolo equilatero. [**143**].

168. Iscrivere un cerchio in un triangolo qualunque. [**143**].

169. Iscrivere un cerchio in un quadrangolo, nel quale sono eguali tra loro due lati consecutivi, ed eguali tra loro anche gli altri due lati. [**143**].

170. Tirare una corda, che sia perpendicolare a un diametro dato, ed eguale a un dato segmento. [**149**].

171. Trovare sopra un cerchio un punto, che abbia da un diametro dato data distanza. [**170**].

172. In un cerchio tirare una corda, che sia eguale a un segmento dato, e che sia dimezzata da un' altra corda segnata nel cerchio. [**149**].

173. Da un punto dato tirare a un cerchio dato una secante in modo che la parte di questa, che è compresa nel cerchio, sia eguale a un dato segmento. [**149**].

174. Da un punto dato condurre a un cerchio dato una secante in guisa che l' angolo al centro, che insiste sull' arco tagliato via dalla secante, sia eguale a un angolo dato. [**149**].

175. Descrivere mezzo cerchio, che abbia le estremità sopra un lato di un triangolo adiacente ad angoli acuti, e che tocchi gli altri due lati del triangolo. [**143**].

176. Tirare una retta, che abbia data distanza da un punto dato, e sia equidistante da due punti dati.

177. Con raggio dato descrivere un cerchio, che abbia il centro su cerchio dato (o su retta data), e che tagli un altro cerchio dato in modo che la corda comune sia eguale a un dato segmento. [**147**].

178. Con raggio dato descrivere un cerchio, che tagli due dati cerchi in modo che le corde comuni siano eguali rispettivamente a due dati segmenti. [**147**].

179. Descrivere con raggio dato un cerchio, che passi per un dato punto, ed abbia con un dato cerchio in comune una corda eguale a un segmento dato. [**140, 147**].

180. Sopra un cerchio (od una retta) trovare un punto così, che le tangenti da esso condotte a un dato cerchio siano eguali a un dato segmento. [**150**].

181. Descrivere tre cerchi eguali in modo che ciascuno tocchi gli altri due e due lati di un triangolo equilatero dato. [**143**].

182. Dato un cerchio e una retta, tirare una secante in modo che le parti di questa comprese, una nel cerchio, l'altra fra il cerchio e la retta, siano eguali a due dati segmenti. [**149, 150**].

183. Costruire un triangolo, date l'altezza e la mediana relative a un lato, e dato il raggio del cerchio circoscritto. (Si costruirà dapprima il triangolo di cui l'altezza e la mediana sono due lati. Poi si determinerà il centro del cerchio circoscritto. [**140**, 163]).

184. Costruire un triangolo, dato un lato, la somma degli altri due, e l'altezza relativa a uno di questi lati.

185. Con raggio dato descrivere un cerchio così che le tangenti, condotte ad esso da due punti dati, siano egnali rispettivamente a due dati segmenti.

186. In un cerchio tirare una corda in modo che la differenza tra i due archi, in cui essa divide il cerchio, sia eguale a un dato arco dello stesso cerchio.

187. È dato un cerchio, una tangente, e un punto su questa. Si descriva un cerchio, che tocchi esternamente il dato, abbia il centro sulla tangente, e passi per il punto dato. (Si porti sulla tangente, partendo dal punto, un segmento eguale al raggio del cerchio).

188. Per un punto dato fuori di un cerchio condurre a questo una secante in modo che il segmento compreso nel cerchio e quello compreso tra il cerchio e il punto dato siano eguali. (La questione si riduce a costruire un triangolo di cui sono noti due lati e la mediana relativa al terzo lato).

189. Costruire tre cerchi di dati centri, che si tocchino a due a due. [**168**].

190. Un cerchio e una retta non hanno nessun punto comune.

Quale è la più grande, quale la più piccola tra le distanze dei punti del cerchio dalla retta? [226, 160].

191. Sono dati due punti A e B sopra un cerchio, e un terzo punto C esternamente. Si vuol tirare per A e B due corde AA' e BB' in modo che gli archi da esse compresi siano eguali, e che la retta $A'B'$ passi per C. (Si tagli la retta $A'B'$ col cerchio concentrico col dato e che passa per C..... [**126**]).

192. Dato un punto A e due cerchi di centri B, C, tirare per A un segmento che abbia le estremità sui due cerchi, e che sia diviso per metà dal punto A. (I segmenti, che sono dimezzati dal punto A e che hanno una estremità sopra uno dei cerchi, su che linea hanno l' altra estremità?).

193. Per un punto dato tirare un segmento, che abbia una estremità sopra un cerchio dato e l'altra su retta data, in modo poi che sia dimezzato dal punto dato. (Si cali dal punto la perpendicolare sulla retta; la si dimezzi...).

194. Costruire un triangolo, dati a, h_b, m_a.

195. Costruire un quadrangolo $ABCD$, dati AC, CD, DB, $A(C)D$ e $C(A)B$.

196. Dato un triangolo rettangolo, descrivere un cerchio che tocchi l'ipotenusa, che passi per il vertice dell'angolo retto, e che abbia il centro sopra un cateto. (Si dimezzi l'angolo opposto al cateto, che si considera).

197. Iscrivere in un cerchio un quadrangolo, di cui si conoscono due lati opposti e la distanza dei punti di mezzo di codesti lati.

198. Due cerchi hanno per diametri due raggi formanti un diametro di un terzo cerchio. Si descriva un cerchio, che tocchi tutti e tre i cerchi dati.

199. Si determini, usando del solo compasso, i punti in cui la retta, determinata da due punti dati, taglia un dato cerchio. (Si costruisca il punto simmetrico al centro rispetto alla retta data. Poi, facendo centro nel nuovo punto e con raggio eguale a quello del cerchio dato, si descriva un cerchio ... Si discuteranno i vari casi).

200. Le altezze di un triangolo acutangolo passano per uno stesso punto.

CAPITOLO V

RETTE PARALLELE

Rette parallele.

240. Due rette d'uno stesso piano, se vengono tagliate in due punti distinti da una terza retta (che diremo *trasversale* delle due prime), formano con questa otto angoli, relativamente ai quali si sono adottate le seguenti denominazioni.

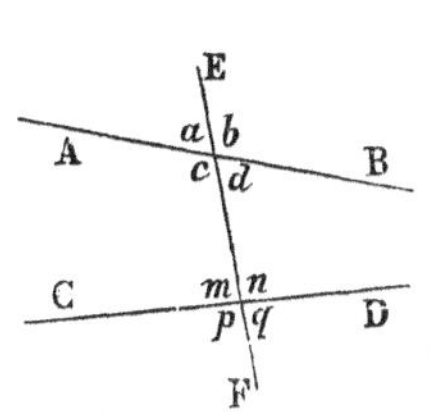

Gli angoli a, b, p, q si dicono *esterni*; gli altri quattro si dicono *interni* (rispetto alle AB, CD).

Due angoli, come i due a ed m, uno esterno, l'altro interno, non adiacenti e posti da una stessa banda della trasversale, si dicono *corrispondenti*.

Due angoli, come i due c ed n, ambidue interni, non adiacenti, e situati da bande opposte della trasversale, si dicono *alterni*.

Due angoli, come i due c ed m, ambidue interni e situati da una stessa banda della trasversale, si dicono *coniugati*.

241. Teor. *Se due rette fanno con una terza angoli alterni eguali, esse non hanno nessun punto comune (non s'incontrano mai).*

Dim. Le rette AB, CD formino con la EF nei punti H, K i due angoli alterni KHA, HKD che siano eguali. Dico che le rette AB, CD non s'incontrano.

Infatti, se i raggi HA, KC s'incontrassero, chiamando M il punto d'incontro, ci sarebbe un triangolo MHK, nel quale l'angolo esterno HKD sarebbe eguale all'interno opposto KHA; e ciò non può essere. [132].

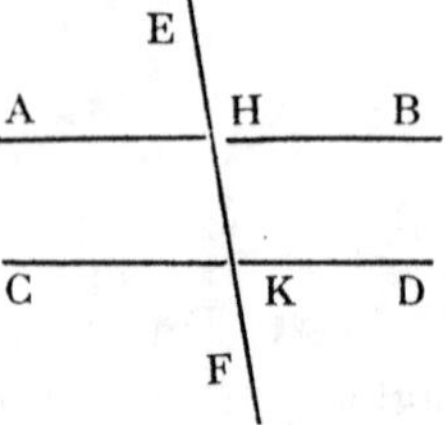

Se s'incontrassero i raggi HB, KD, chiamando N il punto d'incontro, ci sarebbe un triangolo NHK, nel quale l'angolo esterno KHA sarebbe uguale all'interno opposto HKD; e ciò è impossibile.

(Non si può pensare che s'incontrino i raggi HA, KD, perchè essi giacciono da bande opposte della EF. E per la stessa ragione non possono incontrarsi i raggi HB, KC).

Le due rette AB, CD non hanno adunque nessun punto comune (*).

242. Def. *Due rette, che giacciono in uno stesso piano* (**) *e che non s'incontrano, si dicono* parallele.

243. Cor. 1°. *Se due rette fanno con una terza due angoli corrispondenti eguali, esse sono parallele.*

Infatti, se sono eguali gli angoli corrispondenti EHB, HKD, poichè anche $K(H)A$ è uguale ad

(*) Più semplicemente (cioè fondandosi su minor numero di premesse) si può dimostrare il precedente teorema, mostrando (mediante sovrapposizione) l'eguaglianza delle due figure che sono da bande opposte della trasversale. Donde segue che le rette AB, CD, se si incontrassero da una banda, dovrebbero incontrarsi anche dall'altra della trasversale e questo doppio incontro non può aver luogo. [25, 3°].

(**) Nella Planimetria la condizione che le due rette giacciano in uno stesso piano è sempre sottintesa; epperò, dovendo provare che due date rette sono parallele, basterà provare che non s'incontrano.

$E(H)B$ [129], i due angoli alterni KHA, HKD sono eguali, epperò [241] le rette AB, CD sono parallele.

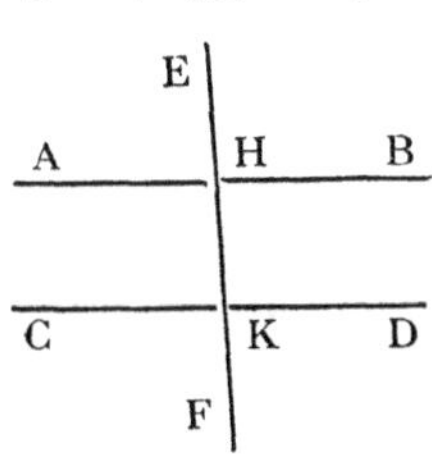

244. Cor. 2°. *Se due rette fanno con una terza due angoli coniugati supplementari, esse sono parallele.*

Infatti, se i due angoli coniugati BHK, HKD sono supplementari, poichè anche gli angoli adiacenti KHA, BHK sono supplementari [126], ed angoli supplementari di uno stesso sono eguali tra loro [81], i due angoli alterni KHA, HKD sono eguali, epperò [241] le rette AB, CD sono parallele.

245. Cor. 3°. *Due rette perpendicolari ad una terza, sono parallele.*

Questa proposizione è un caso particolare di ciascuna di quelle dei §§ 241, 243, 244.

246. Teor. *Per un punto, situato fuori di una retta, si può condurre una parallela alla retta.*

Dim. Sia un punto A e una retta BC non passante per A. Si vuol provare che per A si può condurre una retta parallela alla BC.

Preso sulla BC un punto D ad arbitrio, si tiri la retta AD, e si costruisca [152] in A e sulla AD l'angolo EAD eguale all'angolo BDA. La retta AE, così ottenuta, e la retta BC sono parallele [241], appunto perchè fanno con la retta AD gli angoli alterni EAD, BDA eguali tra loro. Conchiudiamo che veramente *per ecc.*

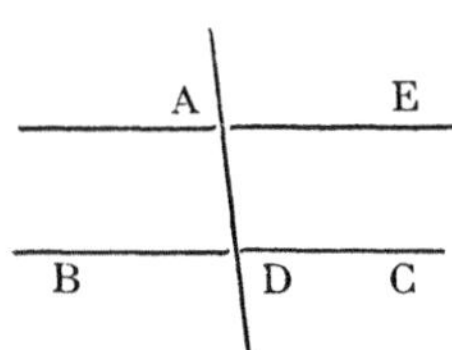

247. Abbiamo veduto [246] che, dato un punto ed

una retta che non passi per esso, si può sempre condurre per il punto una retta che sia parallela [51, 242] alla data. Ora viene spontanea la domanda: *La retta, che si trova con l'indicata costruzione, gode essa sola la proprietà di passare per il punto dato e di non incontrare la retta data?* (*).

Il che equivale a chiedere: *Se ogni altra retta, che passi per* A, *e non coincida con la* A E, *incontri necessariamente la* B C.

Osservando la figura, ci si trova indotti ad ammettere, senza difficoltà, che in fatto ogni retta, che passa per A e non coincide con la AE, incontra necessariamente la retta BC (**). Accettiamo dunque

(*) Questa domanda è tanto più giustificata, in quanto che nella costruzione indicata nel § 246 c'è dell'arbitrario. Si può sospettare che, cambiando la posizione del punto D, risulti in fine una retta diversa dalla AE.

(**) Si sono fatti parecchi tentativi (un centinaio a dirittura) per dimostrare codesta proposizione; ma tutti con risultamenti infelici. Non mancano i casi, in cui ciò sia dovuto a paralogismo; più spesso, tacitamente od espressamente, la pretesa dimostrazione si fonda su nuovo postulato. In tal caso essa non si può accettare, perchè, al punto in cui siamo, dimostrare che in un piano per un punto dato passa una retta soltanto, che non incontri un'altra retta situata nel piano stesso, vuol dire dedurre questa verità per forza di logica dai postulati o dai teoremi già stabiliti.

L'esito infelice dei numerosi conati, tendenti a dimostrare la proposizione geometrica in discorso, fece infine pensare che, o essa non sia vera, o che sia indipendente da' postulati precedenti. Fu dimostrato che ha luogo appunto questa indipendenza; epperò si è abbandonato l'idea di trovare una dimostrazione, che si sa ormai impossibile.

Tra i postulati, dai quali si può dedurre logicamente la proposizione in discorso, uno semplicissimo è questo: *Esiste un quadrangolo, che ha tutti gli angoli retti* (un quadrato).

per indubitato il seguente fatto geometrico, le cui conseguenze, quando si possono accertare sperimentalmente, si trovano in costante accordo con la realtà.

248. Postulato della parallela.

Dato un punto e una retta, che non passi per esso, per il punto non si può condurre che una sola retta, che sia parallela alla data (*).

Questo fatto geometrico si può accertare sperimentalmente, laddove quello espresso dal postulato, che siamo per ammettere, non si può accertare in nessuna maniera.

(*) Cioè, per il punto non si può condurre che una retta sola, la quale non incontri la retta data, *pur giacendo* [51] *con essa in un medesimo piano.*

Questo postulato è più semplice di quello equivalente d'Euclide, perchè indipendente dal concetto di misura. Codesto postulato non gode però dello stesso grado di evidenza degli altri, perchè esso ha luogo compiutamente fuori del campo della nostra esperienza.

Definizione generale di parallela. Consideriamo una retta AB e un punto C, che non giaccia sulla retta; tiriamo per questo punto la retta CD perpendicolare alla retta data, e poi la retta EF perpendicolare alla CD. Sappiamo [245] che le due rette AB, EF non s'incontrano.

Imaginiamo ora che la retta CD ruoti intorno al punto C, e sia nel senso in cui girano le lancette degli orologi. In questa ipotesi il punto, nel quale la retta mobile incontra la AB, va allontanandosi sul raggio DA; viene poi il momento in cui questo punto d'intersezione più non esiste, perchè la retta mobile non incontra più la retta AB. Come sparisca il punto, non si può comprendere (*); ma al più tardi la retta mobile finisce di tagliare la AB, quando essa ha raggiunta la posizione della EF, quando cioè il raggio, che esce da C e passa per D, ha descritto un angolo retto.

(*) Giacchè fino a tanto che la retta mobile taglia la AB, al punto d'intersezione resta da percorrere tutto un raggio, rispetto al quale è un nulla il segmento percorso.

219. Cor. 1°. *Due rette, parallele ad una terza, sono parallele tra loro.*

Infatti, se le due prime rette s'incontrassero, per il punto d'incontro passerebbero due rette distinte, pa-

Volendo per ora lasciare impregiudicata la questione, imaginiamo che sia HK la prima posizione nella quale la retta mobile non incontra più la retta AB. La retta HK, che non incontra la AB, pur giacendo con questa in un medesimo piano, e che, girata in un senso conveniente intorno al punto C, d'un angolo comunque piccolo, viene a tagliare la AB, si dice *parallela alla* AB *condotta per il punto* C.

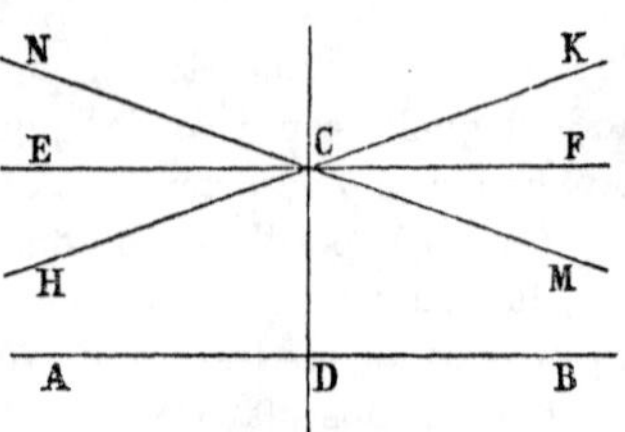

Costruiscasi ora l'angolo MCD eguale all'angolo CDH. Attesa l'eguaglianza manifesta delle due parti, nelle quali la figura è tagliata dalla retta CD, si comprende che la retta MN non incontra la AB, pur giacendo con questa in un medesimo piano; ma che verrebbe a tagliare la AB, purchè la si girasse intorno al punto C, in un senso conveniente, sia pure d'un angolo piccolss imo. Pertanto anche la retta MN si deve dire *parallela alla* AB *condotta per il punto* C.

Da ciò che precede si conchiude che, se l'angolo DCH (*angolo di parallelismo*) è minore di un retto, in tal caso per il punto dato si possono condurre *due* parallele alla retta data. Vi è poi un'infinità di rette (quelle passanti per C e situate negli angoli HCN e KCM) le quali, pur giacendo con la AB in un medesimo piano, passano per il punto C e non incontrano la retta AB (*).

(*) Secondo la nostra [212] definizione di parallela, anche queste rette sarebbero parallele alla AB. Ma nella Geometria astratta codesta denominazione si riserba alle due HK, MN, le quali, oltre della proprietà di non incontrare la AB, hanno questa di diventar secanti della AB, non appena siano fatte girare, in un senso conveniente, intorno un loro punto, di un angolo per quanto piccolo.

rallele tutte e due alla terza retta; e ciò contrariamente al postulato della parallela.

250. Cor. 2°. *Se due rette sono parallele, e una terza retta ne incontra una, essa incontra anche l'altra.*

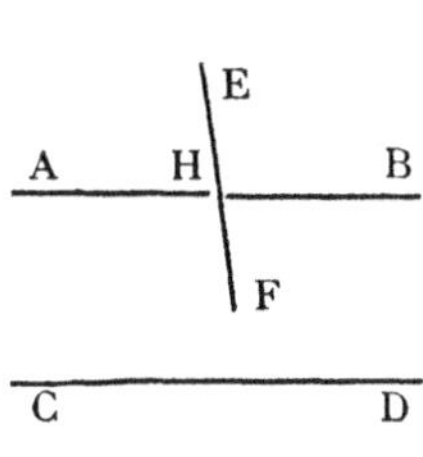

Infatti, se una retta EF, che incontra la AB, non incontrasse la CD, che è parallela alla AB, per il punto d'incontro H passerebbero due rette AB ed EF, tutte e due parallele alla CD; e ciò non può essere. [248].

251. Teor. *Se due parallele sono tagliate da una terza retta, gli angoli alterni sono eguali tra loro.*

Dim. Le rette parallele AB, CD siano tagliate [250] dalla EF nei punti H, K. Dico che gli angoli alterni, ad es. i due $C(K)H$, $B(H)K$ sono eguali.

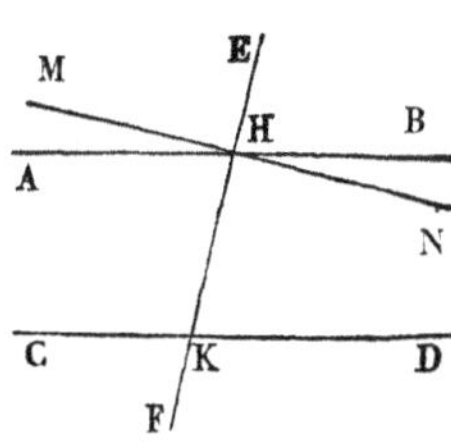

Se questi due angoli non sono eguali, uno dei due sarà maggiore; sia $B(H)K > C(K)H$; si tagli dal maggiore l'angolo $N(H)K$, che sia eguale al minore $C(K)H$. La retta MN è quindi distinta dalla AB.

Ma se l'angolo di parallelismo è retto, le due parallele HK ed NM vengono [128] a coincidere in una stessa retta EF; epperò in questo caso per il punto C non passa che *una sola* retta *parallela* alla AB, e ogni altra retta condotta per C taglia la AB necessariamente.

Lasciando indeterminato l'angolo di parallelismo e seguitando nelle deduzioni, si ottiene una Geometria così detta *astratta*, della quale la Geometria euclidea, che noi svilupperemo nel seguito, non è che un caso particolare; quel caso cioè in cui l'angolo di parallelismo è retto.

Ora le rette MN, CD, perchè fanno con la EF gli angoli alterni $C(K)H$, $N(H)K$ eguali, sono parallele. Così per il punto H vediamo passare due rette AB, MN parallele ambedue alla CD. Ciò non può [248] essere; epperò resta provato che gli angoli CKH, BHK sono eguali.

252. Cor. 1°. *Se due parallele sono tagliate da una terza retta, gli angoli corrispondenti sono eguali.*

Infatti, poichè gli angoli alterni BHK, CKH sono eguali [251], e l'angolo AHE è uguale all'angolo BHK [129], anche gli angoli AHE, CKH sono eguali.

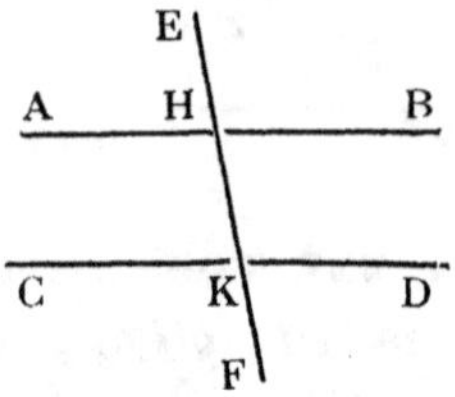

E A H B C K D F

253. Cor. 2°. *Se due parallele sono tagliate da una terza retta, gli angoli coniugati sono supplementari.*

Infatti, poichè gli angoli $K(H)A$, $H(K)D$ sono eguali, perchè alterni fatti da due parallele con una terza retta, e $B(H)K$ è supplementare [126] di $K(H)A$, anche [81] $B(H)K$ e $H(K)D$ sono supplementari.

254. Cor. 3°. *Se due rette sono parallele, ed una terza retta è perpendicolare ad una, essa è perpendicolare anche all' altra.*

Questa proposizione si può considerare come conseguenza di ciascuna delle tre precedenti. [250].

255. Teor. *Se due rette fanno con una terza angoli coniugati, che non siano supplementari, esse s' incontrano e per l' appunto da quella banda della terza retta, dove sono gli angoli coniugati la cui somma è minore di due retti.*

Dim. Sappiamo che, se una retta taglia due rette

che siano parallele, gli angoli coniugati che ne risultano sono supplementari [253]. Per conseguenza, se due rette fanno con una terza angoli coniugati che non siano supplementari, esse non possono essere parallele; ma si devono incontrare. E l'incontro non può accadere dalla banda dove sono gli angoli coniugati che danno una somma maggiore di due retti, perchè in ogni triangolo la somma di due angoli è minore di due retti. [133].

256. Teor. *Se due rette sono rispettivamente perpendicolari a due altre che si segano, si segano anch' esse.*

Dim. Siano due rette AB, CD che s'incontrano in E, e due altre rette FK, HL rispettivamente perpendicolari alle prime. Dico che le rette FK, HL si devono incontrare.

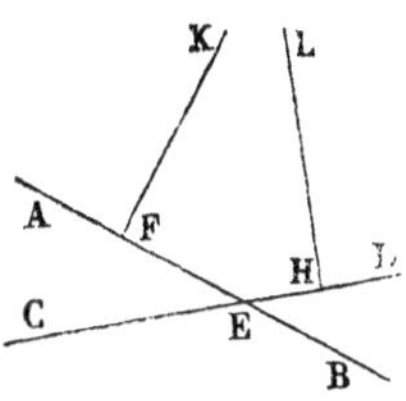

Infatti, se non s'incontrassero, se fossero parallele, allora la retta CD, perchè perpendicolare alla HL, sarebbe [254] perpendicolare anche alla FK; e allora per uno stesso punto E passerebbero due rette CD, AB perpendicolari ambedue ad una stessa retta FK, il che non può essere [114, 136]. Così resta provato che le rette FK, HL s'incontrano.

Somma degli angoli di un poligono.

257. Teor. *In ogni triangolo un angolo esterno è uguale alla somma dei due angoli interni opposti.*

Dim. Sia il triangolo ABC, e si prolunghi un lato, ad es. il lato BC, in D. Dico che l'angolo esterno ACD è uguale alla somma dei due angoli interni opposti ABC, CAB.

Sappiamo già [132] che un angolo esterno è maggiore di ciascuno dei due interni opposti. Per conseguenza dall'angolo ACD si può tagliar via una parte $E(C)D$, che sia eguale ad $A(B)C$, ed il raggio CE cade necessariamente nell'angolo ACD.

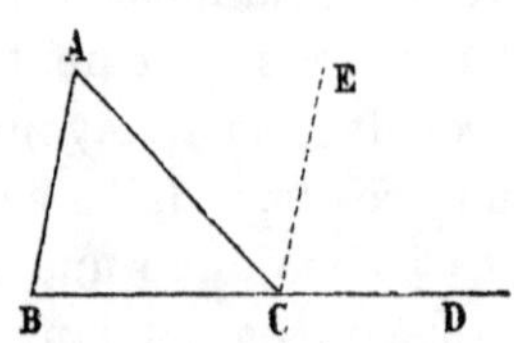

Ora, perchè le rette BA, CE formano con la BD gli angoli corrispondenti ABC, ECD eguali, esse sono [243] parallele. Gli angoli ACE, CAB sono poi eguali, come alterni fatti dalle parallele AB, CE con la AC. Per conseguenza la somma dei due angoli ACE, ECD, cioè a dire tutto l'angolo ACD, è uguale alla somma dei due angoli CAB, ABC.

258. Teor. *La somma degli angoli d'un triangolo è uguale a due retti.*

Dim. Sia un triangolo qualunque ABC; dico che la somma de' suoi tre angoli è uguale a due retti.

Si prolunghi uno dei lati, ad es. il lato BC in D. Sappiamo che la somma dei due angoli CAB, ABC è uguale all'angolo esterno opposto ACD. Così, aggiungendo di comune l'angolo BCA, troviamo che la somma dei tre angoli del triangolo è uguale alla somma dei due angoli adiacenti BCA, ACD. Ma quest'ultima somma è [126] uguale a due retti; tale è per conseguenza anche la somma degli angoli del triangolo.

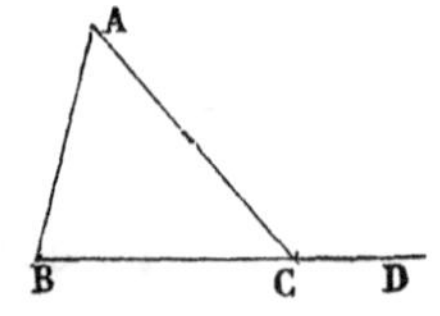

259. Cor. 1°. *Se la somma di due angoli di un*

triangolo è uguale alla somma di due angoli di un altro triangolo, anche gli angoli rimanenti sono eguali tra loro. Ed inversamente, se ecc.

Infatti, poichè la somma degli angoli di un triangolo è uguale alla somma degli angoli dell'altro, sottraendo d'ambe le parti quelle somme, o quegli angoli che sono eguali per ipotesi, si ottengono resti eguali.

260. Cor. 2°. *I due angoli acuti di un triangolo rettangolo sono complementari.*

261. Cor. 3°. *In ogni triangolo equilatero, ciascun angolo è la terza parte di due retti, epperò anche due terzi di un retto.*

262. Teor. *La somma degli angoli di un poligono (convesso) è uguale a tante volte due retti, quanti sono i lati del poligono, meno quattro angoli retti.*

Dim. Si unisca un punto, preso ad arbitrio nell'interno del poligono, con tutti i vertici. Così si ottengono tanti triangoli, quanti sono i lati del poligono. Manifestamente la somma degli angoli del poligono è uguale alla somma di tutti gli angoli dei triangoli, diminuita della somma degli angoli che sono intorno al punto interno. Ma la somma degli angoli d'un triangolo è sempre uguale a due retti [258], e la somma degli angoli che sono intorno ad un punto è uguale a quattro retti [127]. Quindi la somma degli angoli del poligoon è uguale a tante volte due retti, quanti sono i lati del poligono, meno quattro retti.

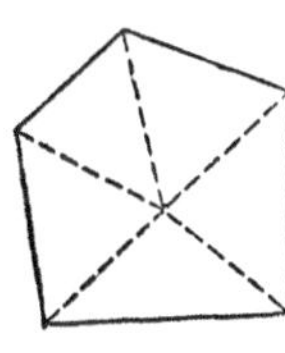

263. Teor. *In ogni poligono (convesso) la somma degli angoli esterni, che si ottengono prolungando*

in ciascun vertice uno dei lati che concorrono in esso è uguale a quattro retti.

Dim. Infatti, poichè ciascuno degli angoli esterni, preso con l'interno adiacente, dà una somma eguale a due retti [126], la somma di tutti gli angoli interni ed esterni è uguale a tante volte due retti, quanti sono i vertici del poligono, cioè quanti sono i lati. Per conseguenza essa è uguale alla somma di tutti gli angoli dei triangoli che si ottengono unendo coi vertici del poligono un punto preso nell'interno del poligono [258]. E poichè le due somme hanno in comune gli angoli del poligono, sottraendo da ambedue questi angoli, troviamo che la somma degli angoli esterni è uguale alla somma degli angoli che sono intorno al punto interno. Essa è quindi [127] eguale a quattro retti.

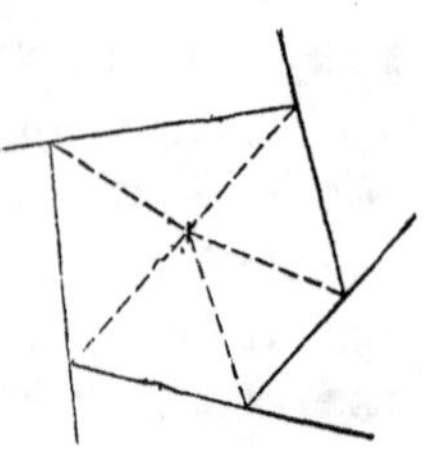

Esercizî.

201. Se i lati di due angoli hanno rispettivamente medesime direzioni, o direzioni opposte (*), gli angoli sono eguali. Sono invece supplementari, se due lati hanno medesima direzione e gli altri due hanno direzioni opposte.

202. Se due angoli hanno i lati rispettivamente perpendicolari, essi sono eguali o supplementari.

203. Se due lati di un triangolo si prolungano di là dal punto comune, e ciascuno di un segmento eguale all'altro lato, e poi si uniscono i termini dei segmenti con quelli del terzo lato, si ottengono due rette parallele.

(*) Due raggi si dicono avere medesima direzione o direzioni opposte, se appartengono a rette parallele, e giacciono dalla stessa banda o da bande opposte della retta, che passa per i punti ond' escono i raggi.

204. Se due parallele sono tagliate da una trasversale nei punti A e B, e una quarta retta taglia la trasversale e le parallele nei punti C, D, E, e in modo che sia $AC \equiv AD$, è anche $BC \equiv BE$.

205. Uniti due punti A, B, presi su due rette parallele, e segnato ad arbitrio un punto C sul segmento AB, da una stessa banda della retta AB si prendano sulle due parallele i segmenti $AM \equiv AC$ e $BN \equiv BC$; e si unisca C con M e con N. Si dimostri che l'angolo MCN è retto.

206. Le tangenti condotte ad un cerchio in due punti, che non siano diametralmente opposti, s'incontrano. [256].

207. Se si conducono le tangenti ad un cerchio nelle estremità di un diametro, e poi una terza tangente qualsivoglia, e si uniscono i punti dove questa incontra le due prime col centro, ivi si ottiene un angolo retto.

208. Dimostrare il teorema relativo alla somma degli angoli di un poligono, conducendo, per un punto qualunque dei raggi rispettivamente paralleli ai lati del poligono. [**201**].

209. Se ciascuno di due poligoni di n lati è equiangolo, gli angoli dei due poligoni sono eguali. [262].

210. Un angolo di un triangolo è ottuso, retto, od acuto, secondo che la mediana tirata al lato opposto è minore, uguale, o maggiore della metà di questo lato. E reciprocamente.

211. Se un angolo di un triangolo isoscele è uguale a due terzi di retto, il triangolo è equilatero.

212. L'altezza, calata sull'ipotenusa di un triangolo rettangolo, divide il triangolo in due, equiangoli tra loro e col totale.

213. La parallela alla base di un triangolo isoscele, tirata per il vertice del triangolo, dimezza l'angolo esterno adiacente all'angolo al vertice. E, reciprocamente, la bisettrice di questo angolo è parallela alla base. — E se la bisettrice di un angolo esterno di un triangolo è parallela al lato opposto, il triangolo è isoscele.

214. Se due triangoli hanno i lati rispettivamente paralleli, hanno gli angoli ordinatamente eguali. (Due angoli contenuti da lati paralleli sono [**201**] eguali o supplementari. Ma non si può ammettere che ad un tempo due angoli di uno dei triangoli siano rispettivamente supplementari di due angoli dell' altro, giacchè ... sommando ... [258].). Altrettanto si può dire, se i due triangoli hanno i lati rispettivamente perpendicolari.

215. Raddoppiare, col mezzo del solo compasso, il segmento compreso tra due punti dati. (Si costruiscano tre triangoli equilateri. [261, 128]).

216. Se per tre punti D, E, F, presi ad arbitrio sui lati di un triangolo ABC, si conducono tre rette in modo che facciano coi lati del triangolo angoli eguali, queste tre rette, incontrandosi, formano un triangolo, i cui angoli sono ordinatamente uguali a quelli del triangolo dato.

217. Se in un triangolo rettangolo un angolo acuto è doppio dell'altro, l'ipotenusa è doppia del cateto minore. (Si tagli l'angolo retto in parti rispet ... ecc.).

218. L'angolo, che la perpendicolare calata da una estremità della base di un triangolo isoscele sul lato opposto fa con la base, è metà dell'angolo al vertice. (Si tiri la perpendicolare dal vertice sulla base.).

219. L'angolo, che la bisettrice di un angolo esterno di un triangolo forma col lato opposto, è uguale alla semidifferenza dei due angoli del triangolo che non sono adiacenti all'angolo dimezzato. (Per il vertice di uno di questi angoli si tiri la parallela alla bisettrice).

220. Se da un punto di un lato di un angolo acuto, e dentro l'angolo, si tirano due rette rispettivamente perpendicolari ai lati, e si dimezza l'angolo delle perpendicolari, la bisettrice taglia i lati dell'angolo dato in punti egualmente distanti dal vertice.

221. La differenza di due angoli di un triangolo è doppia dell'angolo compreso dall'altezza e dalla bisettrice uscenti dal vertice del terzo angolo.

222. La differenza tra gli angoli acuti di un triangolo rettangolo è uguale all'angolo compreso dall'altezza e dalla mediana uscenti dal vertice dell'angolo retto.

223. Sia ABC un triangolo rettangolo in C. Sull'ipotenusa AB si faccia $AD \equiv AC$ e $BE \equiv BC$, e si tirino CE e CD. Dimostrare che l'angolo DCE è metà di un retto. [137, 258].

224. Se sul lato maggiore di un triangolo si prendono, partendo dalle estremità, due segmenti eguali rispettivamente ai lati adiacenti, e si uniscono le estremità di questi segmenti col vertice opposto, ivi si ottiene un angolo che è uguale alla semisomma di quei due angoli del triangolo, che sono adiacenti al lato maggiore.

225. Tirare la perpendicolare a un segmento in una estremità, senza prolungare il segmento. (Si costruisce un triangolo equilatero, e si prolunga uno dei lati di un segmento eguale al lato stesso...).

226. Se sopra una retta si prendono due segmenti eguali AB, BC, e costruito su BC un triangolo equilatero BCD, si costruisce su AD un altro triangolo equilatero ADE, si ottiene un angolo EAC, che è retto.

227. Se si conducono le bisettrici degli angoli esterni di un triangolo, risultano intorno al dato tre triangoli, che sono equiangoli tra loro e col triangolo composto dai quattro. E ciascun angolo del triangolo dato è supplementare del doppio dell'angolo, che gli è opposto nel triangolo circoscritto.

228. Il segmento, che unisce il vertice dell'angolo retto di un triangolo rettangolo col punto di mezzo dell'ipotenusa, è uguale alla metà dell'ipotenusa. (Se C è il vertice dell'angolo retto e D il punto di mezzo dell'ipotenusa, si tiri CD, e sul prolungamento si faccia $DE \equiv CD$. Infine si tiri EA. Si proverà essere $CE \equiv AB$).

229. Che cosa è il luogo dei punti di mezzo dei segmenti, i quali sono eguali a un segmento dato, ed hanno le estremità sui lati di un angolo retto?

230. Luogo dei punti tali che le tangenti tirate da essi a un cerchio dato comprendano angolo dato.

231. Trovare sopra una retta data o sopra un dato cerchio un punto tale che le tangenti, condotte da esso ad un cerchio dato, comprendano un angolo dato.

232. Trovare sopra una retta data un punto, che sia equidistante da due punti dati. (Caso d'impossibilità).

233. Descrivere un cerchio, che passi per un punto dato, e tocchi una retta data in un punto dato.

234. Descrivere un cerchio, che tocchi due rette date, e una di queste in un punto dato.

235. Descrivere un cerchio, che tocchi una retta data e un cerchio dato in un punto dato.

236. Descrivere un cerchio, che tocchi due raggi di un cerchio dato e l'arco compreso dai raggi stessi.

237. Date due rette parallele, descrivere un cerchio, che ne tocchi una in punto dato, e che tagli dall'altra una parte eguale a un dato segmento.

238. Descrivere un cerchio, che passi per due punti dati e che tagli un cerchio dato in modo che la corda comune sia parallela a una retta data.

239. Descrivere un cerchio, che tocchi tre dati cerchi eguali. (Si supponga risoluto il problema, e che il raggio del cerchio domandato aumenti (o diminuisca) di quanto è il raggio dei cerchi dati. Per quali punti va allora a passare il cerchio?).

240. Descrivere un cerchio, che tocchi un cerchio dato, e che tocchi una retta data in un punto assegnato. (Per questo punto si tiri la perpendicolare alla retta data, e sopra questa perpendicolare, partendo dal piede, da una banda e dall'altra della retta data si portino due segmenti eguali al raggio del cerchio dato. I punti così ottenuti si uniranno col centro, e poi si tireranno per i punti di mezzo, ecc.).

241. Trovare un punto, che sia vertice comune di due triangoli isosceli aventi per basi due segmenti dati. (Caso d'impossibilità).

242. Trovare un punto tale che, unendolo con le estremità di due dati segmenti eguali, risultino due triangoli eguali.

243. Per un punto, dato fuori di una retta, tirare una retta, che faccia con la data un angolo dato. [252].

244. Tirare una retta, che sia tangente a un cerchio dato, e formi con una retta data angolo dato.

245. Circoscrivere ad un cerchio dato un triangolo, i cui lati siano paralleli a quelli di un triangolo dato.

246. In un cerchio dato tirare una corda eguale a un dato segmento e parallela a una retta data.

247. Per un punto dato condurre una retta in modo che faccia con due rette angoli eguali.

248. In un dato triangolo ABC condurre parallelamente a un lato, ad es. al lato BC, una corda MN in modo che sia $MN \equiv MB + NC$. (Si dimezzino gli angoli in B ed in C).

249. Tirare, per un punto dato tra i lati di un angolo, una retta in modo che il segmento di essa, compreso tra i lati dell'angolo, sia dimezzato dal punto dato. (Si unisce il vertice col punto, e, prolungato il segmento di altrettanto, si tira la parallela ad uno dei lati).

250. Tirare la bisettrice dell'angolo di due rette che s'incontrano fuori del foglio del disegno.

251. Per un punto dato condurre una retta così che tagli due rette, che s'incontrano fuori del foglio del disegno, in due punti egualmente distanti da quello di concorso.

252. Se una spezzata $ABCD$, descritta tra i lati di un angolo semiretto, ha i vertici B e C sui lati dell'angolo e i lati AB, BC fanno in B angoli eguali col lato dell'angolo, e i lati BC, CD formano in C angoli eguali con l'altro lato dell'angolo dato, le rette AB, CD sono perpendicolari tra loro.

253. Dividere un angolo retto in tre parti eguali. [261].

254. Sia ABC un triangolo equilatero. Dimezzati gli angoli B e C, e prolungate le bisettrici fino ad incontrarsi in O, si dimezzino BO e CO con due perpendicolari. Queste tagliano il lato BC in tre parti eguali.

255. Costruire un triangolo rettangolo, data l'ipotenusa e la somma dei cateti.

(*In generale, quando si vuol dimostrare un teorema o risolvere un problema, si comincia col disegnare una figura, che possa esser riguardata come quella di cui è questione. Considerando codesta figura, pensando alle sue proprietà, si trovano le ragioni che costituiscono la dimostrazione del teorema, o le relazioni tra le parti date e quelle che si devono costruire, in base alle quali relazioni risulta poi ciò che si deve fare per risolvere il problema.*

Spesso fa mestieri descrivere rette o circoli ausiliari, e non è sempre facile scorgere quali siano le linee ausiliarie, che torna opportuno di considerare. Quando però nell'enunciato della proposizione sia fatto cenno di somme, di differenze.., di lati, di angoli.., in tal caso bisogna fare che queste somme, queste differenze.., si presentino nella figura; e non a parte, ma collegate, per conto della posizione, con gli altri elementi. Allora si scorgono parti della figura, di cui è noto quanto basta perchè si possano costruire; successivamente si costruiscono le altri parti, fino a che la figura sia compiuta.

Ad es., nel precedente problema, disegnato un triangolo rettangolo ABC (*sia rettangolo in* C), *e supposto che sia desso il triangolo domandato, si prolunga il cateto* BC, *di là dal vertice dell' angolo retto, di un segmento* CD ≡ CA, *dimodochè* BD *rappresenta la somma data. Condotto* AD, *si vede che, poichè* A (D) B *è semiretto, il triangolo* ADC *si può costruire. Se ne ricava poi il triangolo richiesto*).

256. Costruire un triangolo rettangolo, dato un angolo acuto e la somma dei lati che lo comprendono.

257. Costruire un triangolo rettangolo, dato un angolo acuto e la proiezione del cateto adiacente sull' ipotenusa.

258. Costruire un triangolo rettangolo, dato un lato e la differenza dei due angoli acuti. (Di questi angoli si conosce anche la somma).

259. Costruire un triangolo rettangolo, nel quale uno degli angoli acuti sia doppio dell' altro, e la bisettrice dell' angolo retto sia eguale ad un segmento dato.

260. Costruire un triangolo rettangolo, data la differenza dei cateti e l' angolo opposto al minore.

261. Costruire un triangolo rettangolo, data la differenza dei cateti e l' angolo opposto al maggiore.

262. Costruire un triangolo rettangolo, dato un angolo acuto e la differenza tra i lati che lo comprendono.

263. Costruire un triangolo rettangolo, dato un angolo acuto e la somma del cateto adiacente e dell' altezza relativa all' ipotenusa.

264. Costruire un triangolo rettangolo, dato il minore dei due angoli acuti, e la differenza dei segmenti in cui l'ipotenusa è tagliata dalla corrispondente altezza.

265. Costruire un triangolo rettangolo ed isoscele, data la somma dell'ipotenusa e di un cateto.

266. Costruire un triangolo isoscele, dato l'angolo al vertice e la somma dell' altezza e del lato.

267. Costruire un triangolo isoscele, dato B e la somma $b + l$.

268. Costruire un triangolo isoscele, data la base e la differenza tra il lato e l' altezza.

269. Costruire un triangolo isoscele, dato il perimetro e l'altezza.

270. Costruire un triangolo, dato il perimetro e due angoli.

271. Costruire un triangolo, dato un lato, il minore degli angoli adiacenti, e la differenza tra gli altri due lati.

272. Costruire un triangolo, dato un lato, il maggiore degli angoli adiacenti, e la differenza tra gli altri due lati.

273. Costruire un triangolo, i cui lati passino per tre punti dati, un cui lato sia parallelo a una retta data, e che abbia due angoli dati.

274. Costruire un triangolo, dati A, B e b_c; oppure dati A, B ed m_c. (Si costruisca dapprima ad arbitrio un triangolo che abbia due angoli eguali ai dati).

275. Costruire un triangolo, dati due angoli e la somma o la differenza dei lati opposti.

276. Costruire un triangolo, data un' altezza, la differenza dei segmenti in cui essa taglia il lato su cui è calata, e il maggiore degli angoli adiacenti a questo lato.

277. Costruire un triangolo, date h_a, m_a e B.

278. Costruire un triangolo, dati a, h_b ed h_c. [211].

279. Costruire un triangolo, date h_a ed m_a, e in modo che sia $a \equiv 2b$.

280. Costruire un triangolo, dato A, b ed $a - c$. (Si supponga prolungato il lato BA dalla banda del punto A, e fatto $BD \equiv BC$. Il triangolo ACD si può costruire).

281. Costruire un triangolo, dato a, $b + c$ ed A.

282. Costruire un triangolo, dato A, b_a e il perimetro.

283. Costruire un triangolo, dato a, $b - c$ e $B - C$. (Se si conduce BD in modo che sia $AD \equiv AB$, epperò $DC \equiv b - c$, si vede facilmente che $D(B)C$ è uguale a $1/2\,(B - C)$. Il triangolo BDC si può dunque costruire).

284. Descrivere un cerchio, che tocchi due cerchi dati, e uno di questi in un punto dato. (Condotta la retta, che passa per questo punto e per il centro del cerchio cui esso appartiene, su questa retta, da una parte e dall'altra del punto mentovato, si prende un segmento eguale al raggio dell' altro cerchio. Ecc.).

285. Se da un punto O si conducono a una retta, non passante per O, la perpendicolare OA e delle oblique OB, OC, OD, ecc.., in modo che gli angoli AOB, BOC, COD... siano eguali, si ha $AB < BC < CD$, ecc.

286. Se da un punto si conducono le tangenti ad un cerchio, e da uno dei punti di contatto si tira la perpendicolare sul-

l'altra tangente, il segmento di questa perpendicolare, che è compreso tra il punto di contatto e la retta che passa per il centro e per il punto di concorso delle tangenti, è uguale al raggio del cerchio.

287. Due triangoli isosceli sono eguali, se l'angolo al vertice e la somma o la differenza tra il lato e la relativa altezza sono rispettivamente uguali.

288. Due triangoli isosceli sono eguali, se l'angolo al vertice e la somma o la differenza della base e dell'altezza sono ordinatamente uguali.

289. Due triangoli isosceli sono eguali, se hanno altezza e perimetro ordinatamente uguali.

290. Se in due triangoli isosceli l'angolo al vertice e la somma del lato e della base sono ordinatamente uguali, i triangoli sono eguali.

291. È dato un cerchio, una retta, e su questa un punto A. Trovare sulla retta un punto, che disti egualmente dal cerchio e da A. (Si prende sulla retta, partendo da A, un segmento eguale al raggio del cerchio dato).

292. Sopra un lato di un angolo trovare un punto, che disti egualmente da un punto dato sul lato stesso, e dall'altro lato dell'angolo. (Si cali dal punto la perp...).

293. Iscrivere in un triangolo equilatero un triangolo equilatero, i cui lati siano rispettivamente perpendicolari a quelli del triangolo dato.

294. Se in un triangolo equilatero è iscritto un triangolo equilatero, i vertici di questo tagliano i lati del primo in parti ordinatamente uguali.

295. Se due cerchi sono concentrici, e il raggio del maggiore è doppio di quello dell'altro cerchio, le tangenti, condotte a questo cerchio da un punto del cerchio maggiore, e il segmento, che unisce i punti del contatto, formano un triangolo equilatero.

296. Per un punto dato condurre una retta in modo che il triangolo che essa taglia via dall'angolo dato, abbia un perimetro dato. (Si prende, partendo dal vertice A, un segmento AB eguale alla metà del perimetro dato. Poi si descrive il cerchio che tocca i lati dell'angolo, e precisamente il lato AB in B. Infine... [211, 214]).

297. Dimostrare che, se la somma di due lati opposti di un quadrangolo è uguale alla somma degli altri due, un cerchio, che tocchi tre lati, tocca anche il quarto. (Indirettamente. Posto, che il cerchio, che tocca, ad es., i lati AB BC, CD, non tocchi il lato AD, si tiri per A, o per D, la tangente al cerchio. [**134**, 172]).

298. Descrivere un cerchio, nel quale due corde uguali a due dati segmenti siano sottese da archi, uno dei quali sia doppio dell'altro.

299. Se una retta taglia i lati di un angolo ABC nei punti A e C, e si prendono sulla stessa e in uno stesso verso i segmenti $Aa \equiv AB$ e $Cc \equiv CB$, e si tirano Ba e Bc, l'angolo aBc è la metà di $A(B)C$.

300. A è un punto qualunque di un diametro di un cerchio, e B è l'estremità del raggio perpendicolare al diametro considerato. Condotta BA, che incontri il cerchio in C, si tiri per C la tangente al cerchio, e sia D il punto dove essa incontra il prolungamento del diametro. Si dimostri che è $DA \equiv DC$.

CAPITOLO VI

ROMBI

Proprietà dei rombi.

264. Un quadrangolo ha quattro vertici, quattro lati, due diagonali.

Due vertici, o due lati, non consecutivi, si dicono *opposti*.

265. Def. *Un quadrangolo, in cui i lati opposti sono paralleli, si dice* rombo *o* parallelogrammo (*).

Per ottenere un quadrangolo, che meriti il nome di rombo, basta tirare due rette parallele e poi due altre rette che siano parallele tra loro e non alle prime due. Le quattro rette s' incontrano [250] in quattro punti, che sono i vertici di un rombo.

266. Teor. *In ogni rombo gli angoli opposti sono eguali.*

Dim. Sia il rombo $ABCD$; dico che due angoli opposti, quali sono, ad es., $B(A)D$ e $D(C)B$, sono eguali.

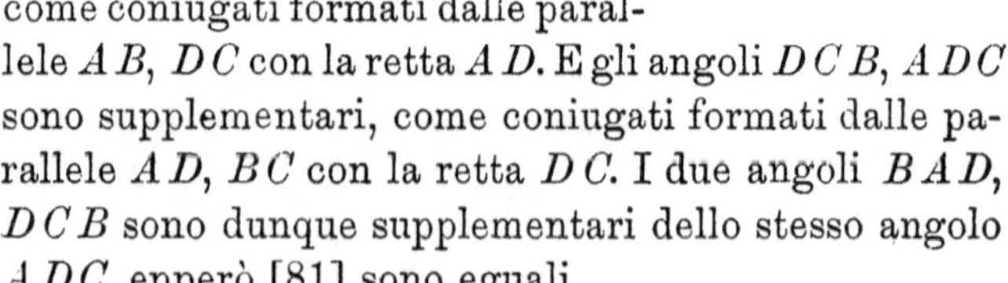

Infatti i due angoli BAD, ADC sono supplementari [253], come coniugati formati dalle parallele AB, DC con la retta AD. E gli angoli DCB, ADC sono supplementari, come coniugati formati dalle parallele AD, BC con la retta DC. I due angoli BAD, DCB sono dunque supplementari dello stesso angolo ADC, epperò [81] sono eguali.

(*) Usiamo la voce *rombo* in luogo di *parallelogrammo,* per antipatia a questa parola soverchiamente lunga.

267. Cor. *Se un angolo di un rombo è retto, anche gli altri angoli sono retti.*

Intanto è retto l'angolo opposto, per il teorema precedente. E gli altri pure sono retti, perchè supplementari [253] dell'angolo retto dato.

268. Teor. *In ogni rombo i lati opposti sono eguali.*

Dim. Sia il rombo $ABCD$; dico essere $AB \equiv DC$, e $AD \equiv BC$.

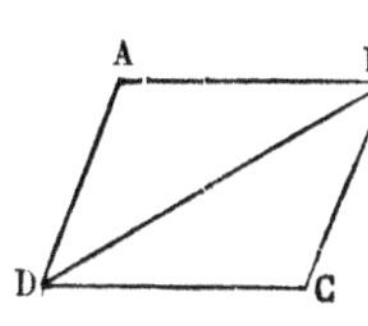

Condotta una delle diagonali, ad es. la BD, considero i triangoli ABD, CDB. Questi hanno il lato BD comune; gli angoli DBA, BDC eguali, perchè alterni [251], fatti dalle parallele AB, DC con la retta BD; e gli angoli ADB, CBD sono parimente uguali, perchè alterni, fatti dalle parallele AD, BC con la retta BD. Quindi [154] è $AB \equiv DC$, e $AD \equiv BC$.

269. Teor. *Se due rombi hanno due lati consecutivi e l'angolo compreso rispettivamente uguali, essi sono eguali.*

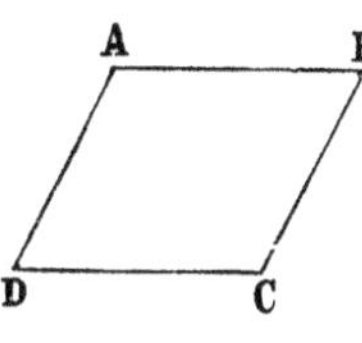

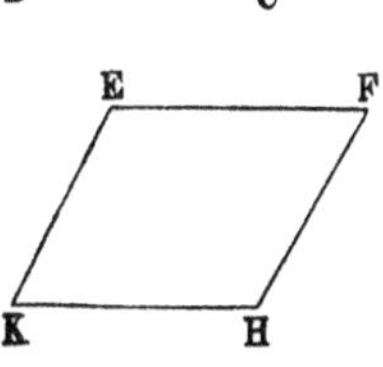

Dim. Nei due rombi $ABCD$, $EFHK$, sia: $AD \equiv EK$, $DC \equiv KH$, e $A(D)C \equiv E(K)H$. Dico che i rombi sono eguali.

Infatti, essendo [253] gli angoli in A ed in E rispettivamente supplementari dei due in D e in K, ed essendo questi due uguali per ipotesi, anche gli angoli in A e in E sono eguali tra loro. Ora, perchè in un rombo i lati opposti sono eguali [268], e gli angoli opposti sono eguali [266], è manifesto che i due rombi dati hanno tutti i lati e tutti gli angoli ordinatamente uguali, epperò essi sono eguali [178].

270. Teor. *Se i lati opposti di un quadrangolo sono eguali, il quadrangolo è un rombo.*

Dim. Nel quadrangolo $ABCD$ sia $AB \equiv DC$, e $AD \equiv BC$. Dico che i lati AB, DC sono paralleli, e così i due AD e BC.

Condotta una diagonale, ad es. la BD, considero i triangoli ABD, CDB. Questi, avendo DB in comune, $AB \equiv DC$ per ipotesi, e $AD \equiv BC$, pure per ipotesi, hanno anche [151] gli angoli rispettivamente uguali. Così, essendo $D(B)A \equiv B(D)C$, il lato AB è [241] parallelo a DC; e perchè è $A(D)B \equiv C(B)D$, il lato AD è parallelo a BC.

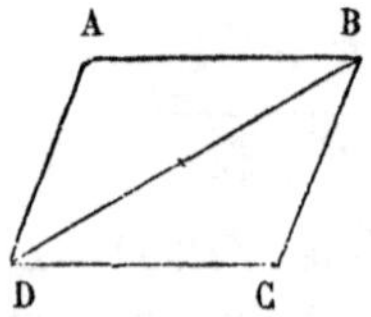

A B
D C

271. Oss. Se sui lati di un angolo, partendo dal vertice, si prendono due segmenti eguali, e per i termini di questi si tirano due rette rispettivamente parallele ai lati dell'angolo, si ottiene [250] un rombo, nel quale tutti i lati sono [268] eguali tra loro. E se l'angolo preso è retto, anche gli angoli del rombo sono [267] eguali tra loro.

272. Un quadrangolo equilatero (è [270] un rombo) si dice *losanga.*

Un rombo con tutti [267] gli angoli retti si dice semplicemente *rettangolo.*

Un quadrangolo equilatero ed equiangolo [271] (regolare) si dice *quadrato.*

Un quadrato è ad un tempo losanga e rettangolo.

Se due quadrati hanno un lato eguale ad un lato, essi sono [269] eguali.

273. Per costruire un quadrato, che abbia per lato un dato segmento, basta inalzare la perpendicolare al segmento in una estremità, prendere su questa perpendicolare, partendo dal vertice dell'angolo retto, un segmento eguale al dato, ed infine per le estremità dei due segmenti eguali, tirare due rette rispettivamente parallele ai segmenti stessi.

274. Teor. *Se due lati opposti di un quadrangolo sono eguali e paralleli, il quadrangolo è un rombo.*

Dim. Nel quadrangolo $ABCD$ i lati AB, CD siano eguali e paralleli. Dico che AD è parallelo a BC.

Condotta una diagonale, ad es. la BD, si considerino i due triangoli ABD, CDB. In questi, BD è comune, poi abbiamo $AB \equiv DC$ per dato, e $D(B)A \equiv B(D)C$, perchè alterni [251], fatti dalle parallele AB, DC con la retta BD. Quindi è [149] anche:

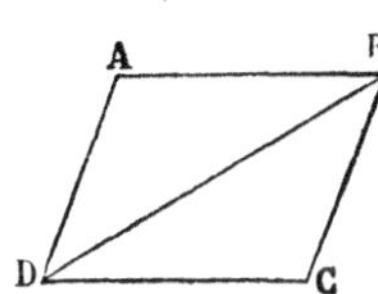

$$A(D)B \equiv C(B)D,$$

epperò [241] il lato AD è parallelo a BC.

275. Teor. *Le diagonali di un rombo si dimezzano scambievolmente.*

Dim. Sia il rombo $ABCD$. Condotte le diagonali, e detto E il loro punto d'intersezione, considero i due triangoli ABE, CDE. In questi triangoli i lati AB, DC sono eguali, perchè [268] lati opposti d'un rombo; poi è $A(E)B \equiv C(E)D$, ed infine $E(B)A \equiv E(D)C$, perchè [251] angoli alterni, fatti dalle parallele AB, CD con la retta BD. I due triangoli hanno adunque un lato e due angoli simil-

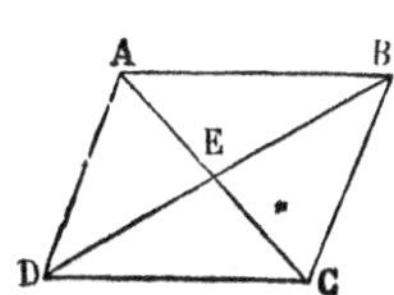

mente disposti rispettivamente uguali, epperò [154] è anche $AE \equiv EC$ e $BE \equiv ED$.

Distanza di due rette parallele.

276. Teor. *Se due rette sono parallele, i punti di ciascuna distano egualmente dall'altra retta.*

Dim. Siano due rette parallele AB, CD. Dico che le perpendicolari, calate dai punti dell'una retta sull'altra, sono eguali tra loro.

Presi sulla AB due punti H, K ad arbitrio, si tirino da essi le HM, KN perpendicolarmente alla CD. Poichè due perpendicolari a una stessa retta sono [245] parallele, HM è parallela a KN. Così, essendo paralleli per ipotesi anche i lati HK, MN, il quadrangolo $HKNM$ è un rombo, epperò è [268] $HM \equiv KN$.

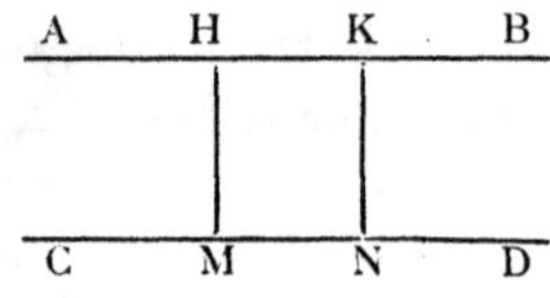

Similmente, se M ed N sono due punti presi ad arbitrio sulla CD, ed MH, NK sono le perpendicolari calate dai due punti sull'altra retta, si prova che è $MH \equiv NK$. Resta adunque dimostrato che, *se ecc.*

277. Oss. Sappiamo che, se due rette sono parallele, e una terza retta è perpendicolare ad una, essa è [254] perpendicolare anche all'altra. Pertanto, se AB e CD sono due rette parallele, ed HK è la perpendicolare calata dal punto H sulla CD, la HK si può anche riguardare come la perpendicolare calata dal punto K sulla AB. Epperò il segmento HK rappresenta nel tempo stesso [276] la distanza

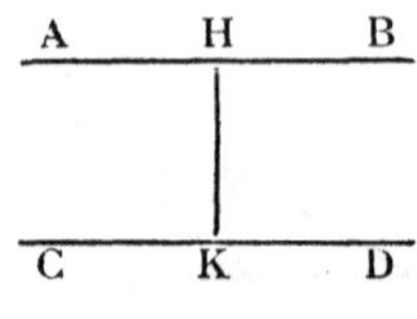

dei punti della AB dalla retta CD, e la distanza dei punti della CD dalla retta AB.

278. Il segmento di una retta perpendicolare a due parallele, compreso tra le parallele, si dice *distanza delle parallele.*

279. La parte di piano limitata da due parallele ed attraversata da ogni segmento che ha le estremità sulle parallele si dice *striscia*. Le due parallele si dicono i *lati* della striscia. La distanza tra i *lati* d'una striscia [278] si dice *altezza* (o *larghezza*) della striscia.

280. Teor. *Il luogo dei punti equidistanti da due rette parallele è una terza retta parallela alle date e da esse equidistante.*

Dim. Siano AB, CD due rette parallele. Condotto il segmento EF perpendicolare ad entrambe [254], lo divido per metà, e per il punto di mezzo H tiro HK parallela alle rette date [249]. Si deve provare che HK è il luogo dei punti equidistanti dalle AB, CD; che, cioè, ogni punto della HK dista egualmente da queste rette, e che ogni punto, che non appartenga alla HK, ha dalle AB, CD distanze disuguali.

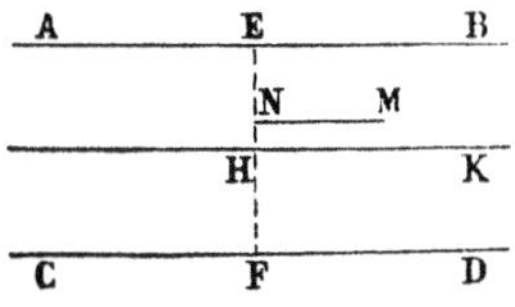

A E B N M H K C F D

Sia K un punto qualunque della HK. La distanza di questo punto dalla AB è uguale [276] ad EH, e la sua distanza dalla CD è uguale ad HF. Ma per costruzione è $HE \equiv HF$. Quindi anche le distanze del punto K dalle rette date sono eguali.

Si consideri ora un punto M, che non sia sulla HK, e si tiri per M la parallela ad AB. Questa incontra [250] il segmento EF (od il prolungamento dello stesso) altrove [248] che nel punto H; dicasi N il punto d'incontro. Dappoichè le distanze del punto M dalle AB, CD sono [276] eguali rispettivamente ai segmenti EN, NF, e questi sono [122] disuguali, il punto M dista disugualmente dalle rette parallele date. Così si è provato che *ecc.*

281. Teor. *Il luogo dei punti, che hanno da una retta data distanze uguali a un dato segmento, è formato da due rette parallele alla data, che stanno da bande opposte di essa, e che hanno dalla stessa distanze uguali al dato segmento.*

Dim. Sia AB una retta data. Condotta una perpendicolare a codesta retta, partendo dal piede e sulla perpendicolare stessa, si prendano due segmenti CD, CE, uguali alla distanza che i punti del luogo devono avere dalla AB. Infine per D e per E si tirino le DF, EH parallele alla AB.

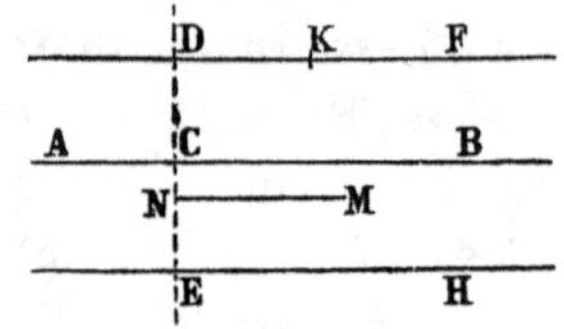

Intanto qualunque punto preso su una delle parallele, ad es. il punto K, ha veramente [276] dalla AB la distanza voluta. Sia M un punto qualunque che non appartenga alle DF, EH, e si tiri per M la parallela ad AB. Questa parallela incontra [250] la DE in un punto N, che non può [248] coincidere nè con D, nè con E. Così, perchè la distanza di M dalla AB è [276] uguale a CN, essa è maggiore o minore di CD.

Segmenti di trasversali di un fascio di parallele.

282. Se le rette d'un *fascio di parallele* sono tagliate da due trasversali [250], si dicono corrispondenti due segmenti di queste se terminati a due stesse parallele.

283. Teor. *Se due segmenti di una trasversale di un fascio di parallele sono eguali, i segmenti corrispondenti di qualsivoglia altra trasversale del fascio stesso sono anch' essi uguali tra loro.*

Dim. Sia un fascio di parallele, e due trasversali che le incontrino [250], una nei punti A, B, C, D... e l'altra rispettivamente in E, F, H, K.... E sia $AB \equiv CD$. Dico essere $EF \equiv HK$.

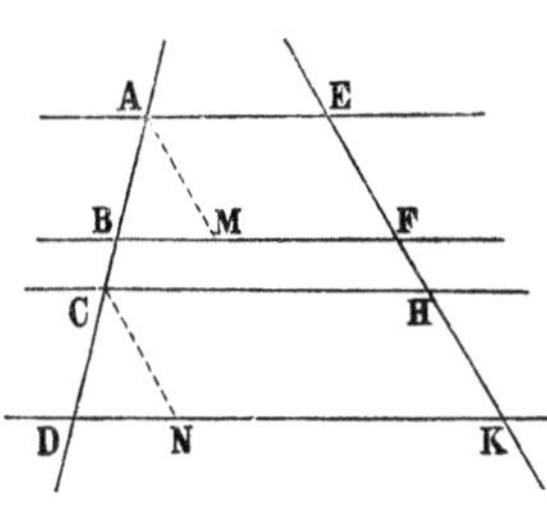

A tal fine si tirino le rette AM, CN parallelamente ad EK, e quindi [249] fra loro.

Confrontando i triangoli ABM, CDN, troviamo che hanno $AB \equiv CD$ per ipotesi; eguali gli angoli ABM, CDN, perchè corrispondenti [252], fatti dalle parallele BF, DK con la trasversale AD; ed eguali gli angoli in A ed in C, perchè corrispondenti, fatti dalle parallele AM, CN con la trasversale AD. Per conseguenza è $AM \equiv CN$.

E perchè i quadrangoli AF, CK sono rombi, egli è [268] $AM \equiv EF$ e $CN \equiv HK$. Per conseguenza è infine $EF \equiv HK$, come d. d.

284. Oss. Giova notare che, quando due trasversali s'incontrino, il punto di concorso tien vece di una delle parallele del fascio. Così, ad es. (detto O il punto di incontro delle trasversali AD, EK), se fosse $OA \equiv BD$, si conchiuderebbe essere $OE \equiv FK$. (Volendo dimostrare a parte questo caso, basterebbe condurre per B la parallela ad EK, fino ad incontrare, supponiamo nel punto T, la DK, e poi considerare i triangoli OAE, BDT).

285. Teor. *Se per il punto di mezzo di un lato di un triangolo si conduce la parallela a un secondo lato, questa dimezza il terzo lato.*

Dim. Sia D il punto medio del lato AB del triangolo ABC, e DE sia parallela a BC. Dico essere $AE \equiv EC$.

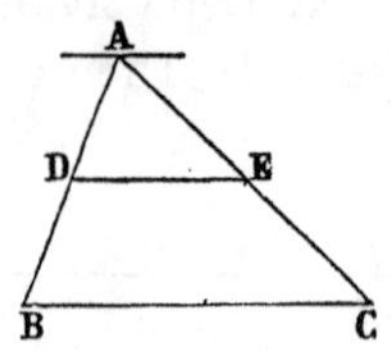

Infatti, ove per A si conduca la parallela a BC, si riconosce che AB ed AC sono due trasversali di un fascio di parallele; epperò, essendo:

$$AD \equiv DB,$$

sono pure uguali i segmenti AE, EC, che sono i corrispondenti dell'altra trasversale.

286. Teor. *Se una retta dimezza due segmenti compresi tra due parallele, essa è parallela a queste rette.*

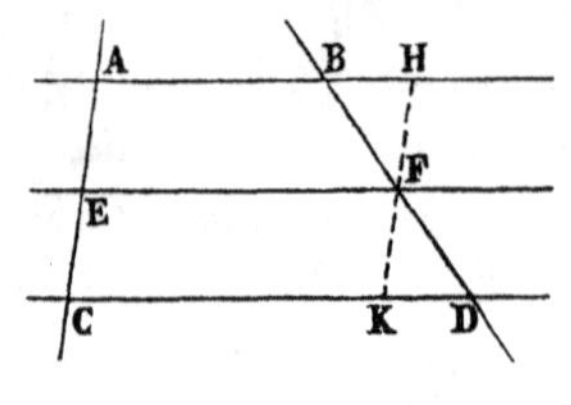

Dim. Siano AB, CD due rette parallele, ed AC, BD due segmenti qualunque terminati sulle rette stesse, ed E, F i loro punti di mezzo. Dico che la retta EF è parallela alle AB, CD.

Si tiri per F la HK parallela ad AC e siano H e K i punti in cui essa incontra [250] le rette AB, CD.

Confrontando i triangoli BFH, DFK, si vede che hanno $BF \equiv FD$ per ipotesi;

$B(F)H \equiv D(F)K$; ed $F(H)B \equiv F(K)D$, questi perchè alterni, fatti dalle parallele AB, CD con la trasversale HK. Perciò [154] è anche $HF \equiv FK$.

Ora, poichè i due segmenti AC, HK, come lati opposti del rombo $AHKC$, sono eguali [268], ed ambidue sono divisi per metà, è anche $AE \equiv HF$. E perchè, oltre che eguali, questi segmenti sono anche paralleli, il quadrangolo $AHFE$ è [274] un rombo, epperò le rette AB, EF sono parallele.

287. Teor. *Il segmento, che unisce i punti di mezzo di due lati di un triangolo, è parallelo al terzo lato ed è uguale alla metà di codesto lato.*

Dim. Siano D ed E i punti di mezzo dei lati AB, AC del triangolo ABC. Dico che il segmento DE è parallelo a BC, ed eguale alla metà di BC.

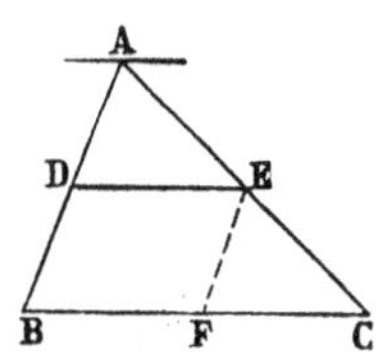

Se per A si tira la parallela a BC, si riconosce che D ed E sono i punti di mezzo di due segmenti compresi tra due parallele. Pertanto [286] DE è parallelo a BC.

Per dimostrare che DE è uguale alla metà di BC, si conduca EF parallela ad AB. Questa retta EF, poichè dimezza il lato AC, dimezza [285] anche il lato BC in F. D'altra parte il quadrangolo DF è un rombo; quindi [268] è $DE \equiv BF$.

288. Probl. *Dividere un segmento dato in* n *parti eguali.*

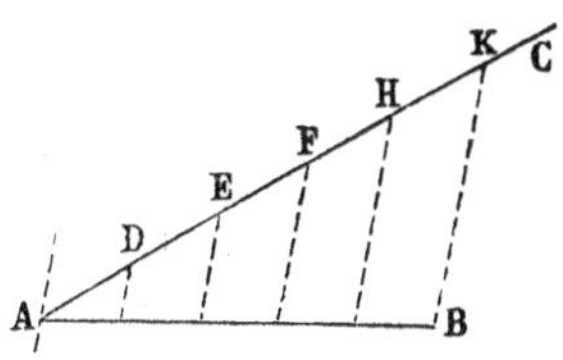

Risol. Sia AB il segmento dato, e supponiamo si debba dividerlo in 5 parti eguali.

A tale intento, condotto per A un raggio AC ad arbitrio, si prendano su questo, partendo da A e consecutivamente, 5 segmenti AD, DE..... HK, eguali tra loro, del resto arbitrarî. Poi, unito K con B, per i punti D, E, F, H si conducano delle parallele a BK. Da queste il segmento dato viene diviso [250] in 5 parti eguali.

Dim. Noi vediamo infatti un fascio di parallele e due trasversali AB, AC. Dacchè i segmenti AD, DE... dell'una sono eguali, sono [283] eguali tra loro anche i corrispondenti segmenti dell'altra. E questi segmenti sono le parti domandate del segmento AB.

Punti notevoli di un triangolo.

289. Teor. *Le bisettrici degli angoli di un triangolo s'incontrano in uno stesso punto, che è equidistante dai lati* (centro del cerchio iscritto).

Dim. Sia un triangolo ABC. Si dimezzino due angoli, ad es. i due ABC, BCA, e sia D il punto d'incontro delle due bisettrici. Si deve provare che la bisettrice dell'angolo CAB passa per D, e che il punto D è equidistante dai tre lati del triangolo.

A tal fine si unisca D con A, e si calino da D le perpendicolari sui lati. Poichè il punto D appartiene alla bisettrice dell'angolo ABC, è [164] $DE \equiv DF$. E perchè il punto D appartiene alla bisettrice dell'angolo BCA, è $DH \equiv DF$. Per conseguenza è anche $DE \equiv DH$, e quindi il punto D è equidistante dai lati del triangolo dato.

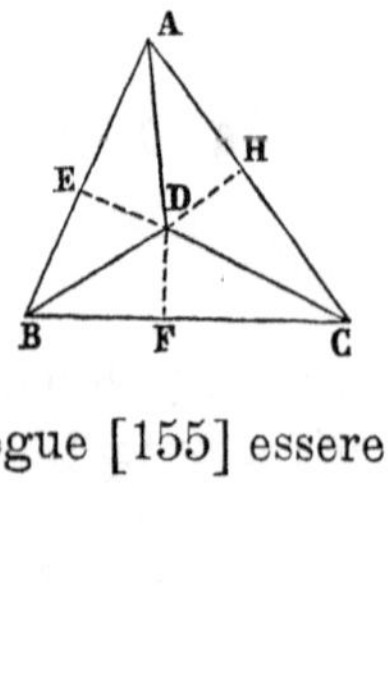

Ora, confrontando i triangoli rettangoli ADE, ADH, troviamo che hanno l'ipotenusa comune, ed eguali i cateti DE e DH. Ne segue [155] essere

$D(A)E \equiv H(A)D$, ossia che AD è la bisettrice [110] dell'angolo CAB.

Infine, se con centro D e con raggio DE si descrive un cerchio, questo passa per i punti E, F ed H; e in questi punti esso tocca [207] i lati del triangolo, giacchè ciascuno dei lati è perpendicolare ad un raggio nella estremità del raggio stesso. Perciò codesto cerchio si dice *iscritto* nel triangolo.

290. Teor. *Gli assi dei lati di un triangolo passano per uno stesso punto, che è equidistante dai vertici del triangolo* (centro del cerchio circoscritto).

Dim. Sia un triangolo ABC, e D, E, F siano i punti di mezzo dei lati. Si vuol dimostrare che le rette tirate per questi punti, e rispettivamente perpendicolari ai lati, passano per uno stesso punto, che è equidistante dai vertici A, B, C.

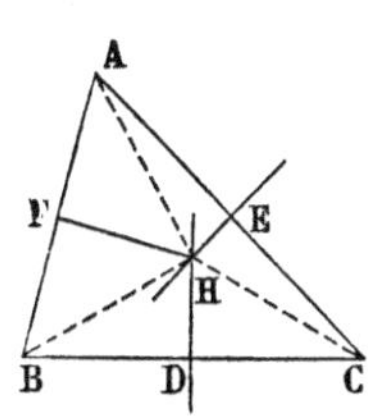

Si tirino intanto due delle perpendicolari, ad es. quelle perpendicolari ai lati BC, CA. Queste rette s'incontrano [256]; sia H, il punto d'intersezione e si tirino i segmenti HA, HB, HC, HF.

Ora, perchè il punto H appartiene all'asse del segmento BC, è [162] $HB \equiv HC$. E perchè il punto H appartiene all'asse del segmento CA, è $HA \equiv HC$. Per conseguenza è anche $HB \equiv HA$, e quindi il punto H è equidistante dai vertici A, B, C.

Ora, confrontando i triangoli HFB, HFA, troviamo che hanno HF comune, $HB \equiv HA$ per dimostrazione, ed $AF \equiv FB$ per ipotesi; quindi [151] anche gli angoli HFB, AFH sono eguali, ossia FH è perpendicolare alla AB. La retta FH è dunque l'asse del lato AB; epperò resta provato che *ecc.*

Infine, se con centro H e raggio HA si descrive un cerchio, questo passa per i punti A, B, C. Perciò codesto cerchio si dice *circoscritto* al triangolo ABC.

291. Teor. *Le perpendicolari, calate dai vertici di un triangolo sui lati opposti, passano per uno stesso punto* (punto delle altezze).

Dim. Sia un triangolo ABC qualunque, e per i vertici si tirino tre rette rispettivamente perpendicolari ai lati opposti. Si vuol provare che queste tre rette passano per un medesimo punto.

A tal fine per i vertici del triangolo si tirino tre rette rispettivamente parallele ai lati; queste rette, incontrandosi [250] a due a due, formano un nuovo triangolo HLK. È facile riconoscere che i vertici del triangolo dato sono rispettivamente i punti di mezzo dei lati del nuovo triangolo. Infatti, il quadrangolo $LACB$ è un rombo, epperò [268] è $LA \equiv BC$. Così, poichè anche il quadrangolo $AKCB$ è un rombo, è $AK \equiv BC$. Per conseguenza è $LA \equiv AK$. Similmente si prova che B è il punto medio del lato LH, e C il punto medio di HK.

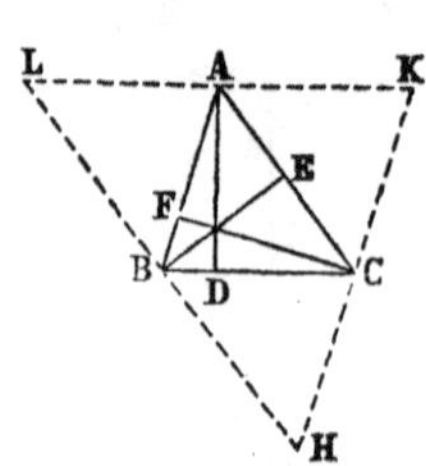

Sappiamo [254] poi che, se due rette sono parallele, e una terza retta è perpendicolare ad una di esse, essa è perpendicolare anche all'altra. Così la AD, perchè perpendicolare a BC, è perpendicolare alla LK. Per la stessa ragione la retta BE è perpendicolare alla LH, e la CF alla HK.

Avendo provato in tal modo che le tre altezze del

triangolo dato sono perpendicolari rispettivamente ai lati di uno stesso triangolo nei punti di mezzo, abbiamo anche provato [290] che esse s'incontrano in un medesimo punto.

292. Teor. *Le tre mediane di un triangolo passano per uno stesso punto* (centro di gravità del triangolo); *e da codesto punto ciascuna mediana è divisa in due parti in modo che quella parte, che ha un termine nel vertice del triangolo, è doppia dell'altra.*

Dim. Sia il triangolo ABC, e D ed E siano i punti di mezzo dei lati AB, AC. Condotte le due mediane BE, CD, chiamiamo F il loro punto d'incontro. Dimostreremo intanto che BF è doppio di FE, e CF doppio di FD.

A tale intento si tiri DE, e, dimezzati i segmenti BF, CF nei punti H, K, si tiri HK.

Ora, dappoichè il segmento DE nel triangolo ABC unisce i punti di mezzo dei lati AB, AC, esso [287] è parallelo al terzo lato BC, ed eguale alla metà di codesto lato. Per la ragione stessa il segmento HK nel triangolo FBC è parallelo a BC, ed eguale alla metà di BC. I due segmenti DE, HK, essendo uguali ambidue alla metà di BC ed ambidue paralleli a BC, sono eguali e paralleli [249] tra loro. Pertanto il quadrangolo $DEKH$ è [274] un rombo, epperò [275] è $HF \equiv FE$, e $KF \equiv FD$. Ne segue essere BF doppio di FE, e CF doppio di FD.

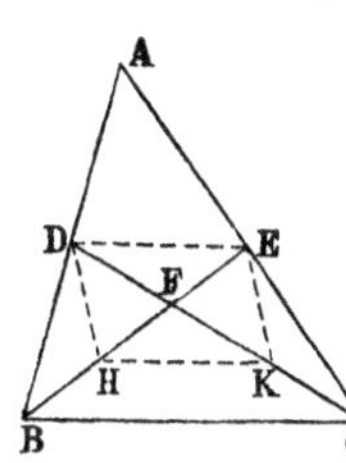

Così si è dimostrato che due mediane qualisivogliano si segano appunto come esprime il teorema; ma resta da provare che tutte e tre le mediane passano per lo stesso punto. Supponiamo perciò di tirare la terza mediana. Questa ed una delle altre due, prendiamo la BE, si segano in un punto, che diremo O, in modo che BO è doppio di OE. Questo punto O non è dunque altro che il punto F.

Esercizî.

301. Se gli angoli opposti di un quadrangolo sono eguali, il quadrangolo è un rombo.

302. In ogni rombo obliquangolo la diagonale opposta agli angoli ottusi è maggiore dell'altra.

303. Se due rombi obliquangoli hanno i lati rispettivamente uguali, e la diagonale maggiore dell'uno è maggiore della diagonale maggiore del secondo, l'altra diagonale del primo rombo è minore dell'altra diagonale del secondo.

304. Le tangenti ad un cerchio, tirate per le estremità di due diametri, formano una losanga.

305. Se in un rombo si tirano due corde per il punto d'incontro delle diagonali, e si uniscono le estremità di queste due corde, si ottiene un rombo.

306. Se si uniscono due punti, presi sopra una diagonale di un rombo ad eguale distanza dai termini della diagonale stessa, con le estremità dell'altra diagonale, si ottiene un rombo.

307. Se sui lati di un rombo si prendono, partendo dai vertici, dei segmenti eguali, si ottengono punti, che sono vertici di un rombo. Le diagonali dei due rombi passano per uno stesso punto.

308. I punti di mezzo dei lati di un quadrangolo sono i vertici di un rombo. Se anche il primo quadrangolo è un rombo, le diagonali dei due rombi passano per un medesimo punto.

309. I punti di mezzo dei lati di un rettangolo sono i vertici di una losanga. E reciprocamente, i punti di mezzo dei lati di una losanga sono i vertici di un rettangolo.

310. Se sui cateti di un triangolo rettangolo si costruiscono, esternamente al triangolo, due quadrati, e si tirano in questi le diagonali che terminano al vertice dell'angolo retto, queste diagonali sono per diritto. Le altre due sono parallele alla bisettrice dell'angolo retto del triangolo dato.

311. Col mezzo del solo compasso dividere per metà un dato segmento. (Si costruisca il triangolo isoscele, che ha per base il dato segmento, e i lati eguali doppi [**215**] di codesto segmento. Si dimezzino [**113**] i due lati eguali, e si costruisca il punto che è simmetrico al vertice rispetto alla retta che passa per il punto di mezzo dei lati).

312. Dati tre punti A, B, C, trovare col solo compasso il piede della perpendicolare calata da A sulla retta BC. (Si costruirà prima il punto simmetrico ad A rispetto alla BC. [**311**]).

313. Se per una estremità e per il punto di mezzo di un segmento, da una stessa banda di questo, si tirano due segmenti paralleli e tali che il primo sia doppio del secondo, le estremità di questi segmenti e l'altra estremità del segmento dato sono in linea retta.

314. Se dalle estremità e dal punto di mezzo di un segmento si tirano tre segmenti paralleli e terminati a una retta qualsivoglia, il segmento intermedio è uguale alla semisomma degli altri due.

315. In un trapezio (*) i punti di mezzo dei lati non paralleli, e i punti di mezzo delle diagonali sono in linea retta.

316. Il segmento, che unisce i punti di mezzo dei lati non paralleli di un trapezio, è uguale alla semisomma, e quello, che unisce i punti di mezzo delle diagonali, è uguale alla semidifferenza dei lati paralleli.

317. La somma di due corde di un triangolo isoscele, tirate da un punto della base parallelamente ai lati, è uguale a un lato del triangolo.

318. La somma di tre corde di un triangolo equilatero, condotte parallelamente ai lati e per uno stesso punto preso nell'interno del triangolo, è uguale al doppio del lato.

319. Le bisettrici degli angoli di un rombo, incontrandosi, formano un quadrato, una cui diagonale è parallela a due lati del rombo dato ed eguale alla differeuza di due lati consecutivi del rombo stesso.

(*) Si dice *trapezio* un quadrangolo in cui due lati opposti sono paralleli. Se gli altri due lati sono eguali, il trapezio si dice *isoscele*.

320. I piedi delle perpendicolari, calate sopra una secante di un cerchio dalle estremità di un diametro, hanno dai punti, nei quali la secante incontra il cerchio, distanze rispettivamente uguali.

321. Se si prendono due punti sui prolungamenti delle diagonali di una losanga, e per ciascuno si tirano due rette che passino per i termini dell'altra diagonale, si ottiene un quadrangolo, nel quale la somma di due angoli opposti è uguale a due retti.

322. Il diametro del cerchio iscritto in un triangolo rettangolo è uguale alla differenza tra la somma dei cateti e l'ipotenusa.

323. $ABCD$ è un rombo. Condotta per A una retta ad arbitrio, si mostri che la distanza di C da questa retta è uguale alla somma o alla differenza delle distanze di B e D dalla retta medesima.

324. Se due cerchi si tagliano, e per i punti d'intersezione si conducono due rette parallele, i segmenti di queste compresi tra i cerchi sono eguali. [187].

325. I punti di mezzo dei lati di un triangolo e uno dei piedi delle altezze sono i vertici di un trapezio isoscele.

326. Il cerchio, che passa per i punti di mezzo dei lati di un triangolo, passa anche per i piedi delle altezze. [**325**].

327. Se si unisce un punto qualsivoglia coi vertici di un rombo, e i punti di mezzo di questi segmenti si uniscono col punto d'incontro delle diagonali, la somma dei primi quattro segmenti è doppia di quella degli altri quattro.

328. Se due vertici opposti di un rombo si uniscono coi punti di mezzo di due lati opposti, la diagonale degli altri due vertici resta divisa in tre parti eguali.

329. Se un lato di un rombo è diviso in m parti eguali, e si unisce il punto di divisione, che è prossimo ad un vertice, col vertice successivo, il segmento della diagonale, compreso tra il primo vertice e la retta tirata, è la $(m+1)$. *esima* parte dell'intera diagonale.

330. Se due trapezi hanno i lati rispettivamente uguali, essi sono eguali. (Per una estremità di una delle basi si tiri la parallela a uno dei lati concorrenti. Ecc.).

331. Se da punti di un cerchio si conducono dei segmenti eguali e paralleli, le estremità di questi segmenti si trovano sopra un cerchio eguale al dato.

332. La somma geometrica di più segmenti è indipendente dall'ordine in cui si susseguono gli addendi. (Per trovare la somma geometrica di più segmenti dati, bisogna tirare tanti segmenti consecutivi, rispettivameute uguali, paralleli, ed egualmente diretti che i segmenti dati. Il segmento, che unisce gli estremi della spezzata è la somma geometrica).

333. In un triangolo equilatero il raggio del cerchio circoscritto è doppio del raggio del cerchio iscritto.

334. La somma delle perpendicolari, calate sui lati di un triangolo isoscele da un punto della base, è costante. Se il punto è preso sul prolungamento della base, allora è costante la differenza.

335. La somma delle distanze dai lati di un triangolo equilatero di un punto, preso nell'interno del triangolo, è costante. (È uguale all'altezza del triangolo).

336. Se due triangoli isosceli hanno le altezze rispettivamente uguali, essi sono eguali.

337. Se la distanza dei lati paralleli di un trapezio isoscele è uguale alla semisomma dei lati paralleli, il quadrangolo, che ha i vertici nei punti di mezzo dei lati del trapezio, è un quadrato.

338. Se due poligoni eguali hanno due lati corrispondenti paralleli, le rette che passano per i vertici degli angoli eguali, o sono parallele, o passano per uno stesso punto.

339. Per un punto dato condurre una retta, che abbia eguali distanze da due altri punti dati.

340. Tirare una retta che sia equidistante da due punti dati, ed abbia data distanza da un terzo punto dato.

341. Da un punto dato condurre una retta in modo che la somma o la differenza dei segmenti, compresi tra quel punto e ciascuna di due parallele date, sia eguale a un segmento dato.

342. Per un punto dato condurre una retta in modo che i segmenti di essa, compresi in due striscie date, siano eguali.

343. Condurre per un punto dato la secante di un cerchio in modo che la somma delle distanze dei punti d'intersezione da una retta data sia eguale a dato segmento. (Si determini il punto medio della corda. [**316**]).

344. Per un punto dato fuori di un cerchio condurre una secante in modo che la parte esterna sia eguale alla parte interna. (Si unisca il punto col centro, e si dimezzi questo segmento. [**258**]).

345. Luogo dei centri dei cerchi di dato raggio, che toccano una retta data.

346. Luogo dei centri dei cerchi di dato raggio, che da una retta data tagliano via un dato segmento.

347. Luogo dei punti di mezzo dei segmenti tirati da un punto dato a una retta data, oppure a un cerchio dato.

348. Luogo dei punti di mezzo dei segmenti compresi tra due date rette parallele.

349. Luogo dei punti tali che la somma o la differenza delle loro distanze da due rette date è uguale a un segmento dato. [**334**].

350. Luogo dei punti da cui, tirando a una retta data un segmento sotto angolo dato, si ottiene un segmento eguale a uno dato.

351. Tirare un segmento in modo che abbia le estremità sopra due rette date, sia parallelo a una terza retta data, e sia eguale a un dato segmento.

352. Tirare in un angolo dato una corda, che sia eguale a un segmento dato, e formi con uno dei lati angolo dato.

353. Costruire un trapezio, dati i lati paralleli e gli angoli che uno di essi forma con gli altri due lati.

354. Trovare un punto che abbia da due rette, che si tagliano, distanze rispettivamente uguali a due segmenti dati.

355. Descrivere un cerchio di dato raggio, che tocchi una retta data ed abbia il centro sopra una retta data, o sopra un cerchio dato.

356. Descrivere un cerchio di dato raggio, che tocchi i lati di un angolo dato.

357. Descrivere un cerchio di dato raggio, che passi per un punto dato, e tocchi una retta data.

358. Descrivere un cerchio, che tocchi due rette date, ed abbia il centro sopra una retta data.

359. Descrivere un cerchio, che abbia il centro sopra una retta o sopra un cerchio dato, e che abbia date distanze da due rette date.

360. Date due parallele e un punto tra esse, descrivere un cerchio che passi per il punto dato, tocchi una delle rette date, e tagli dall'altra un segmento eguale a un segmento dato.

361. Descrivere un cerchio, che abbia un dato raggio, e che tagli da due rette date due segmenti eguali a due segmenti dati.

362. Descrivere con raggi dati due cerchi tangenti tra loro e tangenti a una stessa retta data, essendo dato oltre a ciò un punto per il quale deve passare uno dei cerchi.

363. Condurre una tangente comune a due cerchi dati. (Concentrici col maggior cerchio, si descrivano due cerchi, i cui raggi siano rispettivamente la somma e la differenza dei raggi dei cerchi dati. Poi [211]..).

364. Tirare in un cerchio dato una corda in modo che sia eguale a un segmento dato, e che abbia data distanza da un punto dato.

365. Condurre una retta in modo che i segmenti di essa, compresi in due dati cerchi, siano eguali rispettivamente a due segmenti dati. [**363**].

366. Costruire un triangolo equilatero, che abbia un vertice in un vertice di un quadrato dato, e gli altri due vertici sui lati del quadrato stesso.

367. Costruire un triangolo, dati a, h_a ed m_a.

368. Costruire un triangolo, dato un angolo, un lato, e un'altezza.

369. Costruire un triangolo, dati B, h_a ed h_b.

370. Costruire un triangolo, dato un angolo, un lato, e il raggio del cerchio iscritto. [211].

371. Costruire un triangolo, dato un angolo, la sua bisettrice, ed un' altezza. [211].

372. Costruire un triangolo, dati i punti di mezzo di due lati e il piede di una delle altezze.

373. Costruire un triangolo, conoscendo un angolo, l' altezza corrispondente, e il raggio del cerchio iscritto. [**363**].

374. Costruire un triangolo, dati A, h_b, e il perimetro.

375. Costruire un triangolo isoscele, date le altezze. (Che distanza ha dal lato il punto di mezzo della base?).

376. Costruire un triangolo isoscele, dato uno degli angoli e la somma delle altezze. (Sulla bisettrice dell' angolo al vertice si prenda un segmento eguale alla somma data. Si tiri la perpendicolare alla bisettrice, poi si dimezzi l' angolo alla base del triangolo risultante. Ecc.).

377. Costruire un triangolo, dati c, m_a ed m_b. [292].

378. Costruire un triangolo, date le tre mediane. (Segnate in un triangolo le mediane, se ne prolunghi una di un suo terzo, di là dal lato, e si unisca l'estremità coi termini del lato stesso. Si ottiene un rombo che si può costruire).

379. Dividere un segmento in tre parti eguali, e ciò con una costruzione suggerita dal teorema delle mediane.

380. Per un punto, situato tra i lati di un angolo, tirare una corda dell'angolo in modo che il punto dato la divida in due parti che siano una doppia dell'altra. [292].

381. Costruire un trapezio, dati i lati paralleli e le diagonali. (Per una delle estremità di una diagonale, si tiri la parallela all'altra...).

382. Per uno di tre punti dati condurre una retta in modo che i segmenti della stessa, compresi tra il punto per il quale è condotta e i piedi delle perpendicolari calate sulla retta dagli altri due punti, siano eguali. (La retta è perpendicolare al segmento che unisce il punto, per il quale essa deve passare, col punto di mezzo del segmento degli altri due punti).

383. Tirare per il punto d'intersezione di due cerchi una retta in guisa che il segmento della stessa, compreso tra i cerchi, sia dimezzato dal punto d'intersezione. (Si unirà questo punto con quello di mezzo del segmento dei centri).

384. Da un punto, preso fuori di un angolo, condurre ad uno dei lati un segmento in modo che sia diviso per metà dall'altro lato. [275].

385. Tirare una retta in modo che sia parallela a una retta data, e che il segmento di essa compreso tra due cerchi dati sia eguale a un segmento dato. [**331**].

386. Trovare sopra un lato di un triangolo quel punto, le cui distanze dagli altri due lati danno la più piccola somma.

387. Costruire un triangolo, dati i piedi di due altezze, e la retta su cui giace il lato relativo alla terza altezza. (Si determini il punto della retta, che è equidistante dai punti dati. Codesto punto è il punto di mezzo del lato, la cui metà è uguale alla distanza del punto trovato dai due punti dati. [**210**]).

388. Se una retta è parallela alla linea dei centri di due cerchi eguali, e taglia i cerchi, il segmento, composto con due consecutivi di quei tre segnati dai cerchi sulla retta, è uguale alla distanza dei centri.

389. Se due cerchi si tagliano, il maggior segmento, che si possa tirare per il punto d'intersezione fino ai cerchi, è quello che è parallelo alla linea dei centri.

390. La distanza tra due dei quattro punti in cui la retta, che passa per due vertici di un triangolo, è toccata dal cerchio iscritto e dagli ex-iscritti, è uguale a uno degli altri due lati, o alla loro somma, o alla loro differenza.

391. Unendo a due a due i vertici di due triangoli, e poi a due a due i punti di mezzo dei tre segmenti, si ottiene un triangolo il cui centro di gravità è nel punto di mezzo del segmento che unisce i centri di gravità dei due triangoli dati.

392. Da un punto A, preso ad arbitrio sopra un lato di un angolo acuto, si cali la perpendicolare AB sull'altro lato. Da B si tiri la BC perpendicolare al primo lato; quindi da C la perpendicolare sull'altro lato, e così via indefinitamente. Costruire la somma di tutte queste perpendicolari. (Si costruisce separatamente la somma di quelle che sono perpendicolari ad un lato, e la somma delle altre).

393. In ogni quadrangolo il punto d'incontro delle rette, che passano per i punti di mezzo dei lati opposti, è il punto di mezzo del segmento, che unisce i punti di mezzo delle diagonali.

394. In un triangolo a lato maggiore corrisponde bisettrice minore.

395. Trovare sopra un cerchio un punto tale che la somma, o la differenza delle sue distanze da due rette date sia eguale ad un segmento dato. [**349**].

396. Trovare sopra un dato cerchio quel punto, per il quale la somma delle sue distanze da due rette date è la più piccola possibile. [**349**].

397. Unire due punti, situati da bande opposte di una striscia data, con una spezzata, che abbia i vertici sulle parallele, che abbia il lato, compreso da queste, parallelo a retta data, e che sia la più piccola possibile. (Per uno dei punti si tira un segmento eguale e parallelo al lato intermedio della spezzata, e si unisce l'estremità di questo segmento con l'altro punto dato).

398. Costruire un quadrangolo, conoscendo i lati e la corda che unisce i punti di mezzo di due lati opposti. (Si costruisce dapprima il rombo, di cui la corda suddetta e il segmento, che unisce i punti medî delle diagonali, sono le diagonali. Poi si può costruire il rombo, di cui l'ultimo segmento e quello, che unisce i punti di mezzo degli altri due lati del quadrangolo domandato, sono le diagonali. Ecc.).

399. In qualunque triangolo i punti di mezzo dei lati, i piedi delle altezze e i punti di mezzo di quei segmenti delle altezze, che sono compresi tra il punto delle altezze e i vertici del triangolo, giacciono sopra uno stesso cerchio. (Si osservi che i punti di mezzo di due lati e quelli dei segmenti delle altezze relative sono [287] i vertici di un rettangolo. In ogni rettangolo poi le diagonali sono eguali).

400. Qualsivoglia segmento, che, passando per il punto di mezzo della base di un triangolo isoscele, termini ad un lato e sul prolungàmento dell'altro, è maggiore della base del triangolo dato.

CAPITOLO VII

ANGOLI NEL CERCHIO

293. Def. Diremo *angolo al cerchio* qualunque angolo che sia compreso tra due corde d'un cerchio aventi una estremità in comune, e così chiameremo anche un angolo che sia compreso da una corda e dalla tangente tirata per una estremità della corda. Un angolo al cerchio *comprende* tra suoi lati un arco del cerchio; si dice che *insiste* su questo arco e che è *iscritto* nel rimanente arco del cerchio.

294. Teor. *Qualunque angolo al cerchio è metà dell'angolo al centro che comprende lo stesso arco.*

Dim. Sia O il centro del cerchio e V un punto di esso. Da V si tirino il diametro VA, due corde VB, VC che siano da una stessa banda del diametro, una corda VD dall'altra banda, e infine la tangente VT. Così si ottengono tutti i casi che si devono contemplare nella dimostrazione.

Ciascuno degli angoli BVA, BVD, CVB è formato da due corde, e il centro cade rispettivamente sopra un lato, fra i lati e fuori dell'angolo. Gli archi compresi sono rispettivamente gli archi BA, BD, CB.

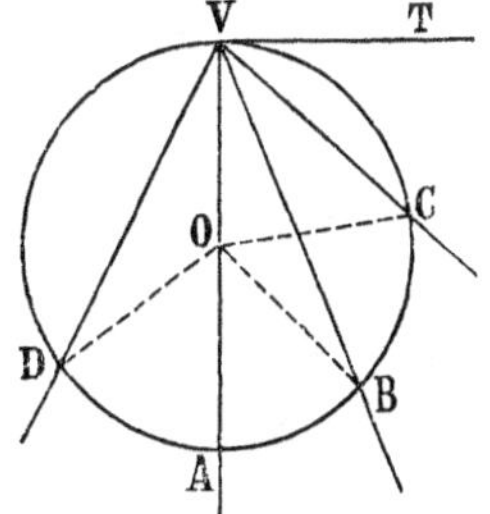

Ciascuno degli angoli TVA, TVD, TVC, è formato da una corda e da una tangente, e il centro cade rispettivamente sopra un lato, fra i lati e fuori dell'angolo. Gli archi compresi sono rispettivamente gli archi TA, TD, TC.

Si tirino i raggi OB, OC, OD. Proveremo che ciascuno de' sei angoli mentovati è metà dell'angolo al centro che comprende lo stesso arco.

1°. Nel triangolo VOB, essendo $OV \equiv OB$, gli angoli OBV, BVO sono eguali; e perchè la loro somma è uguale [257] all'angolo esterno BOA, uno di essi, quale è l'angolo BVO, ossia l'angolo BVA, è metà dell'angolo BOA.

Nello stesso modo si proverebbe che $C(V)A$ è metà di $C(O)A$, e che $A(V)D$ è metà di $A(O)D$.

2°. Essendo $B(V)A$ metà di $B(O)A$ e $A(V)D$ metà di $A(O)D$, anche $B(V)D$ è metà di $B(O)D$.

3°. Essendo $C(V)A$ metà di $C(O)A$, e $B(V)A$ (parte del primo) metà di $B(O)A$ (parte del secondo), anche $C(V)B$, che è la parte rimanente del primo, è metà di $C(O)B$, che è la rimanente parte del secondo.

4°. Poichè il raggio tirato al punto di contatto è perpendicolare [209] alla tangente, l'angolo TVA è retto. L'angolo al centro, che comprende lo stesso arco, è l'angolo piatto VOA. È dunque $T(V)A$ metà di $V(O)A$.

5°. Essendo $T(V)A$ metà di $V(O)A$ e $A(V)D$ metà di $A(O)D$, anche $T(V)D$ è metà dell'angolo concavo $V(O)D$.

6°. Essendo $T(V)A$ metà di $V(O)A$, e $C(V)A$ (parte del primo) metà di $C(O)A$ (parte del secondo), anche $T(V)C$, che è la parte rimanente del primo, è metà di $V(O)C$, che la rimanente parte del secondo.

295. Cor. 1°. *Tutti gli angoli iscritti in uno stesso arco sono eguali.*

Infatti ciascuno è metà dell'angolo al centro che comprende il rimanente arco del cerchio.

296. Cor. 2°. *Secondo che un arco è minore, uguale o maggiore di mezzo cerchio, l'angolo iscritto è ottuso, retto, od acuto.*

Infatti, il rimanente arco è rispettivamente maggiore, uguale o minore di mezzo cerchio, epperò l'angolo al centro, che comprende lo stesso arco, è rispettivamente concavo, piatto o convesso. E la metà d'un angolo così fatto è un angolo rispettivamente ottuso, retto od acuto.

297. Cor. 3°. *Secondo che un angolo iscritto è acuto, retto od ottuso, l'arco compreso è minore, uguale o maggiore di mezzo cerchio.* [296].

298. Cor. 4°. *In uno stesso cerchio, o in cerchi eguali, se due angoli iscritti sono eguali, gli archi compresi sono eguali.*

Infatti gli angoli al centro, che comprendono gli stessi archi, perchè doppi [294] di angoli eguali, sono eguali. E si sa che angoli al centro eguali comprendono archi eguali. [196].

299. Cor. 5°. *In uno stesso cerchio, o in cerchi eguali, due angoli al cerchio, che insistono su archi eguali, sono eguali.*

Infatti, gli angoli al centro, che insistono sugli stessi archi, sono eguali [200], e quindi sono eguali anche i due angoli al cerchio. [294].

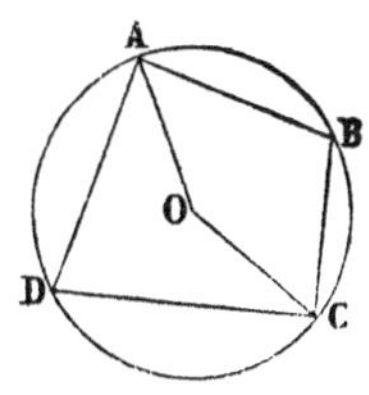

300. Cor. 6°. *In ogni quadrangolo iscritto in un cerchio gli angoli opposti sono supplementari.*

Infatti gli archi compresi da due angoli opposti del quadrangolo formano l'intero cerchio. Quindi gli angoli al centro, che comprendono gli stessi archi, danno una somma eguale a quattro retti [127], e per conseguenza [294] i due angoli del quadrangolo danno una somma eguale a due retti.

301. Teor. *Tutti i triangoli, che hanno un lato comune, che cadono da una stessa banda del lato comune ed hanno eguale l'angolo opposto a questo lato, hanno i loro vertici sopra uno stesso cerchio.*

Dim. Sia ABC un triangolo qualunque. Descrivo il cerchio che passa per i suoi tre vertici. Dico che qualunque altro triangolo costruito su AB, dalla stessa banda dove si trova ABC, e nel quale l'angolo opposto al lato AB sia uguale a $B(C)A$, ha anche il terzo vertice sul cerchio ACB.

Sia ABD un triangolo così fatto, e ammettiamo che il punto D non cada sul cerchio.

Poiche nei due triangoli ABC, ABD gli angoli in C e D sono eguali, la somma degli altri due angoli d'un triangolo e uguale alla somma degli altri due angoli dell'altro. Così, essendo $D(A)B < C(A)B$ (*), è necessariamente $A(B)D > A(B)C$. Ne segue che il lato AD taglia necessariamente il lato CB; chiamiamo E il punto d'intersezione. Poichè codesto punto E appartiene alla corda BC del cerchio, la retta AD, che passa per E, incontra [97] il cerchio in due punti situati da bande opposte rispetto ad E. Uno di questi punti è A; l'altro sia il punto F. Si tiri BF.

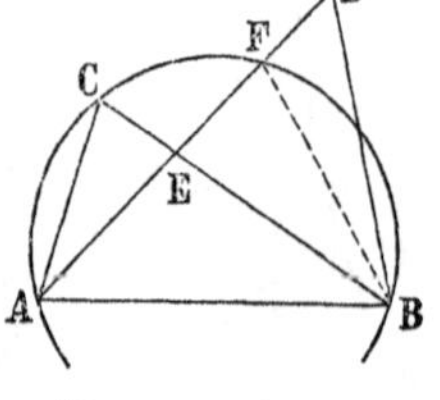

Ora, gli angoli BCA, BFA, perchè iscritti nello stesso arco $ACFB$, sono [295] eguali. Ed essendo per ipotesi

(*) Se codesti due angoli fossero eguali, i triangoli coinciderebbero [154], e ciò contro l'ipotesi che essi siano distinti.

$B(C)A \equiv B(D)A$; ne segue essere:

$$B(F)A \equiv B(D)A;$$

ciò non può esser vero, perchè uno è un angolo del triangolo BFD, e l'altro è un angolo esterno opposto del triangolo stesso [132]. Conchiudiamo che il cerchio che passa per i vertici di uno dei triangoli accennati dal teorema, passa per i vertici di tutti gli altri.

302. Teor. *Se gli angoli opposti d'un quadrangolo sono supplementari, i vertici del quadrangolo giacciono in uno stesso cerchio (il quadrangolo è inscrittibile).* (*).

Dim. Nel quadrangolo $ABCD$ gli angoli opposti siano supplementari.

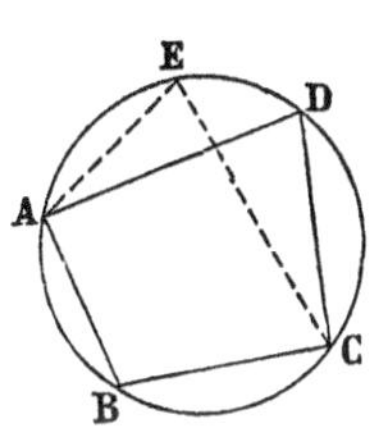

Per tre vertici, ad es., per A, B, C, si faccia passare un cerchio [290]. Dico che su questo cerchio giace anche il vertice D.

Preso sull'arco AC un punto E qualunque, tiro EA, EC. Poichè il quadrangolo $ABCE$ è iscritto in un cerchio, l'angolo in E è supplementare dell'angolo in B [300]. Ma per ipotesi anche l'angolo in D è supplementare dell'angolo in B; quindi gli angoli in E e D sono eguali. Per conseguenza [301] il cerchio che passa per i punti A, E, C, ossia il [194] cerchio che passa per A, B e C, passa anche per D.

(*) Analogo a quello del teorema precedente sarebbe l'enunciato che segue: *Se due triangoli hanno un lato comune, cadono da bande opposte del lato comune, e gli angoli opposti a questo lato sono supplementari, i vertici dei triangoli giacciono sopra uno stesso cerchio.*

303. Def. Un arco si dice *capace* di un certo angolo, se uno, e quindi [295] tutti gli angoli iscritti in esso sono eguali a quell'angolo.

304. Probl. *Unire due punti con un arco che sia capace di un angolo dato.*

Risol. Siano A, B i punti dati, nei quali deve terminare l'arco da costruire, e chiamiamo α l'angolo a cui devono essere uguali gli angoli iscrittí nell'arco.

Si costruisca in A e sulla AB l'angolo BAE uguale al dato α; poi si tiri la AF perpendicolare ad AE, e infine si tiri l'asse del segmento AB. Il punto O in cui le rette AF, CD s'incontrano [256], è equidistante da A e B. L'arco AB, descritto con centro O è raggio OA, è l'arco domandato.

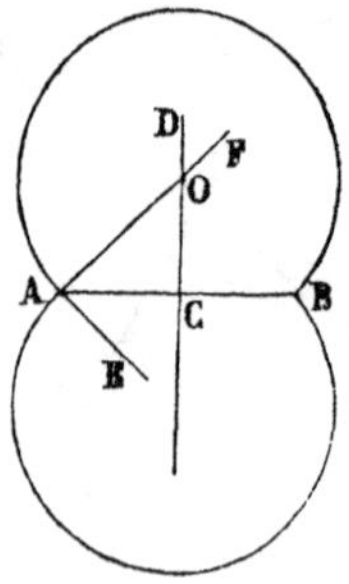

Dim. Infatti, la retta AE, perchè perpendicolare al raggio OA nell'estremità, è tangente [207] al cerchio; per conseguenza l'angolo BAE è uno degli iscritti [293] nell'arco AB. Quindi tutti gli angoli iscritti nell'arco AB sono eguali [295] a $B(A)E$, cioè al dato angolo α.

Costruendo in A e sulla AB un angolo α dall'altra banda della retta AB, e tirando poi la perpendicolare in A al lato del nuovo angolo, si trova sulla CD un altro punto O' simmetrico con O rispetto ad AB, e che è centro d'un altro arco, che termina esso pure in A e B, e che è capace dell'angolo α.

Se l'angolo α è retto i due archi sono le metà del cerchio che ha per diametro AB.

305. Teor. *Il luogo dei vertici degli angoli, che sono eguali a un angolo dato e i cui lati passano per* *due punti dati, è formato dai due archi che hanno le estremità nei punti dati e che sono capaci dell'angolo dato.*

Dim. Infatti, ogni punto dei due archi gode di quella proprietà [304], e ogni punto che goda di quella proprietà appartiene [301] ad uno o all'altro dei due archi.

Esercizî.

401. Se per uno dei punti d'intersezione di due cerchi si tirano due diametri, le estremità di questi, opposte al punto comune, e l'altro punto d'intersezione sono in linea retta.

402. Se sopra due lati di un triangolo si costruiscono due cerchi, e condotte due parallele per le estremità del terzo lato, si segnano i punti dove queste tornano ad incontrare i cerchi, questi due punti sono in linea retta col vertice del triangolo opposto al terzo lato. [296, 128].

403. Se sui quattro lati di un quadrangolo, si costruiscono quattro cerchi, e per due vertici opposti si tirano due segmenti paralleli fino ai cerchi, quelle estremità di due segmenti, che sono da una stessa banda, sono in linea retta con un vertice del quadrangolo.

404. Se due corde si segano ad angoli retti, la somma di due archi non consecutivi è uguale alla somma degli altri due. (Si tirino i diametri paralleli alle corde).

405. Secondo che un triangolo è acutangolo, rettangolo od ottusangolo, il centro del cerchio circoscritto cade nell'interno del triangolo, sopra un lato, o fuori.

406. Se due punti, presi ad arbitrio sopra un cerchio, si uniscono col punto di contatto di una tangente, si ottiene un angolo, che è maggiore di qualunque altro, che si ottiene unendo i punti stessi con un altro punto della tangente. [295, 132].

407. Se per il punto di contatto di due cerchi, si tirano due rette, che taglino uno dei cerchi nei punti A, A' e l'altro nei punti B, B', le rette AA', BB' sono parallele.

408. In un cerchio corde parallele comprendono archi eguali.

409. Dimostrare che, quando siano dati tre punti di un cerchio, si possono trovare quanti altri punti si vogliano, senza far uso del centro. [301].

410. Se dalle estremità di ciascuno di due lati opposti di un quadrangolo iscritto in un cerchio si calano le perpendicolari sul lato opposto, i piedi delle perpendicolari sono sopra uno stesso cerchio. [302].

411. Se si dimezza un angolo iscritto in un cerchio, e per il punto, dove la bisettrice incontra il cerchio, si conduce la corda parallela a un lato dell'angolo, questa corda è uguale all'altro lato. [298].

412. Se una di due tangenti, condotte a un cerchio da uno stesso punto, si prolunga di là dal punto comune di una parte uguale alla tangente stessa, l'estremità del prolungamento, il punto di contatto dell'altra tangente, e l'estremità del diametro, tirato per il punto di contatto della prima tangente, sono in linea retta.

413. In ogni triangolo l'asse di un lato incontra la bisettrice dell'angolo opposto e la bisettrice dell'angolo esterno opposto in punti, che appartengono al cerchio circoscritto al triangolo.

414. La bisettrice di un angolo di un triangolo fa angoli eguali con l'altezza e col raggio del cerchio circoscritto uscenti dallo stesso vertice. (Dov' è che la bisettrice incontra nuovamente il cerchio circoscritto?).

415. Se i lati di parecchi angoli eguali passano per due medesimi punti, e i loro vertici cadono da una stessa banda della retta che passa per i due punti, le bisettrici degli ang li passano per uno stesso punto. [301, 299].

416. Il punto, dove la bisettrice di un angolo di un triangolo torna a tagliare il cerchio circoscritto, dista egualmente dai termini del lato opposto all'angolo bisecato e dal centro del cerchio iscritto.

417. Prolungando una delle altezze di un triangolo fino ad incontrare il cerchio circoscritto, si ottiene un punto, che è simmetrico a quello delle altezze rispetto al lato su cui cade l'altezza considerata. Dedurre che le tre altezze passano per un medesimo punto.

418. Se un angolo ha il vertice nell'interno di un cerchio, esso è uguale alla semisomma degli angoli al centro, che insistono sugli archi compresi, uno dai lati dell'angolo, l'altro dai prolungamenti dei lati. (Per uno degli estremi di una corda si conduca la parallela all'altra).

419. Se un angolo ha il vertice fuori di un cerchio, e i suoi lati tagliano il cerchio, esso è uguale alla semidifferenza dei due angoli al centro, che insistono sugli archi compresi dai lati dell'angolo. (Per uno degli estremi dell'arco minore si tiri la parallela all'altra secante).

420. L'angolo compreso tra una tangente e una secante, condotte a un cerchio da uno stesso punto, è uguale alla semidifferenza dei due angoli al centro che insistono sui due archi compresi tra i lati dell'angolo.

421. Se una corda di un cerchio si prolunga di un segmento eguale al raggio, e per l'estremità del prolungamento e per il centro si tira una retta, uno dèi due archi, compresi tra le secanti, è triplo dell'altro. (Si tirerà una parallela alla secante che passa per il centro).

422. Le altezze di un triangolo dimezzano gli angoli del triangolo che ha i vertici nei piedi delle altezze. (Bisogna considerare i cerchi, che hanno per diametri i segmenti, che uniscono il punto delle altezze coi vertici del triangolo. [302, 295]).

423. Se si prolungano le altezze di un triangolo fino ad incontrare il cerchio circoscritto, e si uniscono i punti d'intersezione, si ottiene un triangolo, i cui angoli sono dimezzati dalle altezze. [295].

424. Se per una estremità di un lato di un triangolo si tira la perpendicolare al lato, e la si protrae fino ad incontrare il cerchio circoscritto, cotal corda è uguale a quel segmento che è compreso tra il punto delle altezze e il vertice opposto al lato considerato. (L'estremità della perpendicolare e l'altra estremità del lato, su cui è inalzata, sono punti diametralmente opposti. [301]).

425. Luogo dei punti di mezzo dalle corde di un cerchio, che passano (prolungate se il punto è esterno) per uno stesso punto. [301].

426. Luogo dei centri dei cerchi iscritti nei triangoli, che hanno un lato in comune ed eguale l'angolo opposto al lato comune.

427. Luogo dei punti di concorso delle altezze dei triangoli aventi un lato comune ed eguali gli angoli opposti al lato comune.

428. In un cerchio, condotto un diametro AB, si tiri per A una corda AC, e sul prolungamento si faccia $CD \equiv CB$. Si domanda il luogo del punto D. (L'angolo ADB è costante).

429. Come si può, avendo un cerchio ed il centro, e soltanto un istrumento per condurre parallele, dimezzare un angolo dato nel piano del cerchio?

430. Condurre la tangente a un cerchio dato da un punto esterno dato, e conchiudere che non si possono tirare che due sole tangenti. (L'analisi suggerisce [305] altra costruzione che quella insegnata nel § 211).

431. Tagliare da un cerchio dato un arco, che sia capace di un angolo dato. [294].

432. Con centro dato, descrivere un cerchio il quale tagli una retta data in modo che uno dei due archi, in cui resta diviso dalla retta, sia capace di un angolo dato. [119, 294].

433. Per un punto, dato nell'interno di un cerchio, condurre una corda in modo che l'angolo, che essa forma con la tangente tirata per una estremità, sia il più piccolo possibile. [294].

434. Trovare un punto tale che le rette, che lo uniscono ai vertici di un triangolo dato, comprendano angoli eguali. [305].

435. Per un punto, dato fuori di un cerchio, tirare cotal secante, che uno degli archi, in cui il cerchio resta diviso, sia capace di un angolo dato. [299, **173**].

436. Costruire un triangolo, dato un lato, l'angolo opposto, e la distanza del vertice di questo angolo da un punto dato.

437. Costruire un triangolo, conoscendo un lato, l'angolo opposto e l'altezza calata sul lato dato. [305].

438. In un cerchio dato iscrivere un triangolo, che abbia gli angoli rispettivamente uguali a quelli di un triangolo dato. [299, 220].

439. Iscrivere in un cerchio un triangolo, i cui lati siano paralleli a tre rette date.

440. Costruire un triangolo, dato un angolo, l'altezza relativa e il raggio del cerchio circoscritto. [299].

441. Costruire un triangolo, dato un lato, l'angolo opposto e la somma degli altri due lati. [305].

442. Costruire un triangolo, dato un lato, l'angolo opposto, e la differenza dei lati che comprendono questo angolo. [305].

443. Costruire un triangolo, dato un angolo, il perimetro e il raggio del cerchio circoscritto. [299, 220].

444. Costruire un triangolo, di cui sono date l'altezza, la bisettrice e la mediana uscenti da uno stesso vertice. [**74**]. (Posta l'altezza perpendicolarmente ad una retta, si tirino la mediana e la bisettrice. E per l'estremità della mediana la perpendicolare alla retta. [**414**]).

445. Iscrivere in un cerchio un triangolo, due lati del quale siano paralleli a due rette date, ed il cui terzo lato passi per un punto dato. (Per un punto del cerchio si tirino due parallele alle rette. [**173**]).

446. Costruire un triangolo, dato un lato, l'angolo opposto e il raggio del cerchio iscritto. (Il centro di questo cerchio dev'essere sopra una parallela, e sopra un arco... [**426**]).

447. Costruire un triangolo, dati i piedi delle altezze. [**422**].

448. Costruire un triangolo, dati i piedi di due altezze, e la retta sulla quale sta il lato corrispondente alla terza altezza. [**422**, **63**].

449. Costruire un quadrangolo, dati due angoli opposti, un lato, e la diagonali. [385].

450. Costruire un quadrangolo, dati due angoli opposti, le diagonali, e l'angolo delle diagonali. [**385**].

451. Dati tre punti d'un cerchio, tirare la tangente in uno di essi, senza determinar prima il centro del cerchio. [294].

452. In ogni triangolo i punti di mezzo dei lati, i piedi delle altezze, e i punti medî dei segmenti compresi tra il punto delle altezze e i vertici del triangolo stanno sopra uno stesso cerchio. (Cerchio dei nove punti).

453. ABC è un triangolo iscritto in un cerchio di centro O, e D è il punto di mezzo dell'arco BC. Dimostrare che l'angolo ADO è la semidifferenza degli angoli in B ed in C.

454. Se in un poligono di $2n$ lati, iscritto in un cerchio, i primi $(n-1)$ lati sono ordinatamente paralleli a quelli che seguono l'*n.esimo*, anche l'*n.esimo* è parallelo all'ultimo.

455. Se per l'estremità A di una corda AB si conduce la tangente al cerchio, e preso su questa un segmento $AC \equiv AB$, si tira la retta CB, questa incontra il cerchio in un punto D tale che è $CD \equiv DA$. [294, 257].

456. Se dal punto A, punto di mezzo di un arco BC, si tirano nel cerchio due corde AD, AE, che taglino la corda BC rispettivamente nei punti H, K, i quattro punti D, E, H, K stanno sopra un medesimo cerchio. [295, 302].

457. Se ad un triangolo equilatero è circoscritto un cerchio, e si uniscono i punti di mezzo di due degli archi, nei quali il cerchio è tagliato dai vertici del triangolo, si ha una corda che è divisa in tre parti eguali dai lati del triangolo dato.

458. Se si prolungano le bisettrici di due angoli di un triangolo fino ad incontrare il cerchio circoscritto, e si uniscono questi punti del cerchio, si ottiene l'asse di quel segmento della terza bisettrice, che è compreso tra il vertice del triangolo e il punto di concorso delle bisettrici. [289, 295, 154].

459. Se due cerchi si segano in R ed in S, e per il punto R si tirano delle rette che taglino uno dei cerchi in $A, B, C....$ e l'altro in A', B', C'..., sono eguali gli angoli ai centri che comprendono gli archi SA ed SA', SB ed SB'..., AB ed $A'B'$.... I triangoli SAB ed $SA'B'$, SAC ed $SA'C'$.... hanno gli angoli ordinatamente uguali.

460. Siano A e B i punti d'intersezione di due cerchi eguali, che passano ciascuno per il centro dell'altro. Tirata per A una retta, che tagli i due cerchi nei punti C e D, si uniscano questi punti con B. Il triangolo BCD è equilatero.

461. Se AB, BC, CD sono tre archi consecutivi di un cerchio, e i due primi sono eguali, e calata da B la BE perpendicolare sulla corda AD, si prende sulla corda $EF \equiv AE$, i segmenti CD ed FD sono eguali. [300].

462. Se due cerchi eguali si tagliano, e se, facendo centro in uno dei punti d'intersezione, si descrive un cerchio che tagli ambidue i cerchi dati, l'altro punto d'intersezione di questi ultimi e due dei punti, dove essi sono tagliati dal terzo, sono in linea retta.

463. Se si unisce un punto qualunque del cerchio circoscritto ad un triangolo equilatero coi vertici del triangolo, si ottengono tre segmenti, uno de' quali è uguale alla somma degli altri due. (Dal punto del cerchio si porti sul maggiore un segmento eguale ad uno degli altri due. Si ottiene così un triangolo equilatero; ecc.).

464. Se A, B, C sono tre punti di un cerchio, e D è il punto medio dell'arco AB, ed E è il punto medio dell'arco CA, e si dicono H, K i punti nei quali la corda DE taglia rispettivamente le corde AB, AC, è $AH \equiv AK$. [257, 299].

465. Se sulla corda comune di due cerchi eguali, che si tagliano, si descrive un cerchio, ogni segmento, che abbia le estremità sui due cerchi e passi per uno dei punti d'intersezione, è bisecato dal terzo cerchio.

466. Se dal centro di un cerchio si cala la perpendicolare sopra una secante data, e condotta per il piede della perpendicolare una corda ad arbitrio, si tirano poi per le estremità della corda le tangenti al cerchio, i segmenti della secante, rispettivamente compresi tra le tangenti ed il cerchio, sono eguali. (Bisogna descrivere i cerchi, che hanno per diametri i segmenti tirati dal centro a quei punti, dove la secante è incontrata dalle tangenti).

467. Se un raggio di un cerchio è diametro di un altro cerchio, e dal centro del primo si tirano due raggi che taglino il secondo, la corda dell'arco del cerchio minore, compreso tra i raggi, è uguale alla perpendicolare calata dall'estremità di un raggio sull'altro raggio. (Per uno degli estremi dell'arco del cerchio minore si tiri il diametro di codesto cerchio, e si uniscano le altre estremità dell'arco e del diametro).

468. I cerchi, ciascuno dei quali passa per due vertici di un triangolo e per il punto delle altezze, sono eguali al cerchio circoscritto al triangolo. (Sia ABC il triangolo ed O il punto delle altezze, e D il piede di quella che cade sul lato AB. Si prolunghi OD, in modo che sia $DE \equiv OD$, poi si provi che $B(C)A$ ed $A(E)B$ sono supplementari).

469. Se C è il punto di mezzo di un arco AB, e D è un altro punto qualsivoglia dell'arco stesso, è $AC + CB > AD + DB$. (Sul prolungamento di AC si prenda $CE \equiv CA - CB$ e sul prolungamento di AD si prenda $DF \equiv DB$. Gli angoli AEB, AFB sono eguali, epperò i punti A, E, F, B appartengono ad un cerchio, di cui AE è un diametro).

470. Se due cerchi si tagliano ed uno passa per il centro dell'altro, due corde di questo, tirate dai punti d'intersezione e che si segano sul primo cerchio, sono eguali. (Si conducano nel secondo cerchio i diametri, che hanno le estremità nei punti d'intersezione. [295, 299]).

471. Se sopra un lato BC di un triangolo equilatero ABC si costruisce internamente al triangolo l'arco che tocca i due lati AB, AC in B ed in C, e si conducono per B e per C due segmenti, che s'incontrino sull'arco e terminino sui lati AB, AC, questi due segmenti sono eguali. [294, 154].

472. Se due cerchi si toccano internamente, e condotta nel maggiore una corda tangente al minore, si uniscono le estremità della corda e il punto di contatto col punto comune ai due cerchi, si ottengono tre segmenti, l'ultimo dei quali dimezza l'angolo degli altri due. [294].

473. Da C, punto di mezzo di un arco AB, si cali la perpendicolare CE sul diametro AD, e si tiri la CD. Sia F il punto d'intersezione della corda AB con la retta CD. Dimostrare che il segmento AF è dimezzato dalla CE. (Dicasi M il punto d'intersezione. Anzitutto si proverà essere $AM \equiv MC$).

474. Se sopra i lati di un triangolo qualunque ABC si costruiscono, esteriormente al triangolo, tre triangoli equilateri ABC', BCA', CAB', e si conducono i tre segmenti AA', BB', CC', questi sono eguali, e s'incontrano in uno stesso punto O, dal quale i lati del triangolo dato sono visti sotto angoli eguali (*). (Si tirino dapprima due sole delle rette, ad es. le AA', BB' e si provi che sono eguali. Poi tirato OC, si osservi che i quattro punti O, C, B', A stanno sopra un medesimo cerchio, e così i quattro O, C, A', B. Osservando gli angoli AOC, COB, si conchiude che anche i quattro punti A, O, B, C' sono sopra uno stesso cerchio; ecc.).

475. Se da un punto del cerchio circoscritto ad un triangolo si calano le perpendicolari sui lati, i piedi delle perpendicolari sono in linea retta. (Bisogna considerare due cerchi aventi rispettivamente per diametri due dei segmenti, che uniscono il punto preso sul cerchio co' vertici del triangolo).

476. Luogo del punto di mezzo del segmento, che unisce i

(*) Si dice che un segmento AB è veduto da un punto O sotto l'angolo α, se l'angolo AOB è uguale ad α.

punti di mezzo dei due lati AB, AC di un triangolo, i cui vertici B e C sono fissi, e nel quale l'angolo A è costante. [287, **331**].

477. Se sopra un cerchio di centro O si prendono due archi eguali AB, CD non consecutivi, e si tirano le corde AC, BD, che si taglino in E, i punti A, B, E, O sono sopra uno stesso cerchio. E se una corda AF del cerchio dato condotta per A, taglia in H il secondo cerchio, è $FH \equiv HB$.

478. Se si tirano le perpendicolari a una corda nelle estremità, e dai punti, dove queste perpendicolari incontrano un diametro qualsivoglia, si tirano [**63**] a un punto della corda quei due segmenti, che formano con la corda stessa angoli eguali, la somma di così fatti segmenti è uguale al diametro del cerchio dato. (Si tiri un diametro per una delle estremità della corda. [287]).

479. I punti delle altezze dei quattro triangoli determinati dai vertici di un quadrangolo iscritto in un cerchio sono i vertici di un quadrangolo eguale al dato. (I due quadrangoli hanno i lati, a due a due, uguali e paralleli).

480. $ABCD$ è un quadrangolo iscritto in un cerchio: si prolunghino AD, BC fino al loro incontro in E; da un punto qualunque F di DE si conduca FH parallela a BE, fino ad incontrare CD in H, e si conduca FB, che tagli il cerchio in K. Dimostrare che HK taglierà di nuovo il cerchio in un punto fisso O. [295].

481. Sono dati tre punti A, B, C e una retta passante per A. Si vuol descrivere un cerchio, che passi per A e per B, e che tagli la retta data in un punto D, in modo che DC sia una tangente del cerchio. (Studiando la figura si trova [294] essere $C(D)B \equiv D(A)B$).

482. Tirare una retta, che tagli due cerchi concentrici in modo che la parte, compresa nel cerchio maggiore, sia doppia di quella compresa nel cerchio minore. (Si prolunghi un raggio del cerchio minore di una parte uguale al raggio stesso, e si descriva un cerchio sul prolungamento preso come diametro).

483. Per un punto dato si vuol condurre una retta in modo che i punti, in cui essa taglia due lati di un triangolo, e le estremità del terzo lato siano sopra uno stesso cerchio. [300, **243**].

484. Per due punti, dati sopra un cerchio, tirare due rette in modo che s'incontrino sul cerchio, e che, incontrando una retta data, formino un triangolo isoscele, la cui base giaccia su questa retta. (Del triangolo si conoscono gli angoli. La bisettrice dell'angolo al vertice dimezza [299] l'arco compreso tra i punti dati.

485. Trovare un punto da cui due dati segmenti si vedano sotto angoli eguali. (L'angolo è uguale a quello compreso dai segmenti. [305]).

486. Date due parallele, un punto A sopra di una, e un punto O comunque, condurre per O una retta, che tagli la parallela che passa per A in X, e l'altra in Y, e in modo che sia $AX \equiv Ay$. (Si determinerà il punto di mezzo [305] del segmento Xy).

487. Per uno dei punti d'intersezione di due cerchi condurre una retta in modo che il segmento di essa, compreso tra i cerchi sia eguale ad un segmento dato. (Descritto un cerchio sulla distanza dei centri presa come diametro, si adatta in questo come corda un segmento eguale alla metà del dato e in modo che un termine della corda sia in uno dei centri. Poi per il punto d'intersezione si condurrà la parallela alla corda).

488. Per un punto dato condurre una retta in modo che le proiezioni su essa di due altri punti dati abbiamo data distanza. (Si descriverà il cerchio, di cui il segmento dei due punti è un diametro).

489. Tirare per due punti di un cerchio dato due corde parallele, la cui somma sia eguale ad un segmento dato. [**316**, 222].

490. Costruire un triangolo equilatero, il quale abbia i vertici sopra tre rette parallele. (Si consideri il cerchio circoscritto al triangolo. [295, 304]).

491. Iscrivere in un triangolo equilatero un triangolo equilatero, i cui lati siano eguali a un segmento dato. (Si consideri il cerchio circoscritto al triangolo richiesto. Se ne conosce il centro ed il raggio).

492. Su tre rette concorrenti in uno stesso punto determinare tre punti così che siano i vertici di un triangolo eguale a uno dato. (Si risolva il problema: trovare un punto da cui due lati del triangolo siano veduti sotto angoli eguali rispettivamente a quelli compresi dalle rette date. Poi...).

493. Costruire un triangolo, che sia eguale a un triangolo dato, e i cui lati passino per tre punti dati. (Uniti tra loro i punti dati, bisogna costruire su due dei segmenti due archi capaci rispettivamente di due degli angoli del triangolo dato. Poi bisogna condurre per il punto comune ai due cerchi [**487**] un segmento, terminato sugli archi stessi, ed eguale a quel lato del triangolo proposto, che è adiacente ai due angoli considerati).

494. Circoscrivere a un triangolo dato un triangolo equilatero, che abbia la massima superficie. [**389**].

495. Circoscrivere a un quadrato dato un quadrato di lato dato. (I due quadrati hanno in comune il punto d'incontro delle diagonali. Bisognerà descrivere mezzo cerchio, che abbia per diametro uno dei lati del quadrato dato).

496. Iscrivere in un cerchio un triangolo rettangolo, i cui cateti passino per due punti dati. [305].

497. Costruire un triangolo rettangolo, data la retta su cui giace l'ipotenusa, data l'altezza corrispondente all'ipotenusa, e dati due punti per i quali devono passare i cateti. [305].

498. Iscrivere in un dato cerchio un triangolo rettangolo, di cui è noto un angolo acuto, essendo poi dato un punto per il quale deve passare un cateto. [299, 220, **173**].

499. Iscrivere in un cerchio un triangolo che abbia un lato eguale a un segmento dato, e i cui due altri lati, prolungati se occorra, passino per due dati punti. (Del triangolo è noto l'angolo [295] opposto al lato dato. [305]).

500. In un dato arco di cerchio determinare un punto in modo che le corde, tirate da esso alle estremità dell'arco, diano una somma eguale a un segmento dato. (Prolungando uno dei due segmenti di una parte uguale all'altro, si ha un punto che si trova sopra un arco capace di un angolo metà di quello iscritto nell'arco dato).

CAPITOLO VIII

POLIGONI EQUIVALENTI

Superficie equivalenti.

306. Due superficie finite, che abbiano parte del loro contorno in comune (*), si dicono *adiacenti.*

Due poligoni convessi si possono rendere adiacenti, anzi in innumerevoli modi.

307. Sopprimendo la parte di contorno comune di due superficie adiacenti, ne risulta una superficie, che si dice *somma* di quelle due o *composta* di quelle due.

Se due superficie si possono rendere adiacenti in più modi, le somme non sono, in generale, tutte uguali tra loro.

Dalla nozione di somma di due superficie si passa a quella di somma di quante superficie si vogliano.

308. Sopra una superficie finita si possono segnare linee che la *dividano* in *parti,* le quali sono anch' esse superficie finite; e la superficie primitiva si può considerare come somma di quelle in cui essa è stata divisa.

Ad es., un rombo vien diviso in quattro parti dalle sue diagonali, ed esso è somma delle quattro parti.

309. Se due superficie sono eguali, e una di esse è comunque divisa in parti, l'altra si può dividere in parti nello stesso modo. Infatti, facendo coincidere

(*) Non escludiamo che le due superficie possano avere anche tutto intero il contorno in comune; o che il contorno di una sia una parte di quello dell'altra.

le due superficie, si ottiene che le linee di divisione dell'una dividano egualmente l'altra superficie.

310. Def. *Due superficie, che si possono dividere in uno stesso numero di parti rispettivamente uguali, si dicono* equivalenti (*).

Per indicare che due superficie A, B sono equivalenti, scriveremo $A = B$, e leggeremo: A è equivalente a B.

311. Oss. È manifesto che due superficie uguali sono anche equivalenti.

312. Quando in due superficie equivalenti siano tirate le linee che dividono le superficie in parti rispettivamente uguali, diremo che l'equivalenza delle superficie è *manifesta*.

313. Quando in due superficie equivalenti, oltre delle linee che rendono manifesta l'equivalenza, ne

(*) Ne' trattati di Geometria si sogliono dire *equivalenti* due figure (due superficie finite) che hanno superficie eguali (s'intende uguali in estensione). Codesta definizione ha il difetto di non indicare come si proceda per riconoscere l'equivalenza di due superficie, che siano in fatto equivalenti.

La definizione che abbiamo assunto, perchè più *comprensiva,* ha bisogno di essere estesa nel seguito; ed invero due superficie possono essere equivalenti (secondo il senso antico, che non ripudiamo), senza che si possano dividere in parti rispettivamente uguali (come, ad es., è il caso della superficie d'una sfera e di quella d'un cubo).

Malauguratamente la nuova definizione richiede, per il rigore delle deduzioni, considerazioni generali che rendono l'argomento meno attrattivo al principiante. Perciò, per questa parte, ci restringeremo all'assolutamente necessario.

Nella teoria dell'equivalenza delle superficie, l'oggetto principale dello studio è l'estensione delle superficie; la definizione che abbiamo assunta accenna invece, ma solo apparentemente, alla forma.

siano segnate delle altre, bisogna far astrazione da queste linee, quando si confrontino le parti delle superficie per riconoscere l'equivalenza delle superficie. Ma si possono anche segnare sulle due superficie altre linee, per modo che non sia poi necessario di far astrazione da nessuna delle linee di divisione.

Infatti, siano A, B due superficie equivalenti; chiamiamo α le linee che rendono manifesta l'equivalenza, e chiamiamo α anche le parti rispettivamente uguali in cui dalle linee α sono divise le due superficie.

Se tiriamo nella superficie A altre linee di divisione, che chiameremo β, la superficie A dall'insieme delle linee α e β vien divisa in un numero di parti maggiore di quello in cui è divisa la superficie B, e le parti delle due superficie non sono più uguali, *ciascuna a ciascuna*. Ma, se si divide [309] ciascuna delle parti α, che compongono la superficie B, come la corrispondente parte nella superficie A è divisa dalle linee β, l'equivalenza delle due superficie ritorna manifesta, senza che occorra far astrazione da nessuna delle linee di divisione.

Nel caso che anche nella superficie B si tirassero poi delle linee di divisione γ, suddividendo ciascuna delle parti che compongono la superficie A, come la corrispondente in B è divisa dalle linee γ, l'equivalenza delle due superficie A, B sarebbe di nuovo manifesta, senza che fosse necessario di far astrazione dalle linee γ.

314. Teor. *Due superficie composte di parti rispettivamente equivalenti sono equivalenti.*

Dim. Infatti, basta dividere le parti equivalenti in parti rispettivamente uguali [310], perchè sia resa manifesta l'equivalenza delle superficie date.

315. Teor. *Due superficie equivalenti ad una terza sono equivalenti tra loro.*

Dim. Due superficie A e B siano entrambe equivalenti alla superficie C. Dico che esse sono equivalenti tra loro.

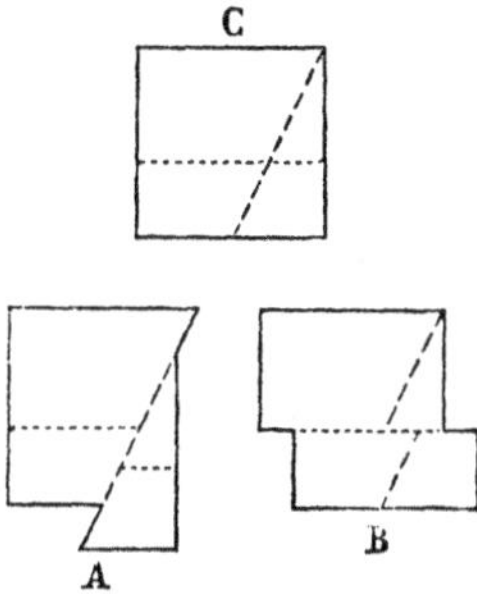

Le superficie A e C, poichè sono equivalenti, si possono dividere in parti rispettivamente uguali. Imaginiamo di tirare le linee che rendono manifesta l'equivalenza; chiamiamo α codeste linee, ed α anche le parti in cui vengono divise le due superficie.

Così, le superficie B e C, poichè sono equivalenti, si possono dividere in parti rispettivamente uguali. Chiamiamo β le linee che rendono manifesta l'equivalenza, e β anche le parti in cui dalle linee β vengono divise le due superficie.

Nel tirare le linee β, affine di rendere manifesta l'equivalenza delle superficie B, C, era sottointeso che si sarebbe poi fatto astrazione dalle linee α, già tirate nella superficie C. E così, volendo riconoscere di nuovo l'equivalenza delle superficie A, C, bisogna far astrazione delle linee β, che si sono tirate in C.

Ma, se ciascuna dalle parti α, che compongono A, si divide [309] come la parte corrispondente in C è divisa dalle linee β, poi si può dire che le superficie A e C sono divise in uno stesso numero di parti rispettivamente uguali, senza che occorra prescindere da nessuna delle linee di divisione.

Così, se ciascuna delle parti β, che compongono la superficie B, si divide [309] come la parte corrispondente della C è divisa dalle linee α, poi si può dire che le superficie B, C sono divise in egual numero di parti rispettivamente uguali, senza che occorra far astrazione da nessuna delle linee di divisione (*).

Fatte codeste suddivisioni, a ciascuna parte di A ne corrisponde una di uguale in C, e a questa parte di C ne corrisponde una di eguale in B. Quindi infine A e B sono divise in egual numero di parti rispettivamente uguali, ossia è $A = B$.

316. Def. Una superficie si dice *somma* di altre superficie, quando quella e queste si possono dividere in parti in modo che ogni parte della prima sia eguale ad una delle parti delle seconde, e viceversa (**).

Per indicare che la superficie A è somma di altre B, C, D... scriveremo: $A = B + C + D + \ldots$

317. Teor. *Se due superficie sono equivalenti rispettivamente ad altre due, la somma delle prime è equivalente alla somma delle seconde* (***).

Dim. Siano A, B, C, D quattro superficie, e sia:

$$A = B \quad \text{e} \quad C = D.$$

(*) Nella figura, che serve d'illustrazione alla dimostrazione, le linee α sono segnate a tratti e le linee β a punti.

(**) Dovendo sommare due superficie, talvolta si renderanno adiacenti senz'altro; ma si potrà anche dividerle prima in parti e poi rendere adiacenti in un ordine e modo qualunque le parti. Ad es., dovendo sommare le superficie di due cerchi, non potendo renderle adiacenti, si possono, ad es., dividere ciascuna in due parti con un diametro, e poi rendere adiacenti le parti.

(***) In altre parole: *aggiungendo a superficie equivalenti superficie equivalenti, si ottengono superficie equivalenti.* (È sottinteso che l'addizione sia possibile; nel caso opposto non si presenterebbe nemmeno l'idea di applicare alle superficie date il precedente teorema).

Dico essere:

$$A + C = B + D.$$

Supponiamo che A e B siano divise in parti rispettivamente uguali, e così le superficie C e D, il che è possibile per l'ipotesi.

Se per ottenere la somma $A + C$ si rendono adiacenti in un modo qualunque le parti di A e quelle di C, e nello stesso modo si opera nel far la somma delle superficie B e D, le somme sono equivalenti senz'altro, perchè composte di parti rispettivamente uguali.

Ma le due somme si potrebbero fare, dividendo prima in un modo qualunque le superficie, e sommando poi in un modo qualunque le parti ottenute.

Per questo caso possiamo imaginare di suddividere, prima di far l'addizione, le quattro superficie per modo da poter dire che esse sono [313] divise in parti rispettivamente uguali, senza che occorra per questo di far astrazione da nessuna delle linee di divisione. Dopo di ciò, le somme si possono fare nel modo prescritto, senza che sia d'uopo di far nessuna ulteriore divisione nelle superficie; epperò i risultati sono equivalenti.

Poligoni equivalenti.

318. In un rombo un lato qualunque si può dire *base*; la distanza fra esso e l'opposto [278] si dice *altezza* corrispondente a quella base.

In un rettangolo due lati consecutivi si possono assumere, l'uno per base, e l'altro per l'altezza corrispondente.

319. Teor. *Due rombi, che abbiano ordinatamente uguali un lato e la corrispondente altezza sono equivalenti.*

Dim. Si dispongano i due rombi in uno stesso piano, in modo che abbiano base comune, e che giacciano da una stessa banda della retta a cui appartiene la base comune. Poichè i due rombi hanno rispetto alla base comune altezze uguali, i lati opposti alla base cadranno sopra una stessa retta parallela alla base [281]. A tal punto della dimostrazione bisogna distinguere due casi, secondo cioè che i lati opposti alla base hanno punti comuni, o non ne hanno nessuno.

1°. Siano i rombi $ABCD$, $ABEF$, che hanno comune la base AB, sono compresi tra le parallele AB, DE, e nei quali i lati opposti alla base AB hanno punti comuni.

Confrontando i triangoli DAF, CBE, troviamo che hanno $AD \equiv BC$, perchè lati opposti di un rombo [268]; hanno eguali gli angoli FDA, ECB, perchè [252] corrispondenti, fatti dalle parallele DA, CB con la retta DE; ed hanno eguali gli angoli AFD, BEC, perchè corrispondenti, fatti dalle parallele AF, BE con la retta DE. Per conseguenza [154] i triangoli sono eguali; e quindi l'equivalenza dei due rombi è manifesta.

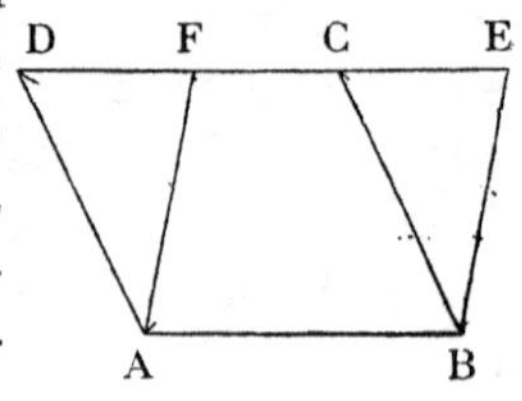

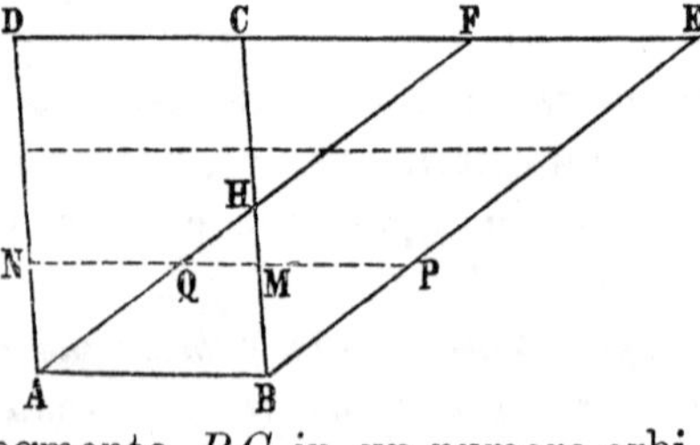

2°. Siano i rombi $ABCD$, $ABEF$, nei quali i lati DC, FE non hanno nessun punto comune.

Dividiamo il segmento BC in un numero arbitrario di parti eguali [288], però grande abbastanza che almeno uno dei punti di divisione appartenga al segmento BH (*). Chiamiamo M il punto di divisione prossimo a B. Tirando, per tutti i punti di divisione di BC, delle rette parallele ad AB, ciascun rombo vien diviso in parti eguali. [268, 269].

E perchè i due rombi $ABMN$, $ABPQ$ per l'antecedente dimostrazione sono equivalenti, e le parti del rombo $ABCD$ sono tante, quante le parti del rombo $ABEF$, anche codesti rombi sono equivalenti. [314].

320. Cor. *Un rombo è equivalente ad un rettangolo, che ha la stessa base e la stessa altezza del rombo.*

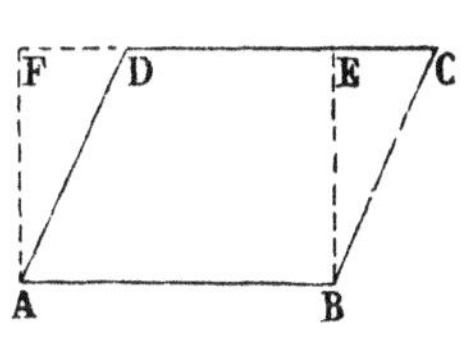

Infatti, se $ABCD$ è un rombo, e da A e B si calano le perpendicolari AF, BE sulla retta CD, si ottiene il rettangolo $ABEF$, il quale, avendo la stessa base AB e la stessa altezza del rombo dato, è a questo equivalente. [319].

321. Teor. *Se un rombo ha medesima altezza d'un triangolo e base metà di quella del triangolo, esso è equivalente al triangolo.*

Dim. Sia un triangolo ABC. Prendendo per

(*) Ciò è possibile manifestamente. Se si volesse sapere il minor numero col quale si ottiene l'intento, basterebbe prendere su BC consecutivamente dei segmenti uguali a BH. Se il segmento BC ne contiene n, dividendo BC in $(n+1)$ parti uguali, ciascuna delle parti è minore di BH. (Ammettiamo dunque, come postulato, che, sottraendo da un segmento dato replicatamente un altro segmento qualunque, si perviene necessariamente ad un resto minore del segmento che si sottrae).

base BC, l'altezza corrispondente è la perpendicolare AD calata dal vertice A su BC. Si deve provare che un rombo, che abbia la base uguale alla metà di BC ed altezza eguale ad AD, è equivalente al triangolo ABC.

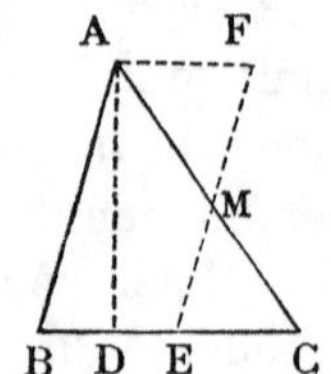

A tal fine, diviso AC per metà in M, si tiri per M la parallela ad AB. Sappiamo [287] che il lato BC vien diviso per metà; chiamiamo E il punto di mezzo. Infine tiriamo per A la parallela a BC, e sia F il punto in cui essa incontra la ME. [250].

Ed ora, se confrontiamo i triangoli AMF, CME, troviamo che hanno $AM \equiv MC$; eguali gli angoli in M; ed eguali gli angoli FAM, ECM, perchè alterni, fatti dalle parallele AF, BC con la trasversale AC. Per conseguenza [154] i due triangoli sono eguali, ed quindi il triangolo ABC è equivalente [310] al rombo $ABEF$.

Infine, qualunque rombo, che abbia base uguale a BE ed altezza eguale ad AD, è equivalente [319] al rombo $ABEF$, e quindi [315] anche al triangolo ABC.

322. Teor. *Due triangoli, che abbiano basi eguali ed eguali altezze, sono equivalenti.*

Dim. Infatti, poichè due rombi, che abbiano basi metà di quelle dei triangoli, ed altezze eguali a quelle dei triangoli, sono equivalenti [319], ed i triangoli sono equivalenti ai due rombi [321], anche i triangoli sono equivalenti tra loro [315].

323. Postulato dell' equivalenza. *Una parte d' una superficie non può essere equivalente all' intera superficie* (*).

(*) In altre parole: *una superficie e una parte di essa non si possono dividere in parti rispettivamente uguali.* L'e-

324. Teor. *Se due triangoli sono equivalenti ed hanno basi eguali, essi hanno eguali anche le corrispondenti altezze.*

Dim. I triangoli ABC, DEF siano equivalenti, e sia $BC \equiv EF$. Dico che anche le altezze corrispondenti AH, DK sono eguali.

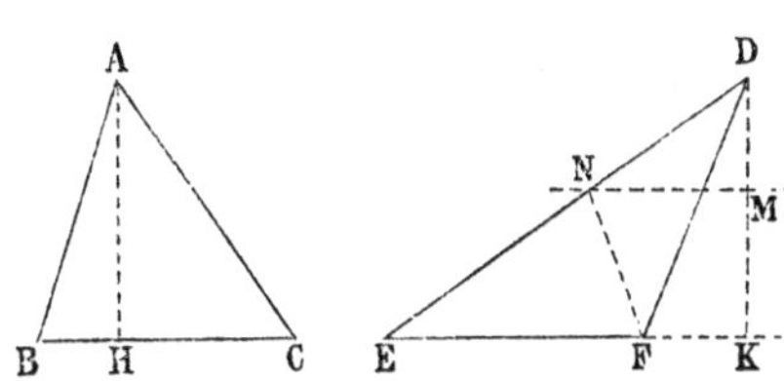

Supponiamo che non siano eguali. Una delle due sarà la maggiore; tale sia la DK, e sia $MK \equiv AH$. Si tiri per M la parallela ad EF, e sia N il punto dove essa incontra [250] il lato DE. Si tiri FN.

I triangoli ABC, NEF, poichè hanno basi ed altezze rispettivamente uguali, sono equivalenti [322]. Ma perchè anche DEF è equivalente ad ABC, i triangoli DEF, NEF sono equivalenti [315] tra loro. Ciò è contrario al postulato dell'equivalenza [323]; epperò resta provato che è $AH \equiv DK$.

325. Teor. *Il luogo dei vertici dei triangoli, che sono equivalenti ad un triangolo dato ed hanno con questo un lato in comune, è formato dalle rette parallele a codesto lato e che hanno da esso distanza uguale all'altezza corrispondente a questo lato* (*).

videnza di questo postulato risulta da questa riflessione, che: se una parte di una superficie potesse essere equivalente all'intera, dividendo la parte convenientemente e sommando le parti convenientemente, si potrebbe riprodurre l'intera superficie. E ciò è assurdo, perchè *una parte d' una superficie finita non può essere tanto estesa quanto l'intera superficie.*

(*) Per brevità si tralascia di avvertire che non appartengono al luogo i due vertici comuni ai triangoli.

Dim. Infatti, ogni triangolo, che abbia la base in comune col dato e il vertice opposto sopra una delle parallele, è equivalente al triangolo dato [322]. Ed ogni triangolo, che sia equivalente al dato ed abbia con questo quel lato in comune, ha il vertice opposto a questo lato sopra una delle parallele. [324, 280].

326. Un quadrangolo, nel quale due lati opposti sono paralleli, si dice *trapezio.* I lati paralleli si chiamano le *basi* del trapezio, e la loro distanza è detta *altezza* del trapezio.

327. Teor. *Un trapezio è equivalente ad un rombo, che ha base uguale alla semisomma delle basi del trapezio, e la stessa altezza del trapezio.*

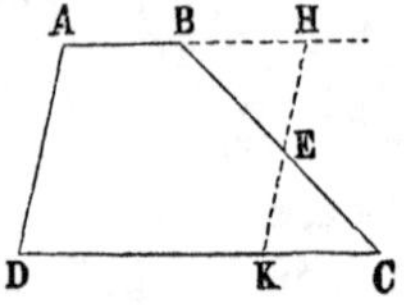

Dim. Sia il trapezio $ABCD$. Dimezzato in E il lato BC, si tiri HK parallelamente ad AD. Con ciò si ottiene il rombo $AHKD$. E poichè i triangoli BEH, CEK hanno $BE \equiv EC$, eguali gli angoli in E, ed eguali gli angoli HBE, KCE, come alterni, fatti dalle parallele BH, KC con la retta BC, essi sono [154] eguali. Così è manifesto che il trapezio dato è equivalente al rombo $AHKD$.

Ed ora, essendo $KC \equiv BH$, abbiamo:

$$AB + DC = AB + DK + KC$$
$$» \quad = AB + DK + BH$$
$$» \quad = AH + DK$$
$$» \quad = 2DK;$$

donde risulta che DK, base del rombo, è appunto la semisomma delle basi del trapezio.

328. Teor. *Un poligono circoscritto ad un cerchio è equivalente ad un triangolo, che ha base uguale* *al perimetro del poligono e altezza uguale al raggio del cerchio.*

Dim. Posti consecutivamente sopra una retta i lati del poligono, in $A'B'$, $B'C'$..., si costruisca poi un triangolo, che abbia per base il perimetro ottenuto, e altezza $O'H'$ eguale al raggio OH del cerchio. Indi si unisca il vertice del triangolo coi punti A', B'..., e il centro del cerchio coi vertici del poligono dato. Il poligono ed il triangolo vengono divisi così in egual numero di triangoli, che sono rispettivamente equivalenti [322], come quelli che hanno base ed altezza [209] rispettivamente uguali. Per conseguenza [314] anche il poligono è equivalente al triangolo.

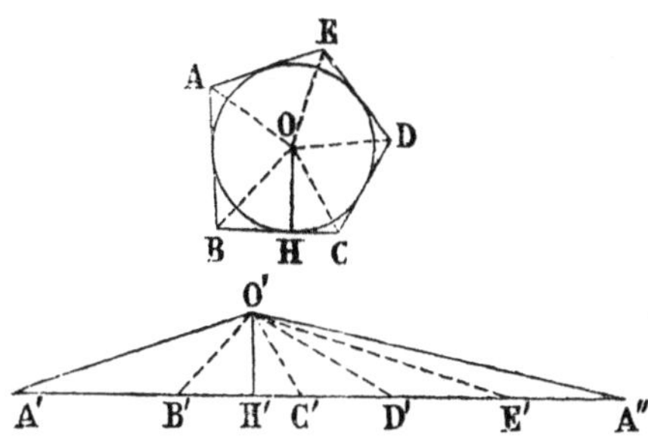

329. Teor. *Se per un punto di una diagonale di un rombo si tirano due rette rispettivamente parallele ai lati, dei quattro rombi, in cui il dato resta diviso dalle parallele, quei due, che non sono attraversati dalla diagonale, sono equivalenti.*

Dim. Nel rombo $ABCD$, condotta una diagonale, ad es. la BD, per un punto E qualsivoglia della stessa si tirino le FH, KL parallele rispettivamente ai lati AB, BC. Codeste parallele dividono il rombo dato in quattro rombi. Ora si tratta di dimostrare che i due $AKEF$, $EHCL$ (che sono i due non attraversati dalla diagonale) sono equivalenti.

Perciò si tirino i segmenti KM, HN parallelamente a BD; e dai punti K ed H si calino sulla BD le perpendicolari KP, HQ. Queste perpendicolari sono eguali, perchè nei triangoli rettangoli KPE, HQB le ipotenuse KE, HB sono [268] eguali, e sono eguali [251] gli angoli KEP, HBQ, come alterni, fatti dalle parallele KE, BH con la retta EB [154].

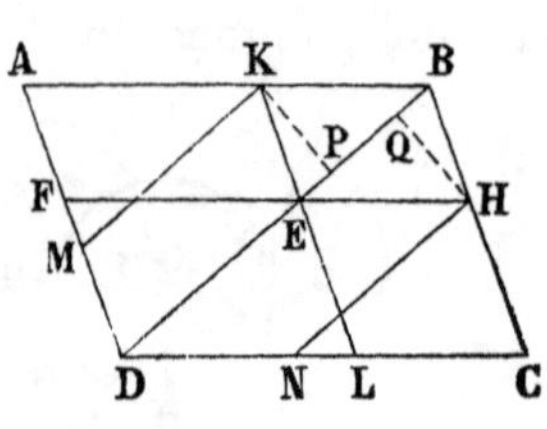

Se ora confrontiamo i rombi $KEFA$ e $KEDM$, troviamo che sono [319] equivalenti, perchè hanno la base KE comune e sono compresi tra le medesime parallele KE, AD.

Così sono equivalenti i rombi $EHCL$, $EHND$, perchè hanno comune la base EH, e sono compresi tra le medesime parallele EH, DC.

Ma i rombi $KEDM$ ed $EHND$, poichè rispetto al lato comune ED hanno altezze uguali KP, HQ, sono equivalenti; quindi infine [315] sono equivalenti tra loro anche i due rombi $KEFA$ ed $EHCL$.

Relazione tra i quadrati dei lati di un triangolo.

330. Un quadrato, che ha per lato un segmento AB (oppure un lato eguale al segmento AB), si accenna brevemente dicendolo: *il quadrato di* AB.

Se due lati consecutivi di un rettangolo sono eguali rispettivamente a due dati segmenti AB, CD, il rettangolo si accenna brevemente [269] dicendolo: *il rettangolo dei segmenti* AB, CD.

331. Teorema di Pitagora. *In ogni triangolo*

rettangolo il quadrato dell'ipotenusa è equivalente alla somma dei quadrati dei cateti.

Dim. Sia ABC un triangolo, rettangolo in A. Si costruiscano sui lati i tre quadrati BE, AF, AL.

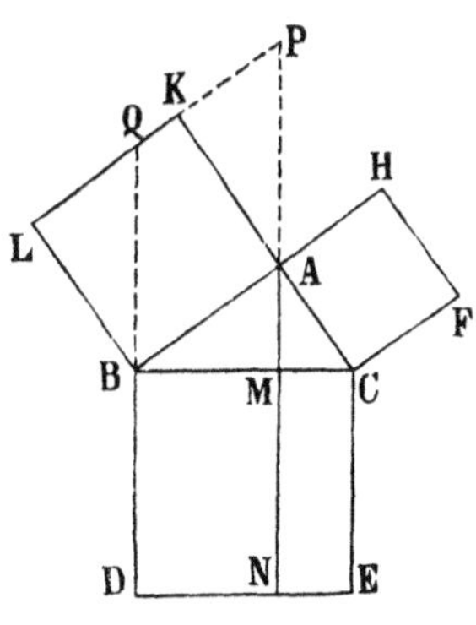

Si vuol dimostrare che il quadrato BE è equivalente alla somma dei quadrati AF, AL.

A tal fine si tiri per A la parallela a BD, e siano M, N, P i punti in cui essa incontra [250] le rette BC, DE, LK. Il quadrato BE vien tagliato nei rettangoli BN, ME, che proveremo essere equivalenti rispettivamente ai quadrati LA, AF.

Si prolunghi DB fino ad incontrare [250] in Q la retta LK.

Confrontando ora i triangoli LBQ, ABC, troviamo che hanno i lati LB, BA eguali, perchè lati d'un quadrato; hanno eguali, perchè retti, gli angoli QLB, CAB; ed eguali gli angoli LBQ, ABC, perchè complementari ambidue dell'angolo QBA. Per conseguenza [154] è $QB \equiv BC$, e quindi anche $QB \equiv BD$.

Ora il quadrato $ABLK$ ed il rombo $ABQP$ sono equivalenti [319], perchè hanno comune la base AB, e sono compresi tra le stesse parallele BA, LP.

Ed i rombi $QBAP$, $BDNM$ sono equivalenti [319], perchè hanno eguali le basi QB, BD, e sono compresi tra le stesse parallele QD, PN.

Per conseguenza [315] il quadrato AL è equivalente al rettangolo BN.

Nello stesso modo si proverebbe che il quadrato AF è equivalente al rettangolo ME.

Quindi infine la somma dei quadrati LA, AF è equivalente [317] alla somma dei rettangoli BN, ME, cioè al quadrato BE.

Altra dim. Sia ABC un triangolo rettangolo in A. Sull'ipotenusa BC si costruisca il quadrato $BCDE$; indi si tirino i segmenti DF, EH, perpendicolari ad AB, epperò [245] paralleli a CA. Infine si tirino i segmenti CK, EL perpendicolari a DF, epperò [245] paralleli ad AB. Così si ottengono due rettangoli $ACKF$, $FLEH$.

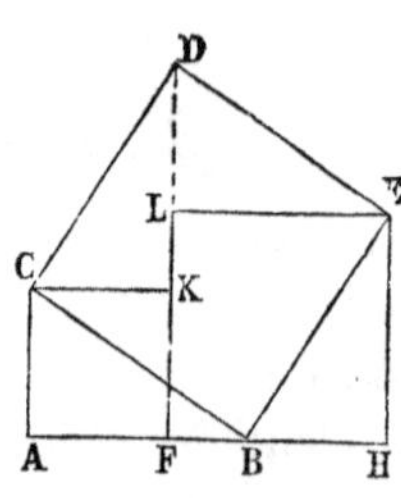

Ora i triangoli rettangoli ABC, CKD hanno eguali le ipotenuse BC, CD, come lati del quadrato $BCDE$; ed hanno eguali gli angoli BCA, DCK, perchè ambidue complementari di $K(C)B$; quindi [154] essi sono eguali.

Analogamente, i triangoli rettangoli DCK, EDL hanno eguali le ipotenuse CD, DE, ed eguali gli angoli KDC, LED, perchè ambidue complementari di $E(D)L$; quindi sono [154] eguali.

Infine, i triangoli rettangoli DEL, EBH hanno eguali le ipotenuse DE, EB, ed eguali gli angoli LED, HEB, perchè ambidue complementari di $B(E)L$; quindi [154] sono eguali.

In somma i quattro triangoli ABC, CDK, DEL, EHB sono eguali. Ed essendo $CK \equiv AC$, il rettangolo $ACKF$ è il quadrato del cateto AC; ed essendo $LE \equiv EH \equiv AB$, il rettangolo $FLEH$ è il quadrato del cateto AB.

Ora, il quadrato $BCDE$ è composto del pentagono $BCKLE$ e dei triangoli CDK, DLE. E l'esagono $ACKLEH$ è composto dello stesso pentagono $BCKLE$ e dei triangoli ABC, BEH. Per conseguenza il quadrato $BCDE$ è equivalente all'esagono $ACKLEH$, cioè alla somma dei quadrati $ACKF$, $FLEH$.

332. Oss. Dalla prima delle due precedenti dimostrazioni, nella quale si è provato che il quadrato LA è equivalente al rettangolo BN e che il quadrato AF è equivalente al rettangolo ME, troviamo di poter enunciare il:

Teor. *Il quadrato d'un cateto d'un triangolo rettangolo è equivalente al rettangolo dell'ipotenusa e della proiezione del cateto sull'ipotenusa.*

333. Teor. *In ogni triangolo ottusangolo, il quadrato del lato opposto all'angolo ottuso è equivalente alla somma dei quadrati degli altri due lati, più due volte il rettangolo contenuto da uno di questi lati e dalla proiezione sovr'esso dell'altro lato.*

Dim. Nel triangolo ABC, l'angolo in B sia ottuso. Sopra uno dei lati, che contengono l'angolo ottuso, ad es. sul lato BC, si cali la perpendicolare AD dal vertice opposto. Il segmento BD è la proiezione di AB su BC. Ora si tratta di dimostrare che il quadrato di AC è equivalente alla somma dei quadrati dei lati AB, BC, più due volte il rettangolo di BC, DB.

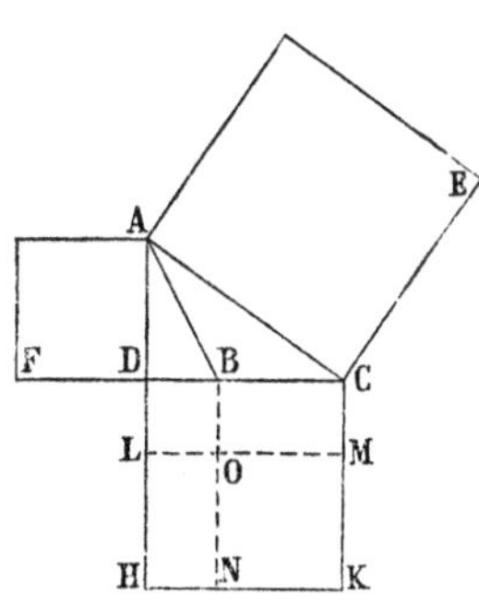

A tal fine, costruiti i quadrati AE, CH, AF, per

B si conduca la BN parallela a DH, e fatto $DL \equiv DB$, si tiri LM, parallelamente a DC. È manifesto che dei quattro rettangoli, nei quali resta diviso il quadrato DK, il rettangolo DO è un quadrato; e così pure il rettangolo OK (e questo è il quadrato del lato BC); e che gli altri due sono i rettangoli dei segmenti BC, DB.

Ma per il teorema di Pitagora, applicato al triangolo rettangolo ADC, abbiamo che il quadrato di AC è equivalente alla somma dei quadrati dei lati AD, DC, equivalente adunque alla somma dei cinque rettangoli AF, DO, BM, LN, OK.

D'altra parte per il teorema stesso di Pitagora, applicato al triangolo ADB, rettangolo in D, la somma dei quadrati dei lati AD, DB è equivalente al quadrato del lato AB. Quindi infine il quadrato di AC è equivalente alla somma del quadrato di AB, del quadrato OK (che è il quadrato di BC) e dei due rettangoli BM, LN, che, come si è visto, sono appunto i rettangoli dei segmenti BC, DB.

334. Osservando, nella figura del paragrafo precedente, il quadrato del segmento DC, il quale segmento si può ora supporre diviso comunque nel punto B, troviamo di poter enunciare generalmente il:

Teor. *Il quadrato della somma di due segmenti è equivalente alla somma dei quadrati delle parti, più due volte il rettangolo delle parti.*

335. Lemma. *Il quadrato della differenza tra due segmenti, aumentata del doppio rettangolo dei segmenti stessi, è equivalente alla somma dei quadrati dei due segmenti.*

Dim. Siano AB, BC due segmenti qualisivogliano; AC è la loro differenza. Si costruiscano i tre quadrati $ABDE$, $BCKL$, $ACFN$, e poi si prolunghi NF in M. È chiaro che i due rettangoli EM, FL sono i rettangoli dei due segmenti AB, BC. Ed è pur manifesto che l'intera figura è ad un tempo la somma del quadrato AF e dei rettangoli EM, FL, e la somma dei quadrati AD, KB.

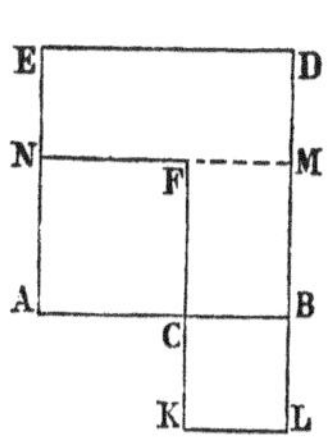

336. Teor. *In ogni triangolo, il quadrato del lato opposto ad un angolo acuto, aumentato del doppio del rettangolo di uno dei lati che contengono l'angolo acuto e della proiezione sovr' esso dell' altro lato, è equivalente alla somma dei quadrati degli altri due lati.*

Dim. Sia ABC un triangolo qualunque; e l'angolo in B sia acuto. Sopra uno dei lati che contengono questo angolo, ad es. sul lato AB, si cali la perpendicolare dal vertice opposto. Il segmento BD è la proiezione del lato BC sul lato AB. Ora si vuol dimostrare che la somma del quadrato di AC e del doppio rettangolo di AB, BD è equivalente alla somma dei quadrati di AB, BC.

Caso 1°. Il piede della perpendicolare cade sul lato. In questo caso AD è la differenza dei due segmenti AB, BD. Epperò [335] il quadrato di AB, aumentato del doppio rettangolo di AB, BD, è equivalente alla somma dei quadrati di AB, BD. Aggiungendo d'ambe le parti il quadrato di CD, si ottengono risultati equivalenti. Ma per il teorema pitagorico, la somma dei quadrati di AD e DC è equivalente al quadrato

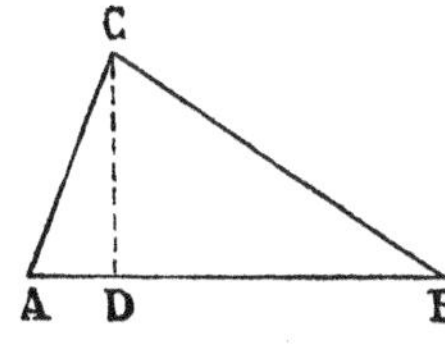

di AC; e la somma dei quadrati di BD e DC è equivalente al quadrato di BC. Quindi infine il quadrato di AC, aumentato del doppio rettangolo di AB, BD, è equivalente alla somma dei quadrati di AB, BC.

Caso 2°. Il secondo caso avviene, quando il piede della perpendicolare cade sul prolungamento del lato. Questa volta AD è la differenza dei segmenti BD e AB; ma da tal punto in poi la dimostrazione procede letteralmente come per il primo caso.

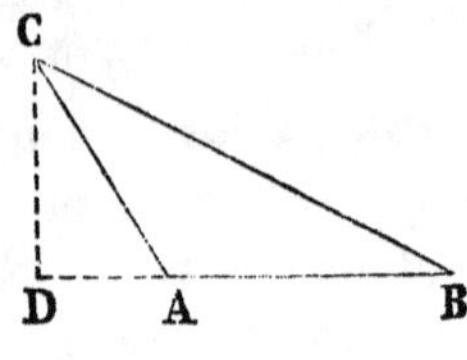

Problemi.

337. Probl. *Costruire un triangolo che sia equivalente ad un triangolo dato, e nel quale un' altezza sia eguale a un dato segmento.*

Risol. Sia ABC un triangolo dato, ed α un dato segmento. Si tratta di costruire un triangolo, che sia equivalente al triangolo ABC, e nel quale una delle altezze sia eguale al segmento α.

Posto il segmento dato α in DE, perpendicolarmente a un lato del triangolo, si tiri per E la EF parallela a BC; poi si prolunghi CA (o BA) fino ad incontrare [250] la FE in F (*). Quindi, unito F con B, si tiri per A la parallela ad

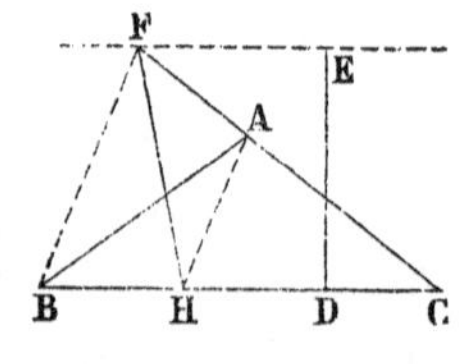

(*) Quando il segmento DE è minore dell' altezza calata da A su BC, la retta FE taglia i lati AB, AC, epperò in tal caso non occorre prolungarne alcuno.

FB, e sia H il punto dove essa incontra [250] BC. Si tiri infine FH. Il triangolo FHC sodisfa le condizioni del problema.

Dim. Intanto la perpendicolare, che si calasse da F sul lato opposto CH, sarebbe [276] uguale ad ED e quindi al segmento α. Il triangolo FHC ha dunque un' altezza, che è uguale al segmento dato.

Osserviamo poi che i triangoli HAF, HAB sono costruiti sulla stessa base HA, ed hanno i vertici, opposti alla base comune, sopra una retta parallela alla base stessa; perciò essi sono [322] equivalenti. Aggiungendo ad essi il triangolo HAC, si ottengono [314] risultati equivalenti; e questi sono appunto, una volta il triangolo CHF, l'altra il triangolo dato ABC.

338. Probl. *Costruire un triangolo che sia somma di più triangoli dati.*

Risol. Si trasformino i triangoli dati [337] in altrettanti ad essi rispettivamente equivalenti e che abbiano tutti una stessa altezza. Costruendo poi un triangolo, che abbia base uguale alla somma delle basi dei nuovi triangoli e la altezza relativa eguale alla loro altezza comune, si ha un triangolo che è somma dei triangoli dati.

Dim. Infatti il triangolo ottenuto si può dividere in triangoli rispettivamente equivalenti [322, 315] ai triangoli dati.

339. Probl. *Costruire un triangolo, che sia equivalente ad un poligono dato.*

Risol. Si dividerà il poligono in triangoli, in un modo qualunque; poi si costruirà un triangolo che sia somma di quelli che compongono il dato poligono [338]; desso sodisfa al problema. Se poi il poligono dato è convesso, per trovare un triangolo ad esso equivalente, si può operare come segue.

Sia $ABCDEF$ il poligono dato. Scelti tre vertici successivi qualunque, ad es. i tre D, E, F, si tiri la diagonale DF, e poi per E la EM parallela a DF. Indi si prolunghi AF (oppure CD) fino ad incontrare [250] la EM in N. Infine si tiri il segmento DN.

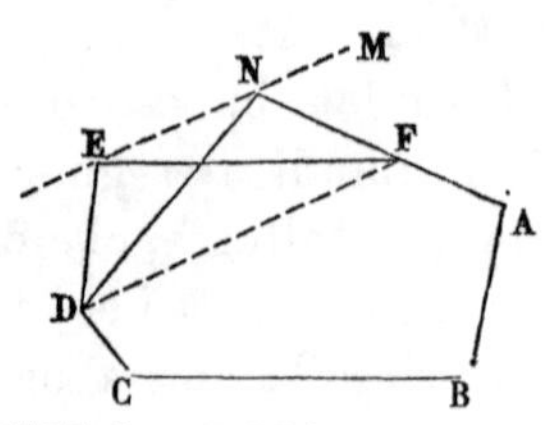

Ed ora, se consideriamo i triangoli DFE e DFN, troviamo che sono equivalenti, perchè hanno comune la base DF e sono compresi tra le medesime parallele DF, EM.

Ora è palese che il poligono $ABCDEF$ ed il poligono $ABCDN$ sono equivalenti. Infatti, essi sono composti, il primo del poligono $ABCDF$ e del triangolo FDE, il secondo del poligono $ABCDF$ e del triangolo FDN. [314].

Il poligono $ABCDN$ ha poi un lato di meno del primitivo, perchè, a formarne il contorno, insieme con la parte che ha in comune col dato, invece dei lati DE, EF, abbiamo i segmenti DN, NF; e quest' ultimo, essendo per diritto con FA, forma con FA un lato solo.

Operando sul poligono $ABCDN$, come per il poligono dato, si otterrà un poligono equivalente al poligono $ABCDN$, e quindi [315] anche al primitivo, e che avrà due lati di meno di questo poligono. Seguitando a bastanza, si perverrà in fine ad un triangolo.

340. Probl. *Costruire un quadrato che sia equivalente ad un poligono dato.*

Risol. Noi sappiamo [339] costruire un triangolo equivalente ad un poligono dato. Abbiamo poi veduto [321] che un triangolo è equivalente ad un rombo che ha base uguale alla metà di quella del triangolo e altezza uguale a quella del triangolo. Sappiamo [320] anche costruire un rettangolo equivalente ad un rombo qualunque. Dimodochè possiamo dire [315] di saper costruire un rettangolo che sia equivalente ad un poligono dato. Pertanto, affine di poter dire di saper costruire un quadrato equivalente a un dato poligono, ci resta solo da imparare a costruire un quadrato equivalente ad un rettangolo dato.

Sia adunque un rettangolo $ABCD$. Sul lato AB, che è maggiore di AD, si faccia $AF \equiv AD$. Quindi, con diametro AB, si descriva mezzo cerchio, e, tirata per F la perpendicolare ad AB, fino ad incontrare il cerchio [97] in H, si tiri AH. Il quadrato di AH è equivalente al rettangolo dato.

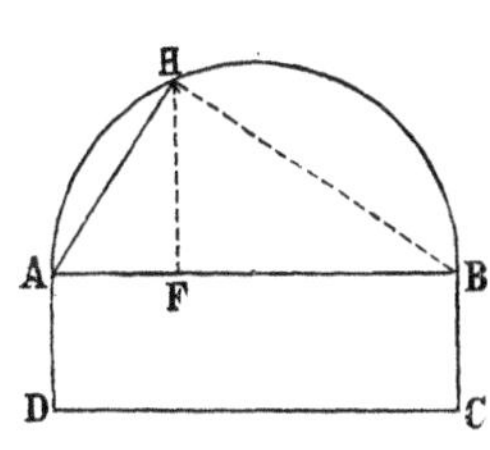

Dim. Si tiri HB e si osservi che l'angolo BHA, perchè iscritto in mezzo cerchio, è retto [296]. Allora nel triangolo rettangolo AHB, poichè AF è la proiezione del cateto AH sull'ipotenusa AB, il quadrato di AH è equivalente [332] al rettangolo di AB, AF, cioè al rettangolo $ABCD$.

341. Probl. *Dividere un segmento dato in modo che il quadrato di una parte sia equivalente al rettangolo dell'intero segmento e dell'altra parte.*

Risol. Sia AB il segmento dato. Costruito il quadrato $ABCD$, diviso AD per metà in E, e prolungato DA, si faccia $EF \equiv EB$, e poi $AH \equiv AF$. In H il segmento dato resta diviso nel modo richiesto, e per l'appunto in modo che il quadrato della parte AH è equivalente al rettangolo dell'intero segmento e dell'altra parte BH.

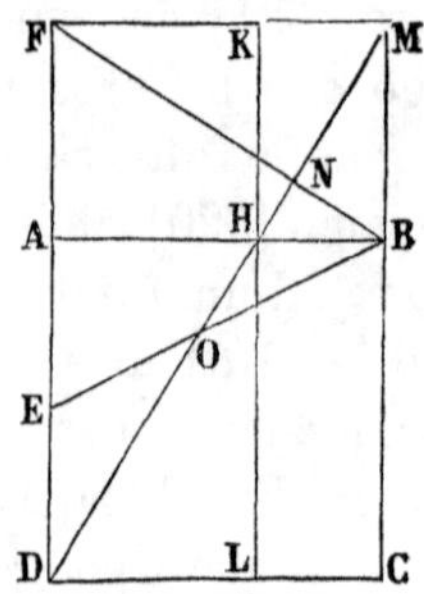

Dim. Per la dimostrazione si tiri DH, e si prolunghi questo segmento fino ad incontrare [250] in M la retta BC; poi si unisca F con M, e si conduca per H la KL parallelamente ad FD.

Confrontando i triangoli AHD, AFB, troviamo che hanno: $AH \equiv AF$, $AD \equiv AB$, e gli angoli in A eguali, perchè retti; quindi [149] è $A(D)H \equiv A(B)F$. Ma $A(B)F$ è complementare di $B(F)A$; quindi anche $A(D)H$ è complementare di $B(F)A$. Per conseguenza [258] l'angolo DNF, che insieme con i due testè accennati forma i tre angoli del triangolo FND, è retto, ossia le rette FB, DM sono perpendicolari tra loro.

Confrontando ora i triangoli BNM, BNO, troviamo che sono rettangoli in N, che hanno il cateto BN comune, ed eguali gli angoli NBM, OBN, perchè ambidue eguali all'angolo BFA. (I due $N(B)M$, $B(F)A$ sono eguali, come alterni, fatti dalle parallele MB, FA con la retta FB. E i due $O(B)N$, $B(F)A$ sono eguali, come angoli alla base nel triangolo isoscele EBF). Per conseguenza [154] è $BM \equiv BO$, e $B(M)O \equiv M(O)B$.

Ma i due angoli MOB, BMO sono eguali, il primo all'angolo DOE, e il secondo all'angolo EDO (questi due come alterni, fatti dalle parallele MC, FD con la retta DM). Anche i due angoli DOE, EDO sono dunque uguali, epperò è $ED \equiv EO$. Ma per costruzione è $ED \equiv AE$, quindi è anche $EO \equiv AE$.

Ed essendo tutto $EB \equiv EF$ ed $EO \equiv EA$, è $OB \equiv AF$. Ma superiormente abbiamo trovato essere $OB \equiv BM$, quindi è anche $AF \equiv BM$. E perchè questi segmenti, oltre che uguali, sono anche paralleli, anche [274] FM è parallela ad AB.

Il quadrangolo $FMCD$ è dunque un rombo; DHM ne è una diagonale. E poichè per il punto H sono condotte due rette rispettivamente parallele ai lati del rombo, i due rombi FH, HC sono equivalenti. Ma il primo non è altro che il quadrato del segmento AH, e il secondo è il rettangolo dei segmenti BH, AB (perchè è $AB \equiv BC$); dunque il segmento dato è nel punto H diviso veramente nel modo richiesto.

342. Quella parte di un segmento, il cui quadrato è equivalente al rettangolo dell'intero segmento e dell'altra parte, si dice la parte *aurea* del segmento. Tagliare un segmento nel modo predetto si dice *dividere il segmento in sezione aurea.*

* **343. Probl.** *Costruire un angolo, che sia la quinta parte di due retti.*

Risol. Preso un segmento AB qualsivoglia, lo si divida in sezione aurea. Sia C il punto di divisione, ed AC la parte aurea. Quindi, sulla parte minore CB, presa come base, si costruisca [104] un triangolo isoscele BCD, i cui lati eguali DC, DB siano eguali ad AC. Poi si conduca AD. L'angolo DAB è la quinta parte di due retti.

Dim. Per la dimostrazione si cali da D la perpendicolare sulla base CB, la quale resta così dimezzata in E. Poi, costruito il quadrato $ABFH$, e fatto $AK \equiv AC$, si tiri KM parallelamente ad AB, e poi per C la CL parallela ad AH.

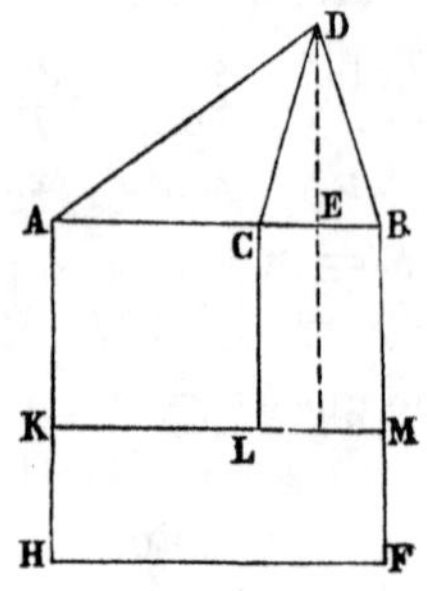

Osserviamo anzitutto che CK è un quadrato, e che il rettangolo KF, perchè è:

$$KM \equiv AB \text{ e } KH \equiv BC,$$

è il rettangolo dei segmenti AB, BC. Esso è dunque equivalente al quadrato di AC, cioè al quadrato CK.

Ed ora, poichè l'angolo DCB, come angolo alla base nel triangolo isoscele DCB, è acuto, l'adiacente $A(C)D$ è ottuso. Dal triangolo ottusangolo ACD abbiamo [333] che il quadrato di AD è equivalente alla somma dei quadrati di AC, CD, più il doppio rettangolo di AC, CE. Ma il quadrato di CD è uguale a quello di AC, epperò è equivalente al rettangolo lo KF; e perchè è $CE \equiv EB$, il doppio rettangolo di AC, CE è equivalente al rettangolo di AC, CB, ossia al rettangolo CM. Pertanto il quadrato di AD è equivalente al quadrato AF, e per conseguenza [323] è $AD \equiv AB$. (*).

Ora dobbiamo considerare i due triangoli isosceli ABD, DBC. Poichè questi hanno l'angolo ABD in comune, e questo è in ciascuno dei triangoli uno degli angoli alla base, anche gli angoli DAB, BDC, che sono quelli opposti alle basi, sono eguali tra loro.

(*) Se i lati dei due quadrati non fossero eguali, uno dei quadrati sarebbe uguale ad una parte dell'altro, e sarebbe allora una parte di una superficie equivalente all'intera superficie. E ciò non può essere. [323].

D'altra parte, poichè nel triangolo ACD è $AC \equiv CD$, è anche $C(D)A \equiv D(A)C$. Nel triangolo isoscele ADB l'angolo BDA, alla base, è dunque doppio dell'angolo DAB, opposto alla base. Per conseguenza DAB è la quinta parte della somma degli angoli del triangolo; epperò esso è appunto un quinto di due retti.

Superficie non equivalenti.

344. Def. *Per esprimere che una superficie* A *è equivalente ad una parte di un'altra superficie* B (*), *diremo che la superficie* A *è* minore *della* B, *od anche che questa è* maggiore *della* A.

Per significare che una superficie A è maggiore d'un'altra B, scriveremo: $A > B$, oppure $B < A$.

345. Teor. *Se una superficie è minore di un'altra, essa non può essere equivalente nè alla seconda, nè ad una superficie che sia maggiore della seconda.*

Dim. La superficie A sia minore della superficie B, e questa sia minore di una terza C. Dico che A non può essere equivalente nè alla B nè alla C.

Sappiamo intanto che dire che A è minore di B è quanto dire [344] che A è equivalente ad una parte di B. Chiamiamo A' questa parte. Ora, essendo $A \equiv A'$, se fosse $A = B$, sarebbe [315] anche $A' = B$, e ciò contro il postulato dell'equivalenza [323], il quale dice che una parte di una superficie non può essere equivalente all'intera superficie.

Per la seconda parte del teorema, basta osser-

(*) Dovremmo aggiungere: *o alla somma di alquante parti della* B. Ma per brevità diremo *parte* d'una superficie anche l'insieme di alquante sue parti.

vare che, essendo la superficie A equivalente ad una parte della B e la B equivalente ad una parte della C, la A è anche equivalente ad una parte della C (*); epperò, ricondotti al caso precedente, conchiudiamo che essa non può essere equivalente alla C.

346. Cor. *Date due superficie, se ha luogo uno dei casi seguenti, cioè: che una sia minore, equivalente o maggiore dell'altra, non può aver luogo nessuno degli altri due casi.* (**).

347. Teor. *Due poligoni qualunque o sono equivalenti, o l'uno è maggiore o minore dell'altro.*

Dim. Siano A e B due poligoni dati. Trasformiamoli in due triangoli A' e B' d'uguale altezza [339, 337], e chiamiamo α e β le basi dei due triangoli.

Se le basi α, β sono eguali, i triangoli A', B' sono equivalenti, e quindi [315] sono equivalenti anche i poligoni dati.

Se le basi α, β non sono eguali, e sia, ad es., $\alpha < \beta$, in tal caso il triangolo A' è equivalente ad una parte del triangolo B'; quindi è $A' < B'$ ed anche $A < B$, come d. d.

(*) Lasciamo allo studioso di chiarire codesta asserzione e consimili del seguito. Ciò si farà imaginando costruzioni analoghe a quelle accennate nel § 313; ma, nel caso presente, basta osservare che, poichè, dividendo A convenientemente e disponendo convenientemente le parti, si può ottenere una parte A' della B, e così dalla B si può ottenere una parte della C, la parte A' della B, e quindi anche la A sono equivalenti ad una parte della C.

(**) Si badi che, date due superficie, può non aver luogo nessuno dei tre casi. Ad es., confrontando un quadrato con la superficie d'una sfera, si trova che nessuna parte del quadrato non può essere uguale a nessuna parte della superficie della sfera, epperò che ecc. [310,344].

Differenza tra due poligoni.

348. Def. *Se una superficie* A *è maggiore d'un'altra* B, *la parte che rimane della* A, *quando si sopprima quella sua parte che è equivalente alla* B, *si dice differenza tra la* A *e la* B.

349. Teor. *Se due triangoli sono equivalenti, ed hanno due altezze uguali, hanno eguali anche le basi corrispondenti.*

Dim. I triangoli ABC, DEF siano equivalenti, e in essi siano eguali le altezze AH, DK. Dico che le basi BC, EF sono eguali.

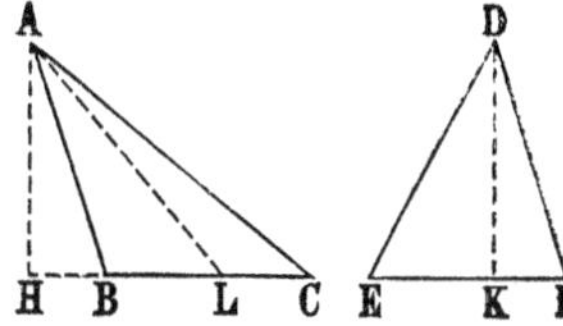

Se non sono eguali, una delle due sarà la maggiore; tale sia la BC, e sia $BL \equiv EF$. Si tiri AL.

I triangoli ABL, DEF, perchè hanno basi ed altezze rispettivamente uguali, sono equivalenti [322]. Ma, per ipotesi, anche il triangolo ABC è equivalente al triangolo DEF. Quindi [315] i due triangoli ABL, ABC sono equivalenti tra loro. Ma ciò non può essere [323], perchè uno è una parte dell'altro. Conchiudiamo che è appunto $BC \equiv EF$.

350. Teor. *Sottraendo da poligoni equivalenti poligoni equivalenti, si ottengono resti equivalenti.*

Dim. Siano M, N, P, Q quattro poligoni. Sia $M = N$ e $P = Q$; sia $M > P$, e quindi anche $N > Q$. Chiamiamo R la parte del poligono M, che rimane se si toglie quella sua parte che è equivalente a P [344]; e chiamiamo S la parte del poligono N, che rimane se si toglie quella sua parte che è equivalente a Q.

Si tratta di provare che i poligoni R ed S sono equivalenti (*).

Trasformiamo i poligoni P, Q, R, S in quattro triangoli P', Q', R'', S'' d'uguale altezza. Si prolunghino le basi BC, EF, dei triangoli P', Q', di segmenti CH, FK eguali alle basi dei triangoli R'', S'', e si tirino AH e DK. I nuovi triangoli R', S', perchè equivalenti [322] rispettivamente ai triangoli R'', S'', sono [315] equivalenti anche ai poligoni R ed S.

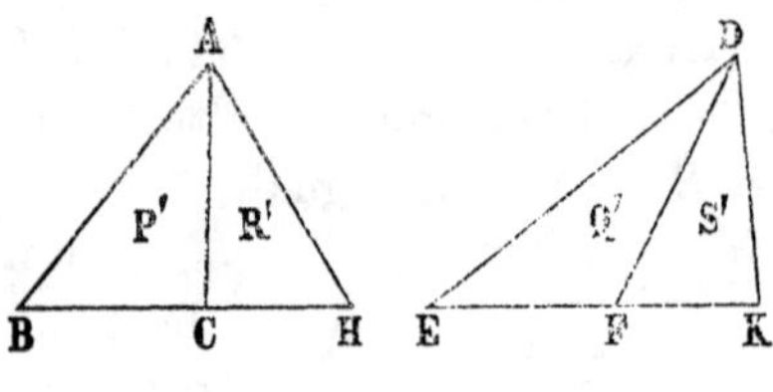

Ora, essendo $P = Q$, egli è [315] anche $P' = Q'$. E poichè questi due triangoli equivalenti hanno eguale altezza, egli è [349] $BC \equiv EF$.

Così, perchè i triangoli ABH, DEK sono equivalenti [317] rispettivamente ai poligoni equivalenti M, N, anch'essi sono equivalenti tra loro. Ma hanno eguale altezza; quindi è $BH \equiv EK$.

Ed ora, essendo $BH \equiv EK$ e $BC \equiv EF$, egli è $CH \equiv FK$. Per conseguenza [322] i triangoli R', S' sono equivalenti, epperò [315] sono equivalenti anche i poligoni R ed S, come d. d.

Superficie multiple e summultiple.

351. Def. *Una superficie* A *si dice multipla, secondo il numero intero* m, *di un' altra* B, *e questa si*

(*) R ed S potrebbero essere, uno od entrambi, l'insieme di poligoni separati. Questa circostanza non altera la dimostrazione. [339, 338].

dice summultipla della A *secondo il numero* m, *se la superficie* A *è la somma di* m *superficie equivalenti alla* B.

Una superficie è multipla e summultipla di se stessa secondo il numero *uno*.

352. Teor. *Se due superficie sono equivalenti, tali sono due loro equimultipli qualisivogliano.*

Dim. Sappiamo infatti che, sommando a superficie equivalenti superficie equivalenti, si ottengono risultati equivalenti. [317].

353. Teor. *Se due poligoni non sono equivalenti, e si fanno due loro equimultipli qualisivogliano, il multiplo del maggiore è maggiore del multiplo del minore.*

Dim. Se due poligoni non sono equivalenti, uno dei due è maggiore dell'altro [347]. Sia $A > B$. Facciamo dei due poligoni due loro equimultipli secondo il numero m. Dico essere:

$$mA > mB.$$

Infatti, per l'ipotesi [344], in ciascuna delle m parti che compongono il poligono mA c'è una parte equivalente ad una delle m parti che compongono il poligono mB. Il poligono mB è dunque equivalente ad una parte del poligono mA, come d. d. [344].

354. Cor. 1°. *Due poligoni, equisummultipli di due poligoni equivalenti, sono equivalenti.*

Infatti, se i due summultipli non fossero equivalenti [347], non sarebbero equivalenti [353] neanche i poligoni dati.

355. Cor. 2°. *Se due poligoni sono equisummultipli di due poligoni non equivalenti, il summultiplo del minore è minore del summultiplo del maggiore.*

Infatti, se esso fosse equivalente o maggiore [346], il primo poligono sarebbe equivalente o maggiore dell'altro [352, 353], contro l'ipotesi.

356. Oss. Per trovare un summultiplo secondo un numero dato n di un poligono dato, basta trasformare il poligono in un triangolo, dividere un lato del triangolo in n parti uguali, e unire i punti di divisione col vertice opposto. Così il triangolo vien diviso in n parti equivalenti [322]. Una di queste è un summultiplo secondo il numero n del triangolo, e quindi anche del poligono dato. [313].

Esercizî.

Avvertenza. Gli esercizî dal 501 al 548 si dimostreranno senza far uso del teorema del § 350.

501. Dimostrare il teorema del § 319 riducendo il caso generale al primo caso, e questo movendo sulla sua retta una di quelle basi dei rombi dati, che è opposta alla base comune. [315].

502. Rendere manifesta l'equivalenza [312] delle parti in cui un triangolo è diviso da una sua mediana. (Per il punto di mezzo del lato dimezzato si tirino due parallele agli altri due lati).

503. Dimostrare, fondandosi sul precedente esercizio, che un triangolo è equivalente ad un rettangolo d'egual base e di metà altezza. (Per il caso che il piede dell'altezza sia sul prolungamento della base, ci si riconduce ad uno degli altri due casi mediante l'esercizio precedente. [315]).

504. Dimostrare il terzo caso dell' esercizio precedente, movendo il vertice del triangolo, invece della base; e ciascuna volta d'un segmento uguale alla base.

506. Si dimostri il teorema 329 indipendentemente da ogni teorema del capitolo, nell'ipotesi però che i due segmenti DE, EB siano multipli d'uno stesso terzo segmento.

507. Dimostrare che in un triangolo rettangolo il quadrato dell' altezza relativa all' ipotenusa è equivalente al rettangolo delle proiezioni dei cateti sull'ipotenusa. [329].

508. Dimostrare che un trapezio è equivalente ad un triangolo che ha la base uguale alla somma delle basi del trapezio e la stessa altezza del trapezio.

509. Se sui lati di un triangolo si costruiscono tre quadrati, e si uniscono le estremità dei lati dei quadrati uscenti da uno stesso vertice del triangolo dato, si formano tre triangoli equivalenti al triangolo dato.

510. Se per i vertici di un quadrangolo si tirano delle parallele alle diagonali, si ottiene un rombo, che è doppio del quadrangolo dato.

511. Se due quadrangoli hanno diagonali rispettivamente uguali ed egualmente inclinate, essi sono equivalenti. [**510**, 269].

512. Se un punto, preso nell'interno di un rombo, viene unito coi vertici, il rombo resta diviso in quattro triangoli tali che la somma di due opposti è equivalente alla somma degli altri due.

513. Unendo le estremità di uno dei lati concorrenti di un trapezio col punto di mezzo del lato opposto, si ottiene un triangolo, che è equivalente alla metà del trapezio. (Si tiri una parallela....).

514. Qualunque retta, che passi per il punto di mezzo del segmento che unisce i punti di mezzo dei lati paralleli di un trapezio, e tagli i lati paralleli, divide il trapezio in due parti equivalenti.

515. Se le diagonali di un quadrangolo si tagliano ad angoli retti, la somma dei quadrati di due lati opposti è equivalente alla somma dei quadrati degli altri due. [331].

516. Il rettangolo dei cateti d'un triangolo rettangolo è equivalente al rettangolo dell'ipotenusa e dell'altezza calata sull'ipotenusa.

517. Dimostrare il teorema di PITAGORA confrontando il rettangolo BN ed il quadrato LA (ci si riferisce alla figura della pagina 195) coi triangoli LBC, ABD.

518. Se si unisce il vertice di un angolo acuto di un triangolo rettangolo con un punto del cateto opposto, la somma dei quadrati del segmento tirato e del cateto è equivalente alla somma dei quadrati dell'ipotenusa e del segmento del cateto che è dalla parte dell'angolo retto.

519. Il quadrato dell'altezza di un triangolo equilatero è triplo del quadrato della metà del lato. [331].

520. In un triangolo rettangolo il quadrato della mediana, tirata ad un cateto, e il triplo del quadrato della metà del cateto stesso fanno una somma equivalente al quadrato dell' ipotenusa.

521. Due triangoli ABC, DEF, rettangoli in B ed in E, hanno eguali anche gli angoli in A e in D. Dimostrare, mediante il teorema 329, che il rettangolo dei lati AB, EF è equivalente al rettangolo dei lati BC, DE.

522. Se da una estremità della base di un triangolo isoscele si cala la perpendicolare sul lato opposto, il doppio rettangolo, contenuto da questo lato e dal segmento adiacente alla base, è equivalente al quadrato della base.

523. Trovare la somma di più quadrati dati.

524. Trasformare un triangolo dato in un triangolo isoscele di data base, o in un triangolo rettangolo di data base.

525. Trasformare un triangolo in un triangolo isoscele, nel quale il lato sia eguale ad un segmento dato. (Prima si trasformerà il triangolo in un altro, il quale abbia un lato eguale al dato segmento).

526. Trasformare un triangolo in uno isoscele di data altezza.

527. Trasformare un triangolo in una losanga, nella quale uno dei lati sia uno dei lati del triangolo.

528. Trasformare un triangolo in un altro, che abbia un lato sopra una retta data, e un vertice in un vertice del triangolo dato.

529. Costruire un triangolo, che sia equivalente a un triangolo dato e i cui vertici cadano rispettivamente su tre rette date.

530. Dimezzare un rombo con una retta parallela a una retta data.

531. Trasformare un rombo in un altro nel quale un lato sia eguale a un segmento dato. (Si osservi la figura del § 329, e si supponga che AE sia il rombo dato, ed EH il dato segmento).

532. Prolungare un segmento dato di tanto che il rettangolo contenuto dal segmento prolungato e dal segmento dato sia equivalente a un quadrato dato. [**531**].

533. Dividere un triangolo in due parti equivalenti con una retta tirata da un punto dato sopra un lato. (Si unisce il punto col vertice opposto, e si tira da questo vertice la mediana, ecc.).

534. Dividere un triangolo in tre parti equivalenti con rette uscenti da un punto dato sopra un lato. (Si comincia dividendo questo lato in tre parti eguali).

535. Dividere un triangolo in tre parti equivalenti e ciò con segmenti tirati al contorno del triangolo da un punto dato nell'interno del triangolo. (Si comincia trasformando il triangolo in uno, che abbia un vertice nel punto dato, e un lato sopra uno dei lati del triangolo dato).

536. Dividere un segmento in tre parti in modo che le due estreme siano eguali e la somma dei loro quadràti sia equivalente al quadrato della media. (Si comincia costruendo due angoli coi vertici nelle estremità del segmento, e che siano ciascuno un quarto di un retto).

537. In un rettangolo $ABCD$ si tiri AE ad un punto E di CD, e poi BF perpendicolare ad AE. Si provi che il rettangolo dato è equivalente al rettangolo dei segmenti AE, BF. (Si tiri per E un segmento EH perpendicolare ad AE ed uguale a BF. Facilmente si prova che il triangolo AEB è equivalente al triangolo AEH).

538. Se sopra due lati AB, AC di un triangolo qualunque si costruiscono due rombi ad arbitrio, e poi si prolungano quei lati dei rombi che sono opposti rispettivamente ad AB, AC, fino a che s'incontrino in D, la somma dei due rombi è equivalente a un rombo un cui lato sia BC, e un altro lato sia eguale e parallelo ad AD. (Teorema di Pappo).

539. Se un segmento è diviso in parti eguali ed in parti disuguali, il rettangolo delle parti disuguali e il quadrato del segmento, che ha i termini nei punti di divisione, danno una somma equivalente al quadrato della metà del segmento dato.

540. Se un segmento è diviso in parti eguali e in parti disuguali, la somma dei quadrati delle parti disuguali è doppia della somma dei quadrati costruiti, uno sulla metà del segmento dato, l'altro sul segmento che ha i termini nei punti di divisione. (Costruiti i quadrati delle parti disuguali, si dimezzi la differenza dei lati, e si osservi che la semidifferenza è appunto uguale al segmento, che ha i termini nei punti di divisione. Per il punto di mezzo della semidifferenza si tiri la parallela al segmento dato, e per il punto di mezzo dello stesso la perpendicolare ad esso, ecc.).

541. Se una corda PAQ taglia un diametro di un cerchio in un punto A, e forma con questo un angolo semiretto, la somma dei quadrati dei segmenti PA, AQ è equivalente al doppio del quadrato del raggio. [187, **540**].

542. Se due corde di un cerchio si tagliano ad angolo retto, la somma dei quadrati dei quattro segmenti, in cui sono divise, è equivalente al quadrato del diametro. [187, **540**].

543. La somma dei quadrati di due corde, che si tagliano ad angolo retto, aumentata del quadruplo del quadrato della distanza fra il centro e il punto d'intersezione delle due corde, è equivalente ad otto volte il quadrato del raggio. [334, **540**, **539**].

544. Se un angolo di un triangolo è quattro terzi di un retto, il quadrato del lato opposto è equivalente alla somma dei quadrati degli altri due lati, aumentata del rettangolo dei lati stessi. [333].

545. Se si tira una tangente a un cerchio, la parte di questa, compresa tra due tangenti condotte al cerchio per le estremità di un diametro qualsivoglia, è divisa dal punto di contatto in modo che il rettangolo dei due segmenti è equivalente al quadrato del raggio. [**507**].

546. Per E, punto di mezzo della diagonale BD di un quadrangolo $ABCD$, si conduca FEH parallela ad AC. Mostrare che FC divide il quadrangolo in due parti equivalenti.

547. $ABCD$ è un rettangolo, E un punto qualunque in BC, ed F in DC. Dimostrare che il rettangolo dato è equivalente alla somma di due volte il triangolo AEF, e del rettangolo dei segmenti BE, DF. (Per E si conduca la parallela ad AB, e siano H e K i punti dove incontra AD, AF. Per K si tiri la parallela ad AD, e siano M ed N i punti dove incontra i lati AB, DC; infine si tiri per F la FL parallela a DA fino ad incontrare AB in L. Facilmente si prova che MC è doppio di AEF. Poi [329] $HL \equiv AN$, ecc.).

548. In ogni triangolo la somma dei quadrati delle distanze del centro del cerchio iscritto dai vertici è equivalente alla somma dei quadrati dei lati, più il triplo del quadrato del semiperimetro. (Si badi che ciascun vertice dista egualmente da due punti di contatto).

549. Un quadrangolo viene diviso in quattro parti equivalenti dai segmenti, che uniscono i punti medî dei lati col punto d'incontro delle parallele condotte a ciascuna diagonale per il punto medio dell'altra. (Unendo il punto medio di un lato con quello di mezzo di una diagonale, si ottiene un triangolo che è la quarta parte di uno di quelli, in cui il quadrangolo è tagliato dalla diagonale stessa. [322].

550. Se due triangoli hanno basi ed altezze rispettivamente uguali, e si tirano due corde parallele alle basi ed egualmente distanti dalle basi stesse, le due corde sono eguali. (Indirettamente).

551. Di tutti i triangoli, che hanno due lati rispettivamente uguali, quello, in cui l'angolo compreso è retto, ha la massima superficie.

552. Le mediane di un triangolo dividono il triangolo in sei parti equivalenti.

553. Dei quattro triangoli, in cui un trapezio resta tagliato delle due diagonali, i due, che hanno per lati i lati non paralleli, sono equivalenti.

554. In un triangolo ogni corda parallela ad un lato è dimezzata dalla corrispondente mediana. (Indirettamente).

555. Secondo che il quadrato del lato di un triangolo è maggiore, equivalente o minore della somma dei quadrati degli altri due lati, l'angolo opposto al primo lato è ottuso, retto, od acuto. (Indirettamente).

556. Se il quadrato di una altezza di un triangolo è equivalente al rettangolo dei segmenti in cui il piede dell'altezza taglia il lato su cui è calata, il triangolo è rettangolo.

557. Se sopra un segmento diviso in sezione aurea si costruisce un triangolo rettangolo in modo che il punto di divisione sia il piede della perpendicolare calata sull'ipotenusa, uno dei cateti è uguale al segmento aureo.

558. Se da un punto qualunque si calano le perpendicolari sui lati di un poligono, la somma dei quadrati dei segmenti non consecutivi dei lati è equivalente alla somma dei quadrati degli altri segmenti. (Quando un punto di divisione è sul prolungamento di un lato, per segmenti del lato s'intendono le distanze comprese fra i termini del lato e il punto di divisione).

559. In un triangolo isoscele ABC, se si congiunge il vertice A con un punto D della base, la differenza dei quadrati di AB, AD è equivalente al rettangolo di BD, DC. [336].

560. Se il vertice dell' angolo retto di un triangolo rettangolo si unisce coi vertici opposti del quadrato descritto sull' ipotenusa, la differenza dei quadrati dei due segmenti è equivalente alla differenza dei quadrati dei cateti.

561. Dati due quadrati, costruirne uno che sia equivalente alla lora semisomma.

562. Costruire un quadrato, che sia la *n.esima* parte di un quadrato dato.

563. Dividere un segmento in due parti, tali che il rettangolo di queste sia equivalente a un quadrato dato. Come si dovrebbe dividere il segmento, se si volesse che il rettangolo fosse il più grande possibile? [**507**].

564. Trasformare un triangolo dato in un triangolo isoscele e rettangolo. [340].

565. Per un punto, dato nell' interno di un angolo, tirare una corda in modo che il triangolo risultante abbia la più piccola superficie possibile. (Bisogna tirare la corda, che è bisecata dal punto dato).

566. Dimostrare che fra i triangoli, che si possono costruire sulla stessa base, e nei quali la somma degli altri due lati è uguale a un segmento dato, l' isoscele ha la massima superficie. (Costruito l' isoscele, e tirata per il vertice la parallela alla base, si osserverà [**64**] che qualsivoglia altro triangolo, il quale, avendo la base stessa, avesse il vertice sulla parallela, avrebbe maggior perimetro dell' isoscele.

567. La differenza di due quadrati è equivalente al rettangolo contenuto dalla somma e dalla differenza dei lati dei quadrati dati. (Si ponga il quadrato minore sul maggiore e in modo che i due quadrati abbiano un angolo comune).

568. Dimostrare che la somma di due quadrati non è mai minore del doppio rettangolo dei lati dei quadrati. (Si potrà dare ai quadrati la stessa disposizione che nell' esercizio precedente. Così si trova anche l' eccesso, quando uno ce ne sia).

569. Se due cerchi eguali si toccano esternamente in A, e si conducono per i centri O, O', e da una stessa banda della OO', due raggi OB, $O'B'$ paralleli, e preso BB' come diametro, si descrive mezzo cerchio esternamente ai cerchi dati, la superficie (*drepanoide*), compresa dal detto mezzo cerchio e dagli archi BA, AB', è equivalente al rombo $OO'B'B$.

570. Se due corde di un cerchio si tagliano, il rettangolo contenuto dalle parti dell'una è equivalente al rettangolo contenuto dalle parti dell'altra. [187, **539**].

571. Se due triangoli hanno gli angoli rispettivamente uguali, e sono a, b due lati del primo triangolo, ed a' e b' i corrispondenti (opposti cioè ad angoli rispettivamente uguali) nell'altro triangolo, il rettangolo dei segmenti a e b' è equivalente al rettangolo dei segmenti a', b. (Si dispongano i triangoli in modo che gli angoli compresi dai lati considerati siano opposti al vertice, e i lati a e b' siano per diritto. Gli altri quattro vertici sono [301] sopra uno stesso cerchio. [**570**]).

572. Se da un punto esterno ad un cerchio si conducono a questo due secanti, il rettangolo di una secante e della sua parte esterna è equivalente al rettangolo dell'altra secante e della sua parte esterna. (Si tireranno due corde... 295, **571**]).

573. Se da un punto esterno ad un cerchio si tira a questo una tangente e una secante, il quadrato della tangente è equivalente al rettangolo dell'intera secante e della sua parte esterna. (Si unisca il punto di contatto coi punti dove la secante incontra il cerchio. [295, **571**]).

574. Se l'angolo al vertice di un triangolo isoscele è un quinto di due retti, la base del triangolo è uguale al segmento aureo del lato. (Si dimezzi uno degli angoli alla base. [**571**]).

575. La parte minore di un segmento diviso in sezione aurea è uguale alla parte aurea del segmento maggiore. [**574**].

576. Costruire un segmento, data la sua parte aurea [**574**, **575**], oppure data la parte minore.

577. Se più triangoli equivalenti hanno un angolo eguale, il rettangolo dei lati, che contengono l'angolo eguale, è costante. (Si dispongano due triangoli, in modo che gli angoli eguali siano opposti al vertice. Se AB e CD sono i lati opposti, AC e BD sono [317] parallele. [**571**]).

578. Sul lato AB di un quadrato $ABCD$, preso come diametro, e fuori del quadrato, si descriva mezzo cerchio. Si unisca un punto E qualunque del mezzo cerchio con C e con D. I segmenti EC, ED tagliano AB in due punti F, H in modo che il quadrato di FH è equivalente al rettangolo di AF ed HB. (Teorema di Fermat). (Per F e per H si tirino due perpendicolari ad AB fino ad incontrare in M ed in N i segmenti EA, EB. Considerando prima i triangoli EAD, EMF, poi i due EDC, EFH, si prova [**571**] essere $MF \equiv FH$. Similmente si prova essere $NH \equiv FH$. Infine bisogna considerare [**571**] i triangoli AFM, NHB).

579. Ricavare dal precedente esercizio un altro modo per dividere un segmento in sezione aurea. (Sia AB il doppio del segmento dato, e si tiri DE così che passi per il centro del cerchio).

580. Iscrivere un quadrato in un triangolo dato. (Sopra un lato ed esternamente si costruisca un quadrato, ecc. La dimostrazione è analoga a quella dell'esercizio 578).

581. In un triangolo qualunque ogni corda parallela ad un lato è dimezzata dalla mediana corrispondente al lato stesso. [**571**].

582. Dividere un segmento dato in due parti, in modo che la somma dei loro quadrati sia la più piccola possibile. (Applicazione dell'esercizio 540).

583. In un triangolo qualunque la somma dei quadrati di due lati è doppia della somma del quadrato della metà del terzo lato e del quadrato della mediana tirata a questo lato. (La mediana fa con la base un angolo acuto ed uno ottuso. Si applichino i due teoremi 333, 336, e poi si sommi. Per il caso in cui l'altezza cade fra i termini del lato, è più spedito ricorrere all'esercizio 540, ed aggiungere il doppio del quadrato dell'altezza).

584. La somma dei quadrati dei lati di un rombo è equivalente alla somma dei quadrati delle diagonali. [**583**].

585. Se sopra un diametro di un cerchio si prendono due punti egualmente distanti dal centro, la somma dei quadrati delle loro distanze da un punto qualunque del cerchio è costante. [**583**].

586. Trovare il luogo dei punti per i quali la somma dei quadrati dei segmenti, tirati da essi a due punti dati, è equivalente ad un quadrato dato. [**584**, **585**].

587. Costruire un triangolo, dato un lato, l'altezza corrispondente, e la somma dei quadrati degli altri lati. [**586**].

588. La somma dei quadrati dei segmenti, che uniscono un punto, preso nell'interno di un quadrato, coi vertici del quadrato stesso, è doppia della somma dei quadrati delle distanze del medesimo punto dai lati del quadrato. (Si unirà il punto coi punti medî di due lati opposti. [**583, 540**]).

589. Se un punto, preso comunque nell'interno di un rettangolo, si unisce co' vertici, la somma dei quadrati dei segmenti, tirati a due vertici opposti, è equivalente alla somma dei quadrati degli altri due. (Si unirà il punto con quello d'incontro delle diagonali. [**583**]).

590. La somma dei quadrati dei lati di un triangolo è tripla della somma dei quadrati dei segmenti, che uniscono i vertici col punto di concorso delle mediane. [**583**].

591. La somma dei quadrati delle diagonali di un quadrangolo è doppia della somma dei quadrati dei due segmenti, che uniscono i punti di mezzo di due lati opposti. (Questi due segmenti sono le diagonali di un rombo, ecc. [**584**]).

592. Se i termini di una corda di un cerchio si uniscono con un punto qualunque del diametro parallelo alla corda, la somma dei quadrati delle due congiungenti è equivalente alla somma dei quadrati dei segmenti del diametro. (Si unisca il punto del diametro col punto di mezzo della corda. [**583, 540**]).

593. La somma dei quadrati dei lati di un quadrangolo è equivalente alla somma dei quadrati delle diagonali, aumentata di quattro volte il quadrato del segmento che unisce i punti di mezzo delle diagonali. (Si uniscano due vertici opposti col punto di mezzo della diagonale degli altri due. [**584**]).

594. La somma delle distanze dai lati di un poligono equilatero di un punto, preso nell'interno del poligono, è costante. (Unito il punto coi vertici, si sommino i triangoli. Poichè essi hanno egual base, la somma è equivalente ad un triangolo, ecc.).

595. Se O è un punto qualunque della diagonale BD di un rombo $ABCD$, o del prolungamento di essa, la differenza o la somma dei triangoli ABO, ADO è equivalente al triangolo ACO.

596. Se si uniscono i vertici dei quadrati costruiti sui lati di un triangolo rettangolo, si ottiene un esagono tale che la somma dei quadrati dei lati è equivalente ad otto volte il quadrato dell'ipotenusa. [333].

597. Qualsivoglia rettangolo è equivalente alla metà del rettangolo delle diagonali dei quadrati de' suoi lati.

598. Dimostrare, per il caso che uno degli angoli acuti di un triangolo rettangolo sia un terzo di retto, che, se sui lati del triangolo si costruiscono tre triangoli equilateri, il triangolo dell'ipotenusa è equivalente alla somma dei quadrati dei cateti.

599. Luogo dei vertici dei triangoli costruiti sopra la stessa base e nei quali la differenza tra i quadrati degli altri due è equivalente a un rettangolo dato. Si faccia un'applicazione risolvendo il problema di costruire un triangolo, dato un angolo, il lato opposto, e la differenza dei quadrati degli altri due lati.

600. Nell'interno di un triangolo è segnato un altro triangolo. Dimezzare, mediante due segmenti, la superficie compresa tra i contorni dei due triangoli, essendo già tirato uno dei due segmenti che risolvono il problema.

CAPITOLO IX

POLIGONI REGOLARI

357. Nel presente capitolo si tratta della costruzione di quei poligoni regolari, ne' quali il numero dei lati è uno di seguenti: 3, 4, 5, 15, oppure un numero che da uno di questi si possa dedurre moltiplicando replicatamente per 2.

Vedremo che il problema di costruire un poligono regolare si riduce a quello di dividere un cerchio qualunque in tante parti eguali, quanti devono essere i lati del poligono.

358. Def. Una spezzata si dice *iscritta* in un arco, se ha i suoi vertici sull'arco e le estremità nelle estremità dell'arco. E l'arco si dice *circoscritto* alla spezzata.

Una spezzata si dice *circoscritta* a un arco, se ha i lati tangenti all'arco e le estremità sui prolungamenti dei raggi che vanno alle estremità dell' arco. E l'arco si dice *iscritto* nella spezzata.

Le due definizioni precedenti comprendono come caso particolare quello in cui le estremità della spezzata coincidono; nel qual caso la spezzata è un poligono e l'arco è il cerchio intero.

Per analogia comprenderemo la corda di un arco tra le spezzate iscritte, e tra le spezzate circoscritte comprenderemo quel segmento di una tangente all'arco che ha le estremità sui prolungamenti dei raggi tirati alle estremità dell'arco.

359. Teor. *Se più archi consecutivi di uno stesso*

cerchio sono eguali, la spezzata iscritta, che ha per lati le corde di questi archi, è regolare; e la spezzata circoscritta, che ha per vertici i punti d'incontro delle tangenti nelle estremità di questi archi, è regolare.

Dim. In un cerchio qualunque siano più archi consecutivi eguali AB, BC, CD....

Dico che la spezzata iscritta $ABCD$... è regolare; e che le tangenti condotte per A, B, C, D..., incontrandosi (*) nei punti H, K, M, N..., formano la spezzata circoscritta $HKMN$.... anch'essa regolare.

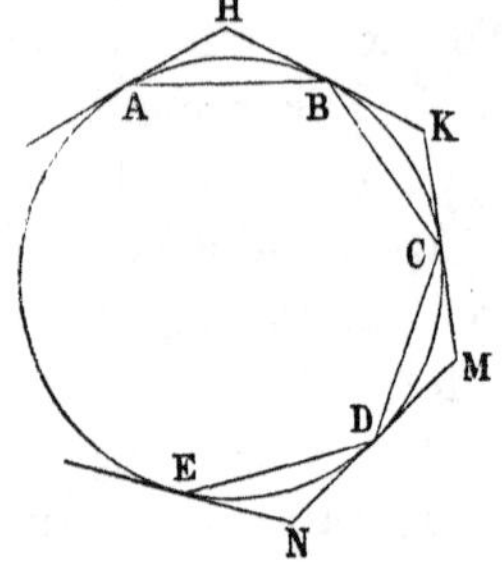

Intanto, poichè archi eguali sottendono corde eguali [220], i lati AB, BC, CD... della spezzata iscritta sono eguali.

E perchè gli angoli HAB, ABH, KBC, BCK..., come iscritti [293] in archi eguali, sono eguali [295], sono eguali gli angoli CBA, DCB, EDC..., dacchè ciascuno forma due retti preso insieme con due degli angoli considerati. Così è provato che la spezzata iscritta è regolare.

Ed ora, se consideriamo i triangoli ABH, BCK, CDM..., troviamo che hanno i lati AB, BC, CD... e gli angoli adiacenti rispettivamente uguali. Perciò [154] anche gli angoli in H, K, M... sono eguali; e sono tutti eguali tra loro i lati AH, HB, BK, KC..., perchè due qualunque di essi, che appartengano ad uno stesso triangolo, sono eguali, come opposti ad an-

(*) Poichè ciascun arco è minore di mezzo cerchio, i raggi tirati alle estremità dell'arco non sono per diritto, epperò le tangenti all'arco nelle estremità si incontrano. [256].

goli eguali [141]. Quindi infine possiamo conchiudere che i lati HK, KM, MN... della spezzata circoscritta sono eguali; e così anche questa spezzata è regolare.

360. Teor. *Ad una spezzata (o poligono) regolare si può circoscrivere ed iscrivere un cerchio.*

Dim. Sia una spezzata regolare $ABCDE$... Dico che si può descrivere un cerchio che passi per tutti i vertici e per le estremità della spezzata; ed un cerchio che tocchi tutti i lati.

Presi tre vertici consecutivi qualunque, ad es. i tre B, C, D, si determini [289] il centro del cerchio che passa per essi; sia O questo centro, dimodochè i segmenti OB, OC, OD sono eguali. Si tiri OE.

Anzitutto, essendo $B(C)D \equiv C(D)E$, per dato, ed $O(C)D \equiv C(D)O$, perchè nel triangolo OCD è $OD \equiv OC$ [137], egli è anche $B(C)O \equiv O(D)E$. Se confrontiamo i triangoli OCB, OCD, troviamo che hanno OC comune; $OB \equiv OD$; e $BC \equiv CD$ per dato. Per conseguenza [161] egli è $B(C)O \equiv O(C)D$. Ma abbiamo veduto che a questi angoli sono rispettivamente uguali gli angoli ODC, CDO; quindi anche questi due angoli sono eguali tra loro. Ora, se confrontiamo i triangoli ODC, ODE, troviamo che hanno OD comune, $DC \equiv DE$ per ipotesi, ed eguali gli angoli CDO, ODE; per conseguenza [149] è $OC \equiv OE$; epperò il cerchio, che passa per B, C e D, passa anche per E.

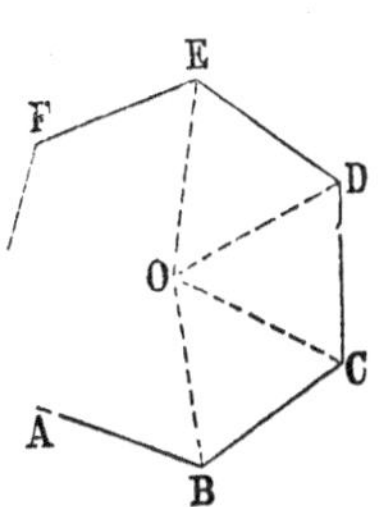

Così, avendo provato che il cerchio, che passa per tre vertici successivi, passa anche per il prossimo susseguente, si è provato che uno stesso cerchio passa per tutti i vertici e per le estremità della spezzata.

E perchè, in un cerchio, corde uguali sono equidistanti dal centro, le perpendicolari calate dal punto O sui lati della spezzata sono tutte uguali ed il cerchio di centro O, e raggio eguale ad una delle perpendicolari, tocca [207] tutti i lati della spezzata, cioè è iscritto in essa.

361. Def. Se una spezzata (o poligono) è iscritta in un cerchio, il raggio di questo si dice *raggio della spezzata* (o *del poligono*).

Se una spezzata (o poligono) è circoscritta ad un cerchio, il raggio di questo si dice *apotema della spezzata* (o *del poligono*).

Ogni spezzata (o poligono) regolare ha un raggio e un apotema. [360, 190].

362. Probl. *Dividere un cerchio dato in quattro parti eguali.*

Risol. Si tirino due diametri perpendicolari tra loro, e il cerchio resterà diviso in quattro parti eguali.

Dim. Infatti i due diametri formano nel centro quattro angoli eguali, e si sa [196] che angoli al centro eguali comprendono archi eguali.

363. Probl. *Dividere un cerchio dato in sei parti eguali.*

Risol. (Analisi). Si supponga risoluto il problema, e che A, B, C, D, E, F, siano i punti di divisione. Si uniscano questi punti col centro, e poi ciascuno col susseguente.

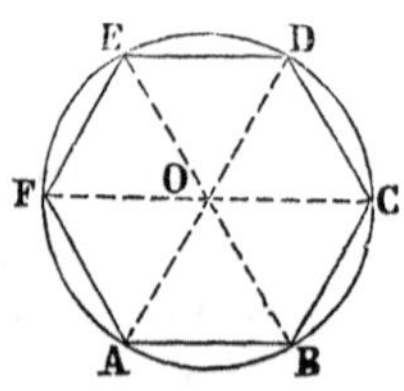

Intanto, perchè i sei angoli al centro sono eguali [200], ciascuno di essi è un sesto di quattro retti, epperò anche un terzo di due retti. Se ora consideriamo uno qualunque dei triangoli, ad es. il triangolo OAB, troviamo che, poichè l'angolo in O è un terzo di due retti, e gli altri due angoli sono eguali [108], anche ciascuno di questi è un terzo di due retti [208]. Essendo eguali i tre angoli, il triangolo è [141] equilatero, e quindi è $AB \equiv OA$. In questa maniera si è scoperto che la corda, che è sottesa da una sesta parte di un cerchio qualunque, è uguale al raggio del cerchio stesso; e così [219] si ha un modo facile per dividere un cerchio in sei parti eguali.

264. Cor. *Il lato di un esagono regolare iscritto in un cerchio è uguale al raggio del cerchio.*

365. Oss. Dovendo dividere un cerchio in tre parti eguali, si divide il cerchio in sei parti, per la facilità con cui si può fare questa divisione. Prescindendo poi da tre punti di divisione, si ha il cerchio diviso in tre parti eguali.

366. Probl. *Dividere un cerchio dato in dieci parti eguali.*

Risol. (Analisi). Sia da dividere in dieci parti uguali un cerchio qualunque di centro O. Supponiamo che l'arco AB sia una decima parte del cerchio. Allora l'angolo AOB è un decimo di quattro retti [200], epperò anche un quinto di due retti. Conseguentemente la somma dei due angoli BAO, OBA è uguale [258] a quattro quinti di due retti; epperò ciascuno di essi, perchè sono eguali [108], equivale a due quinti di due retti. Quindi, se dimezziamo con AC l'angolo BAO, egli è

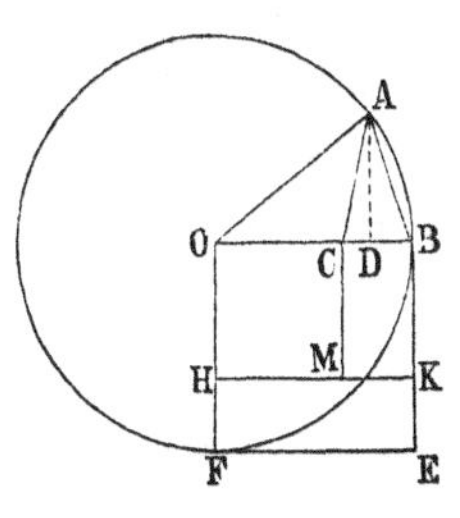

$C(A)O \equiv A(O)C$, e per conseguenza [141] è $OC \equiv CA$. E perchè l'angolo ACB è uguale [257] alla somma degli angoli AOC, CAO esso equivale a due quinti di due retti; esso è quindi uguale a $C(B)A$, e per conseguenza è [141] $AB \equiv AC$, epperò anche $AB \equiv OC$.

Caliamo da A la AD perpendicolare su CB. Il piede D dimezza CB.

Dal triangolo OCA, ottusangolo [138] in C, abbiamo [333] (*):

$(OA)^2 = (OC)^2 + (CA)^2 + 2\,OC \cdot CD$, ossia:

$$(OB)^2 = (OC)^2 + (OC)^2 + OC \cdot CB.$$

Se costruiamo su OB il quadrato OE, e fatto $OH \equiv OC$, tiriamo HK parallela ad OB, e CM parallela ad OF, in base all'ultima relazione possiamo scrivere: $OE = OM + OM + CK$, donde risulta [350] che il quadrato OM è equivalente al rettangolo HE, cioè al rettangolo dei segmenti OB, BC. Il raggio OC è dunque diviso in C, in sezione aurea [342], e così possiamo conchiudere che la corda della decima parte di un cerchio è uguale alla parte aurea del raggio.

(Sintesi). Infatti, se OC è la parte aurea del raggio, e su CB si costruisce un triangolo isoscele, i cui lati eguali siano eguali ad OC, il segmento OA riesce uguale [343] ad OB, dimodochè il vertice A cade sul cerchio; e l'angolo AOB è una quinta parte di due retti, donde segue essere l'arco AB appunto una decima parte del cerchio. [196].

(*) Con la notazione $(AB)^2$ rappresenteremo il quadrato del segmento AB; e rappresenteremo il rettangolo dei segmenti AB, CD con la notazione $AB \cdot CD$.

367. Cor. *Il lato del decagono regolare iscritto in un cerchio è uguale alla parte aurea del raggio.*

368. Volendo dividere un cerchio in cinque parti uguali, si trova [367] la decima parte del cerchio, se ne fa poi il doppio [219], e così si ottiene una quinta parte del cerchio.

369. Probl. *Dividere un cerchio dato in quindici parti eguali.*

Risol. Si tiri nel cerchio dato una corda AB, che sia eguale al raggio del cerchio, e poi un' altra corda AC, che sia uguale alla parte aurea del raggio. L'arco CB è una quindicesima parte del cerchio.

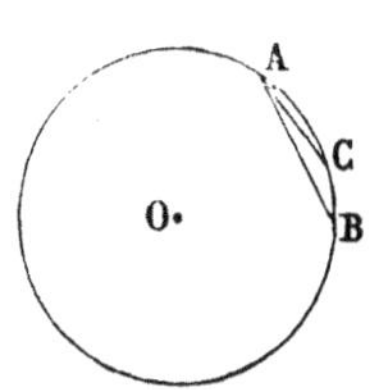

Dim. Infatti, poichè l'arco AB è [364] una sesta parte del cerchio, cioè cinque trentesime parti, e l'arco AC è un decimo [367], cioè tre trentesime parti del cerchio, l'arco CB vale due trentesime parti, cioè un quindicesimo del cerchio, c. d. d.

370. Poichè si sa dimezzare un arco [198], se un cerchio è diviso in n parti eguali, si può dividerlo facilmente in $2\,n$ parti, e quindi in generale in qualunque numero che si possa mettere sotto la forma $n \cdot 2^m$, dove m rappresenta un numero intero qualunque.

CAPITOLO X

TEORIA DELLE PROPORZIONI

Preliminari.

371. Il presente capitolo è composto di proposizioni, ognuna delle quali ha luogo per ciascuna delle specie di grandezze geometriche, che abbiamo considerate finora; si tratti di segmenti o di angoli, o di archi d'uno stesso cerchio, oppure di poligoni. Perciò negli enunciati e nelle dimostrazioni dei teoremi, invece di considerare grandezze di una determinata specie, parleremo semplicemente di *grandezze,* senz' altro.

Avvertiamo che la parola *eguale,* quando si intenda parlare di poligoni, viene usata in luogo della parola *equivalente* (*).

Tutte le proposizioni di questo capitolo si devono considerare quali lemmi, premessi all'intento di non esser costretti nel seguito a frequenti digressioni e ripetizioni (**).

Grandezze multiple e summultiple.

372. Se di due grandezze omogenee A e B l'una si può considerare come somma di m grandezze uguali

(*) Le proprietà delle grandezze, che si considerano nel presente capitolo, riguardano l'estensione delle grandezze geometriche, non la loro forma.

(**) Le proposizioni del presente capitolo non sembrerebbero, a primo aspetto, far corpo con le rimanenti del libro; perciò abbiamo creduta opportuna una giustificazione.

all'altra, si dirà che essa è *multipla* di questa secondo il numero m, e che questa è *summultipla* o *parte aliquota* od anche *misura* della prima secondo quel numero.

Tra i multipli di una grandezza ed anche tra i summultipli si considera la grandezza stessa.

373. Per rappresentare il multiplo della grandezza C secondo il numero m, useremo la scrittura $m\,C$, che leggeremo: *m volte C*.

Per rappresentare il summultiplo di C secondo il numero m, useremo la notazione $\frac{C}{m}$, che leggeremo: *un emmesimo di C*.

Così il simbolo $m\,\frac{C}{n}$, che leggeremo: *m volte un ennesimo di C*, significherà la somma di m grandezze eguali ad un *n.esimo* di C.

374. Le grandezze $m\,A$, $m\,B$ si dicono *equimultiple* rispettive delle grandezze A e B secondo il numero m.

Le grandezze $\frac{A}{m}$, $\frac{B}{m}$ si dicono *equisummultiple* rispettive di A e B secondo il numero m.

Le grandezze $m\,\frac{A}{n}$, $m\,\frac{B}{n}$ sono equimultiple, secondo il numero m, di equisummultiple, secondo il numero n, delle grandezze A e B.

375. Se A e B sono due grandezze omogenee, secondo che è:

$$A >,\ =,\ \text{oppure} < B;$$

è anche:

$$m\,A >,\ =,\ \text{oppure} < m\,B,$$

ed

$$\frac{A}{m} >,\ =,\ \text{oppure} < \frac{B}{m},$$

qualunque sia il numero intero m; e reciprocamente (*).

376. Teor. *Se alquante grandezze omogenee sono equimultiple rispettivamente di altrettante grandezze, la somma delle prime è multipla della somma delle seconde, come una delle prime è multipla della corrispondente tra le seconde.*

Dim. Siano le grandezze omogenee mA, mB, mC... equimultiple rispettive delle grandezze A, B, C... Se da ciascuna delle prime prendiamo una della m parti di cui è composta, e sommiamo queste parti, otteniamo una somma uguale alla somma delle seconde. E poichè con le prime grandezze pos-

(*) Sulla ammissibilità della presente proposizione, quando essa si riferisca a segmenti, ad angoli o ad archi di cerchi eguali, non facciamo questione. Per il caso che si tratti di poligoni, causa la definizione di equivalenza che abbiamo adottata [310], la proposizione non si può dire manifesta di per se stessa; epperò, per questo caso, ne abbiamo data la dimostrazione [352,..., 355].

Relativamente ai summultipli di grandezze, de' quali si parla continuamente nel presente capitolo, dobbiamo notare che, mentre abbiamo imparato a trovare un summultiplo secondo qualsivoglia numero di un segmento [288], ed anche di un poligono [356], nel caso che la grandezza data sia un angolo, ovvero un arco, allora sappiamo trovare soltanto quei summultipli che si ottengono dimezzando replicatamente. Ma non per questo può sorgere il dubbio che non esista anche in questo caso un summultiplo secondo qualsivoglia numero; epperò possiamo parlare ancora di summultipli qualisivogliano ed anche di operazioni da fare con essi, fintantochè queste operazioni si debbano fare solo idealmente, affine di dimostrare proprietà delle figure. (Ad ogni modo, basterebbe sopprimere tre o quattro proposizioni di tutte quelle del libro, perchè qui si potesse dire che i summultipli di cui si parla sono sempre di segmenti, o di poligoni, o di poliedri).

siamo formare m di codeste somme, senza che poi di esse nulla rimanga, la loro somma è appunto multipla secondo il numero m della somma delle seconde.

377. Teor. *Date due grandezze omogenee disuguali ed una terza grandezza omogenea con esse, si possono trovare due equimultipli delle prime grandezze e un multiplo della terza, tali, che questo sia maggiore dell'uno e minore dell'altro dei due primi.*

Dim. Siano A, B, C tre grandezze omogenee date, e sia $A > B$, per cui si può porre $A = B + D$. Si prendano delle B e D equimultipli tali, che superino ambidue la grandezza C (*); supponiamo che abbiano questa proprietà i multipli mB, mD.

(*) Noi ammettiamo, senz'altro, che, date due grandezze omogenee finite, si possa trovare un multiplo della minore che superi l'altra grandezza. Ad ogni modo basta ammettere questa proposizione per i segmenti, perchè si può poi dimostrarla per le altre specie di grandezze geometriche. Proviamo intanto che ha luogo per gli angoli.

Siano dati due angoli disuguali ABC, ABD, ambidue acuti. Da un punto E qualunque del lato BC, si cali la perpendicolare EF sul lato BA, e sia H il punto in cui essa incontra BD. Si costruiscano i segmenti consecutivi HK, $KL\ldots$, tutti eguali ad FH, fino ad ottenere un multiplo di FH, che superi FE. Unendo il punto B con i punti K, $L\ldots$, si ottengono gli angoli FBH, HBK, $KBL\ldots$ ciascuno dei quali è minore del precedente. Ad es., per provare che è $K(B)L < H(B)K$, si prolunghi BK, e fatto $KP \equiv BK$, si tiri PL. Confrontando i triangoli BKH, PKL, si conchiude essere:

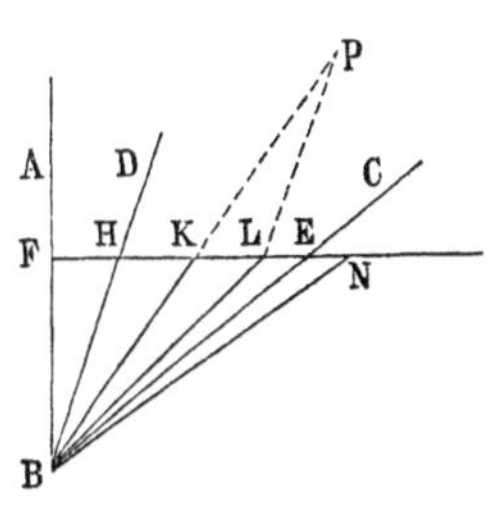

$$H(B)K \equiv L(P)K, \quad \text{ed} \quad HB \equiv PL;$$

Si facciano poi di C i multipli successivi, e sia nC il primo che supera mB, dimodochè si ha:

$$(n-1)\,C \leqq mB \quad \text{e} \quad C < mD.$$

Sommando, membro a membro, le due disuguaglianze, otteniamo: $nC < mB + mD$. E perchè quest'ultima somma è uguale ad mA, conchiudiamo [376] infine essere:

$$mB < nC < mA, \qquad \text{c. d. d.}$$

378. Teor. *L'* n.esima *parte del multiplo secondo il numero* m *di una grandezza data è uguale al multiplo secondo il numero* m *della parte* n.esima *della grandezza stessa.*

Dim. Sia A una grandezza data; si vuol provare che è:

$$\frac{mA}{n} = m\frac{A}{n}.$$

epperò essendo [160] $BL > BH$, egli è $BL > PL$; e per conseguenza [140] $K(B)L < L(P)K$, e quindi anche $K(B)L < H(B)K$. Ed ora, poichè l'angolo FBH, preso insieme ad altri minori di esso forma un angolo FBN, che è maggiore di ABC, a maggior ragione esso darebbe un angolo maggiore di ABC, quando fosse preso insieme con altrettanti angoli eguali a se stesso.

Se uno od ambidue gli angoli dati fossero ottusi, si potrebbe dividere il maggiore in angoli acuti e prendere un angolo acuto qualunque in luogo dell'altro angolo dato; e così ci si ricondurebbe al caso precedente.

Dimostrato il teorema per gli angoli si conchiude che esso sussiste anche per archi d'uno stesso cerchio, e ciò in base ai teoremi 196 e 199.

Infine, se le grandezze date sono due poligoni, basta trasformarli in due triangoli d'uguale altezza; chè poi, prendendo un multiplo della base minore, tale che superi la base dell'altro triangolo, si trova corrispondere ad esso un triangolo multiplo del minore dei due dati e maggiore dell'altro.

Infatti, poichè, per ottenere una *n.esima* parte della somma di m grandezze, basta dividere ciascuna di queste grandezze in n parti uguali, e poi prendere una parte da ciascuna, essendo m le grandezze, e le loro *n.esime* parti essendo tutte uguali, il risultato è appunto $m\dfrac{A}{n}$, come d. d.

379. Teor. *Date due grandezze omogenee disuguali ed una terza grandezza omogenea con esse, si può trovare un multiplo d'una parte aliquota della terza grandezza, il quale sia compreso tra le due prime.*

Dim. Siano A, B, C tre grandezze omogenee, e sia $A > B$. Dico che si può trovare un multiplo d'una parte aliquota della C, il quale sia minore di A e maggiore di B.

Sappiamo [377] che si possono trovare due equimultipli di A e B che comprendano un multiplo della C. Siano mA, mB ed nC i multipli che sodisfanno codesta condizione. Allora, essendo:

$$mA > nC > mB,$$

egli è [375]:

$$A > \frac{nC}{m} > B,$$

e per conseguenza [378] anche:

$$A > n\frac{C}{m} > B, \qquad \text{c. d. d.}$$

380. Teor. *Date due grandezze omogenee, si può trovare una parte aliquota di una di esse, che sia minore dell'altra grandezza.*

Dim. Siano A, B due grandezze omogenee. Se la A è uguale o minore della B, qualunque parte aliquota della A (esclusa nel primo caso la A) è minore della B.

Ma sia $A > B$. Si formi della B un multiplo che sia maggiore della A; tale sia $m\,B$. Allora, essendo:

$$A < m B,$$

egli è [375]:

$$\frac{A}{m} < B, \qquad \text{c. d. d.}$$

Definizione di proporzione.

381. Diremo *misurare* una grandezza A con un'altra omogenea B, o *dividere* la grandezza A per la grandezza B, l'operazione mediante la quale si determina quante grandezze uguali alla B si possono ricavare dalla grandezza A.

La grandezza A si dice *dividendo*, la B *divisore*; e il numero, che indica quante grandezze uguali alla B si possono ottenere dalla A, si chiama *quoziente* della divisione di A per B.

La differenza tra la grandezza A e il maggior multiplo della B, che non supera la A, si dice il *resto* (della divisione) (*).

Spesso si accenna un quoziente dicendo che è il numero il quale esprime quante volte il dividendo *contiene* il divisore.

382. Se, misurando una grandezza A con un *n.esimo* di una grandezza B, si sia trovato per quoziente il numero m, si può scrivere:

$$m\,\frac{B}{n} \gtreqless A < (m+1)\,\frac{B}{n},$$

(*) Questo nome di *resto della divisione*, che si dà a codesta differenza, è dovuto a ciò che il modo diretto per determinare un quoziente è quello di sottrarre successivamente il divisore, la prima volta dal dividendo, fino ad ottenere un resto minore del divisore. Quest'ultimo resto è appunto il resto della divisione.

dove il segno d'eguaglianza si riferisce al caso che non ci sia stato reso finale.

383. Reciprocamente dall'ultima limitazione si conchiude che m è il quoziente che si trova misurando A con un *n.esimo* della B.

384. Teor. *Se due rombi hanno eguali altezze, misurando rispettivamente uno dei rombi e la sua base con equisummultipli qualisivogliano dell'altro rombo e della base di questo, si ottengono quozienti eguali. Altrettanto può dirsi per due triangoli d'uguale altezza* (*).

Dim. Siano $ABCD$, $EFHK$ due rombi, nei quali, ove si prendano per basi i lati AB, EF, siano eguali le altezze. Dico che, misurando rispettivamente il rombo FK e la sua base EF con equisummultipli qualisivogliano del rombo AC e della base AB, si trovano necessariamente quozienti eguali.

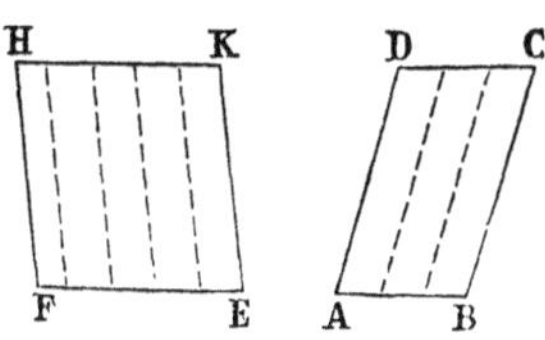

Si divida AB in un numero n arbitrario di parti eguali [288], e con una di queste parti si misuri EF. Supponiamo che sia m il quoziente, e che ci sia resto. Per ciascuno dei punti di divisione della base AB si conduca una retta parallela ad AD; e per i punti di divisione di EF si tirino delle parallele ad EK. Così il rombo AC resta diviso in n parti eguali [269]; e il rombo FK in $(m+1)$ parti, m uguali [269] tra loro

(*) Si dimostra qui codesto teorema, il cui posto sarebbe altrove, perchè si sappia, quando si darà prossimamente una certa definizione, che esistono grandezze a cui quella definizione conviene.

ed equivalenti [319] alle parti di AC, ed una (quel rombo, cioè, che ha per base il resto) minore delle altre parti. In tal modo è reso manifesto che, misurando il rombo FK con l'*n.esima* parte del rombo AC, si trova m per quoziente, per l'appunto come si è trovato il quoziente m misurando EF con l' *n.esima* parte di AB.

È chiaro che si perviene alla stessa conchiusione anche nel caso che una e quindi ambedue le divisioni si compiano senza resto finale.

Analoga è la dimostrazione per due triangoli d'eguale altezza. [322].

385. Teor. *Se quattro grandezze sono tali che, misurando la prima e la terza rispettivamente con equisummultipli qualisivogliano della seconda e della quarta, si trovano sempre quozienti eguali, due qualunque di così fatte divisioni lasciano resto tutte e due, o nessuna.*

Dim. Le quattro grandezze A, B, C, D siano tali che, misurando A e C rispettivamente con equisummultipli *qualisivogliano* di B e D, si trovino necessariamente quozienti uguali. Supponiamo che, misurando A e C rispettivamente con *n.esime* parti di B e D, si trovi il quoziente m, e che, se può essere, la prima divisione dia un resto R, e che l'altra non dia nessun resto. In questa supposizione possiamo scrivere:

$$A = m\frac{B}{n} + R, \qquad C = m\frac{D}{n}.$$

Dividiamo ora la grandezza $\frac{B}{n}$ in un numero p di parti eguali, talmente che una di queste sia minore del resto R. [380]. È chiaro che una di queste parti è un summultiplo di B secondo il numero np, e che, misurando con essa la grandezza A, si trova per quoziente almeno $(mp + 1)$, appunto perchè, essendo minore di R, in codesta parte di A essa è contenuta almeno una volta.

Invece, se si misura C con $\frac{D}{np}$, si trova per quoziente mp.

Essendo così pervenuti ad un risultato contrario all'ipotesi, conchiudiamo che non può darsi che una delle divisioni dia resto e l'altra no; e per conseguenza si è anche provato che le divisioni danno resto tutte e due, o nessuna.

386. Def. *Affine di esprimere che quattro grandezze, prese in un certo ordine, sono tali, che, misurando la prima e la terza rispettivamente con equisummultipli qualisivogliano della seconda e della quarta, si ottengono quozienti uguali, si dice che « le quattro grandezze formano una proporzione » ovvero che « la prima sta alla seconda come la terza sta alla quarta » od anche che « il rapporto della prima alla seconda è uguale al rapporto della terza alla quarta* (*) *» oppure che « la prima e la seconda sono proporzionali alla terza e alla quarta » e talvolta che « la prima e la quarta sono inversamente proporzionali alla seconda e alla terza ».*

387. Oss. La prima e la seconda di quattro grandezze in proporzione sono necessariamente omogenee tra loro; così dicasi delle altre due. In casi particolari possono essere omogenee tutte e quattro.

(*) Alla parola rapporto non dobbiamo qui attribuire nessun significato (numerico). Dobbiamo riguardarla come adottata all'unico scopo di formare una locuzione che si presti meglio delle altre quattro ad esprimere talune proposizioni.

388. Per significare che quattro grandezze A, B, C, D (prese nell'ordine in cui sono nominate, o scritte) formano una proporzione, scriveremo:

$$A : B = C : D,$$

oppure:

$$\frac{A}{B} = \frac{C}{D}.$$

Le quattro grandezze si dicono i *termini* della proporzione.

A e C si dicono gli *antecedenti*; B e D i *conseguenti*.

A e D si dicono gli *estremi*; B e C i *medî*.

Le due prime formano un rapporto e le altre due l'altro rapporto.

La grandezza D si dice talvolta *quarta* proporzionale dopo le (rispetto alle) grandezze A, B, C.

Se in una proporzione la seconda grandezza e la terza sono eguali, ciascuna si dice *media proporzionale* tra le altre due, e l'ultima si dice *terza proporzionale* dopo le altre due. E la proporzione si dice *continua*.

Proprietà delle proporzioni.

389. Sono immediate conseguenze della definizione le seguenti proposizioni:

1°. *In una proporzione si possono scambiare le due prime grandezze rispettivamente con le altre due.*

Così, se $A : B = C : D$,

anche $C : D = A : B$.

2°. *Quattro grandezze, di cui la prima sia eguale alla terza e la seconda alla quarta, formano una proporzione.*

Così, se è $A = C$ e $B = D$,
egli è: $A : B = C : D$.

3°. *Se una grandezza è uguale ad uno dei termini di una proporzione, essa può surrogare codesto termine nella proporzione.*

4°. *Se un antecedente è* m *volte* un ennesimo *del suo conseguente, anche l'altro antecedente* è m *volte* un ennesimo *del suo conseguente.*

390. Teor. *Due rapporti eguali ad un terzo sono eguali tra loro* (*).

Dim. Siano le proporzioni:

$$A : B = H : K,$$
$$C : D = H : K.$$

Si vuol provare che: $A : B = C : D$.

A tal fine, presi delle grandezze B, D e K equisummultipli qualisivogliano, ad es. le *n.esime* parti, si misurino con essi rispettivamente le grandezze A, C ed H.

Ora, poichè $A : B = H : K$, il quoziente della divisione di A per $\frac{B}{n}$ è uguale al quoziente della divisione di H per $\frac{K}{n}$. E perchè $C : D = H : K$, anche il quoziente della divisione di C per $\frac{D}{n}$ è uguale a quello della divisione di H per $\frac{K}{n}$. Per conseguenza il quoziente della divisione di A per $\frac{B}{n}$ è uguale a quello della divisione di C per $\frac{D}{n}$; epperò resta dimostrato che $A : B = C : D$, e in generale che *due* ecc.

391. Teor. *Se più rapporti tra grandezze omogenee sono eguali tra loro, la somma degli antecedenti sta alla somma dei conseguenti, come uno degli antecedenti sta al suo conseguente.*

(*) S'intende dire: *Se una prima grandezza sta ad una seconda come una terza ad una quarta, e una quinta grandezza sta ad una sesta come la terza alla quarta, anche la prima sta alla seconda come la quinta sta alla sesta.*

Dim. Siano i rapporti eguali [390]:

$$\frac{A_1}{B_1} = \frac{A_2}{B_2} = \frac{A_3}{B_3} = \ldots\ldots = \frac{A_p}{B_p}.$$

Si tratta di provare che:

$$\frac{A_1 + A_2 + A_3 + \ldots + A_p}{B_1 + B_2 + B_3 + \ldots + B_p} = \frac{A_1}{B_1}.$$

A questo intento, diviso ciascuno dei conseguenti in un numero n arbitrario di parti eguali, si misuri ciascun antecedente con l'*n.esima* parte del suo conseguente. Poichè i rapporti dati sono eguali, i quozienti delle singole divisioni sono tutti eguali tra loro.

Posto che sia m il quoziente di ciascuna divisione, ciascun antecedente si può riguardare come composto di m parti, eguali tutte ad un *n.esimo* del relativo conseguente; più il resto, quando un resto ci sia.

Imaginiamo ora di prendere da ciascun conseguente una delle parti di cui è formato, e di comporre con queste parti una nuova grandezza, che chiameremo H. È chiaro che di grandezze così fatte con la somma dei conseguenti se ne possono formare n, e che nulla rimane, dimodochè H è l'*n.esima* parte della somma dei conseguenti. Grandezze uguali ad H con la somma degli antecedenti se ne possono poi formare m, rimanendo tuttavia i resti, quando resti ci siano. Ma la somma dei resti è in ogni caso minore di H, perchè i resti sono rispettivamente minori di quelle grandezze che compongono H. Così possiamo conchiudere che, misurando la somma degli antecedenti con l'*n.esima* parte della somma dei conseguenti, si ottiene m per quoziente, appunto come misurando un antecedente qualunque con l'*n.esima* parte del suo conseguente. In tal modo è dimostrato che, *se più ecc.*

392. Cor. 1°. *Due grandezze stanno tra loro, come due loro equimultipli o come due loro equisummultipli qualisivogliano.*

Dim. Siano A e B due grandezze omogenee, ed m un numero intero qualunque. Dico che:

$$A : B = mA : mB,$$

e che:

$$A : B = \frac{A}{m} : \frac{B}{m}.$$

1°. Intanto, dagli m rapporti eguali [389, 2°]:

$$\frac{A}{B} = \frac{A}{B} = \frac{A}{B} = \ldots\ldots = \frac{A}{B},$$

per il teorema precedente, si ha:

$$A : B = mA : mB.$$

2°. Per conto della seconda parte del teorema, basta osservare che le grandezze A e B sono equimultipli di $\frac{A}{m}$ e $\frac{B}{m}$, e perciò (caso 1°):

$$\frac{A}{m} : \frac{B}{m} = A : B, \qquad \text{c. d. d.}$$

393. Cor. 2°. *Due grandezze stanno tra loro, come equimultipli qualisivogliano di loro equisummultipli.*

Dim. Infatti, qualunque siano due grandezze omogenee A e B, e i numeri interi m ed n, essendo [392, caso 2°]:

$$A : B = \frac{A}{n} : \frac{B}{n},$$

ed [392, caso 1°]:

$$\frac{A}{n} : \frac{B}{n} = m\frac{A}{n} : m\frac{B}{n},$$

anche [390]:

$$A : B = m\frac{A}{n} : m\frac{B}{n}, \qquad \text{c. d. d.}$$

394. Cor. 3°. *In una proporzione i due primi termini, oppure i due ultimi, si possono surrogare con equimultipli qualisivogliano di loro equisummultipli.*

Dim. Sia la proporzione:

$$A : B = C : D,$$

ed m ed n due numeri interi qualunque. Essendo [393]:

$$A : B = m\frac{A}{n} : m\frac{B}{n},$$

anche [390]:

$$m\frac{A}{n} : m\frac{B}{n} = C : D, \qquad \text{c. d. d.}$$

395. Teor. *In una proporzione agli antecedenti, od ai conseguenti si possono sostituire due loro equimultipli, o due loro equisummultipli.*

Dim. Sia la proporzione:

$$A : B = C : D.$$

1°. Dico che, qualunque sia l'intero m, le quattro grandezze: A, $\frac{B}{m}$, C, $\frac{D}{m}$ sono in proporzione.

Infatti, perchè equisummultipli della seconda e della quarta sono anche equisummultipli di B e D, per l'ipotesi essi sono contenuti rispettivamente uno stesso numero di volte nelle grandezze A e C. Adunque [386]:

$$A : \frac{B}{m} = C : \frac{D}{m}, \qquad \text{c. d. d.}$$

2°. Dico che anche le quattro grandezze:

$$mA, \quad B, \quad mC, \quad D$$

sono in proporzione.

Infatti dalla proporzione data si deduce la seguente [394]:

$$mA : mB = mC : mD,$$

e da questa, per il caso considerato, si conchiude che:

$$mA : B = mC : D, \qquad \text{c. d. d.}$$

3°. Consideriamo in terzo luogo le grandezze:

$$A, \quad mB, \quad C, \quad mD,$$

e due equisummultipli qualunque $\frac{mB}{n}$, $\frac{mD}{n}$ della seconda e della quarta. Sappiamo [378] che questi sono rispettivamente uguali alle grandezze $m\frac{B}{n}$, $m\frac{D}{n}$; epperò possiamo dire che ora si tratta di provare che queste due grandezze sono contenute rispettivamente uno stesso numero di volte in A e C. Questa proprietà la hanno per ipotesi le grandezze $\frac{B}{n}$ e $\frac{D}{n}$. Per conseguenza, se $m\frac{B}{n}$ non è contenuto in A (il che è quanto dire: se $\frac{B}{n}$ non è contenuto m volte in A), neanche $m\frac{D}{n}$ non è contenuto in C. Se $m\frac{B}{n}$ è contenuto una volta in A (il che equivale a dire: se $\frac{B}{n}$ è contenuto m volte in A, e non $2m$ volte), anche $m\frac{D}{n}$ è contenuto una volta in C. Se $m\frac{B}{n}$ è contenuto 2 volte in A, anche $m\frac{D}{n}$ è contenuto 2 volte in C; e reciprocamente. E così via. Adunque equisummultipli qualisivogliano della seconda e quarta delle grandezze A, mB, C, mD sono contenuti rispettivamente uno stesso numero di volte in A e C, e ciò è quanto dire [386] che:

$$A : mB = C : mD, \qquad \text{c. d. d.}$$

4°. Consideriamo da ultimo le grandezze:

$$\frac{A}{m}, \quad B, \quad \frac{C}{m}, \quad D.$$

Dico che esse sono in proporzione.

Intanto dalla proporzione data si deduce [394] che:

$$\frac{A}{m} : \frac{B}{m} = \frac{C}{m} : \frac{D}{m}.$$

Da questa proporzione, per il caso precedente, si conchiude che:

$$\frac{A}{m} : B = \frac{C}{m} : D, \qquad \text{c. d. d.}$$

396. Cor. *In una proporzione gli antecedenti, ovvero i conseguenti, si possono surrogare con equimultipli di loro equisummultipli qualisivogliano.*

Dim. Infatti, se:

$$A : B = C : D,$$

abbiamo [395, 4°], qualunque siano i due numeri interi m ed n,:

$$\frac{A}{n} : B = \frac{C}{n} : D.$$

E da questa proporzione si ha [395, 2°] che:

$$m\,\frac{A}{n} : B = m\,\frac{C}{n} : D.$$

Nello stesso modo [395, 1° e 3°] della proporzione data si deduce che:

$$A : m\,\frac{B}{n} = C : m\,\frac{D}{n}.$$

Così si è provato che *ecc.*

397. Teor. *In una proporzione, secondo che un antecedente è maggiore, uguale o minore del suo conseguente, anche l'altro antecedente è maggiore, uguale o minore del suo conseguente.*

Dim. Sia la proporzione:

$$A : B = C : D.$$

1°. Sia $A > B$. In questo caso la grandezza A contiene un *n.esimo* di B almeno n volte, e, se lo contiene n volte soltanto, c' è un resto. Ma allora, poichè le quattro grandezze A, B, C, D sono in proporzione [386], anche C contiene un *n.esimo* di D almeno n volte, e, se lo contiene n volte soltanto, c' è [385] un resto. Da ciò si conchiude che è $C > D$.

2°. Sia $A = B$. In questo caso A contiene un *n.esimo* di B appunto n volte, senza resto. Conseguentemente [386] C contiene un *n.esimo* di D appunto n volte, senza [385] resto. Epperò è $C = D$.

3°. Sia infine $A < B$. Questa volta la grandezza A non contiene n volte un *n.esimo* di B. Ma allora neanche C non contiene n volte un *n.esimo* di D, e per conseguenza è $C < D$.

Scrivendo la proporzione data nel seguente modo:

$$C : D = A : B,$$

si riconosce, in base a quanto si è pur ora dimostrato, che, reciprocamente, secondo che C è maggiore, uguale o minore di D, anche A è rispettivamente maggiore, uguale o minore di B.

Conchiudiamo che in fatto ecc.

398. Teor. *Se quattro grandezze sono in proporzione, anche la seconda sta alla prima come la quarta sta alla terza.*

Dim. Sia la proporzione:

$$A : B = C : D.$$

Dico che $\qquad B : A = D : C.$

Presa di A una parte aliquota qualunque, ad es. una *n.esima* parte, misuro con essa la grandezza B; posto che sia m il quoziente, egli è:

$$m\frac{A}{n} \gtreqless B < (m+1)\frac{A}{n}.$$

Ora dalla proporzione data si ricavano le due [396]:

$$m\frac{A}{n} : B = m\frac{C}{n} : D,$$

$$(m+1)\frac{A}{n} : B = (m+1)\frac{C}{n} : D;$$

e da queste, avendo riguardo alla precedente relazione, si conchiude [397] che:

$$m \frac{C}{n} \gtreqless D < (m + 1) \frac{C}{n}.$$

Codesta relazione fa conoscere che, misurando D con $\frac{C}{n}$, si trova per quoziente m; epperò resta provato che: $B : A = D : C$.

Oss. L'ultima proporzione si dice ricavata dalla $A : B = C : D$ *invertendo.*

399. Teor. *Se quattro grandezze sono in proporzione, anche la somma delle due prime sta alla seconda, come la somma delle altre due sta alla quarta.*

Dim. Sia la proporzione:

$$A : B = C : D.$$

Dico che anche:

$$(A + B) : B = (C + D) : D.$$

Prese delle B e D equisummultipli ad arbitrio, ad es. le *n.esime* parti, si misurino con esse rispettivamente le grandezze A e C. Poichè le quattro grandezze A, B, C, D formano proporzione, le due divisioni daranno quozienti eguali (siano eguali ad m). Ora è chiaro che, anche misurando le somme $(A + B)$ e $(C + D)$ rispettivamente con $\frac{B}{n}$ e $\frac{D}{n}$, si trovano quozienti eguali (appunto eguali ad $m + n$); epperò le quattro grandezze $(A + B)$, B, $(C + D)$ e D sono in proporzione, c. d. d.

Oss. La proporzione $(A + B) : B = (C + D) : D$ si dice dedotta dalla $A : B = C : D$ *componendo.*

400. Teor. *Se quattro grandezze sono in proporzione, e le antecedenti superano* [397] *le conseguenti, la differenza tra la prima e la seconda sta alla seconda, come la differenza tra la terza e la quarta sta alla quarta.*

Dim. Sia la proporzione $A : B = C : D$, e sia $A > B$, per cui [397] è anche $C > D$. Dico che:

$$(A - B) : B = (C - D) : D.$$

Presi di B e D equisummultipli ad arbitrio, ad es. le *n.esime* parti, si misurino con esse rispettivamente le A e C. Poichè le quattro grandezze A, B, C, D sono in proporzione, si troveranno quozienti uguali (siano uguali ad m). Ora è chiaro che, anche misurando rispettivamente con $\frac{B}{n}$ e $\frac{D}{n}$ le grandezze $(A - B)$ e $(C - D)$, si ottengono quozienti eguali (eguali ad $m - n$), epperò le quattro grandezze $(A - B)$, B, $(C - D)$ e D sono in proporzione, c. d. d.

Oss. La proporzione $(A - B) : B = (C - D) : D$ si dice dedotta dalla $A : B = C : D$ *dividendo.*

401. Teor. *In una proporzione tra grandezze omogenee, secondo che la prima è maggiore, uguale o minore della terza, anche la seconda è maggiore, uguale o minore della quarta.*

Dim. Sia la proporzione tra grandezze omogenee:

$$A : B = C : D,$$

e sia dapprima $A > C$. Dico che è $B > D$.

Sappiamo [377] che, se A, B, C sono tre grandezze omogenee, ed è $A > C$, si possono trovare due equimultipli delle grandezze A e C, e un multiplo della B, tali, che questo sia compreso tra quei due. Sia:

$$mA > nB > mC.$$

Dalla proporzione data abbiamo [395] che:

$$mA : nB = mC : nD,$$

e da questa, appunto perchè è $mA > nB$, si conchiude [397] essere $mC > nD$. Così, essendo $nB > mC$, egli è, a più forte ragione, $nB > nD$, e per conseguenza $B > D$, come d. d.

Per il caso che sia $A < C$, basta scrivere la proporzione nel seguente modo $C : D = A : B$, per vedersi ricondotti al primo caso. Si può quindi conchiudere (essendo $C > A$) che è $D > B$, ossia $B < D$.

Dalla proporzione data, invertendo, si ha:

$$B : A = D : C,$$

e da questa, applicando i due casi considerati, si conchiude che, se è $B > D$, è anche $A > C$; e se è $B < D$, è anche $A < C$.

Supponiamo infine che sia $A = C$. In questo caso non può essere $B > D$, nè $B < D$, perchè ne seguirebbe rispettivamente essere $A > C$, od $A < C$, e ciò contro all'ipotesi. È quindi necessariamente $B = D$.

Così infine abbiamo dimostrato che *ecc.*

402. Teor. *Se due proporzioni hanno tre termini ordinatamente uguali anche i rimanenti sono eguali tra loro.*

Dim. Siano le proporzioni:

$$A : B = C : D,$$

$$A' : B' = C' : D',$$

e in esse i tre primi termini siano rispettivamente uguali. Dico che è anche $D = D'$.

Intanto dalle due proporzioni date, poichè in esse i due primi rapporti sono eguali tra loro [389, 3°], abbiamo [390]:

$$C : D = C' : D'.$$

E da questa, perchè in essa gli antecedenti sono eguali, si conchiude [401] che è $D = D'$, come d. d.

403. Cor. *Non può esistere più di una grandezza, che sia quarta proporzionale dopo tre grandezze date.*

404. Teor. *Se due proporzioni hanno gli stessi conseguenti, gli antecedenti sono proporzionali.*

Dim. Siano le proporzioni:

$$A : H = C : K, \qquad (1)$$

$$B : H = D : K, \qquad (2)$$

nelle quali i conseguenti sono ordinatamente uguali. Dico che $A : B = C : D$.

Presa di B una parte aliquota ad arbitrio, ad es. una *n.esima* parte, misuro con essa la grandezza A. Posto che sia m il quoziente, egli è:

$$m\frac{B}{n} \gtreqqless A < (m+1)\frac{B}{n}. \qquad (3)$$

Qui si tratta di provare [386] che è:

$$m\frac{D}{n} \gtreqqless C < (m+1)\frac{D}{n}. \qquad (4)$$

Supposto dapprima che sia:

$$m\frac{B}{n} = A,$$

si confrontino le due proporzioni:

$$A : H = C : K,$$

$$m\frac{B}{n} : H = m\frac{D}{n} : K,$$

l'ultima delle quali è ricavata dalla seconda delle date, surrogando in essa [396] gli antecedenti con equimultipli di loro equisummultipli. Poichè tre termini sono ordinatamente uguali, è anche [402]:

$$m\frac{D}{n} = C.$$

Sia ora:

$$m\frac{B}{n} < A.$$

Consideriamo le grandezze disuguali A, $m\,\frac{B}{n}$ e la grandezza ad esse omogenea H. Sappiamo [379] che si può trovare un multiplo d'una parte aliquota della terza grandezza, il quale sia compreso tra le due prime. Tale sia la grandezza $p\,\frac{H}{q}$; sia adunque:

$$A > p\,\frac{H}{q} > m\,\frac{B}{n}.$$

Dalle proporzioni date deduciamo [396] le due seguenti:

$$A : p\,\frac{H}{q} = C : p\,\frac{K}{q},$$

$$m\,\frac{B}{n} : p\,\frac{H}{q} = m\,\frac{D}{n} : p\,\frac{K}{q}.$$

Dalla prima, poichè è $A > p\,\frac{H}{q}$, risulta [397] essere:

$$C > p\,\frac{K}{q}. \tag{5}$$

E dalla seconda, perchè è $m\,\frac{B}{n} < p\,\frac{H}{q}$, risulta [397]:

$$m\,\frac{D}{n} < p\,\frac{K}{q}. \tag{6}$$

Confrontando le due disuguaglianze (5) e (6), si conchiude che è:

$$m\,\frac{D}{n} < C.$$

Nel modo stesso si può provare che è:

$$C < (m + 1)\,\frac{D}{n};$$

epperò resta dimostrato che:

$$A : B = C : D,$$

ed in generale che, *se ecc.*

405. Teor. *Se alquante grandezze stanno a una stessa grandezza* M, *come altrettante grandezze stanno rispettivamente a una stessa grandezza* N, *anche la somma delle prime sta alla* M, *come la somma delle seconde sta alla* N.

Dim. Siano le proporzioni:

$$A_1 : M = B_1 : N$$
$$A_2 : M = B_2 : N$$
$$A_3 : M = B_3 : N$$
$$\ldots\ldots\ldots\ldots\ldots$$
$$A_p : M = B_p : N.$$

Dico che anche:

$$(A_1 + A_2 + A_3 + \ldots + A_p) : M = (B_1 + B_2 + B_3 + \ldots + B_p) : N.$$

Intanto dalle due prime proporzioni, poichè i conseguenti sono ordinatamente uguali, si deduce [404] che:

$$A_1 : A_2 = B_1 : B_2.$$

Da questa proporzione, componendo [399], si ha:

$$(A_1 + A_2) : A_2 = (B_1 + B_2) : B_2.$$

Dalla seconda delle date, invertendo [398], si ottiene:

$$M : A_2 = N : B_2.$$

Questa proporzione e la precedente danno [404]:

$$(A_1 + A_2) : M = (B_1 + B_2) : N.$$

Così il teorema si può dire dimostrato per il caso che due sole siano le proporzioni date. Ma applicando il teorema, così ristretto, all'ultima proporzione ed alla terza delle proposte, risulta:

$$(A_1 + A_2 + A_3) : M = (B_1 + B_2 + B_3) : N.$$

Ed è ormai palese che, seguitando quanto basti, si perviene alla proporzione che si deve dimostrare.

406. Lemma. *Se due proporzioni hanno i medî rispettivamente uguali, secondo che il primo termine della prima proporzione è maggiore o minore del primo termine della seconda, il quarto termine della seconda è maggiore o minore del quarto termine della prima.*

Dim. Siano le proporzioni:

$$A : H = K : D, \qquad (1)$$

$$B : H = K : C, \qquad (2)$$

in cui i medî sono ordinatamente uguali. Dico che, secondo che è:

$$A > \text{ oppure } < B,$$

è rispettivamente:

$$C > \text{ oppure } < D.$$

Sia dapprima $A > B$. Considerando le tre grandezze omogenee A, B, H, sappiamo [379] che si può trovare un multiplo d'una parte aliquota della H, che sia compreso tra A e B. Tale sia la grandezza $p\,\dfrac{H}{q}$; sia adunque:

$$A > p\,\frac{H}{q} > B.$$

Dalle proporzioni date si possono ricavare [396] le due seguenti:

$$A : p\,\frac{H}{q} = K : p\,\frac{D}{q}, \qquad (3)$$

$$B : p\,\frac{H}{q} = K : p\,\frac{C}{q}. \qquad (4)$$

Dalla (3), poichè è $A > p\,\dfrac{H}{q}$,

si conchiude [397] che è $K > p\,\frac{D}{q}$. (5)

E dalla (4), perchè è $B < p\,\frac{H}{q}$,

si conchiude [397] che è $K < p\,\frac{C}{q}$. (6)

Confrontando le disuguaglianze (5) e (6), si conchiude che è $p\,\frac{C}{q} > p\,\frac{D}{q}$,

epperò anche $C > D$.

Per il caso che sia $A < B$, basta supporre scambiate di posto le due proporzioni, per trovarsi ricondotti al primo caso, e poter quindi asserire che è $D > C$, ossia $C < D$.

Così si è dimostrato che, *ecc.*

407. Teor. *Se due proporzioni hanno i medî rispettivamente uguali, i loro estremi sono inversamente proporzionali.*

Dim. Siano le proporzioni:

$$A : H = K : D, \quad (1)$$

$$B : H = K : C, \quad (2)$$

i cui medî sono ordinatamente uguali. Dico che gli estremi sono *inversamente* proporzionali, che cioè:

$$A : B = C : D.$$

Presa di B una parte aliquota ad arbitrio, ad es. l'*n.esima* parte, si misuri con essa la grandezza A. Posto che sia m il quoziente, egli è:

$$m\,\frac{B}{n} \gtreqless A < (m+1)\,\frac{B}{n}. \quad (3)$$

Ora bisogna provare [386] che è:

$$m\,\frac{D}{n} \gtreqless C < (m+1)\,\frac{D}{n}. \quad (4)$$

Intanto con le proporzioni date coesistono le seguenti [396, 394]:

$$A : m\frac{H}{n} = K : m\frac{D}{n}, \qquad (5)$$

$$m\frac{B}{n} : m\frac{H}{n} = K : C. \qquad (6)$$

Ora, se è $A = m\frac{B}{n}$, dalle proporzioni (5) e (6), che hanno in questa ipotesi tre termini rispettivamente uguali, si conchiude che è [402] anche:

$$C = m\frac{D}{n}.$$

Laddove, quando sia:

$$m\frac{B}{n} < A,$$

dalla stessa coppia di proporzioni (5) e (6), in base al lemma precedente, si conchiude che è:

$$m\frac{D}{n} < C.$$

Similmente si proverebbe che, essendo:

$$A < (m + 1)\frac{B}{n},$$

è anche:

$$C < (m + 1)\frac{D}{n}.$$

Epperò resta dimostrato che:

$$A : B = C : D,$$

ed in generale che, *se due ecc.*

408. Teor. *Se quattro grandezze omogenee sono in proporzione, anche la prima sta alla terza come la seconda sta alla quarta.*

Dim. Sia:

$$A : B = C : D$$

una proporzione tra grandezze omogenee. Dico che

$$A : C = B : D.$$

Perciò, presa di C una parte aliquota secondo un numero arbitrario n, misuro con essa la grandezza A. Supposto che sia m il quoziente, egli è:

$$m \frac{C}{n} \gtreqless A < (m+1) \frac{C}{n}. \qquad (1)$$

Ora bisogna provare [386] che è:

$$m \frac{D}{n} \gtreqless B < (m+1) \frac{D}{n}. \qquad (2)$$

Intanto dalla proporzione data si deducono le seguenti due [394]:

$$A : B = m \frac{C}{n} : m \frac{D}{n}, \qquad (3)$$

$$A : B = (m+1) \frac{C}{n} : (m+1) \frac{D}{n}. \qquad (4)$$

Mediante queste proporzioni tra grandezze omogenee, dalla limitazione (1) si ricava [401] appunto la limitazione (2). Epperciò resta dimostrato, in generale, che, *ecc.*

Oss. La proporzione $A : C = B : D$ si dice ricavata dalla $A : B = C : D$ *permutando* (i medî).

Proporzionalità diretta.

409. Teor. *Se a ciascuna grandezza di una serie di grandezze ne corrisponde una di un'altra serie, e due grandezze consecutive qualunque delle prime stanno tra loro come le corrispondenti delle seconde, al-*

lora due qualisivogliano delle prime grandezze stanno tra loro, come le corrispondenti delle seconde.

Dim. Siano le due serie di grandezze:

$$A,\ B,\ C,\ D,\ E\ .\ .\ .\ M,\ N,$$
$$\alpha,\ \beta,\ \gamma,\ \delta,\ \varepsilon\ .\ .\ .\ \mu,\ \nu,$$

e a ciascuna delle prime corrisponda una delle seconde, e due grandezze consecutive qualunque delle prime stiano tra loro come le corrispondenti delle seconde. Dico che due qualisivogliano delle prime, ad es. le B ed E, stanno tra loro come le corrispondenti delle seconde, adunque come β sta ad ε.

Consideriamo le proporzioni date:

$$B : C = \beta : \gamma, \qquad (1)$$
$$C : D = \gamma : \delta.$$

Dalla seconda, invertendo [398], si ha:

$$D : C = \delta : \gamma.$$

Se ora si confronta questa proporzione con la (1), poichè hanno i conseguenti rispettivamente uguali, si conchiude [404] che:

$$B : D = \beta : \delta. \qquad (2)$$

Dalla proporzione data:

$$D : E = \delta : \varepsilon,$$

invertendo, risulta:

$$E : D = \varepsilon : \delta.$$

Questa proporzione e la (2) danno [404]:

$$B : E = \beta : \varepsilon,$$

che è appunto la proporzione che si voleva dimostrare.

Così resta provato [398] che, *se ecc.*

410. Def. *Se a ciascuna grandezza di una serie di grandezze ne corrisponde una di un' altra serie, e* *due qualisivogliano delle prime stanno tra loro come le corrispondenti delle seconde, le grandezze della prima serie si dicono proporzionali a quelle della seconda.*

Oss. 1ª. Le grandezze di ciascuna delle due serie sono necessariamente omogenee tra loro.

Oss. 2ª. La precedente definizione comprende come caso particolare la locuzione [386] « i due primi termini d'una proporzione sono proporzionali agli altri due ».

411. Teor. *Se le grandezze di una serie di grandezze sono proporzionali a quelle di una seconda serie, e le grandezze delle due serie sono omogenee tra loro, una qualunque delle prime sta alla corrispondente, come un' altra qualsivoglia delle prime sta alla sua corrispondente delle seconde.*

Dim. Infatti, se le grandezze:

$$A,\ B,\ C,\ D,\ E\ \ldots\ M,\ N$$

sono proporzionali alle grandezze:

$$\alpha,\ \beta,\ \gamma,\ \delta,\ \varepsilon\ \ldots\ \mu,\ \nu$$

ed omogenee a queste, allora, essendo [410], ad es.,:

$$B : M = \beta : \mu,$$

anche [408]:

$$B : \beta = M : \mu, \qquad \text{c. d. d.}$$

412. Oss. La precedente proposizione si suole enunciare più brevemente conchiudendo che: il rapporto di una qualunque delle prime grandezze alla sua corrispondente tra le seconde è *costante.*

413. Se le grandezze $A, B, C\ldots.$, considerate nei due teoremi precedenti, sono *stati* di una stessa grandezza variabile X, e le altre $\alpha, \beta, \gamma, \ldots$ sono *stati* corrispondenti di un'altra grandezza variabile Y, che varia insieme con la X, si dice che la grandezza variabile X è *proporzionale* alla grandezza variabile Y.

Proporzionalità inversa.

414. Teor. *Se a ciascuna delle grandezze di una serie di grandezze ne corrisponde una di un' altra serie, e ciascuna grandezza delle prime sta alla successiva, come la grandezza corrispondente a questa sta alla grandezza che corrisponde alla prima, qualsivoglia delle prime grandezze sta ad un' altra delle prime, come la grandezza corrispondente a questa seconda sta alla grandezza che corrisponde alla prima.*

Dim. Siano le due serie di grandezze:

$$A,\ B,\ C,\ D,\ E\ \ldots\ M,\ N,$$
$$\alpha,\ \beta,\ \gamma,\ \delta,\ \varepsilon\ \ldots\ \mu,\ \nu,$$

e a ciascuna delle prime corrisponda una delle seconde, e ciascuna delle grandezze della prima serie stia alla successiva, come la corrispondente di questa sta alla corrispondente della prima. Dico che qualsivoglia delle prime grandezze sta ad un' altra qualunque delle prime, come la grandezza che corrisponde alla seconda sta alla grandezza che corrisponde alla prima. Dico, ad es., che:

$$B : E = \varepsilon : \beta.$$

Consideriamo le proporzioni date:

$$B : C = \gamma : \beta, \qquad (1)$$
$$C : D = \delta : \gamma.$$

Dalla seconda, invertendo [398], si ha:

$$D : C = \gamma : \delta.$$

Confrontando questa proporzione e la (1), si vede che esse hanno i medî ordinatamente uguali. Perciò [407]:

$$B : D = \delta : \beta. \qquad (2)$$

Dalla proporzione data:

$$D : E = \varepsilon : \delta,$$

invertendo, risulta:

$$E : D = \delta : \varepsilon.$$

Questa proporzione e la (2) danno [407]:

$$B : E = \varepsilon : \beta,$$

che è appunto la proporzione che si voleva dimostrare.

Così resta provato [398] che, *se ecc.*

415. Def. *Se a ciascuna grandezza di una serie di grandezze ne corrisponde una di un'altra serie, e una qualsivoglia delle prime sta ad un' altra qualunque della serie stessa, come la corrispondente della seconda sta a quella che corrisponde alla prima, le grandezze della prima serie si dicono inversamente proporzionali a quelle della seconda.*

Oss. 1ª. Le grandezze di ciascuna serie sono necessariamente omogenee tra loro.

Oss. 2ª. La precedente definizione comprende come caso particolare la locuzione [386] « gli estremi d'una proporzione sono inversamente proporzionali ai medî ».

416. Se le grandezze A, B, C . . . , considerate nel teorema precedente, sono *stati* di una stessa grandezza variabile X, e le altre α, β, γ . . . sono *stati* corrispondenti di un' altra grandezza variabile Y, che varia insieme con la X, si dice che la grandezza variabile X è *inversamente proporzionale* alla grandezza variabile Y.

CAPITOLO XI

SEGMENTI PROPORZIONALI

---

417. Teorema di Talete. *I segmenti di una trasversale di un fascio di parallele sono proporzionali ai segmenti di qualsivoglia altra trasversale del fascio medesimo.*

Dim. Sia un fascio di parallele $AE, BF, CH\ldots$, e due trasversali qualunque AD, EK. Dico che i segmenti d'una trasversale, compresi dalle parallele, sono proporzionali ai segmenti dell'altra, che cioè [410] due qualunque dei segmenti dell'una stanno tra loro come i segmenti della seconda che sono compresi tra le medesime parallele. Proveremo, ad es., che:

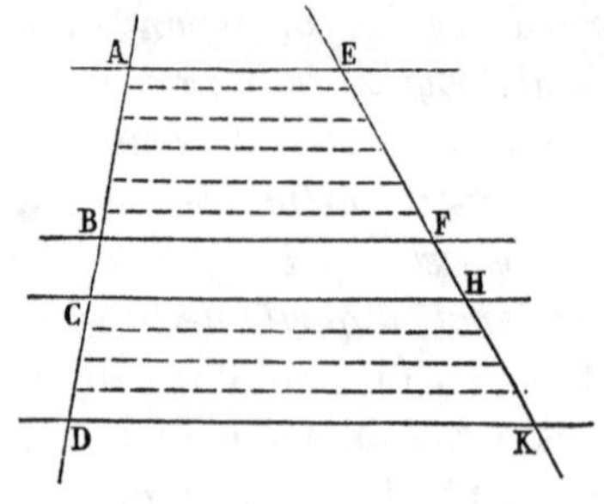

$$AB : CD = EF : HK.$$

Diviso CD in un numero arbitrario n di parti eguali, con una di queste si misuri il segmento AB; sia m il quoziente, e ci sia resto. Quindi, per i punti di divisione dei due segmenti AB, CD, si conducano delle rette parallele a quelle del fascio dato. In tal modo il segmento HK viene diviso [283] in n parti eguali, ed il segmento EF in $(m + 1)$ parti; m di queste sono uguali tra loro e alle parti di HK, ed una, quella corrispondente al resto dell'altra divisione, è minore delle parti stesse. Da ciò risulta che, misurando EF con una *n.esima* parte di HK, si trova m per quoziente, appunto come misurando AB con una *n.esima* parte di CD.

Resta dunque provato che *ecc.*

418. Cor. *In un triangolo una corda parallela a un lato taglia gli altri due proporzionalmente.*

Infatti, se, nel triangolo ABC, la corda HK è parallela a BC, tirando per A la parallela a BC, si scorge che AB ed AC si possono considerare come due trasversali di un fascio di parallele, e che AH, HB sono nella prima trasversale i segmenti corrispondenti ai due AK, KC dell'altra. Per il teorema di TALETE è dunque:

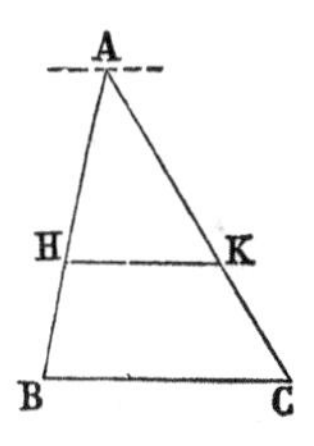

$$AH : HB = AK : KC, \text{ c. d. d.}$$

419. Oss. Quando, nell'applicare il teorema di TALETE, si deve contemplare la parallela che passa per il punto d'incontro delle trasversali (come ci è accaduto nell'ultima proposizione), si può dire che questo punto tien luogo di una delle parallele.

420. Teor. *Se una retta divide proporzionalmente due segmenti compresi tra due parallele, essa è parallela a queste rette.*

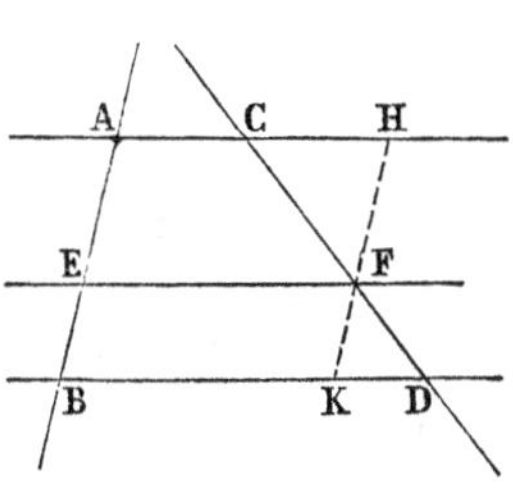

Dim. I segmenti AB, CD, compresi dalle parallele AC, BD, siano segati proporzionalmente nei punti E ed F; in modo adunque che:

$$AE : EB = CF : FD.$$

Proveremo che la retta EF è parallela alle AC, BD.

A tal fine si tiri per F la HK, parallelamente ad AB, e poi si osservi che, essendo CD ed HK due trasversali di un fascio di parallele, al quale appartengono le CH, KD e il punto F [419], per il teorema di Talete egli è:

$$HK : FK = CD : FD.$$

Ma dalla proporzione data, componendo [399], si ha:

$$AB : EB = CD : FD.$$

Ed ora, poichè i primi termini delle due ultime proporzioni sono eguali, come [268] lati opposti del rombo $AHKB$, e i terzi termini e i quarti sono ordinatamente uguali, è anche [402] $FK \equiv EB$. E perchè codesti segmenti, oltre che uguali, sono paralleli, EF è parallela a BK [274], come d. d.

421. Cor. *In un triangolo una corda, che divida proporzionalmente due lati, è parallela al terzo lato.*

Infatti, basta tirare per il vertice opposto al terzo lato la parallela a questo lato, per riconoscere che si tratta di un caso particolare del teorema precedente; del caso, cioè, in cui il punto di concorso delle trasversali tien luogo di una delle due parallele.

422. Teor. *La bisettrice di un angolo di un triangolo taglia il lato opposto in parti, che stanno tra loro come gli altri due lati.*

Dim. Sia un triangolo ABC, e sia AD la bisettrice dell' angolo CAB. Si tratta di provare che:

$$BD : DC = BA : AC.$$

A tal fine si tiri per C la CE, parallelamente a DA, e sia E il punto dove essa incontra [250] il prolungamento di BA. Poi si osservi che i due angoli ACE, CEA, perchè uguali rispettivamente [251, 252] ai due CAD, DAB, che sono eguali per ipotesi, sono eguali tra loro. Quindi è [141] $AE \equiv AC$.

Ed ora, poichè nel triangolo BEC la corda AD è parallela a CE, abbiamo [418]:

$$BD : DC = BA : AE,$$

epperò: $$BD : DC = BA : AC,$$ c. d. d.

423. Teor. *Se un lato di un triangolo è diviso in parti che stiano tra loro come gli altri due lati, la retta, che passa per il punto di divisione del lato e per il vertice dell' angolo opposto, dimezza quest' angolo.*

Dim. Nel triangolo ABC il lato BC sia diviso in D in modo che:

$$BD : DC = BA : AC.$$

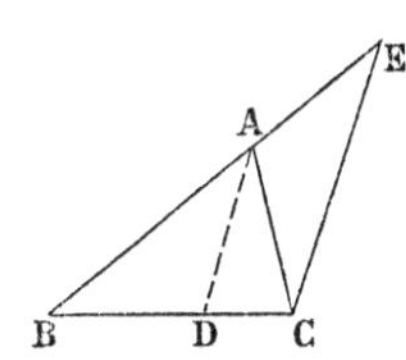

Si vuol provare che l'angolo CAB è diviso per metà dalla retta AD.

A tal fine sul prolungamento di BA si faccia $AE \equiv AC$, e si tiri CE. Allora, essendo per dato:

$$BD : DC = BA : AC,$$

è anche $$BD : DC = BA : AE.$$

Ma poichè nel triangolo BEC la corda AD taglia proporzionalmente i lati BC, BE, essa è [421] parallela al terzo lato CE. Per conseguenza è [251, 252]:

$$C(A)D \equiv A(C)E,$$

e $$D(A)B \equiv C(E)A.$$

Ma gli angoli ACE, CEA, perchè [137] opposti ai lati eguali AE, AC del triangolo ACE, sono eguali; quindi è anche:

$$C(A)D \equiv D(A)B,$$ c. d. d.

424. Teor. *Se la bisettrice di un angolo esterno*

di un triangolo taglia il prolungamento del lato opposto, le distanze del punto d'intersezione dai termini del lato stanno tra loro come gli altri due lati.

Dim. Nel triangolo ABC, prolungato un lato, ad es. il lato BA in D, si divida per metà l'angolo esterno DAC. Quando fosse $AB \equiv AC$, allora, essendo:

$$B(C)A \equiv A(B)C,$$

e $D(A)C \equiv B(C)A + A(B)C$, la metà dell'angolo esterno, cioè l'angolo $D(A)E$, sarebbe uguale ad $A(B)C$; epperò [243] la bisettrice AE non incontrerebbe la retta BC. In questo caso il teorema, che consideriamo, non trova applicazione.

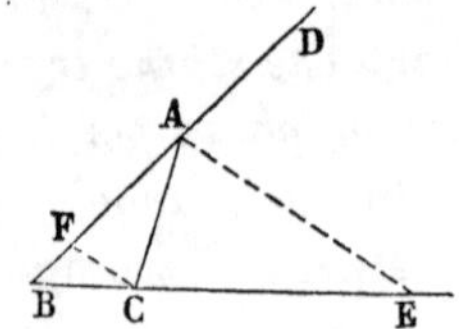

Ma quando AB ed AC sono disuguali, tali sono anche gli angoli opposti, epperò in questo caso, essendo disuguali anche $D(A)E$, $A(B)C$, la bisettrice dell'angolo esterno incontra [248] il prolungamento del lato opposto. Sia E il punto d'incontro. Ora si tratta di provare che:

$$EB : EC = AB : AC.$$

A tal fine si tiri per C la CF parallela ad EA, e sia F il punto dove essa incontra [250] la AB. Poi si osservi che i due angoli AFC, FCA, perchè uguali [252, 251] rispettivamente ai due DAE, EAC, che sono eguali per ipotesi, sono eguali tra loro. Quindi è [141] $AC \equiv AF$.

Ora, rammentando che CF è parallela ad AE, ed imaginando tirata per B la parallela a queste rette, troviamo di poter applicare il teorema di Talete alle trasversali BE, BA. Abbiamo adunque:

$$EB : EC = AB : AF,$$

ossia: $$EB : EC = AB : AC,$$ c. d. d.

425. Teor. *Se le distanze di un punto del prolungamento di un lato di un triangolo dai termini del lato stanno tra loro come gli altri due lati, la retta, che unisce quel punto col vertice opposto, dimezza l'angolo esterno opposto.*

Dim. Sia un triangolo ABC, e sul prolungamento del lato BC un punto E, così posto che:

$$EB : EC = AB : AC.$$

Si tratta di dimostrare che la retta AE dimezza l'angolo esterno DAC.

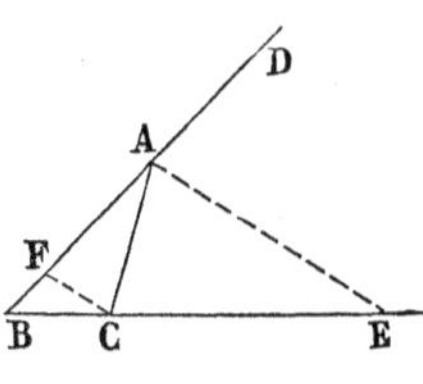

A tal fine, fatto $AF \equiv AC$, si tiri CF. Dalla proporzione data si ha pertanto:

$$EB : EC = AB : AF,$$

e da questa, dividendo [400], risulta la proporzione:

$$BC : EC = BF : AF,$$

la quale prova [421] che CF è parallela ad AE.

Ora, dacchè gli angoli AFC, FCA sono eguali, perchè opposti ai lati eguali AC, AF, e sono eguali rispettivamente [252,251] ai due angoli DAE, EAC, anche questi due sono eguali tra loro, c. d. d.

426. Teor. *Due triangoli, se hanno gli angoli rispettivamente uguali, hanno i lati proporzionali.*

Dim. Nei triangoli ABC, DEF sia:

$$C(A)B \equiv F(D)E \text{ ed } A(B)C \equiv D(E)F.$$

Si vuol provare che:

$$AB : DE = AC : DF = BC : EF.$$

A tale intento, fatto $AH \equiv DE$ ed $AK \equiv DF$, si tiri HK. Confrontando i triangoli AHK e DEF, si vede che hanno due lati e l'angolo compreso rispettivamente uguali; quindi [149] è anche:

$$A(H)K \equiv D(E)F.$$

Ma per supposizione è $D(E)F \equiv A(B)C$; quindi è $A(H)K \equiv A(B)C$, donde la conseguenza [243] che HK è parallela a BC. Per il teorema di Talete ora abbiamo:

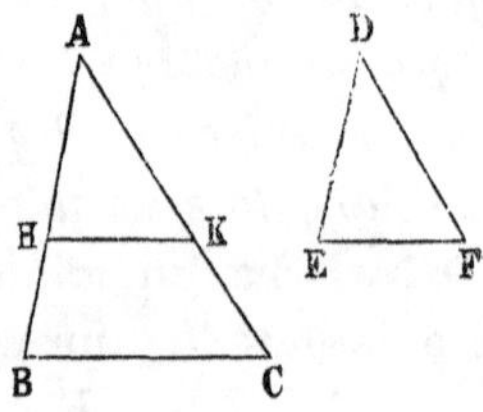

$$AB : AH = AC : AK,$$

ossia:

$$AB : DE = AC : DF.$$

Nello stesso modo si proverebbe che:

$$AB : DE = BC : EF.$$

Epperciò resta dimostrato che, *se ecc.*

427. Teor. *Se due triangoli hanno un angolo eguale ad un angolo, e i lati che comprendono gli angoli eguali sono in proporzione, anche gli altri angoli sono rispettivamente uguali.*

Dim. Nei triangoli ABC, DEF sia:

$$C(A)B \equiv F(D)E, \text{ ed } AB : DE = AC : DF.$$

Si tratta di provare che gli angoli ABC, DEF, opposti ai lati corrispondenti AC, DF, sono eguali.

A tale intento, fatto $AH \equiv DE$ ed $AK \equiv DF$, si tiri HK. Anzitutto dalla proporzione data si ha: $AB : AH = AC : AK$, e da questa proporzione, dividendo [400], si ha l'altra: $BH : AH = CK : AK$, la quale prova [421] che HK è parallela a BC; epperò è $A(H)K \equiv A(B)C$. Ma dal confronto dei due triangoli AHK, DEF si conchiude che è [149]:

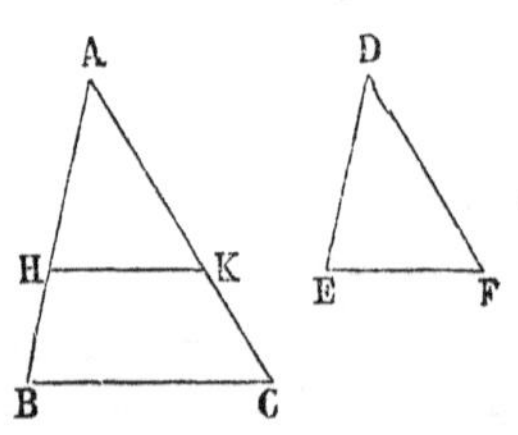

$$A(H)K \equiv D(E)F.$$

Quindi è anche $A(B)C \equiv D(E)F$, c. d. d.

428. Teor. *Se due rombi hanno gli angoli rispettivamente uguali, e due lati consecutivi dell' uno sono inversamente proporzionali a due lati consecutivi dell' altro, i due rombi sono equivalenti.*

Dim. Siano α, β, γ, δ quattro segmenti, che formino proporzione. Tirate due rette, che s' incontrino sotto angolo qualunque, su queste, partendo dal punto comune O, si prendano quattro segmenti OA, OB, OC, OD, che siano rispettivamente uguali ai quattro segmenti α, β, γ, δ, dimodochè anche:

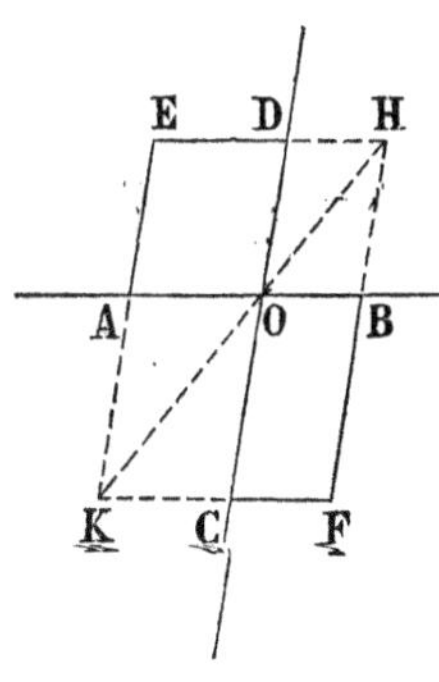

$$OA : OB = OC : OD.$$

Quindi per A e per B si tirino due parallele a CD, e per C e per D due parallele ad AB. Queste rette, incontrandosi [150], formano due rombi AD e BC, che hanno gli angoli rispettivamente uguali, e in cui due lati consecutivi dell' uno sono *inversamente* (*) proporzionali a due lati consecutivi dell' altro. Dico che i rombi AD, BC sono equivalenti.

Perciò si unisca il punto O con H e con K, e si osservi che, poichè è [268]:

$KC \equiv OA$, $DH \equiv OB$, ed $OA : OB = OC : OD$,

è altresì:

$$KC : DH = OC : OD;$$

inoltre sono eguali i due angoli KCO, HDO, perchè alterni, fatti dalle parallele [249] EH, KF con la DC. I due triangoli OCK, ODH hanno adunque un

(*) Giacchè un lato di un rombo sta a un lato dell'altro, come un altro lato di questo sta a un altro lato del primo.

angolo eguale a un angolo, e in proporzione i lati che comprendono i due angoli eguali; per conseguenza [427] è $C(O)K \equiv D(O)H$. E perchè i lati OC, OD di questi angoli sono per diritto, sono per diritto [130] anche gli altri lati OK ed OH. La linea KOH è dunque una diagonale del rombo $EHFK$, epperò [329] i rombi AD, CB sono èquivalenti, c. d. d.

429. Cor. 1°. *Se quattro segmenti sono in proporzione, il rettangolo degli estremi è equivalente al rettangolo dei medî.*

430. Cor. 2°. *Se tre segmenti sono in proporzione continua, il quadrato del medio è equivalente al rettangolo degli estremi.*

431. Cor. 3°. *Se due triangoli hanno un angolo eguale e i lati che comprendono i due angoli eguali sono inversamente proporzionali, essi sono equivalenti.*

Infatti, tirando le diagonali AD, CB dei rombi EO, OF, si ottengono due triangoli OAD, OBC, che hanno le proprietà enunciate nella proposizione, e che sono equivalenti, perchè metà di rombi equivalenti. [354].

432. Teor. *In un triangolo rettangolo la perpendicolare, calata sull' ipotenusa dal vertice dell' angolo retto, è media proporzionale tra le proiezioni dei cateti sull' ipotenusa; e ciascun cateto è medio proporzionale tra la sua proiezione sull' ipotenusa e l' ipotenusa.*

Dim. Il triangolo ABC sia rettangolo in C, e CD sia perpendicolare all' ipotenusa.

Si osservino anzitutto i due triangoli ADC, CDB. Questi hanno gli angoli in D eguali, ed hanno eguali gli angoli DCA, DBC, perchè ambidue complementari dell' angolo BCD. I lati dei triangoli sono quindi [426] proporzionali; epperò:

$$AD : CD = CD : DB.$$

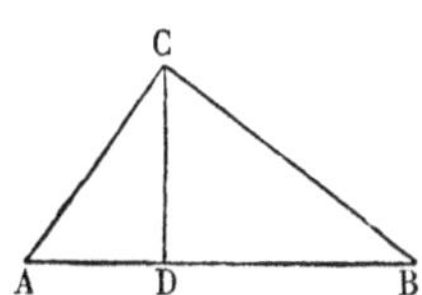

Ora si considerino i triangoli ACD, ABC. Questi sono rettangoli rispettivamente in D ed in C, e poi hanno l'angolo in A comune. Per conseguenza [426]:

$$AB : AC = AC : AD.$$

Similmente, confrontando i due triangoli ACB, CDB, si trova:

$$AB : BC = BC : DB.$$

Così resta dimostrato che *ecc.*

433. Oss. Dalle precedenti proporzioni si ricava [430] che è:

$$(CD)^2 = AD \cdot DB,$$
$$(AC)^2 = AB \cdot AD,$$
$$(BC)^2 = AB \cdot DB.$$

La prima di queste eguaglianze dice che:

In un triangolo rettangolo il quadrato della perpendicolare, calata sull' ipotenusa dal vertice dell' angolo retto, è equivalente al rettangolo delle proiezioni dei cateti sull' ipotenusa.

Dalle due ultime, sommando ordinatamente, si ha:

$$(AC)^2 + (BC)^2 = AB(AD + DB)$$
$$\text{»} \qquad = (AB)^2.$$

Così si è dimostrato di nuovo, e per via tutt' affatto diversa, il teorema di Pitagora.

434. Teor. *Se due corde di un cerchio si tagliano, i segmenti dell' una sono inversamente proporzionali ai segmenti dell' altra.*

Dim. Consideriamo le due corde AB, CD che si segano; chiamiamo E il punto d'intersezione.

Si conducano le corde AC, DB, e si considerino i triangoli AEC, DEB. In questi gli angoli BAC, BDC sono eguali, perchè iscritti [295] nello stesso arco $CADB$; e gli angoli in E sono eguali, perchè opposti al vertice. Perciò i lati dei triangoli sono [426] proporzionali, ed in particolare:

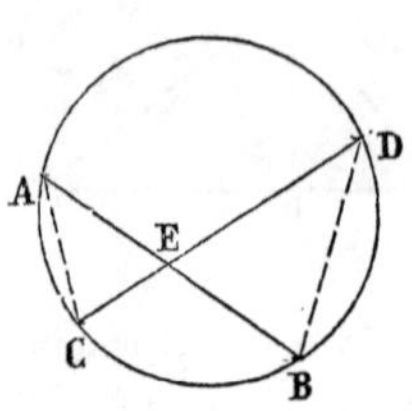

$$EA : ED = EC : EB, \qquad \text{c. d. d.}$$

435. Cor. *Se due corde di un cerchio si tagliano, il rettangolo dei segmenti di una corda è equivalente al rettangolo dei segmenti dell' altra.* [429].

436. Teor. *Due secanti di un cerchio, uscenti da uno stesso punto, sono inversamente proporzionali alle loro parti esterne.*

Dim. Siano le due secanti AB, AC. Condotte le corde DC, EB, si considerino i triangoli ABE, ACD. Questi hanno l'angolo in A comune, ed eguali gli angoli EBD, ECD, perchè [295] iscritti nello stesso arco $DBCE$. Ne segue [426] che:

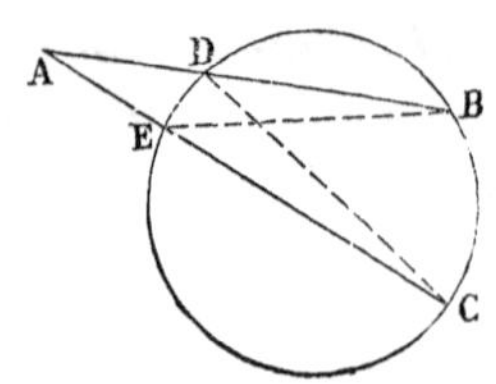

$$AB : AC = AE : AD, \qquad \text{c. d. d.}$$

437. Cor. *Se da uno stesso punto sono tirate ad un cerchio due secanti, il rettangolo di una secante e della sua parte esterna è equivalente al rettangolo dell' altra secante e della sua parte esterna.*

438. Teor. *Se da uno stesso punto sono condotte ad un cerchio una tangente e una secante, la tangente è media proporzionale tra l'intera secante e la parte esterna.*

Dim. Dal punto A, esterno ad un cerchio, siano condotte al cerchio una tangente AB e una secante AC qualunque.

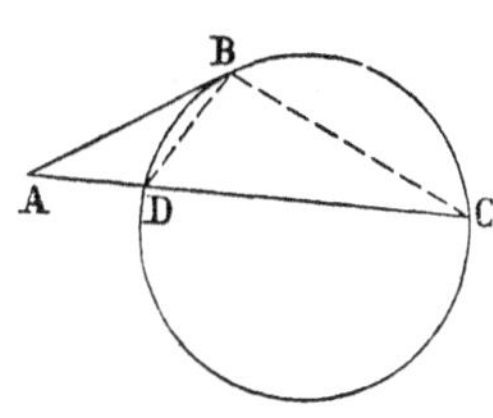

Tirate le corde BD, BC, considero i triangoli ABC, ADB. Questi hanno l'angolo in A comune, ed eguali gli angoli DCB, DBA, perchè [295] iscritti nello stesso arco BCD. Perciò [426] i lati dei triangoli sono proporzionali, e in particolare:

$$AC : AB = AB : AD, \qquad \text{c. d. d.}$$

439. Cor. *Se da uno stesso punto sono condotte ad un cerchio una tangente ed una secante, il quadrato della tangente è equivalente al rettangolo della secante e della sua parte esterna.* [430].

Problemi.

440. Probl. *Costruire il segmento, che è quarto proporzionale dopo tre segmenti dati.*

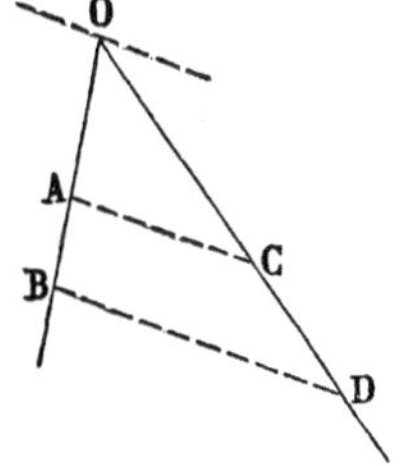

Risol. Sopra un lato di un angolo qualunque, partendo dal vertice, si prendano due segmenti OA, OB, rispettivamente uguali al primo e al secondo dei segmenti dati, poi sull' altro lato, parimente partendo dal vertice, si faccia OC eguale al terzo dei segmenti. Si tiri AC, e poi per B la BD [250] parallela ad AC. Il segmento OD è il [403] quarto proporzionale domandato.

Dim. Infatti, per il teorema di Talete, egli è:

$$OA : OB = OC : OD.$$

441. Probl. *Costruire il segmento, che è terzo proporzionale dopo due segmenti dati.*

Risol. Questo problema è un caso particolare del precedente, quel caso in cui il secondo e il terzo dei segmenti dati sono eguali; epperò si può risolverlo in modo consimile.

Altrimenti si può porre il primo segmento e il secondo sui lati di un angolo retto, in AB, BC, poi, tirata AC, inalzare la perpendicolare ad AC in C. Questa incontra [256] necessariamente, sia in D, il prolungamento di AB; e BD è il segmento domandato.

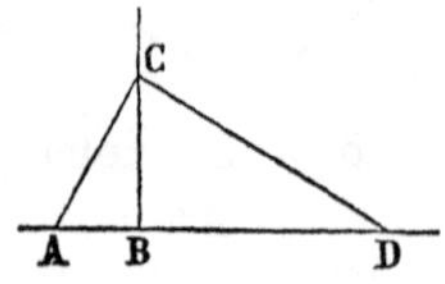

Dim. Infatti, poichè il triangolo ACD è rettangolo in C, e da C è calata la perpendicolare CB sull'ipotenusa AD, abbiamo [432]:

$$AB : BC = BC : BD.$$

442. Probl. *Costruire un segmento, che sia medio proporzionale tra due segmenti dati.*

Risol. 1ª. Sopra AC, somma dei due segmenti dati AB, BC, presa come diametro, si descriva un cerchio, e si tiri per B la perpendicolare ad AC, fino ad incontrare il cerchio in D. Il segmento BD è il domandato.

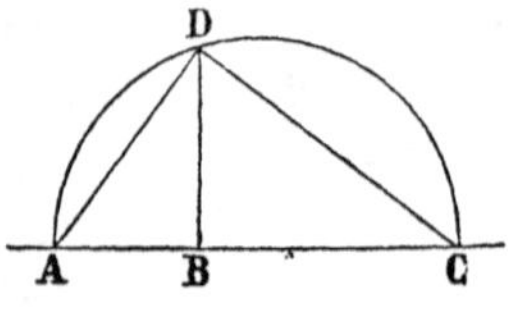

Dim. Infatti l'angolo CDA, perchè iscritto in

mezzo cerchio, è [296] retto, epperò [432] il segmento DB è medio proporzionale tra AB e BC.

Risol. 2ª. Costruito un semicerchio su AB, che è il maggiore dei due segmenti dati, e portato in AC l'altro segmento, si tiri la CD perpendicolare ad AB. La corda AD è il segmento domandato.

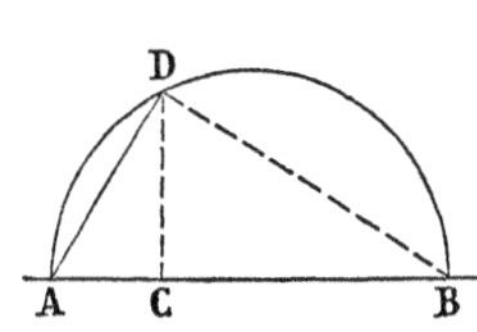

Dim. E ciò perchè l'angolo BDA, come iscritto in mezzo cerchio, è [296] retto, e perchè [432] un cateto è medio proporzionale tra l'ipotenusa e la sua proiezione sull'ipotenusa.

Risol. 3ª. Importante per la semplicità di costruzione è la risoluzione seguente.

Sopra una retta, preso un segmento AB eguale al minore dei due segmenti dati, si porti il maggiore, una volta in BC e un'altra in AD. Quindi, con centri C e D e raggi eguali a $CB \equiv DA$, si descrivano due cerchi. Se E è uno dei punti d'intersezione [230] dei cerchi, BE è il segmento domandato.

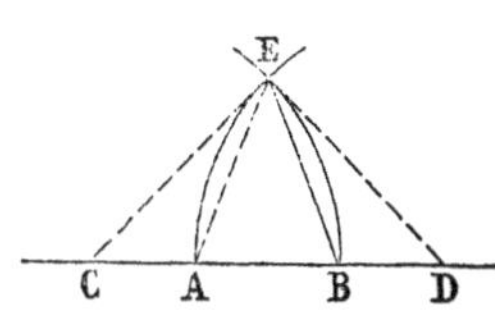

Dim. Essendo $EC \equiv ED$, è $C(D)E \equiv E(C)D$. Essendo inoltre $BD \equiv AC$, se si confrontano i due triangoli BDE, ACE, si trova [149] che è $EB \equiv EA$. Ed ora, poichè i due triangoli isosceli CBE, EAB hanno un angolo alla base in comune, essi hanno gli angoli rispettivamente uguali, e per conseguenza [426] i lati proporzionali. Così:

$$CB : EB = EB : AB, \qquad \text{c. d. d.}$$

443. Probl. *Dividere un dato segmento in parti, che siano proporzionali ad alquanti segmenti dati.*

Risol. Per l'estremità A del segmento AB, che si deve dividere, si tiri un raggio AC ad arbitrio. Su questo raggio, partendo da A e consecutivamente, si trasportino gli altri segmenti dati in AD, DE.... Se H è l'estremità dell' ultimo, si tiri HB, e poi per i punti D, E... le parallele ad HB. Da queste il segmento AB vien diviso [250] nel modo richiesto.

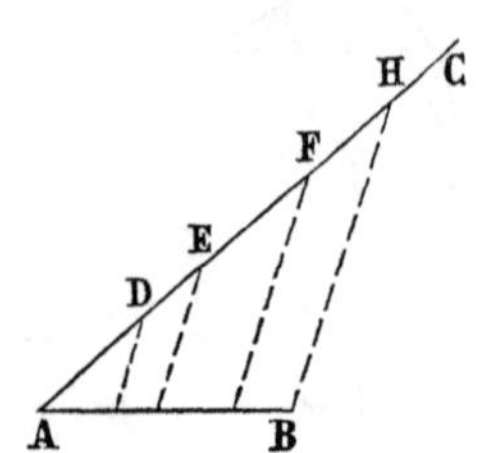

Dim. Infatti, poichè AB ed AC sono due trasversali di un fascio di parallele, due segmenti qualunque dell'una stanno tra loro [417] come i segmenti corrispondenti dell' altra.

444. Probl. *Dati due punti, trovare sulla loro retta un altro punto, le cui distanze dai punti dati stiano tra loro come due segmenti dati.*

Risol. Siano A, B i punti dati; chiamiamo m, n i segmenti dati. Si vuol trovare sulla retta AB un punto, che abbia da A e B distanze proporzionali ai segmenti m, n.

Condotta per A una retta qualunque, si faccia in essa $AM \equiv m$, e poi, partendo da M e da bande opposte di M, si prendano due segmenti MN, MN', che siano eguali al segmento n. Infine, unito B con N e con N', si tirino per M due rette rispettivamente parallele a BN e BN'; e siano X ed Y i punti in cui esse incontrano [250] la retta AB. Dico

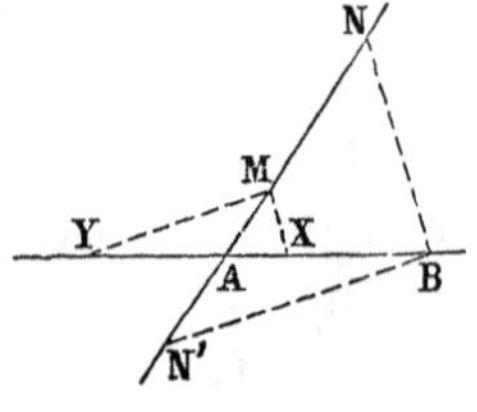

che ciascuno dei punti X ed Y ha dai punti A e B distanze che stanno come m ad n. (*).

Dim. Infatti, per il teorema di Talete, egli è:

$$AX : BX = AM : MN = m : n,$$

ed $$AY : BY = AM : MN' = m : n.$$

445. Oss. 1ª. Nessun altro punto della retta AB sodisfa il problema.

Infatti, detto X' un punto del segmento AB, tale che sia:

$$AX' : BX' = m : n,$$

essendo per conseguenza:

$$AX' : BX' = AM : MN,$$

ne segue [421] che MX' è parallela ad MX, e per conseguenza X' coincide con X.

Detto Y' un punto del raggio AY, tale che sia:

$$AY' : BY' = m : n,$$

epperò anche $AY' : BY' = AM : MN'$,
invertendo e poi dividendo, otteniamo:

$$AB : AY' = AN' : AM.$$

Per conseguenza [427] i triangoli AMY' ed ABN' hanno gli angoli rispettivamente uguali, e in particolare è $A(M)Y' \equiv A(N')B$. Quindi è:

$$A(M)Y' \equiv A(M)Y,$$

epperò Y' coincide con Y.

Non potrebbe poi sodisfare il problema un punto Z, preso sull'altro prolungamento di AB, perchè, avendo codesto punto da B distanza minore che da A, ed essendo nel nostro caso $m < n$, la proporzione:

$$AZ : BZ = m : n$$

è assurda. [401].

(*) Lo studioso farà la figura anche per il caso che sia $m > n$.

446. Oss. 2ª. Nel caso che sia $m \equiv n$, il punto X è il punto di mezzo [285] di AB, e il punto Y manca, perchè, cadendo N' in A, la retta BN' coincide con la BA, e però la parallela a BN', tirata per M, è parallela alla retta AB.

447. Oss. 3ª. Quando un segmento AB è diviso, *internamente* in X, ed *esternamente* in Y, in modo che le distanze del punto X dagli estremi del segmento stanno come le distanze del punto Y dagli estremi stessi, si dice che il segmento AB è diviso *armonicamente* in X ed Y.

Segnato ad arbitrio uno dei due punti X, Y, la posizione dell'altro resta [403] determinata.

Dalla proporzione [390]:

$$AX : BX = AY : BY,$$

permutando, si ottiene la proporzione:

$$XA : YA = XB : YB,$$

dalla quale risulta che, se due punti X, Y dividono armonicamente un segmento AB, reciprocamente i punti A, B dividono armonicamente il segmento XY.

Si suol dire che i quattro punti A, B, X, Y sono *armonici*; i punti A, B si dicono *coniugati armonici*; così i due X, Y.

448. Probl. *Trovare il luogo dei punti, le cui distanze da due punti dati stanno tra loro come due dati segmenti.*

Risol. Siano A e B i due punti dati; diciamo m ed n i dati segmenti. Si tratta di trovare il luogo dei punti, le cui distanze da A e B stanno tra loro, come m sta ad n.

Intanto, se determiniamo [444] quei due punti C e D della retta AB, le cui distanze da A e B stanno nel rapporto dato, cioè quei punti C e D, per i quali:

$$CA : CB = m : n, \quad (1)$$

e

$$DA : DB = m : n, \quad (2)$$

otteniamo due punti del luogo domandato.

Ed ora sia M un altro punto qualunque del luogo (fuori della retta AB [445]); tal punto adunque per cui sia:

$$MA : MB = m : n, \quad (3)$$

e tiriamo MC ed MD.

Confrontando la proporzione (3) con le (1) e (2), conchiudiamo [390] che:

$$MA : MB = CA : CB \quad (4)$$

ed

$$MA : MB = DA : DB. \quad (5)$$

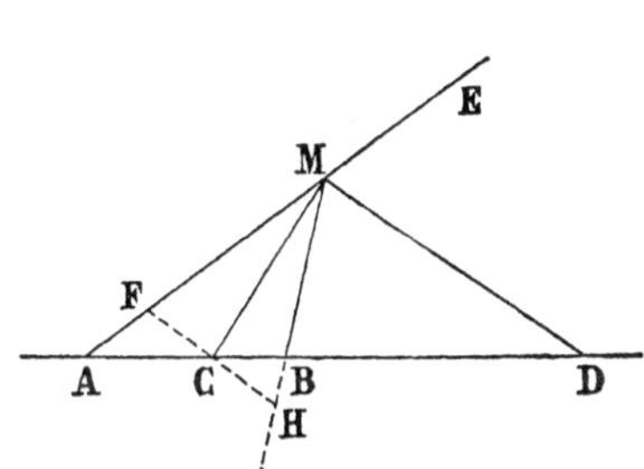

Perciò [423, 425] MC è la bisettrice dell'angolo BMA del triangolo BMA, ed MD è la bisettrice dell'angolo esterno EMB. Per conseguenza [126] l'angolo DMC è retto, epperò [296, 305] il punto M appartiene al cerchio, di cui CD è un diametro.

Ora poi proveremo che qualunque punto di codesto cerchio ha dai punti A e B distanze che stanno come m ad n. Posto che M sia un punto del cerchio, si tiri per C la parallela ad MD, e siano F ed H i punti nei quali essa incontra [250] MA ed MB. Poichè i triangoli AFC, AMD, come i due CBH, DBM, hanno gli angoli rispettivamente uguali, abbiamo [426] le proporzioni:

$$FC : MD = AC : AD,$$
$$HC : MD = BC : BD.$$

Ma per costruzione abbiamo:

$$AC : BC = AD : BD,$$

epperò anche [408]:

$$AC : AD = BC : BD.$$

Conseguentemente [390] egli è:

$$FC : MD = HC : MD,$$

donde risulta [401] essere $FC \equiv HC$.

A tal punto si osservi che l'angolo DMC, perchè iscritto in mezzo cerchio, è [296] retto. Tale è perciò [251] anche l'angolo FCM. Quindi, considerando i triangoli MFC, MHC, si conchiude [149] che MC è la bisettrice dell'angolo BMA; epperò [422]:

$$MA : MB = CA : CB = m : n.$$

In conchiusione *tutti* ed *unicamente* i punti del cerchio di diametro CD hanno da A e B tali distanze che stanno come m ad n. Codesto cerchio è dunque il luogo ricercato.

449. Probl. *Trovare due segmenti che stiano tra loro come due poligoni dati.*

Risol. Si trasformino i due poligoni in due triangoli d'uguale altezza [339, 337]. Le basi di questi sodisfanno la condizione voluta.

Dim. Infatti i poligoni dati stanno tra loro come i triangoli, e questi come le loro basi [384].

Esercizî.

601. Se più rette, passanti per un medesimo punto, sono tagliate da due parallele, i segmenti di una di queste sono proporzionali ai segmenti dell' altra. [426, 390].

602. Se due rette sono parallele, e due segmenti AB, BC della prima sono proporzionali a due segmenti $A'B'$, $B'C'$ della seconda, le rette AA', BB', CC' concorrono in uno stesso punto. [427].

603. Descritto mezzo cerchio, prendendo per diametro un lato AB di un triangolo equilatero ABC (e fuori del triangolo), si divida il mezzo cerchio in tre parti eguali nei punti D ed E. Si dimostri che le rette CD, CE dividono in tre parti eguali il lato AB. (Si prolunghino CA, CB fino ad incontrare DE. [**601**]).

604. Se per un punto di una diagonale di un rombo si tirano due rette rispettivamente parallele ai lati, le diagonali di quei tra i rombi risultanti, che sono attraversati dalla diagonale, sono rispettivamente parallele alle diagonali del rombo dato.

605. Se due triangoli hanno gli angoli rispettivamente uguali, e dai vertici di due angoli eguali si tirano ai lati opposti due segmenti in modo che facciano coi lati stessi angoli eguali, i due segmenti stanno tra loro come i lati ai quali sono condotti, e tagliano i lati stessi in parti proporzionali.

606. Se in un triangolo rettangolo è iscritto un quadrato, e un lato di questo sia sull' ipotenusa, questa rimane divisa in parti continuamente proporzionali. [426].

607. Se un' altezza di un triangolo è media proporzionale tra i segmenti in cui essa taglia il lato sul quale è condotta, il triangolo è rettangolo. [427].

608. Se in due triangoli d' eguale altezza si conducono due corde parallele alle basi ed egualmente distanti da queste, le due corde stanno tra loro come le basi. [426, 417].

609. Se per il punto d' incontro delle diagonali di un trapezio si tira la parallela alle basi, il segmento di questa, compreso tra i lati concorrenti, è dimezzato dalle diagonali. [426, 417].

610. Il rettangolo dei segmenti compresi tra il punto delle altezze e le estremità di un'altezza è costante. [426, 429].

611. Il raggio del cerchio, che passa per i punti di mezzo dei lati di un triangolo, è metà di quello del cerchio circoscritto al triangolo.

612. La parte di una tangente a un cerchio, compresa tra due altre tangenti parallele tra loro, è divisa dal punto di contatto in modo che il raggio è medio proporzionale tra i due segmenti. [432].

613. Se due cerchi si tagliano, le tangenti condotte ai cerchi da qualsivoglia punto preso sui prolungamenti della corda comune, sono eguali. [438, 430].

614. Se due cerchi si toccano esternamente, la parte di una tangente comune (s' intenda di una di quelle non perpendicolari alla retta dei centri) compresa tra i punti di contatto, è media proporzionale tra i diametri. (Si tiri la perpendicolare alla retta dei centri nel punto comune ai due cerchi).

615. Se due tangenti, condotte a due cerchi, esterni l'uno all'altro, dai centri dei cerchi stessi, si tagliano, il rettangolo dei segmenti, in cui è divisa la parte esterna di una tangente, è equivalente al rettangolo dei segmenti dell'altra. [426, 428].

616. Se si circoscrive un rombo a un trapezio, quella diagonale del rombo, che taglia le basi del trapezio, passa per il punto d'incontro delle diagonali di quest'ultimo.

617. Se da un punto di un cerchio si calano le perpendicolari su due tangenti che si tagliano, e poi la perpendicolare sulla retta che passa per i punti di contatto, questa terza perpendicolare è media proporzionale tra le altre due. [294, 426].

618. In un triangolo qualunque il rettangolo di due lati è equivalente al rettangolo del diametro del cerchio circoscritto e dell'altezza calata sul terzo lato.

619. Se per il centro di un cerchio si conduce il diametro AB perpendicolare a una retta data, e poi per uno degli estremi del diametro, ad es. per A, si conduce una retta che incontri in M il cerchio ed in N la retta, il rettangolo dei segmenti AM ed AN è costante. Proposizione più generale.

620. Luogo dei punti ne' quali i segmenti, tirati a una retta data da un punto dato, sono divisi in rapporto dato.

621. Luogo dei punti di mezzo delle corde di un triangolo, che sono parallele ad un lato. [392, 427].

622. Luogo dei punti, le cui distanze da due parallele date stanno in rapporto dato. (Si divide secondo quel rapporto [444] un segmento terminato alle parallele. Ecc.).

623. Luogo dei punti, le cui distanze da due rette, che si tagliano, stanno in rapporto dato. (Si costruisca intanto un punto, le cui distanze dalle rette date siano eguali ai segmenti che indicano il rapporto dato. E si unisca questo punto con quello d'intersezione delle rette....).

624. Luogo dei punti, dai quali le due parti di un dato segmento sono vedute sotto angoli eguali. [422, 448].

625. Dividere un segmento dato in n parti continuamente proporzionali e in modo che due parti consecutive stiano tra loro come due dati segmenti.

626. Dividere un dato segmento in tre parti in modo che la prima stia alla seconda come due dati segmenti, e la seconda alla terza come due altri segmenti dati.

627. Dividere un rombo, od un triangolo, in parti che stiano tra loro come dati segmenti.

628. Dividere un rombo in due parti che stiano in rapporto dato, e ciò con una retta che passi per un punto dato sopra un lato. (Prima si divide il rombo nel rapporto dato con una parallela, ecc.).

629. In un cerchio sono condotti due raggi; si tiri tal corda che sia divisa dai raggi in tre parti eguali.

630. Trovare due segmenti, data la loro somma e dato il segmento che è medio proporzionale tra i segmenti stessi. [432].

631. Trovare due segmenti, dei quali è data la differenza e il rapporto. [400].

632. Trovare due segmenti, data la loro differenza e data la media proporzionale tra essi. (Si considera il cerchio che ha la differenza per diametro. Ecc. [438]).

633. Trovare un punto, che abbia data distanza da una retta o da un punto dato, e che abbia da due altre rette date tali distanze, che stiano tra loro in rapporto dato. [**623**].

634. Trovare un punto, le cui distanze da tre rette date stiano come tre dati segmenti. [**623**].

635. Tirare per un punto, dato fra i lati di un angolo, una corda in modo che dal punto stesso essa sia divisa in un rapporto dato. (Si unisce il vertice col punto, e posto sul prolungamento un segmento quarto proporzionale, ecc...., si conduce la parallela ad uno dei lati dell'angolo, ecc.).

636. Per un punto dato condurre una retta in modo che le distanze della retta da due altri punti dati stiano in rapporto dato. [444].

637. Per il punto d'intersezione di due cerchi condurre una secante in modo che le corde comprese nei cerchi stiano in rapporto dato. (Bisogna dividere secondo questo rapporto il segmento che unisce i centri. [187, 392]).

638. Per un punto dato tirare una retta in modo che i segmenti dei lati di un angolo dato, compresi tra questa retta ed il vertice, stiano in rapporto dato. [426].

639. Per un punto dato condurre tal retta, che tagli due rette date in punti, le cui distanze dal punto dato stiano in rapporto dato. [**620**].

640. Per un punto dato condurre una retta, che tagli tre rette uscenti da uno stesso punto, e in modo che i segmenti della prima, compresi tra le altre rette, stiano in rapporto dato. (Si risolva dapprima il problema ponendo il punto sopra una delle rette date. [**639**]).

641. Costruire un triangolo, dato il perimetro e i rapporti $a:b$, $b:c$.

642. Costruire un triangolo, dato un lato, l'angolo opposto, ed il rapporto del lato dato ad uno degli altri due lati.

643. Costruire un triangolo, dato A, h_a e $b:c$. [427, **244**].

644. Costruire un triangolo, dato un lato, la mediana (o l'altezza) che gli corrisponde, e il rapporto degli altri due lati. [448].

645. Costruire un triangolo, dato un lato, la bisettrice corrispondente, e il rapporto degli altri due lati. [422, 447].

646. Costruire un triangolo, dato un lato, il rapporto degli altri due, e l'altezza calata sopra uno di questi ultimi.

647. Costruire un triangolo, dato un lato, l'angolo opposto, ed il rapporto degli altri due lati.

648. Costruire un triangolo, dati due lati e la bisettrice dell'angolo compreso. (Si osservi la figura del § 422. Coi dati si può costruire [440] il segmento CE, epperò anche il triangolo ACE, e in seguito il triangolo domandato).

649. Se A e B sono i centri di due cerchi disuguali, ed AP, BQ una coppia di raggi paralleli, la retta PQ incontra la retta dei centri in un punto fisso. Dedurre un metodo per condurre le tangenti comuni a due cerchi.

650. Le secanti comuni ad un cerchio fisso e a tutti i cerchi, che passano per due dati punti, passano per uno stesso punto. [436].

651. Se ciascuno di tre cerchi taglia gli altri due, le secanti comuni passano per uno stesso punto. [434].

652. Se sopra un segmento, diviso in sezione aurea, si costruisce un triangolo rettangolo, in modo che il punto di divisione sia il piede della perpendicolare calata dal vertice dell'angolo retto, i lati del triangolo sono in proporzione continua. [432, 407].

653. Se da un punto di un lato di un angolo acuto si cala la perpendicolare sull'altro lato, e dal piede di questa la perpendicolare sul primo lato, e così via, le distanze dei piedi delle perpendicolari dal vertice dell'angolo sono in proporzione continua. [417].

654. Se una retta è tangente a un cerchio, e si cala dal punto di contatto la perpendicolare sopra un diametro qualsivoglia, e dalle estremità di questo diametro e dal centro si inalzano le perpendicolari al diametro stesso fino all'incontro con la tangente, le quattro perpendicolari sono in proporzione continua.

655. Le corde, uscenti dal punto di contatto di una tangente ad un cerchio, sono tagliate da una corda qualunque parallela alla tangente in modo che il rettangolo, contenuto da una corda e dal suo segmento compreso tra le due parallele, è costante. [294, 429].

656. Se da un punto dell'ipotenusa si calano le perpendicolari sui cateti, il rettangolo dei segmenti dell'ipotenusa è equivalente alla somma dei rettangoli contenuti dai segmenti dei cateti. (Sia BC l'ipotenusa, E il punto della stessa, ED ed EF le perpendicolari calate rispettivamente su AB, AC. Si cali da D la perpendicolare DH sull'ipotenusa. Si confrontino i triangoli DEH, ECF, e poi i due DBH, CEF).

657. AB è una corda di un cerchio di centro O, e C un punto qualunque del cerchio. D ed E sono i punti nei quali la perpendicolare ad AB nel punto medio è incontrata dalle rette AC, BC. Si provi che il quadrato del raggio è equivalente al rettangolo dei segmenti OD, OE. (Si proverà che i triangoli OCD, OEC hanno gli angoli rispettivamente uguali; il che vien fatto osservando che $C(E)D$ e $D(C)O$ sono complementi di $A(B)C$).

658. In un triangolo qualunque il rettangolo di due lati è equivalente alla somma del quadrato della bisettrice dell'angolo compreso e del rettangolo dei segmenti in cui resta diviso il terzo lato. (Si circoscrive il cerchio al triangolo, e, prolungata la bisettrice AD fino ad incontrarlo in E, si confrontano [426] i triangoli ABD, AEC. [430, 435]).

659. Se ABC è un triangolo rettangolo iscritto in un cerchio, e da un punto D qualsivoglia del diametro AB si tira la perpendicolare al diametro stesso, la quale incontri in E il cerchio, ed in F ed H le rette AC, BC, in tal caso DE è media proporzionale tra DF, DH. [432, 426, 407].

660. Da un punto A sono tirate le tangenti AB, AC ad un cerchio di centro O, e poi è condotta la BE perpendicolare al diametro CD; dimostrare che BE è dimezzata da AD in F. (I triangoli DEF, DCA hanno gli angoli rispettivamente uguali, e così i due DEB, OCA. Si perviene [407] alla proporzione $EF : EB = OC : DC$).

661. Se per il punto d'incontro delle mediane di un triangolo si tira una retta qualunque, e si calano sulla stessa le perpendicolari dai vertici, la somma delle due perpendicolari, che sono da una stessa banda della trasversale è uguale alla terza. (Si cali sulla trasversale la perpendicolare dal punto di mezzo dal lato non attraversato dalla ...).

662. Una corda di un trapezio, parallela alle basi, taglia i lati concorrenti nel rapporto di m ad n. Si domanda il rapporto della corda alla somma delle basi.

663. Se i lati di un triangolo sono divisi nel rapporto di m ad n, e dai punti di divisione e dai vertici del triangolo si tirano altrettante parallele fino ad incontrare una retta esterna al triangolo, la somma dei tre segmenti tirati dai vertici è uguale alla somma degli altri tre, tirati dai punti di divisione dei lati.

664. Se un angolo ruota intorno al suo vertice, e, presi sulle posizioni del primo lato dei punti in linea retta, si prendono sulle posizioni dell'altro lato, partendo dal vertice comune O, dei segmenti proporzionali ordinatamente a quelli che sono sugli altri lati, anche i termini dei nuovi segmenti sono in linea retta. (Siano A, B, C... i primi punti, ed A', B', C',... i secondi. Si unisca B' con A' e con C', e si confrontino [426] i triangoli AOB, AOC rispettivamente con $A'O'B'$, $A'O'C'$ [128]).

665. Se dai vertici di un triangolo si conducono ai lati opposti, o ai loro prolungamenti, tre segmenti eguali, e da un punto qualsivoglia, interno al triangolo, si tirano tre segmenti rispettivamente paralleli ai precedenti, e questi pure fino all'incontro dei tre lati, la somma di questi ultimi è uguale ad uno dei primi. (Bisogna unire il punto interno O con ciascuno dei vertici A, B, C, e prolungare ciascuno di questi segmenti fino al lato opposto. Poi si prova [384, 426] che il triangolo ABC sta a ciascuno dei tre OAB, OBC, OAC rispettivamente, come uno dei tre segmenti sta al parallelo. Quindi... [405, 401]).

666. Se sopra una retta, partendo da un punto A e dalla stessa banda, si prendono tre segmenti AB, AC, AD continuamente proporzionali, e poi si tira da A un segmento $AE \equiv AC$, l'angolo DEB è dimezzato da EC. (Anzitutto si applichi alla proporzione data il teorema 400, e poi il 408. Poi ai triangoli AED, AEB il teorema 427).

667. Se da un punto P esterno ad un cerchio si tirano le tangenti PC, PD, e la retta CD (*), che passa per i punti di contatto, tagli in Q il diametro AOB, che passa per P, le distanze dei punti A e B dal punto P stanno, come quelle degli stessi A e B dal punto Q. (Si osservi che CB dimezza [294] l'angolo PCQ, e che la CA, perchè perpendicolare a CB, dimezza l'angolo esterno adiacente all'angolo PCQ. [422, 424]).

668. Se per un vertice di un triangolo si conduce il diametro del cerchio iscritto, e dal punto, nel quale esso taglia il lato opposto, si calano le perpendicolari sugli altri due

(*) Il punto P è detto *polo* della retta CQD, e CQD è detta *polare* del punto P, rispetto al cerchio.
I punti P e Q si dicono *coniugati armonici* rispetto al cerchio.

lati, e si uniscono i piedi delle due perpendicolari, si ottiene una retta parallela al primo lato.

669. In ogni triangolo il centro del cerchio iscritto, il punto di concorso delle mediane e il centro del cerchio iscritto in quel triangolo, che ha i vertici ne' punti di mezzo dei lati del triangolo dato, sono in linea retta. E la distanza dei due primi punti è doppia della distanza dei due ultimi.

670. In un triangolo qualunque il centro del cerchio circoscritto, il punto di concorso delle mediane e il punto delle altezze sono in linea retta, e la distanza dei due primi punti è metà della distanza tra i due ultimi.

671. In ogni triangolo rettangolo la somma dell'ipotenusa e dell'altezza corrispondente è maggiore della somma dei cateti. (Si dimostri [426, 400, 401] dapprima che la differenza tra l'ipotenusa ed un cateto è maggiore della differenza tra l'altro cateto e l'altezza).

672. In ogni triangolo la semidifferenza di due lati è media proporzionale tra le distanze del punto di mezzo del terzo lato dai punti nei quali questo lato è diviso dall'altezza e dalla bisettrice corrispondente. (Sia ABC il triangolo; $AB > AC$; D il punto medio di BC; E ed F le estremità della bisettrice e dell'altezza uscenti dal vertice A. Calando da C la CH perpendicolare alla bisettrice AE, si ha [305] in DH la semidifferenza tra AB ed AC. Bisogna confrontare [426] i triangoli HED ed FHD. Per provare che è $E(H)D \equiv D(F)H$, gioverà osservare che il quadrangolo $AHFC$ è iscrittibile).

673. Luogo dei punti, nei quali sono divisi secondo un rapporto dato i segmenti condotti da un punto dato ad un dato cerchio. (Si divida in O, secondo quel rapporto, il segmento che unisce il punto A col centro C. Usando del punto O per dividere [440] gli altri segmenti, si prova poi facilmente che il luogo è un cerchio. [426]).

674. Due segmenti AB, AC sono divisi proporzionalmente in D ed in E, e le perpendicolari ai segmenti stessi, tirate per D e per E, s' incontrano in F. Dimostrare che il luogo del punto F è una retta, che passa per A. [417, 426, 427].

675. Per un punto P, preso sopra un cerchio, si tiri una corda PB e su questa si prenda un segmento PB' in guisa che il rettangolo di PB e PB' sia equivalente a un quadrato dato. Si domanda il luogo dei punti B'. (Si tiri anche il diametro PA, e trovato il punto A', si confrontino [427] i triangoli PBA, $PA'B'$. [305]).

676. Luogo dei punti dai quali due cerchi dati sono veduti sotto il medesimo angolo. (Se M è un punto del luogo, A e B i centri, C e D due punti di contatto, dal confronto di due triangoli si trova che il rapporto di MA ad MB è uguale a quello dei raggi. Ecc.).

677. Trovare, fuori di un cerchio dato, tal punto, che la somma delle tangenti condotte da esso al cerchio sia eguale alla secante, che passa per il centro.

678. Per un punto dato tirare una retta, che passi per il punto di concorso di due date, e ciò senza usare di questo punto. (Per il punto dato A si conduca una retta, che tagli le date in B e in C. Poi una parallela, che le tagli in D e in E. [443, **602**]).

679. In un cerchio è dato un punto A e una corda BC. Si vuol condurre una corda AD, che tagli BC in E in guisa che DE e DC stiano in rapporto dato. (Del triangolo DEC si possono [427] determinare gli angoli).

680. Trovare un punto da cui tre segmenti AB, BC, CD, di una stessa retta si vedano sotto angoli eguali. [422, 447].

681. Condurre una tangente a un cerchio da un punto dato, e ciò senza usare del centro del cerchio. (In base al § 438 si determina la distanza del punto di contatto dal punto dato).

682. Descrivere un cerchio, che passi per due punti dati, e tocchi una retta data. (Si tira la retta, che passa per i due punti, fino all'incontro della retta data. Su questa si può quindi [438, 442] determinare il punto di contatto).

683. Dato un angolo e un punto, trovare sopra un lato un punto che sia egualmente distante dal punto dato e dall'altro lato dell'angolo. (Costruendo il punto, che è simmetrico col dato rispetto al primo lato, il problema è ridotto al precedente).

684. Descrivere un cerchio, che tocchi due rette date, e passi per un punto dato. (Il problema si riduce subito al precedente. [109]).

685. Descrivere un cerchio, che tocchi due rette date e un cerchio dato. (Considerando il cerchio, che è concentrico col richiesto, e che passa per il centro del dato, si riduce la questione alla precedente).

686. Descrivere un cerchio, che passi per due punti dati, e tocchi un cerchio dato. (Si descriva un cerchio, che passi per i punti A e B e tagli il cerchio dato. Il punto d'incontro della retta AB con la secante comune è un punto della tangente comune al cerchio dato ed al cerchio richiesto).

687. Sopra una retta data trovare un punto, le cui distanze da due punti dati abbiano differenza data. (Si riduce il problema al precedente, considerando il punto, che è simmetrico con uno dei dati, rispetto alla retta data).

688. Dati due punti A e B e una retta passante per B, si vuol determinare su questa retta due punti X, Y in modo che siano equidistanti da B, e che $X(A)Y$ sia eguale a un angolo dato. (Si prendano sulla retta data due punti equidistanti da B, poi si trovi sulla BA tal punto ecc. [305]).

689. Trasformare un quadrato in un rettangolo, nel quale due lati consecutivi abbiano un rapporto dato. (Sulla somma dei due segmenti AB, BC, che indicano il rapporto, si descriva mezzo cerchio. Condotta per B la perpendicolare ad AC, che incontri il cerchio in D, su questa si prenda BE, uguale al lato del quadrato dato. Infine si condurranno per E le parallele alle DA, DC).

690. Trasformare un quadrato in un triangolo equilatero. (Poichè un triangolo equilatero è equivalente ad un rettangolo, che ha un lato eguale all'altezza ed uno alla metà del lato del triangolo equilatero, il lato del quadrato è medio ... ecc.).

691. Dato un cerchio e due punti di un diametro, trovare sul cerchio tal punto che i segmenti, che lo uniscono co' punti dati, formino con la tangente al cerchio in quel punto angoli eguali. [422, 447].

692. Dato un quadrangolo, trovare un punto, le cui distanze da due lati opposti stiano in rapporto dato, e le cui distanze dagli altri due lati diano somma eguale a dato segmento. [**349**].

693. Tirare da un vertice di un triangolo al lato opposto tale segmento, che sia medio proporzionale tra le parti in cui esso taglia il lato. (Si supponga prolungato il segmento di una parte eguale ad esso).

694. Condurre in un triangolo una corda, che sia parallela a un lato, e che stia in dato rapporto col segmento di uno degli altri lati compreso tra le parallele. (Si prolunga uno dei due lati di un segmento che stia al primo lato nel dato rapporto. Ecc.).

695. Condurre in un triangolo una corda che sia parallela ad un lato, e media proporzionale tra i segmenti in cui essa taglia uno degli altri lati. (Si cerchi dapprima la terza proporzionale dopo questo lato ed il primo. Ecc.).

696. Costruire un triangolo, date h_a, m_a, ed $a : b$. [**688**].

697. Costruire un triangolo, dato un lato, la differenza ed il rapporto degli altri due. [**672**].

698. Se per un punto E di una mediana AD di un triangolo ABC si tirano due rette BE, CE, che incontrino rispettivamente in H ed in F i lati AC, AB, la retta FH è parallela a BC. (Si tiri per F la parallela a BC, fino ad incontrare AC in K, e poi si unisca K con E. Sia M il punto dove FK incontra AD, e si considerino i triangoli FME, CDE. Quindi i due MKE, BDE).

699. Mediante la sola riga, date due parallele ed un punto M, condurre per M la parallela alle rette date. (Per M si tirino due rette, che seghino una delle date in A e B, l'altra in C e D. Per il punto d'incontro delle AD, BC si tiri una retta, che seghi le date in E ed F. Le rette CE ed FB s'incontrano in un punto della retta richiesta).

700. Con l'uso della sola riga, essendo dato un rombo ed una retta, condurre una parallela alla retta data. (Si tirino due rette per i punti, dove due lati contigui del rombo incontrano la retta data, e per un punto di una diagonale... Ecc.).

CAPITOLO XII

POLIGONI SIMILI

Triangoli simili.

449. Def. *Due triangoli, che abbiano gli angoli rispettivamente uguali e i lati proporzionali* (*), *si dicono* simili (**).

In due triangoli simili i lati opposti agli angoli eguali si dicono *omologhi*; e si dicono omologhi anche gli angoli eguali, e i vertici degli angoli eguali.

450. Teor. *Se due triangoli hanno due angoli rispettivamente uguali, essi sono simili* (***).

Dim. È stata data nel § 426.

451. Teor. *Se due triangoli hanno un angolo eguale, e i lati che contengono i due angoli eguali sono in proporzione, essi sono simili.*

Dim. È stata data nel § 427, dove si prova che i rimanenti angoli dei due triangoli sono eguali tra

(*) Quando si dice, come nel caso presente, che delle grandezze sono proporzionali, *senz' altro* [410], egli è perchè esse sono manifestamente divise in due gruppi d'egual numero di grandezze, e perchè è anche manifesto quale grandezza d'un gruppo corrisponde a una data grandezza dell'altro. Nel caso dei triangoli simili sono corrispondenti due lati opposti ad angoli eguali.

(**) Il teorema 426 prova che si danno triangoli, nei quali sono sodisfatte ad un tempo tutte le condizioni espresse dalla definizione.

(***) Nel dire che i triangoli sono simili, a dir vero, si ripete l'ipotesi. Si dice *simili,* per brevità, intendendo dire che anche gli angoli rimanenti sono eguali, e che i lati dei triangoli sono proporzionali.

loro; donde si può [450] senz' altro conchiudere che i triangoli sono simili.

452. Teor. *Se due triangoli hanno i lati proporzionali, essi sono simili.*

Dim. I triangoli ABC, DEF abbiano i lati proporzionali, e per l'appunto sia:

$$AB : DE = AC : DF = BC : EF.$$

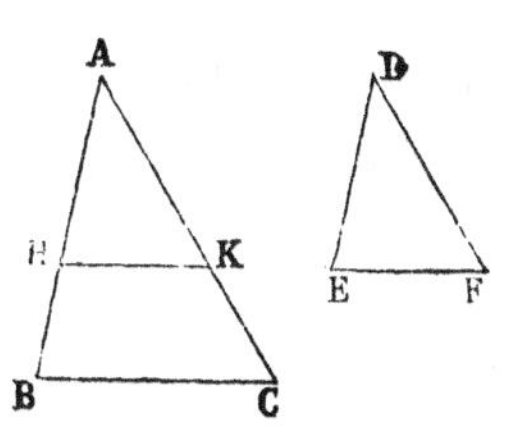

Dico che gli angoli opposti ai lati corrispondenti sono eguali.

Sui raggi AB, AC si prendano due segmenti AH, AK eguali rispettivamente ai due DE, DF, e si tiri HK.

Essendo per l'ipotesi:

$$AB : DE = AC : DF,$$

anche:
$$AB : AH = AC : AK.$$

Così i triangoli ABC, AHK, poichè hanno un angolo eguale e i lati che contengono questo angolo in proporzione, sono simili [451], epperò:

$$AB : AH = BC : HK.$$

Ma per ipotesi è:

$$AB : DE = BC : EF.$$

Quindi [402] (essendo $AH \equiv DE$) è $HK \equiv EF$.

Se ora confrontiamo i triangoli AHK, DEF, troviamo che hanno i lati rispettivamente uguali; per conseguenza [151] abbiamo $K(A)H \equiv F(D)E$. Così ci siamo ricondotti al caso precedente, nel quale i triangoli hanno un angolo eguale e i lati che comprendono questo angolo in proporzione; epperò possiamo conchiudere [451] senz' altro che i triangoli ABC, DEF sono simili, c. d. d.

453. Probl. *Costruire un triangolo, che sia simile ad un triangolo dato, e che abbia due punti dati come vertici omologhi a due vertici assegnati del triangolo dato.*

Risol. Siano dati un triangolo ABC e due punti D, E. Si vuol costruire un triangolo, che sia simile ad ABC, e di cui D, E siano due vertici, omologhi rispettivamente di A e B.

Si costruiscano in D ed E, e da una stessa banda di DE, due angoli rispettivamente uguali agli angoli in A e B del triangolo dato. Poichè la somma di questi due angoli è minore di due retti [133], è minore di due retti anche la somma dei due angoli fatti in D ed E; epperò [255] le rette DF ed EF s'incontrano. Se F è il punto d'incontro, DEF è il triangolo domandato [450].

Oss. Nel piano dato il problema ammette manifestamente due soluzioni.

454. Teor. *Due triangoli simili stanno tra loro, come un lato del primo sta al segmento, che è terzo proporzionale dopo il detto lato e l'omologo.*

Dim. Siano ABC, DEF due triangoli simili, e per l'appunto sia:

$$A(B)C \equiv D(E)F \quad \text{e} \quad B(C)A \equiv E(F)D;$$

così BC ed EF sono due lati omologhi. Proveremo che il triangolo ABC sta al triangolo DEF, come BC sta al segmento, che è terzo proporzionale rispetto a BC ed EF.

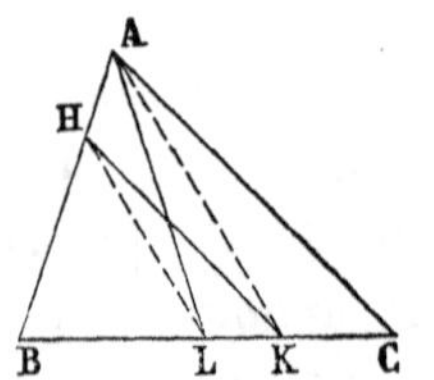

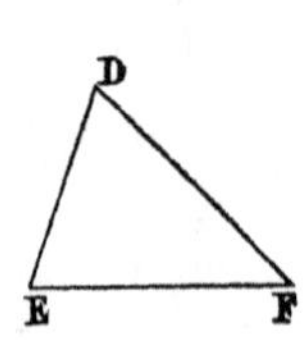

A tale intento, fatto $BH \equiv ED$ e $BK \equiv EF$,

si tiri HK; quindi, unito A con K, si tiri HL parallelamente ad AK, e si unisca A con L.

Cominciamo ad osservare che i triangoli HLA, HLK, perchè costruiti sulla medesima base HL, e compresi tra le stesse parallele HL ed AK, sono [322] equivalenti. Aggiungendo ad ambidue il triangolo HBL, si trova che anche i triangoli ABL, HBK sono equivalenti tra loro. E perchè il triangolo HBK è uguale [149] al triangolo DEF, anche i triangoli DEF ed ABL sono equivalenti, epperò abbiamo la proporzione:

$$ABC : DEF = ABC : ABL.$$

Ma i triangoli ABC, ABL, rispetto alle basi BC, BL, hanno eguale altezza; quindi [384]:

$$ABC : ABL = BC : BL.$$

Per conseguenza [390] anche:

$$ABC : DEF = BC : BL.$$

Così, per aver dimostrato il teorema, ci resta da provare che il segmento BL è terzo proporzionale dopo BC ed EF.

Intanto, essendo per ipotesi:

$$BC : EF = AB : DE,$$

è anche:

$$BC : BK = AB : BH.$$

Ma per il teorema di Talete, applicato alle parallele AK, HL e al punto B dove s'incontrano le trasversali BA, BK, abbiamo:

$$AB : BH = BK : BL.$$

Questa proporzione e la precedente danno [390]:

$$BC : BK = BK : BL,$$

ossia:

$$BC : EF = EF : BL, \qquad \text{c. d. d.}$$

Poligoni simili.

455. Teor. *Se alquanti triangoli, aventi due vertici comuni, sono rispettivamente simili ad altrettanti triangoli aventi due vertici comuni, e ciascuno dei vertici comuni ai primi triangoli è omologo, per ciascuna coppia di triangoli simili, di uno e di uno stesso dei vertici comuni degli altri triangoli* (*), *e secondo che due dei primi triangoli cadono da una stessa banda o da bande opposte del lato comune, anche i triangoli corrispondenti cadono da una stessa banda o da bande opposte del lato comune, allora le distanze tra i vertici dei primi triangoli sono proporzionali alle distanze tra i vertici dei secondi, e l'angolo compreso da due qualunque delle prime distanze, che abbiano una estremità comune, è uguale all' angolo compreso tra le distanze corrispondenti* (**).

Dim. I triangoli MNA, MNB, $MNC\ldots$, costruiti sulla stessa base MN, siano rispettivamente simili ai triangoli $M'N'A'$, $M'N'B'$, $M'N'C'\ldots$, che sono costruiti su medesima base $M'N'$. Siano M,

(*) Qui bisogna intendere che, se M, N sono i vertici comuni dei primi triangoli, ed M', N' sono i vertici comuni degli altri, e se in una coppia di triangoli simili M ed M' sono due vertici omologhi, codesti punti sono vertici omologhi in ciascuna altra delle coppie di triangoli (e non potrebbe essere in una di queste M omologo di N').

(**) È chiaro che si possono dare due gruppi di triangoli aventi tra loro le relazioni accennate dal teorema. Infatti, costruiti ad arbitrio quanti si vogliano triangoli con due vertici M, N comuni, e presi due punti qualunque M', N', si possono costruire su $M'N'$ dei triangoli rispettivamente simili ai precedenti [453], ecc.

M' vertici omologhi per ciascuna coppia di triangoli simili, e tali siano i vertici N, N'; e secondo che due dei primi triangoli giacciono da una stessa banda, o da bande opposte di MN, i triangoli corrispondenti giacciano da una stessa banda, o da bande opposte di $M'N'$. Dico che le distanze tra i vertici dei primi triangoli sono proporzionali alle distanze tra i vertici dei secondi triangoli; e che due qualunque delle prime distanze, che abbiano un termine comune, comprendono angolo eguale a quello delle distanze corrispondenti.

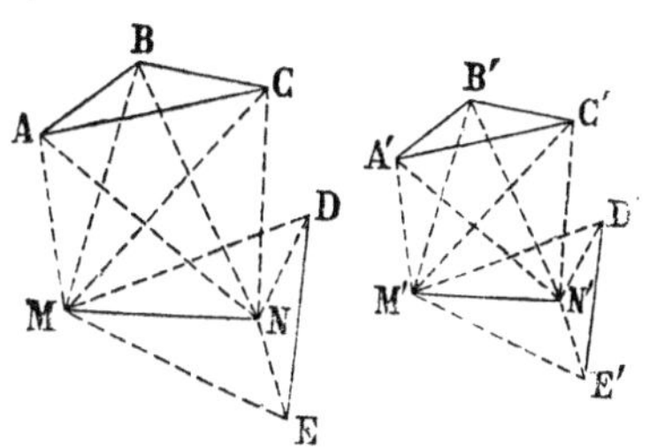

Per conto della prima parte del teorema proveremo che la distanza tra due qualunque dei vertici dei primi triangoli sta alla distanza corrispondente, come MN sta ad $M'N'$.

Per il caso che dei due vertici, che si prendono nella prima figura, uno sia il punto M, ovvero il punto N, i due rapporti sono eguali per ipotesi. Infatti, ad es., si ha:

$$AM : A'M' = MN : M'N',$$

per la simiglianza dei triangoli AMN, $A'M'N'$.

Passando al caso generale, proponiamoci di provare, ad es., che:

$$BC : B'C' = MN : M'N'.$$

Intanto, per la simiglianza dei triangoli MNB, $M'N'B'$, abbiamo che:

$$B(M)N \equiv B'(M')N'.$$

E per quella dei triangoli MNC, $M'N'C'$, egli è:

$$C(M)N \equiv C'(M')N'.$$

Per conseguenza è:

$$B(M)C \equiv B'(M')C'.$$

Abbiamo poi che [390]:

$$BM : B'M' = CM : C'M'.$$

Pertanto i triangoli BMC, $B'M'C'$ sono simili [451]; epperò:

$$BC : B'C' = BM : B'M'.$$

Ma $$BM : B'M' = MN : M'N'.$$

Quindi [390] anche:

$$BC : B'C' = MN : M'N'.$$

Così la prima parte del teorema è dimostrata.

Consideriamo ora nella prima figura due distanze, che abbiano una estremità in comune, ad es. le due BA e BC, e le corrispondenti distanze nella seconda figura. Dico che l'angolo compreso dalle prime è uguale all'angolo compreso dalle seconde.

Perciò tiro i segmenti AC ed $A'C'$, e considero i triangoli ABC, $A'B'C'$. Poichè, per quanto si è ormai dimostrato, questi due triangoli hanno i lati proporzionali, i loro angoli sono [452] rispettivamente uguali. Abbiamo adunque:

$$C(B)A \equiv C'(B')A'.$$

E così resta provata anche la seconda parte della nostra proposizione.

456. Oss. 1ª. Se tre punti, ad es. i tre A, B, C, di una delle due figure fossero in linea retta, sarebbero in linea retta anche i punti corrispondenti A', B', C'. Infatti, in tal caso, essendo supplementari i due angoli MBA, CBM, sarebbero supplementari gli angoli corrispondenti $M'B'A'$, $C'B'M'$. [128].

457. Oss. 2ª. Se nella prima figura, presi n punti, ed attribuito ad essi un certo ordine, uniamo il primo punto col secondo, il secondo col terzo...., l'$(n-1)$

.esimo con l'*n.esimo*, e poi tiriamo nella seconda figura i segmenti corrispondenti, otteniamo due spezzate, che hanno i lati ordinatamente (*) proporzionali ed eguali gli angoli compresi da lati corrispondenti.

Che se uniamo, in ambedue le figure, anche l'*n.esimo* punto col primo, allora otteniamo due poligoni, che hanno i lati ordinatamente proporzionali, ed eguali gli angoli compresi da lati corrispondenti.

458. Def. *Due poligoni (o due spezzate), se hanno i lati ordinatamente (**) proporzionali, ed eguali gli angoli compresi da lati corrispondenti, si dicono* simili.

Due lati corrispondenti di due poligoni simili si dicono *omologhi.* E si dicono *omologhi* due angoli compresi da lati *omologhi,* ed *omologhi* i vertici di questi angoli.

459. Probl. *Costruire un poligono, che sia simile a un poligono dato, che abbia due vertici in due punti dati, e in modo che questi riescano omologhi di due vertici assegnati del poligono dato.*

Risol. Sia dato un poligono qualunque $ABCD...$, e due punti A', B'. Si tratta di costruire un poligono, che sia simile al dato, che abbia due vertici in A', B', e in modo che A' sia l'omologo di A, e B' di B.

(*) Con la parola *ordinatamente* intendiamo esprimere che a lati consecutivi d'una spezzata corrispondono lati consecutivi dell'altra.

(**) Notiamo che non è superflua (cioè inclusa nelle altre) la condizione espressa dalla parola *ordinatamente.* Due poligoni potrebbero avere lati proporzionali ed angoli rispettivamente uguali e non essere simili. (Cfr. la nota del § 178).

L'osservazione precedente prova che esistono figure nelle quali hanno luogo tutte ad un tempo le condizioni espresse nella definizione.

Perciò si uniscano i vertici A e B del poligono dato con ciascuno degli altri vertici del poligono stesso. Quindi si costruiscano i triangoli $A'B'C'$, $A'B'D'$, $A'B'E'$... rispettivamente simili ai triangoli ABC, ABD, ABE..., e similmente disposti; poi si tirino i segmenti $C'D'$, $D'E'$, ecc. Il poligono $A'B'C'D'$.., che risulta, è il poligono domandato.

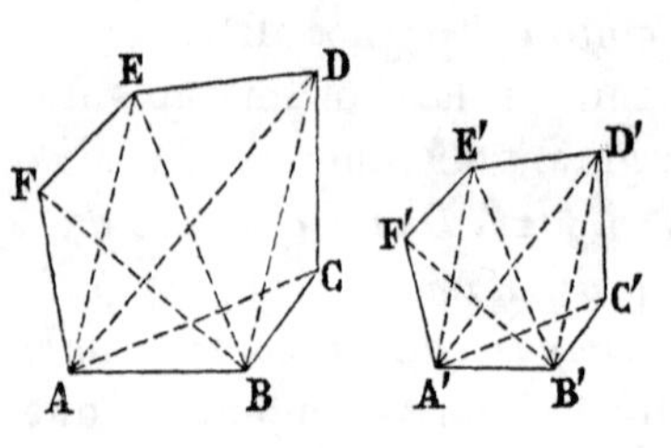

Dim. Infatti, poichè i triangoli costruiti sulla base AB sono simili rispettivamente ai triangoli costruiti sulla base $A'B'$, e similmente disposti, le distanze AB, BC, CD... tra i vertici dei primi triangoli sono [455] ordinatamente proporzionali alle distanze corrispondenti $A'B'$, $B'C'$, $C'D'$...; e gli angoli compresi dalle prime sono rispettivamente uguali agli angoli compresi dalle seconde, epperò i due poligoni $ABCD$...., $A'B'C'D'$... sono simili. [458].

460. Teor. *Due poligoni simili a un terzo sono simili tra loro.*

Dim. Due poligoni P, P' siano simili ad un terzo P''. Dico che essi sono anche simili tra loro.

Se nel poligono P prendiamo due lati consecutivi qualunque, ad es. i lati AB, BC, per l'ipotesi possiamo dire che nel poligono P'' ci sono due lati consecutivi $A''B''$, $B''C''$ tali che:

$$AB : A''B'' = BC : B''C'',$$

e che l'angolo in B è uguale all'angolo in B''.

E perchè i poligoni P'' e P' sono simili, ai lati consecutivi $A''B''$, $B''C''$ dell'uno corrispondono nell'altro due lati consecutivi $A'B'$, $B'C'$ tali che:

$$A'B' : A''B'' = B'C' : B''C'',$$

e l'angolo in B'' è uguale all'angolo in B'.

Confrontando le due proporzioni, troviamo che hanno i conseguenti rispettivamente uguali; quindi [404]:

$$AB : A'B' = BC : B'C'.$$

E gli angoli in B e B', perchè uguali all'angolo in B'', sono eguali tra loro.

In conchiusione nei poligoni P, P' i lati sono ordinatamente proporzionali e gli angoli compresi da lati corrispondenti sono eguali. I due poligoni sono dunque simili, c. d. d.

461. Teor. *Se in due poligoni simili si tirano tutte le diagonali che concorrono in due vertici omologhi, i poligoni restano divisi in triangoli rispettivamente simili e proporzionali.*

Dim. Siano $ABC\ldots$, $A'B'C'\ldots$. due poligoni simili, e siano A ed A', B e B', ecc. i vertici omologhi. Dico che, tirando da due vertici omologhi, ad es. da A e da A', tutte le diagonali che concorrono in essi, i poligoni restano divisi in triangoli rispettivamente simili e proporzionali.

Anzitutto i triangoli ABC, $A'B'C'$ sono [451] simili, perchè, per la simiglianza dei poligoni, è:

$$A(B)C \equiv A'(B')C'.$$

ed

$$AB : A'B' = BC : B'C'.$$

Passiamo a considerare i triangoli ACD, $A'C'D'$. Essendo eguali per l'ipotesi gli angoli BCD, $B'C'D'$, ed essendo eguali gli angoli BCA, $B'C'A'$, come angoli omologhi dei triangoli ABC, $A'B'C'$, dei quali pur ora abbiamo dimostrata la simiglianza, anche gli angoli ACD, $A'C'D'$ sono eguali.

Inoltre, per dato, abbiamo:

$$BC : B'C' = CD : C'D',$$

e, per la simiglianza dei triangoli ABC, $A'B'C'$, egli è:

$$BC : B'C' = AC : A'C'.$$

Quindi anche [390]:

$$AC : A'C' = CD : C'D'.$$

Pertanto anche i triangoli ACD, $A'C'D'$ sono [451] simili tra loro.

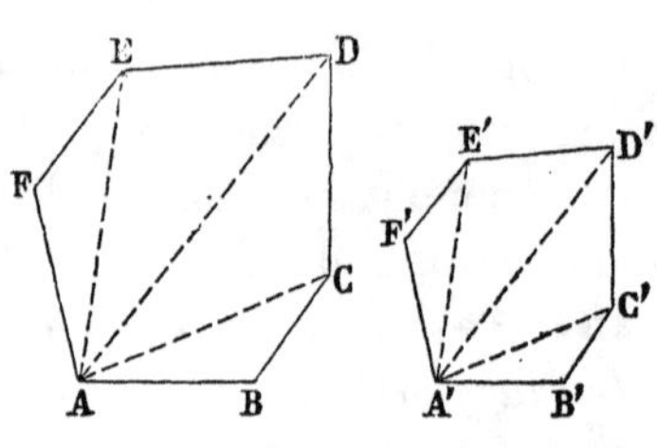

Ora, giovandoci della simiglianza, testè riconosciuta, dei due triangoli ACD, $A'C'D'$, e di quella dei poligoni, potremmo dimostrare, nel modo stesso, che anche i triangoli ADE, $A'D'E'$ sono simili tra loro; e così successivamente, fino ad aver considerato tutti i triangoli in cui si son divisi i poligoni.

Per dimostrare che i triangoli sono proporzionali, osserviamo che, essendo AC ed $A'C'$ lati omologhi tanto nei triangoli simili ABC, $A'B'C'$, quanto nei triangoli simili ACD, $A'C'D'$, se chiamiamo α il segmento terzo proporzionale dopo AC ed $A'C'$, abbiamo [454] le proporzioni:

$$ABC : A'B'C' = AC : \alpha,$$
$$ACD : A'C'D' = AC : \alpha,$$

e per conseguenza [390]:

$$ABC : A'B'C' = ACD : A'C'D'.$$

Nello stesso modo, dopo aver osservato che AD ed $A'D'$ sono lati omologhi, sia nei triangoli simili $ACD, A'C'D'$, sia nei triangoli simili $ADE, A'D'E'$, troveremmo che:

$$ACD : A'C'D' = ADE : A'D'E',$$

e così via, fino ad aver considerate tutte le coppie di triangoli. Così è anche provato [409] che i triangoli, in cui sono divisi i poligoni, sono proporzionali.

462. Teor. *I perimetri di due poligoni simili stanno tra loro come due lati omologhi, ed i poligoni (le superficie dei poligoni) stanno tra loro come un lato del primo sta al segmento che è terzo proporzionale dopo il detto lato e l'omologo.*

Dim. Siano $ABC\ldots$, $A'B'C'\ldots$ due poligoni simili; siano AB ed $A'B'$ due lati omologhi. Chiamiamo α il segmento che è terzo proporzionale dopo AB ed $A'B'$. Si vuol dimostrare che i perimetri dei poligoni stanno tra loro come AB sta ad $A'B'$, e che i poligoni stanno tra loro come AB sta ad α.

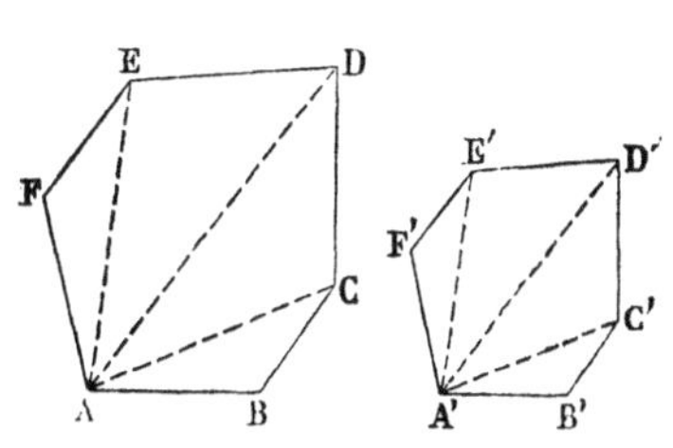

1°. Poichè i rapporti dei lati d'un poligono ai corrispondenti dell'altro sono eguali, e, se più rapporti tra grandezze omogenee sono eguali, la somma degli antecedenti sta alla somma dei conseguenti, come uno qualunque degli antecedenti sta al suo conseguente [391], la somma dei lati d'un poligono, cioè il perimetro del poligono, sta alla somma dei lati dell'altro poligono, cioè al perimetro di questo poligono, come un lato del primo sta al lato omologo.

2°. Per dimostrare la seconda parte del teorema, tiriamo nei due poligoni dai vertici omologhi A, A' tutte le diagonali che concorrono in essi. Sappiamo [461] che i poligoni restano divisi in triangoli rispettivamente simili e proporzionali. Così, per il teorema già rammentato [391], la somma dei primi triangoli, cioè il primo poligono, sta alla somma degli altri triangoli, cioè al secondo poligono, come uno qualunque dei primi triangoli sta al suo conseguente, epperò anche come il triangolo ABC sta ad $A'B'C'$.

Ma i triangoli ABC, $A'B'C'$ sono simili, ed AB, $A'B'$ sono due loro lati omologhi; epperò [454]:

$$ABC : A'B'C' = AB : \alpha.$$

Per conseguenza anche [390] il poligono $ABC\ldots$ sta al poligono $A'B'C'\ldots$, come AB sta ad α; appunto c. d. d.

463. Cor. *Due poligoni simili stanno come i quadrati di due lati omologhi.*

Dim. Siano AB ed $A'B'$ lati omologhi di due poligoni simili $ABCD\ldots.$ ed $A'B'C'D'\ldots.$ Dico che:

$$ABCD\ldots : A'B'C'D'\ldots = (AB)^2 : (A'B')^2.$$

Infatti, chiamando α il segmento terzo proporzionale dopo AB ed $A'B'$, abbiamo [462] che:

$$ABCD\ldots : A'B'C'D'\ldots = AB : \alpha,$$

ed anche:

$$(AB)^2 : (A'B')^2 = AB : \alpha,$$

perchè anche i due quadrati sono due poligoni simili, ed AB ed $A'B'$ sono loro lati omologhi. Dalle due proporzioni si ha poi [390] che:

$$ABCD\ldots : A'B'C'D'\ldots = (AB)^2 : (A'B')^2.$$

464. Teor. *Se quattro segmenti sono in proporzione, e i due primi sono lati omologhi di due poligoni simili, e i due ultimi sono lati omologhi di altri* *due poligoni simili, i quattro poligoni sono in proporzione.*

Dim. Siano α, β, γ, δ quattro segmenti in proporzione; α e β siano lati omologhi di due poligoni simili M, N; ed i segmenti γ e δ siano lati omologhi di due altri poligoni simili P, Q. Si tratta di dimostrare che:

$$M : N = P : Q.$$

Sopra i lati di due angoli eguali qualunque, si prendano i quattro segmenti:

$$AB \equiv \alpha, \quad DE \equiv \beta, \quad AC \equiv \gamma, \quad DF \equiv \delta;$$

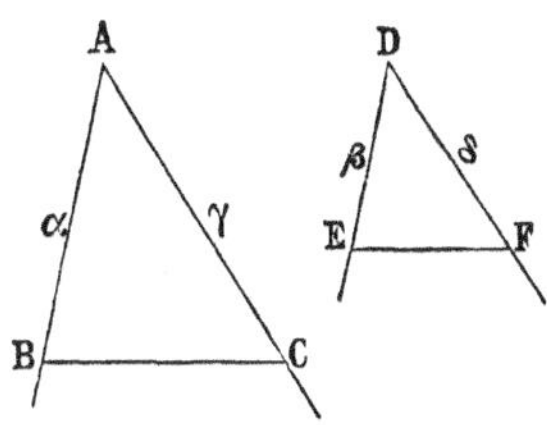

poi si tirino BC ed EF. Se confrontiamo i triangoli ABC, DEF, troviamo che sono simili [451]. E perchè due poligoni simili stanno tra loro [463] come i quadrati di due lati omologhi, abbiamo che:

$$ABC : DEF = \alpha^2 : \beta^2,$$

e che
$$ABC : DEF = \gamma^2 : \delta^2;$$

per conseguenza [390] anche:

$$\alpha^2 : \beta^2 = \gamma^2 : \delta^2.$$

D'altra parte, essendo α e β lati omologhi dei due poligoni simili M, N, e γ e δ lati omologhi dei due poligoni simili P, Q, abbiamo [463] che:

$$M : N = \alpha^2 : \beta^2,$$
$$P : Q = \gamma^2 : \delta^2;$$

quindi infine [390] possiamo conchiudere che anche:

$$M : N = P : Q,$$ c. d. d.

465. Teor. *Se quattro poligoni sono in proporzione, e i due primi sono simili tra loro, e così i due ultimi, due lati omologhi dei due primi poligoni e due lati omologhi degli altri due formano una proporzione.*

Dim. M ed N siano due poligoni simili, ed α e β siano due loro lati omologhi. P e Q siano due altri poligoni simili, e γ e δ due loro lati omologhi. E sia:

$$M : N = P : Q.$$

Si tratta di provare che:

$$\alpha : \beta = \gamma : \delta.$$

Intanto, poichè [463]:

$$M : N = \alpha^2 : \beta^2,$$

e

$$P : Q = \gamma^2 : \delta^2,$$

e i primi rapporti sono eguali per ipotesi, anche:

$$\alpha^2 : \beta^2 = \gamma^2 : \delta^2.$$

Ora, chiamando ε il segmento quarto [440] proporzionale dopo α, β, γ, abbiamo [464] che:

$$\alpha^2 : \beta^2 = \gamma^2 : \varepsilon^2.$$

Questa proporzione, confrontata con la precedente, mostra [402] che è $\varepsilon^2 = \delta^2$, epperò [327] anche $\varepsilon \equiv \delta$. Quindi infine:

$$\alpha : \beta = \gamma : \delta \qquad \text{c. d. d.}$$

466. Probl. *Dati due cerchi ed un poligono iscritto (o circoscritto) in uno di essi, iscrivere (o circoscrivere) nell' altro cerchio un poligono, che sia simile al dato.*

Risol. 1°. Si unisca il centro con i vertici del poligono iscritto, e poi si tirino nell' altro cerchio altrettanti raggi, che formino angoli rispettivamente uguali a quelli compresi dai raggi tirati nel primo cerchio. Unendo le estremità dei raggi tirati nel secondo cerchio, si ottiene il poligono domandato.

Dim. Confrontando i triangoli AOB, $A'O'B'$,

troviamo che sono simili, perchè, essendo isosceli, ed avendo eguali (per costruzione) gli angoli opposti alle basi, hanno gli angoli rispettivamente uguali. Per conseguenza [450] egli è:

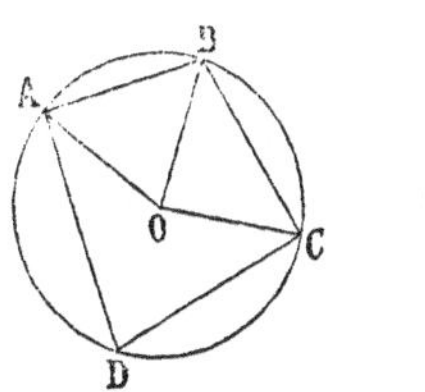

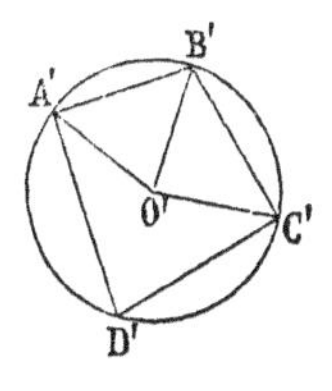

$$AB : A'B' = OB : O'B'.$$

Nello stesso modo, considerando i triangoli BOC, $B'O'C'$, troviamo che:

$$BC : B'C' = OB : O'B'.$$

Quindi [390] anche:

$$AB : A'B' = BC : B'C'.$$

Sono poi eguali gli angoli CBA, $C'B'A'$, perchè somme di angoli rispettivamente uguali.

In conclusione i due poligoni hanno i lati ordinatamente proporzionali, ed eguali gli angoli compresi da lati corrispondenti; essi sono adunque simili, c. d. d.

Risol. 2°. Siano di nuovo dati due cerchi, e ad uno sia circoscritto un poligono $ABCD$. Per circoscrivere all' altro cerchio un poligono simile al dato, unisco il centro del primo cerchio coi punti di contatto dei lati del poligono circoscritto; quindi tiro nell' altro cerchio altrettanti raggi in modo che formino angoli rispettivamente uguali agli angoli compresi dai raggi condotti nel primo cerchio. Infine, per le estremità dei raggi condotti nel secondo cerchio, tiro delle tangenti. Queste, incontrandosi [256], formano un poligono circoscritto, che è simile al dato.

Dim. Per la dimostrazione unisco i centri coi vertici dei poligoni.

Se consideriamo i triangoli OBE, $O'B'E'$, troviamo che hanno eguali gli angoli EOB, $E'O'B'$, perchè metà di angoli eguali [214, 151]; ed hanno eguali gli angoli in E, E', perchè retti [209]. Per conseguenza anche gli angoli OBA, $O'B'A'$ sono eguali.

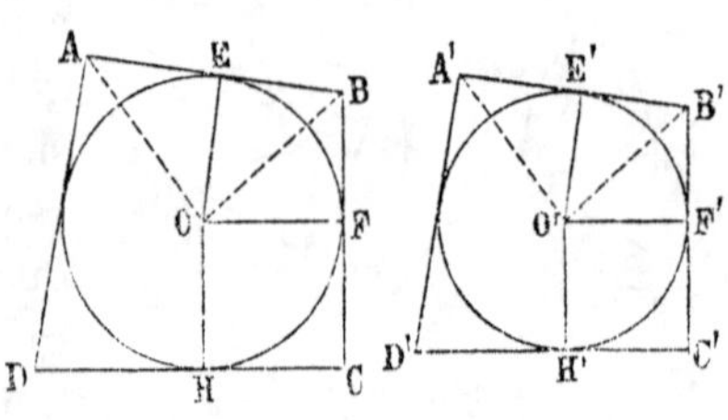

Nello stesso modo si proverebbe che sono eguali gli angoli BAO, $B'A'O'$.

I triangoli OAB, $O'A'B'$ hanno adunque gli angoli rispettivamente uguali; quindi [450] ha luogo la proporzione:

$$AB : A'B' = OB : O'B'.$$

Similmente si proverebbe che:

$$BC : B'C' = OB : O'B'.$$

Per conseguenza [390] anche:

$$AB : A'B' = BC : B'C'.$$

Gli angoli CBA, $C'B'A'$ sono poi eguali, perchè doppi di angoli eguali (o, se si vuole, perchè supplementari [262] degli angoli EOF, $E'O'F'$, che sono eguali per costruzione).

In conchiusione i due poligoni hanno i lati ordinatamente proporzionali, ed eguali gli angoli compresi da lati corrispondenti; essi son dunque simili, c. d. d.

467. Teor. *I perimetri di due poligoni simili, iscritti o circoscritti a due cerchi, stanno tra loro come i raggi dei cerchi.*

Dim. 1°. Siano due poligoni simili $ABCD$, $A'B'C'D'$ iscritti in due cerchi. Unisco i centri con le estremità di due lati omologhi, ad es. con le estremità dei lati CD, $C'D'$, e poi tiro le diagonali BD, $B'D'$. Sappiamo [461] che i triangoli BCD, $B'C'D'$ sono simili, epperò gli angoli CBD, $C'B'D'$ sono eguali. Per conseguenza sono eguali anche gli angoli $COD, C'O'D'$, dacchè sono [294] rispettivamente doppi degli angoli CBD, $C'B'D'$. I triangoli isosceli OCD, $O'C'D'$, avendo eguali gli angoli opposti alle basi, hanno gli angoli eguali; quindi [450]:

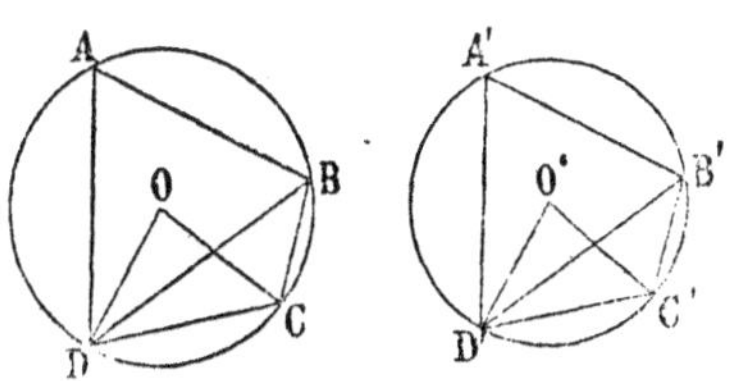

$$DC : D'C' = OC : O'C'.$$

Se poi chiamiamo P e P' i perimetri dei due poligoni, abbiamo [462] che:

$$P : P' = DC : D'C'.$$

Per conseguenza [390] anche:

$$P : P' = OC : O'C', \qquad \text{c. d. d.}$$

2°. Siano $ABCD$, $A'B'C'D'$ due poligoni simili, circoscritti a due cerchi O ed O'. Siano AB ed $A'B'$ due lati omologhi; E, E' i loro punti di contatto. Si unisca O con A, E e B, ed O' con A', E' e B'.

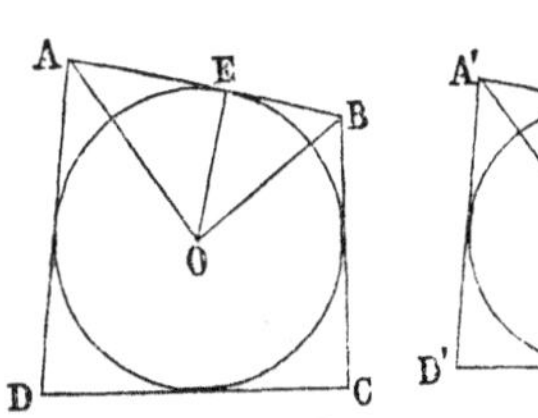

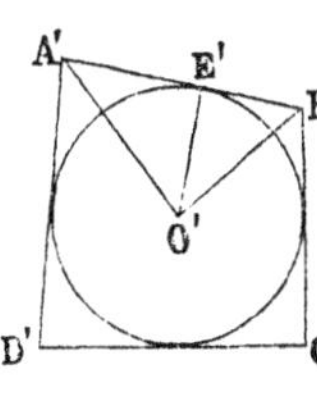

Ora, dappoichè OA, $O'A'$ dimezzano [214] gli angoli BAD, $B'A'D'$, e questi sono eguali, è anche $B(A)O \equiv B'(A')O'$. Per la stessa ragione è $O(B)A \equiv O'(B')A'$. I triangoli OAB, $O'A'B'$ sono dunque simili [450], epperò: $\quad AB : A'B' = AO : A'O'.$

E per la simiglianza [209] dei triangoli AEO, $A'E'O'$, abbiamo:

$$AO : A'O' = OE : O'E'.$$

Quindi [390]:

$$AB : A'B' = OE : O'E'.$$

Infine, detti P, P' i perimetri dei poligoni, essendo [462]:

$$P : P' = AB : A'B',$$

egli è $$P : P' = OE : O'E', \qquad \text{c. d. d.}$$

468. Teorema di Tolomeo. *Se un quadrangolo è iscritto in un cerchio, il rettangolo delle diagonali è equivalente alla somma dei rettangoli dei lati opposti.*

Dim. Sia $ABCD$ un quadrangolo iscritto in un cerchio; si tirino le diagonali AC, BD. Dico essere:

$$AC \cdot BD = AB \cdot CD + AD \cdot BC.$$

Si faccia $E(A)B \equiv D(A)C$, e si considerino i triangoli EAB, DAC. Poichè in questi gli angoli EAB, DAC sono eguali per costruzione, e gli angoli ABE, ACD sono eguali, perchè iscritti nello stesso arco $DCBA$, i lati [450] sono proporzionali. Adunque:

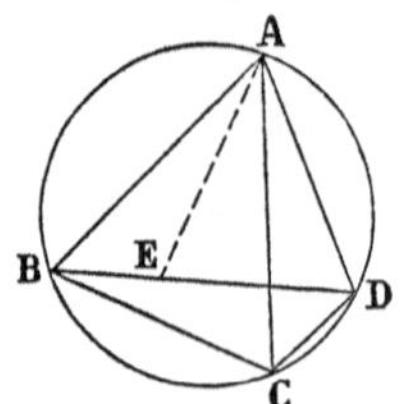

$$AB : AC = BE : CD,$$

epperò [429] è:

$$AB \cdot CD = AC \cdot BE.$$

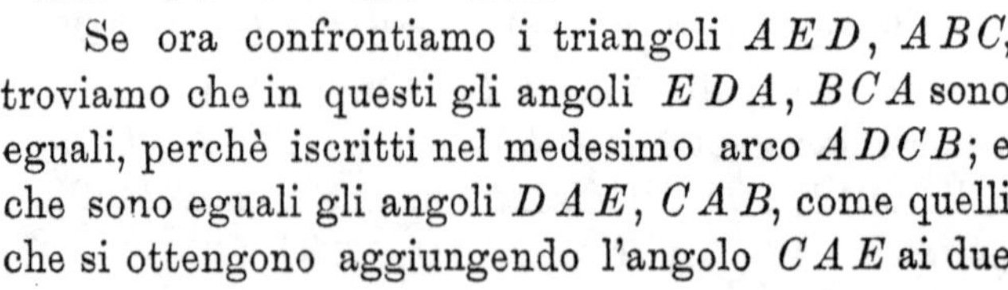

Se ora confrontiamo i triangoli AED, ABC, troviamo che in questi gli angoli EDA, BCA sono eguali, perchè iscritti nel medesimo arco $ADCB$; e che sono eguali gli angoli DAE, CAB, come quelli che si ottengono aggiungendo l'angolo CAE ai due angoli eguali DAC, EAB. Pertanto i triangoli sono [450] simili ed abbiamo:

$$BC : ED = AC : AD;$$

quindi [429] è:

$$AD \cdot BC = AC \cdot ED.$$

Per conseguenza [317] abbiamo che:

$$AB \cdot CD + AD \cdot BC = AC \cdot BE + AC \cdot ED.$$

Ma la somma dei rettangoli $AC \cdot BE$ ed $AC \cdot ED$ (poichè hanno medesima altezza AC) è equivalente a un rettangolo che ha altezza eguale ad AC, e per base la somma delle basi BE, ED, cioè la diagonale BD. Resta dunque provato che, *ecc.* (*).

469. Teor. *Se i lati di un triangolo rettangolo sono lati omologhi di tre poligoni simili, quel poligono, un cui lato è l'ipotenusa, è equivalente alla somma degli altri due.*

Dim. Sia ABC un triangolo, rettangolo in C; e Z, X, Y siano tre poligoni simili, di cui AB, AC, BC siano lati omologhi. Si tratta di dimostrare che il poligono Z è equivalente alla somma degli altri due.

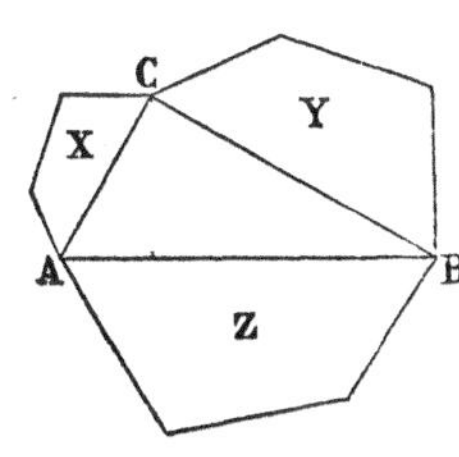

Poichè due poligoni simili stanno tra loro come i quadrati di due loro lati omologhi [463], abbiamo le proporzioni:

$$X : Z = (AC)^2 : (AB)^2,$$

ed

$$Y : Z = (BC)^2 : (AB)^2,$$

dalle quali si deduce [407] che:

$$(X + Y) : Z = [(AC)^2 + (BC)^2] : (AB)^2.$$

(*) Se il quadrangolo iscritto è un rettangolo, il teorema presente ricade in quello di Pitagora.

E da questa proporzione, poichè è:

$$(AC)^2 + (BC)^2 = (AB)^2,$$

si ha [397] infine:

$$X + Y = Z, \qquad \text{c. d. d.}$$

470. Probl. *Costruire un poligono, che sia simile a un poligono dato ed equivalente ad un altro poligono dato.*

Risol. Indichiamo con M e con N i due poligoni dati. Si domanda un terzo poligono, che sia simile al primo ed equivalente al secondo. Sia m un lato del poligono M, ed x il lato omologo nel poligono richiesto X. Quando si sia trovato il segmento x, il problema si può [459] considerare risoluto.

Si costruiscano [340] intanto due quadrati M', N' rispettivamente equivalenti ai poligoni dati; e siano m' ed n' i lati dei quadrati. Poi si osservi che, dovendo il poligono X essere equivalente ad N, epperò anche ad $(n')^2$, ha luogo la proporzione [389, 2°]:

$$(m')^2 : (n')^2 = M : X.$$

Ma quando quattro poligoni, simili a due a due, sono in proporzione, sono in proporzione [465] anche quattro loro lati omologhi; abbiamo adunque:

$$m' : n' = m : x.$$

Questa proporzione mostra che il segmento x è quarto proporzionale dopo i lati dei quadrati equivalenti ai dati poligoni ed il lato omologo del poligono M.

Esercizî.

701. Due poligoni sono simili, se hanno i lati ordinatamente proporzionali ed eguali gli angoli compresi da lati corrispondenti, eccetto gli elementi che seguono sui quali non si fa nessuna ipotesi: 1°. o due lati consecutivi e l'angolo compreso; 2°. o due angoli consecutivi e il lato ad essi comune; 3°. oppure tre angoli consecutivi.

702. Due rombi, se hanno un angolo eguale compreso da lati proporzionali, sono simili.

703. Se in due triangoli un lato ed il raggio del cerchio circoscritto sono in proporzione, ed un angolo adiacente al lato è uguale, i triangoli sono simili.

704. Se due triangoli hanno un angolo eguale ad un angolo, e le altezze calate sui lati che comprendono gli angoli eguali sono in proporzione, i triangoli sono simili.

705. In due poligoni simili le somme delle distanze di due punti omologhi dai lati stanno come due lati omologhi.

707. Se, divisi ad arbitrio i lati di un poligono, ciascun lato di un poligono simile si divide nello stesso rapporto nel quale è diviso il lato omologo, e si uniscono ordinatamente i punti di divisione, si ottengono due poligoni simili.

708. Se alquanti segmenti, uscenti da uno stesso punto, vengono divisi secondo uno stesso rapporto qualunque, e si uniscono una volta le estremità dei segmenti, un'altra i punti di divisione, si ottengono due poligoni simili (che si dicono *omotetici direttamente*).

709. Se alquanti segmenti, uscenti da uno stesso punto, si prolungano, di là dal punto comune, di segmenti proporzionali ai dati, e si uniscono tanto le estremità dei segmenti dati, quanto quelle dei prolungamenti, si ottengono due poligoni simili (che si dicono *omotetici inversamente*).

710. Se due poligoni simili direttamente hanno due lati omologhi paralleli, tutte le rette che passano per due vertici omologhi, passano per uno stesso punto (*centro di omotetia*).

711. Ogni figura simile a una data si può disporre in modo che riesca omotetica alla seconda, sia direttamente, sia inversamente, e ciò anche quando sia assegnato il centro di omotetia.

712. Due figure omotetiche a una terza sono omotetiche tra loro; i centri di omotetia delle tre copie di figure sono in linea retta.

713. Costruire un poligono, che abbia perimetro eguale a quello di un poligono dato, e che sia simile ad un altro poligono.

714. Dati due segmenti, trovare un punto che sia vertice comune di due triangoli simili, dei quali i segmenti dati siano lati omologhi. [447].

715. Iscrivere in un triangolo un rombo simile ad un rombo dato. (*Talvolta riesce più facile costruire, invece di una figura domandata, una figura ausiliare simile alla richiesta, scegliendo due punti di questa figura ausiliare, come omologhi a due punti, noti o no, della figura che si ricerca. Costruita la figura ausiliare, è poi facile dedurne la figura domandata.* Ad es., nel presente problema giova circoscrivere al rombo dato un triangolo simile al dato; si ottiene così una figura, che è simile a quella che si vuol costruire).

716. Costruire un quadrangolo, data una diagonale e gli angoli che l'altra diagonale forma co' lati.

717. Iscrivere in mezzo cerchio un quadrangolo, che sia simile a uno dato, che abbia due vertici sul semicerchio, e gli altri due sul diametro.

718. Iscrivere in un dato segmento di cerchio un rettangolo simile a uno dato.

719. Costruire un triangolo, data un'altezza, il rapporto in cui essa taglia il lato su cui è calata, e l'angolo opposto a questo lato.

720. Dato un cerchio e un angolo al centro, condurre una tangente in modo che i segmenti compresi tra il punto di contatto e i lati dell'angolo abbiano rapporto dato.

721. Iscrivere in un triangolo un triangolo, i cui lati siano paralleli rispettivamente a tre rette date. (Si descriva intanto un triangolo, che abbia due vertici sui lati del dato).

722. Costruire un triangolo date le tre altezze. (Da uno stesso punto si tirino tre segmenti in direzioni diverse ed arbitrarie, che siano uguali alle altezze date. Poi si faccia passare un cerchio per le estremità dei segmenti. Così si trovano tre segmenti inversamente proporzionali ai dati; ed il triangolo di questi segmenti è simile al domandato).

723. Sopra un dato segmento, preso per base, costruire due rettangoli simili e tali che l'altezza dell'uno sia doppia dell'altezza dell'altro.

724. Dividere un dato segmento in modo che il quadrato di una parte sia triplo del quadrato dell'altra. (Si costruirà dapprima un quadrato che sia triplo di un altro).

725. Costruire un triangolo simile a uno dato e i cui vertici cadano sopra tre parallele date. (Si supponga risoluto il problema. Siano A, B, C le tre parallele, ed X, Y, Z i tre vertici. Si circoscriva al triangolo un cerchio, e posto che da questo la retta XA sia tagliata in D, si tirino DY, DZ. Si ha:

$$X(D)Y \equiv X(D)Z + Z(D)Y \equiv X(Y)Z + Z(X)Y; \text{ ecc.}).$$

726. Costruire un triangolo simile a uno dato, e i cui vertici cadano sopra tre cerchi concentrici. (Si dica O il centro dei cerchi, e sia XYZ il triangolo domandato. Se sopra OX si costruisce un triangolo OXM simile ad XYZ, si può poscia, risolvendo una proporzione, trovare il segmento MZ).

727. Costruire un triangolo, che abbia un vertice in un punto dato, gli altri due sopra due rette date, e che sia simile ad un triangolo dato. (Sia AXY il triangolo richiesto. Si circoscriva ad esso un cerchio, e si tiri la retta che passa per A e per il punto d'intersezione delle date. Sia O il punto dove questa retta incontra il cerchio, e si tirino OX, OY. Gli angoli YOX ed XOA sono eguali a due dati, e così si vede che, preso un punto O ad arbitrio, si può costruire un triangolo omotetico al domandato).

728. Per un punto dato far passare un cerchio, che tocchi una retta data e un cerchio dato. (Sia A il punto dato, O il centro del cerchio dato, B il piede della perpendicolare calata da O sulla retta data, C e D i punti, dove questa perpendicolare incontra il cerchio dato, E il punto in cui il cerchio domandato tocca la retta data, ed F il punto di contatto dei due cerchi. Facilmente si riconosce che FE ed FC sono per diritto. Allora sono simili i triangoli rettangoli CFD e CBE; da ciò si ricava:

$$CB : CE = CF : CD.$$

Se ora uniamo C con A, e diciamo X il punto in cui questa retta incontra il cerchio richiesto, abbiamo:

$$CA : CE = CF : CX.$$

Epperò anche $CB : CA = CX : CD$. Ora si vede che si può determinare il punto X; e con ciò il problema è ridotto a quello già risoluto di descrivere un cerchio che passi per due punti e tocchi una retta data).

729. Trasformare un triangolo in un altro, che abbia col dato un angolo in comune, e nel quale il lato opposto all'angolo comune sia parallelo a una retta data. (Sia ABC il triangolo, ed A l'angolo, che dev'essere comune col triangolo domandato. Per B e per C si tirino BD, CE parallelamente alla retta data. Si osservi che il triangolo ABC (epperò anche il cercato) è medio proporzionale tra i due triangoli ABD, ACE).

730. Trasformare un triangolo in uno, che sia simile a un altro triangolo dato. (Intanto si trasforma il triangolo in uno, che abbia un angolo eguale a uno del dato. Così il problema è ricondotto al precedente).

731. Tagliare da un angolo dato, con una retta parallela a una retta data, un triangolo, che sia equivalente ad un poligono dato.

732. Dividere un triangolo con una corda parallela a un lato in parti, che stiano in un rapporto dato. (Diviso un lato secondo il rapporto dato, e unito il punto di divisione col vertice opposto, si trova ricondotto il problema a quello dell'esercizio 729).

733. Dividere un triangolo in parti, che stiano come segmenti dati, e ciò con rette parallele a una retta data. (Bisogna tirare per uno dei vertici la parallela alla data, fino al lato opposto; dividere questo lato in parti proporzionali ai dati segmenti; ecc.).

734. Dividere un trapezio con una corda parallela alle basi in parti, che stiano come due dati segmenti.

735. Se due vertici opposti di un quadrangolo iscritto in un cerchio sono in linea retta col punto di concorso delle tangenti negli altri due, i rettangoli dei lati opposti sono equivalenti.

736. I lati del pentagono, dell'esagono e del decagono regolari, iscritti in uno stesso cerchio, sono lati di un triangolo rettangolo.

737. Supposto che i tre poligoni accennati nel teorema 469 siano tre triangoli simili, si divida il maggiore in parti rispettivamente equivalenti agli altri due.

738. In un quadrangolo iscritto in un cerchio, le diagonali stanno tra loro come le somme dei rettangoli dei lati che concorrono in ciascuna estremità della diagonale considerata.

CAPITOLO XIII

AREE DEI POLIGONI

Ricerca di una comune misura di due grandezze.

471. Se una grandezza è ad un tempo misura [372] di due o più altre, essa si dice *comune misura* di codeste grandezze.

Ad es., una grandezza è comune misura di tutti i suoi multipli.

472. Teor. *Se una grandezza è una misura comune di parecchie altre, essa è una misura anche della loro somma.*

Dim. Infatti, se una grandezza M è una comune misura delle grandezze A, B, C..., queste si possono considerare come formate di parti eguali ad M, epperò altrettanto si può pensare della loro somma.

473. Cor. 1°. *Se una grandezza è misura d'un'altra, essa è misura di ogni multiplo di questa.*

474. Cor. 2°. *Se una grandezza è misura d'un'altra, ogni parte aliquota della prima è una misura della seconda.*

475. Cor. 3°. *Se due grandezze hanno una comune misura, esse hanno innumerevoli misure comuni.*

Infatti, se M è misura comune di due grandezze A, B, ogni parte aliquota della M è una comune misura [474] delle grandezze A, B.

476. Teor. *Se una grandezza è una misura comune di due altre, essa è anche una misura del resto della divisione della maggiore per la minore.*

Dim. Siano due grandezze omogenee A e B, e sia A la maggiore; e misurando [372] A con B, si trovi un resto R. Si vuol provare che ogni grandezza M, che sia una misura comune delle A e B, è anche una misura del resto R.

Infatti, poichè la grandezza A si può riguardare quale somma di alquante grandezze uguali alla B e di una eguale ad R, e la M è una misura della B, se, misurando R con M, si trovasse un resto R_1, la grandezza A sarebbe anche somma di parti eguali ad M, e di una R_1 minore di M. Ma in tal caso M non sarebbe una misura della A, e ciò contro l'ipotesi. La divisione di R per M non può dunque lasciare residuo.

477. Teor. *Se una grandezza è una misura comune del divisore e del resto di una divisione, essa è anche una misura del dividendo.*

Dim. Siano A, B ed R rispettivamente dividendo, divisore e resto di una divisione, ed M sia una misura comune di B ed R. Dico che M è anche una misura del dividendo A.

Infatti, poichè la grandezza A si può riguardare come somma di parti eguali a B e di una eguale ad R, e la grandezza M è una misura comune di tutte le parti, essa è anche una misura [472] della somma A, come d. d.

478. Teor. *Il resto di una divisione è minore della metà del dividendo.*

Dim. Sia R il resto della divisione di una grandezza A per una grandezza minore B. Dico che R è minore della metà di A.

Posto che sia m il quoziente della divisione, noi possiamo riguardare la grandezza A come composta di m grandezze uguali a B, e di una R minore di B. Ora è chiaro che, volendo rendere uguali tutte queste $(m + 1)$ parti di A, bisogna aumentare il resto R a scapito delle altre parti. Il resto è dunque minore di $\frac{1}{m+1}$ parte di A; e perchè, essendo $B < A$, il quoziente m è almeno eguale ad *uno*, il resto è in ogni caso minore della metà di A. Come d. d.

479. Teor. *Se in una successione indefinita di grandezze omogenee, ciascuna grandezza è uguale alla metà della precedente o minore, da un certo posto in poi i termini della serie sono minori di una grandezza data qualunque.*

Dim. 1°. Consideriamo da prima la serie indefinita:

$$\frac{A}{2}, \quad \frac{A}{4}, \quad \frac{A}{8} \ldots,$$

nella quale ciascuna grandezza è uguale alla metà della precedente; e sia Z una grandezza qualunque omogenea a quelle della serie. Dico che da un certo posto in poi i termini della serie sono minori di Z.

Sappiamo [380] che, date due grandezze omogenee qualunque, si può sempre trovare una parte aliquota d'una qualsivoglia delle due grandezze, la quale sia minore dell'altra delle grandezze date. Supponiamo che sia:

$$\frac{A}{m} < Z.$$

Ora, nella serie che consideriamo, procedendo abbastanza, si trova certamente un termine, sia ad es. $\frac{A}{n}$, per il quale il numero n, che indica qual parte esso sia della grandezza A, è maggiore di m. Ma se è $n > m$, è:

$$\frac{A}{n} < \frac{A}{m},$$

epperò, a maggior ragione, è anche:

$$\frac{A}{n} < Z.$$

2°. Se nella successione indefinita:

$$A,\quad B,\quad C,\quad D\ldots.$$

ciascuna grandezza è minore della metà della precedente, i singoli termini, prescindendo dal primo, sono rispettivamente minori di quelli della serie:

$$A,\quad \frac{A}{2},\quad \frac{A}{4},\quad \frac{A}{8}\ldots.$$

epperò, a maggior ragione, da un certo posto in poi i termini della prima serie sono minori d'una grandezza data, qualunque.

480. Teor. *Se due date grandezze omogenee hanno una misura comune, e si divide la prima per la seconda, poi la seconda per il resto, poi il resto per il nuovo resto, e così via, seguitando abbastanza si perviene necessariamente ad un resto che è una misura del precedente; e codesto ultimo resto è la massima comune misura della due grandezze date.*

Dim. Siano A e B due grandezze omogenee date, le quali abbiano una misura comune M. Si divida A per B, e sia R_1 il resto della divisione. Si divida B per R_1, e sia R_2 il resto. Si divida R_1 per R_2, e così via. Dico che, seguitando abbastanza in codesto processo di divisioni successive, si perviene necessariamente ad un ultimo resto, che è una misura del precedente; e proveremo che codesto ultimo resto è la massima comune misura delle due grandezze A e B.

Consideriamo a tal fine la serie:

$$A,\quad B,\quad R_1,\quad R_2,\quad R_3,\quad R_4\ldots.$$

formata con le grandezze date e i resti delle divisioni successive.

Notiamo in primo luogo che una grandezza, la quale sia una comune misura di due termini consecutivi qualunque, è una misura comune di tutti i termini della serie.

Ed invero, una grandezza N, che sia misura comune di due termini consecutivi, è una misura del termine che li precede, perchè una grandezza, che sia una misura comune del divisore e del resto di una divisione, è una misura del dividendo [477]; ed è una misura del termine susseguente, perchè una grandezza, che sia una misura comune del dividendo e del divisore di una divisione, e una misura del resto [476].

Avvertiamo, in secondo luogo, che, se nell'accennato processo delle divisioni successive non si pervenisse mai ad un resto che fosse una misura del precedente, seguitando abbastanza si perverrebbe necessariamente ad un resto minore d'una grandezza data qualunque. Infatti, se nella serie:

$$A,\ B,\ R_1,\ R_2,\ R_3,\ R_4 \ldots$$

si sopprimono i termini di posto pari, o quelli di posto dispari, i rimanenti formano una serie in cui ciascun termine è minore della metà del precedente, perchè il resto d'una divisione è sempre minore della metà del dividendo; e noi sappiamo [579] che in una serie così fatta, se essa è indefinita, da un certo posto in poi i termini sono minori d'una grandezza data qualunque.

Ed ora è facile provare che si perviene necessariamente ad un ultimo resto, che è una misura di quello che lo precede.

Infatti, poichè la grandezza M è una misura comune di A e B, che sono due termini consecutivi della serie, essa è una misura di tutti i termini della serie. Se questa continuasse indefinitamente, da un certo posto in poi i termini sarebbero minori di M, e allora sarebbe vero questo che una grandezza può essere una misura di grandezze minori di essa.

Provato che la serie ha necessariamente un ultimo termine, ci resta a far vedere che questo ultimo termine, sia esso R_n, è la massima comune misura di A e B.

Codesto termine R_n è intanto una *comune* misura di A e B, perchè, essendo una misura di se stesso e per ipotesi anche del termine precedente, esso è una misura comune di tutti i termini della serie, e quindi anche di A e B.

Esso è poi la *massima* comune misura di A e B, dacchè ogni misura comune di A e B è una misura comune di tutti i termini della serie, epperò è anche una misura di R_n. E non può una grandezza maggiore di R_n essere una misura di R_n.

Così abbiamo dimostrato che, *date ecc.*

481. Cor. *Se, applicando a due grandezze omogenee date il processo delle divisioni successive, non può darsi che si giunga ad un resto che sia una misura del precedente, le due grandezze non hanno nessuna comune misura, cioè sono incommensurabili.*

482. Teor. *Un segmento e la sua parte aurea sono incommensurabili.*

Dim. Sia AB un segmento qualunque, ed AR_1 la sua parte aurea [342]. Si vuol provare che AB ed AR_1 sono incommensurabili.

A tal fine sul segmento R_1B, preso per base, si costruisca un triangolo isoscele CR_1B, che abbia i lati CR_1, CB eguali ad AR_1. Sappiamo [343] che l'angolo BCR_1 è metà di ciascuno di quelli alla base.

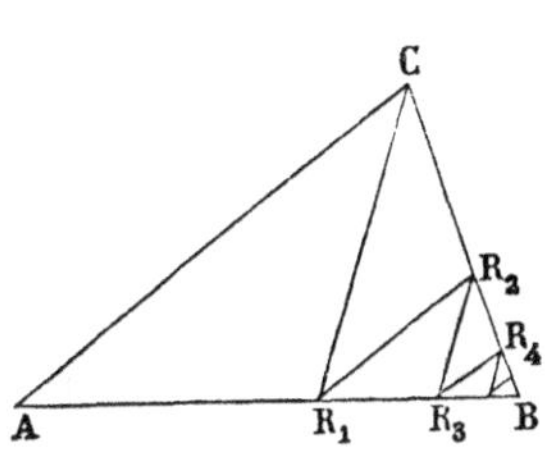

Ora è facile riconoscere che in un triangolo isoscele così fatto, se si dimezza un angolo alla base, la bisettrice divide il lato opposto in due parti disuguali, di cui la maggiore è uguale alla base del triangolo, e la minore è base di un nuovo triangolo isoscele nel quale pure l'angolo opposto alla base è metà di ciascuno di quelli alla base.

Ciò premesso, imaginiamo di applicare ai segmenti AB, AR_1 il metodo delle divisioni successive, per trovare, se pur c'è, una loro comune misura.

La prima divisione è già fatta; BR_1 è il resto.

Ora bisogna dividere AR_1, o il segmento uguale BC, per BR_1. Perciò basta dimezzare l'angolo CR_1B; e se R_1R_2 è la bisettrice, BR_2 è il resto della divisione.

Ora bisogna dividere BR_1 per BR_2. Perciò basta dimezzare l'angolo BR_2R_1; se R_2R_3 è la bisettrice, BR_3 è il nuovo resto.

Ormai è palese che il processo non termina mai, perchè per quanto si prolunghi la spezzata $R_1R_2R_3$..., l'estremità del nuovo lato di essa non può mai cadere in B, ed il segmento compreso tra B e l'estremità del nuovo lato della spezzata è il resto della nuova divisione. Conchiudiamo [481] che il segmento AB e la sua parte aurea AR_1 sono incommensurabili, c. d. d.

183. Teor. *La diagonale e il lato d'un quadrato sono incommensurabili* (*).

Dim. Sia un quadrato $ABCD$ qualunque. Proveremo che AC ed AB sono incommensurabili.

Intanto, perchè la diagonale è l'ipotenusa d'un triangolo rettangolo, che ha per cateti i lati del quadrato, essa è maggiore del lato del quadrato. [143].

La diagonale è poi minore del doppio del lato, perchè in ogni triangolo ciascun lato è minore della somma degli altri due. [144].

Perciò, se si divide la diagonale d'un quadrato per il lato, si trova resto necessariamente.

Ed ora applichiamo il processo delle successive divisioni.

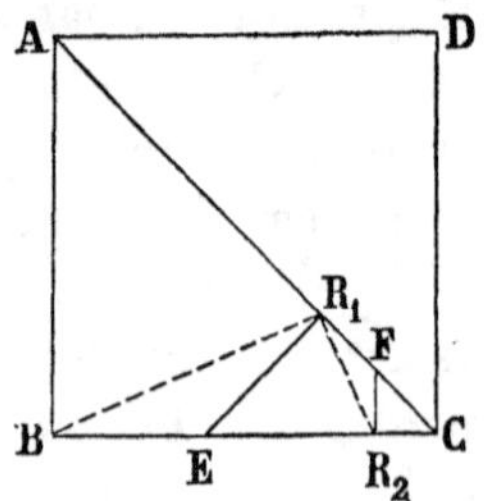

Prendendo sulla AC una parte AR_1, che sia eguale ad AB, abbiamo in CR_1 il resto della prima divisione.

Ora bisogna dividere il lato del quadrato per CR_1. Perciò si conduca per R_1 la perpendicolare ad AC, e sia E il punto dove essa incontra BC. Poichè gli angoli R_1BE, ER_1B sono complementari degli anangoli eguali [137] ABR_1, BR_1A, anch'essi sono eguali, epperò [141] è $BE \equiv ER_1$. Ma è $ER_1 \equiv CR_1$, perchè nel triangolo rettangolo ER_1C, essendo semiretto l'angolo ECR_1, tale è [258] anche l'angolo R_1EC. Per conseguenza abbiamo $BE \equiv CR_1$; ep-

(*) Si legge: *Celebratissimum est hoc theorema apud veteres philosophos, adeo ut, qui hoc nesciret, eum* PLATO *non hominem esse, sed pecudem diceret.*

però, se si intraprende la divisione di BC per CR_1, dopo una prima sottrazione si ha per resto CE. E perchè CE si può riguardare come diagonale del quadrato di lato CR_1, è ormai palese che ad un resto nullo non si può mai pervenire. Infatti a tal punto dell'operazione ci troviamo nelle stesse condizioni che da principio, dacchè si deve dividere le diagonale d'un quadrato per il lato del quadrato. Possiamo quindi conchiudere [481] che la diagonale d'un quadrato e il lato sono incommensurabili.

Rapporto tra due grandezze omogenee.

484. Le grandezze geometriche si possono rappresentare mediante numeri, e così la Geometrria può trar profitto della scienza del calcolo. Quanto stiamo per esporre spetta veramente all'Aritmetica, piuttosto che alla Geometria; ad ogni modo non sarà inutile ribadire qui i concetti fondamentali. Si ammette per il rimanente di questo capitolo che il lettore abbia conoscenza dell'Aritmetica e dell'Algebra elementare.

485. Teor. *Se due grandezze sono commensurabili, la frazione, i cui termini esprimono come le due grandezze sono multiple d'una loro comune misura, è costante.*

Dim. Siano due grandezze omogenee A, B; e C, D siano due loro misure comuni qualunque [475]. Le grandezze A, B siano multiple della C rispettivamente secondo i numeri m, n; e siano multiple della D rispettivamente secondo i numeri p, q. Dico che le frazioni $\frac{m}{n}$, $\frac{p}{q}$ sono eguali.

Infatti, essendo per ipotesi:

$$A = mC,\quad B = nC,\quad A = pD,\quad B = qD,$$

egli è:

$$mC = pD \quad \text{ed} \quad nC = qD,$$

epperò anche:

$$mnC = pnD \quad \text{ed} \quad mnC = mqD,$$

e per conseguenza:

$$pnD = mqD.$$

Da questa eguaglianza si conchiude che è:

$$pn = mq$$

epperò anche:

$$\frac{p}{q} = \frac{m}{n}, \qquad \text{c. d. d.}$$

486. Oss. Poichè, misurando due grandezze commensurabili con la loro massima comune misura, si ottengono quozienti minori che misurandole con un'altra loro comune misura qualunque, tra le frazioni, i cui termini esprimono come due grandezze commensurabili A, B sono multiple d'una loro comune misura, quella corrispondente alla massima comune misura ha termini rispettivamente minori dei termini di qualunque altra. Quindi, se C è una comune misura qualunque di A, B, se D è la massima comune misura, ed $\frac{m}{n}$, $\frac{p}{q}$ sono le corrispondenti frazioni, i termini della prima sono equimultipli rispettivamente dei termini della seconda; e ciò per un noto teorema della teoria delle frazioni, oppure per questo [480] che ogni misura comune di due grandezze è una misura della loro massima comune misura.

487. Def. *Se due grandezze sono commensurabili, qualunque frazione, i cui termini esprimano come le due grandezze sono rispettivamente multiple d'una loro comune misura, si dice* rapporto *della prima grandezza alla seconda.*

Così, ad es., se A, B sono due grandezze commensurabili, se C è una loro comune misura, ed esse sono multiple della C rispettivamente secondo i numeri m, n, la frazione $\frac{m}{n}$ è il [485] rapporto della A alla B.

La frazione $\frac{n}{m}$ è il rapporto della B alla A.

488. Oss. Se una grandezza A è multipla d'un'altra B secondo il numero m, le due grandezze sono commensurabili; la B stessa è una loro comune misura, anzi la massima comune misura. Usando di questa comune misura, si trova per rapporto di A a B la frazione $\frac{m}{1}$, cioè l'intero m.

Se C è un altra misura qualunque, ed A e B sono multiple di C secondo i numeri p, q, essendo [485]:

$$\frac{p}{q} = m,$$

il numero p è multiplo del denominatore q.

489. Reciprocamente, data una grandezza B ed un numero razionale qualunque, si può formare una grandezza A, il cui rapporto alla data sia appunto il numero dato.

Se il numero dato è un intero m, codesta grandezza A è il multiplo di B secondo il numero m.

Se il numero dato è la frazione a termini interi $\frac{m}{n}$, si prende un *n.esimo* della B, e poi se ne forma il multiplo secondo il numero m.

Ma si otterrebbe la stessa grandezza A, prendendo, in luogo della frazione $\frac{m}{n}$, una frazione equivalente, ed operando sulla B come indica la nuova frazione.

490. Consideriamo infine il caso di due grandezze A e B incommensurabili.

Prendendo un numero razionale qualunque r, e

costruendo quella grandezza il cui rapporto alla B è il numero r, ci risulterà una grandezza maggiore o minore della A.

Imaginiamo di spartire tutti i numeri razionali in due classi, mettendo in una tutti quelli con cui si ottengono grandezze maggiori della A, e in un'altra classe tutti quei numeri con cui si ottengono grandezze minori della A.

È manifesto che i numeri della prima classe sono tutti maggiori di quelli della seconda, e che si possono trovare due numeri, uno della prima classe, l'altro della seconda, la cui differenza sia tanto piccola quanto si vuole.

Ad ogni modo, se $\frac{m}{n}$ è un numero della prima classe, e $\frac{p}{q}$ uno della seconda, poichè la grandezza che si ottiene dalla B, operando secondo la frazione $\frac{mq}{nq}$, è maggiore di quella si ottiene operando secondo la frazione $\frac{np}{nq}$, è certamente $mq > np$, e per conseguenza anche:

$$\frac{m}{n} > \frac{p}{q}.$$

E dividendo la B in un numero arbitrario n di parti eguali, e formando d'una di queste i multipli successivi, si troveranno due consecutivi di questi multipli tra i i quali cadrà la grandezza A. Se il minore di due multipli è formato con m *ennesimi* della B, la frazione $\frac{m+1}{n}$ appartiene alla prima classe, e la frazione $\frac{m}{n}$ alla seconda. Poichè la differenza fra i due numeri è $\frac{1}{n}$, prendendo n, che è arbitrario, grande abbastanza, si può ottenere che codesta differenza sia minore di un numero dato qualunque.

Le due classi di numeri, delle quali parliamo, determinano un numero *irrazionale*, che si dice *rapporto* della A alla B. Adunque:

Def. *Se due grandezze* A, B *sono incommensurabili, si dice rapporto di* A *a* B *quel numero irrazionale, che è minore dei numeri razionali che sono i rapporti alla* B *di grandezze maggiori della* A, *ed è maggiore dei numeri razionali, che sono i rapporti alla* B *di grandezze minori della* A.

491. La parola *rapporto*, alla quale abbiamo ora attribuito un significato numerico, fu adottata altrove per comporre una locuzione con cui esprimere che quattro grandezze sono in proporzione.

Ora vedremo che è lecito attribuire in quella locuzione alla parola rapporto il suo significato numerico; proveremo cioè che:

492. Teor. *Se quattro grandezze sono tali che, misurando la prima e la terza rispettivamente con equisummultipli qualisivogliano della seconda e della quarta, si trovano sempre quozienti uguali, il rapporto numerico della prima alla seconda è uguale al rapporto numerico della terza alla quarta; e reciprocamente.*

Dim. Sia la proporzione [386]:

$$A : B = C : D,$$

e sia $\frac{m}{n}$ una frazione a termini interi qualunque.

Imaginiamo di misurare la grandezza A con un *n.esimo* della B. Secondo che il quoziente è minore, uguale o maggiore di m, possiamo dire che il rapporto di A a B è minore, uguale o maggiore del numero $\frac{m}{n}$. E poichè, corrispondentemente, misurando C con un *n.esimo* di D, si trova un quoziente che è minore, uguale o maggiore di m, il rapporto di C a D è, corrispondentemente, minore anch' esso, uguale o maggiore di $\frac{m}{n}$. In conchiusione il rapporto di A a B e quello di C a D, paragonati con un numero razionale qualunque, si trovano tutti e due minori, od eguali, o tutti e due maggiori di codesto numero. Essi sono dunque uguali, c. d. d.

Reciprocamente, se il rapporto numerico di A a B è uguale al rapporto numerico di C a D, le quattro grandezze sono in proporzione.

Infatti, presa di B una parte aliquota arbitraria, ad es. una *n.esima* parte, si misuri con questa la grandezza A; sia m il quoziente.

Se la divisione non dà resto, il rapporto di A a B è la frazione $\frac{m}{n}$; e poichè, per ipotesi, codesta frazione è anche il rapporto di C a D, si conchiude che, anche misurando C con un *n.esimo* di D, si trova il quoziente m.

Se la prima divisione dà resto, allora il rapporto numerico di A a B è compreso tra le frazioni $\frac{m}{n}$ ed $\frac{m+1}{n}$; e perchè, per ipotesi, cade tra queste frazioni anche il rapporto di C a D, si conchiude che, anche misurando C con un *n.esimo* di D, si trova il quoziente m.

Così resta dimostrata l'identità delle due definizioni (le diremo una geometrica e l'altra aritmetica) di proporzione tra quattro grandezze.

493. Occorre spesso di adoperare i rapporti di più grandezze di una data specie rispetto ad una stessa grandezza di quella medesima specie. Allora questa grandezza prende il nome di *unità* (di misura) per quella data specie di grandezze.

Il rapporto d'una grandezza a quella della sua specie, che è stata scelta per unità, si suol dire brevemente *valore* di quella grandezza.

Per unità di misura dei segmenti si può scegliere un segmento arbitrario; una volta scelto, esso si dice unità di *lunghezza* od unità *lineare*.

Per unità di misura dei poligoni si assume il quadrato che ha per lato l'unità lineare.

Come unità di misura degli angoli si suol assumere l'angolo retto.

Come unità degli archi di uno stesso cerchio si suol prendere il quadrante o quarto di quel cerchio.

494. Dovendo determinare il valore di una grandezza, cioè il rapporto della grandezza all'unità della sua specie, bisognerebbe decidere dapprima se codeste due grandezze sono commensurabili. Noi conosciamo un processo a quest'uopo; ma, anche nel caso che le grandezze siano segmenti, l'operazione, generalmente, si arresta ad una impossibilità materiale di esser continuata. Per questo in pratica si preferisce di dividere preventivamente l'unità in un numero più o meno grande di parti uguali, e di considerare una di queste come misura comune, disposti a trascurare il resto, se un resto si presenta nella divisione della grandezza data per quella parte aliquota dell'unità. Manifestamente in questo modo si ottiene un valore approssimato anche nel caso in cui la grandezza sia commensurabile con l'unità.

Ma quando la grandezza, di cui si deve determinare il valore, è un poligono, in questo caso la determinazione diretta, anche se approssimata, è quasi sempre oltremodo malagevole. In questo caso il valore si suol determinare indirettamente, deducendolo col sussidio del calcolo da valori di lati o di segmenti tirati convenientemente nel poligono dato.

495. Il valore di un poligono, cioè il rapporto

del poligono al quadrato unità di misura, si dice *area* del poligono (*).

Aree dei poligoni.

496. Teor. *Il rapporto tra due rombi o due triangoli di eguale altezza è uguale al rapporto delle basi.*

Dim. Si è data nel § 384. [492].

497. Oss. Poichè sappiamo [340] trasformare un poligono qualunque in un triangolo equivalente, e trasformare [337] un triangolo dato in uno di equivalente, nel quale un' altezza sia eguale a un dato segmento, quando fosse chiesto il rapporto tra due poligoni, si potrebbe trasformarli in due triangoli d' eguale altezza, e cercare poi il rapporto delle basi dei due triangoli.

498. Teor. *Il rapporto tra due rettangoli è uguale al rapporto delle basi moltiplicato per il rapporto delle altezze.*

Dim. Siano due rettangoli A e B. Si vuol provare che il rapporto di A a B è uguale al rapporto di CD ad EF, moltiplicato per il rapporto di HC a KE.

Per la dimostrazione si costruisca un rettangolo L, la cui base MN sia eguale alla base EF del rettangolo B, e la cui altezza PM sia eguale a CH.

Insegna l'Aritmetica che il rapporto di A a B si può avere moltiplicando il rapporto di A ad L per il

(*) Non si deve confondere *area* con *superficie*. L'area è il valore numerico della superficie. L'area d'una stessa superficie può essere un numero od un altro, secondo la scelta dell'unità di misura. Area è quantità (intensa); superficie è grandezza (estesa).

rapporto di L a B. Ma il rapporto di A ad L, poichè questi due rettangoli hanno altezze uguali, è [496] uguale al rapporto di CD ad MN, cioè al rapporto di CD ad EF. E il rapporto di L a B, poichè questi due rettangoli, quando si prendano per basi i lati PM e KE, hanno altezze uguali, è [496] uguale al rapporto di PM a KE, cioè al rapporto di HC a KE. Dunque infine il rapporto del rettangolo A al rettangolo B è uguale al prodotto del rapporto di CD ad EF per il rapporto di HC a KE, c. d. d.

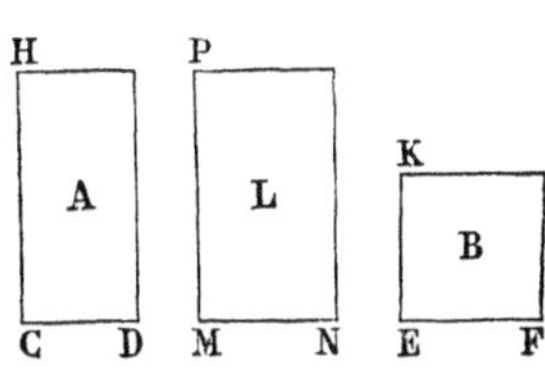

499. Teor. *L'area di un rettangolo è uguale al prodotto della base per l'altezza* (*).

Dim. Sia AC un rettangolo qualunque, e DF un quadrato, il cui lato EF sia eguale all'unità lineare. Per il teorema precedente, il rapporto del rettangolo AC al quadrato DF è uguale al prodotto del rapporto di BC ad EF per il rapporto di AB a DE. Ma il rapporto di AC a DF, dacchè DF è l'unità di superficie, si dice appunto [495] *area del rettangolo*, senza più; e i rapporti della base BC ad EF, e dell'altezza AB a DE, dacchè EF e DE sono eguali all'unità lineare [493], si dicono *valori della base* e *dell'altezza* del rettangolo AC, e più

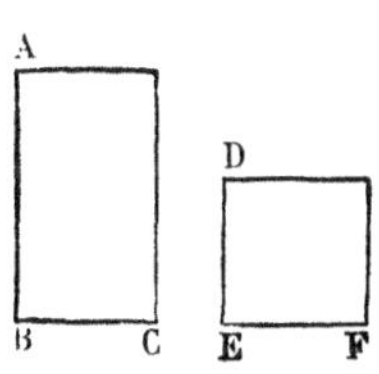

(*) Per brevità in luogo di *valore di un segmento*, se codesto segmento ha un nome, si adopera questo nome, senz' altro. Dal contesto del discorso si capisce immediatamente in qual senso è usata quella tal parola.

spesso per brevità *base* ed *altezza*, senz'altro. Per conseguenza *l'area ecc.*

500. Cor. *L'area di un quadrato è uguale alla seconda potenza del lato.*

Un quadrato infatti è un rettangolo, nel quale base ed altezza sono eguali tra loro (*).

501. Se a, b sono i valori dei cateti e c è il valore dell'ipotenusa di un triangolo rettangolo, i tre numeri a^2, b^2, c^2 rappresentano le aree dei quadrati dei cateti e dell'ipotenusa. E poichè il quadrato dell'ipotenusa è equivalente alla somma dei quadrati dei cateti [332], e l'Addizione aritmetica è l'operazione mediante la quale dai valori delle parti si desume il valore del tutto, possiamo scrivere:

$$a^2 + b^2 = c^2.$$

In base a questa relazione, che ha luogo tra i valori dei lati di un triangolo rettangolo, quando si conoscono i valori di due lati, si può calcolare quello del terzo.

502. Oss. Abbiamo ricavata la precedente relazione tra i valori dei lati di un triangolo rettangolo (relazione che si può dire teorema di Pitagora *metrico*) dal teorema di Pitagora (*grafico*). A codesto modo di dimostrazione, che fa apparire la detta relazione come dipendente dalla scelta dell'unità di superficie, è da preferire il seguente.

Indicando con m ed n i valori delle proiezioni

(*) Qui si è palesata l'origine della locuzione *quadrato di un numero*, che si incontra in Aritmetica, per designare la seconda potenza di un numero. Così si dice anche che l'area di un quadrato è uguale al *quadrato del lato* (bisticcio), intendendo dire che l'area di un quadrato è uguale alla seconda potenza del *valore* di un lato.

dei cateti sull'ipotenusa, abbiamo le seguenti proporzioni tra numeri [432, 492]:

$$c : a = a : m$$

$$c : b = b : n,$$

donde

$$a^2 = cm$$

$$b^2 = cn$$

ed infine

$$a^2 + b^2 = c(m + n) = c^2.$$

503. Teor. *L'area di un rombo è uguale al prodotto della base per l'altezza.*

Dim. Infatti, se un rombo ed un rettangolo hanno basi eguali ed eguali altezze, essi sono equivalenti [320], epperò hanno aree uguali.

504. Teor. *L'area di un trapezio è uguale al prodotto della semisomma delle basi per l'altezza.*

Dim. Si è visto [327] infatti che un trapezio è equivalente a un rombo, che ha base uguale alla semisomma dei lati paralleli del trapezio e la stessa altezza che questo. [503].

505. Teor. *L'area di un triangolo è uguale alla metà del prodotto della base per l'altezza.*

Dim. Infatti un triangolo è metà di un rombo, se questo ha base ed altezza rispettivamente uguali a quelle del triangolo [503].

506. Teor. *L'area di un poligono circoscritto ad un cerchio è uguale alla metà del prodotto del perimetro per l'apotema.*

Dim. Infatti, se un triangolo ha base uguale al perimetro di un poligono circoscritto ad un cerchio e altezza uguale al raggio, esso è equivalente [328] al poligono. [505].

Cenno sull'applicazione dell'Algebra alla Geometria.

507. Quando le grandezze geometriche, che entrano in una questione di Geometria, sono rappresentate da numeri, e in generale da lettere, quella tale questione si potrà trattare col sussidio dell'Algebra.

Quando alcune grandezze d'una questione sono date mediante i loro valori numerici, allora l'applicazione dell'Algebra è voluta dalla questione stessa. In tal caso bisogna cercare di esprimere, in base alle relazioni geometriche che hanno luogo tra le grandezze note e le incognite, le relazioni numeriche che hanno luogo tra i valori delle grandezze stesse. Risolvendo poi l'equazione o il sistema d'equazioni che ne risulta, si ottengono il valore o i valori numerici domandati.

Qui vogliamo considerare piuttosto il caso in cui l'applicazione dell'Algebra è fatta deliberatamente nell'idea di conseguire più facilmente l'intento, seppure non si debbano trovar numeri, nè formule per calcolarli quando che sia.

O che si tratti di dimostrare un teorema, o di risolvere un problema, si rappresentano le grandezze, di cui si tratta, mediante lettere, intendendo che queste rappresentino i valori, noti o incogniti, delle grandezze stesse rispetto ad una unità di misura, che si lascia ordinariamente indeterminata. Quindi si cerca di esprimere le relazioni algebriche che sussistono tra i detti valori; la qual cosa manifestamente non può riuscire, se non quando si conoscano opportuni teoremi relativi alle grandezze che si considerano in quella tale questione.

Secondo che si tratterà di dimostrare un teorema o di risolvere un problema, le relazioni sopra accennate saranno eguaglianze identiche, oppure equazioni.

Nel primo caso, operando secondo le regole del calcolo letterale, si procurerà di trasformare le identità in altre esprimenti il teorema da dimostrare.

Ad es., volendo dimostrare che la differenza di due quadrati è equivalente al rettangolo della somma e della differenza dei lati dei quadrati, si può dire: siano a e b i valori dei lati dei quadrati, e Δ la differenza dei quadrati. Così, essendo:

$$\Delta = a^2 - b^2,$$

per un noto teorema d'Algebra, egli è anche:

$$\Delta = (a + b)(a - b),$$

dove appunto si riconosce [499] espresso il teorema dimostrare.

Nel secondo caso, quando cioè si debba risolvere un problema, si risolve l'equazione, o il sistema d'equazioni ottenuto. La formula di risoluzione indica veramente con quali calcoli, in un caso determinato, dai valori dati si possono ottenere quelli delle grandezze incognite. Ma, studiando la formula di risoluzione, si può spesso ricavarne il processo per costruire mediante la riga e il compasso le grandezze domandate (quando, ben s'intende, la questione sia di tal natura che bastino questi istrumenti). E questo è il vero scopo a cui si intende allorquando, come abbiamo detto, si ricorre all'Algebra per risolvere una questione di pura Geometria, una questione, cioè, in cui nè sono dati numeri, nè si domandano numeri.

Qui è necessario, per via d'esempi opportuni, apprendere ad interpretare le formule di risoluzione. Ci restringiamo al caso, che è l'ordinario, in cui le incognite rappresentano segmenti; e consideriamo formule di risoluzione di equazioni di primo o di secondo grado.

508. È manifesto il significato delle formule:

$$x = a + b, \qquad x = a - b.$$

Consideriamo piuttosto la formula seguente $x = \frac{ab}{c}$.

Mettendola sotto la forma $c : a = b : x$, si riconosce che il segmento incognito è quarto proporzionale rispetto ai segmenti, i cui valori sono rappresentati rispettivamente dalle lettere c, a e b.

509. L'equazione $x = \frac{a^2}{b}$ equivale alla proporzione $b : a = a : x$, la quale mostra che il segmento x è terzo proporzionale rispetto a b ed a.

510. L'equazione $x = ab$ sembrerebbe assurda, dacchè esprimerebbe che il segmento x è equivalente al rettangolo dei segmenti a e b. Però basta scriverla sotto la forma $x \cdot 1 = ab$, ed intendere che l'unità rappresenti l'unità lineare, per riconoscere che essa esprime che il segmento domandato è quarto proporzionale dopo l'unità lineare ed i segmenti a e b.

511. Il caso, che abbiamo ora considerato, può presentarsi quando uno dei segmenti che si devono considerare è l'unità lineare. In questo caso, distribuendo uno o più fattori eguali all'unità, nei numeratori o nei divisori, si fa sparire l'apparente assurdità nel significato della formula di risoluzione.

È chiaro che non occorre questa operazione, ad es., per l'equazione $x = mb$, quando si sappia che la lettera m non rappresenta un segmento, ma un coefficiente numerico.

512. L'equazione $x = \frac{abc}{de}$, messa sotto la forma $x = \frac{a}{d} \cdot \frac{bc}{e}$, mostra che bisogna cominciare a costruire il segmento, che è quarto proporzionale dopo e, b e c. Detto f cotal segmento, resta poi a costruire il segmento quarto proporzionale dopo d, a ed f.

513. Analogo è il processo nel caso che il numeratore e il denominatore contengano un maggior numero di fattori. Possiamo poi dire, in generale, che il numeratore deve contenere un fattore di più che il denominatore (s'intende di quei fattori che rappresentano segmenti).

514. L'equazione $x = \frac{a^2 + bc}{d}$, e meglio l'equivalente $x = \frac{a^2}{d} + \frac{bc}{d}$ mostra che il segmento x è la somma di una terza e di una quarta proporzionale.

515. L'equazione di secondo grado $x = \sqrt{ab}$, o l'equivalente $x^2 = ab$, messa sotto la forma:

$$a : x = x : b,$$

mostra che il segmento x è medio proporzionale tra i segmenti a e b.

516. L'equazione $x = \sqrt{a^2 + b^2}$ indica che il segmento x è l'ipotenusa di un triangolo rettangolo, che ha i cateti eguali ai segmenti a e b.

517. Invece l'equazione $x = \sqrt{a^2 - b^2}$ esprime che il segmento x è un cateto. L'ipotenusa è il segmento a; l'altro cateto è il segmento b.

518. Sono facili da interpretare, ad es., le equazioni $x = \sqrt{a^2 + b^2 + c^2 - d^2}$
ed $x = \sqrt{3^2 + 1 + c^2}$.

519. Avendosi $x = \sqrt{a^2 + bc}$, si comincia a determinare il segmento d medio proporzionale tra b e c. Così, essendo $d^2 = bc$, la nostra equazione diventa $x = \sqrt{a^2 + d^2}$, che sappiamo interpretare.

Termineremo con un esempio.

520. Probl. *Dividere un segmento in due parti*

in modo che il quadrato d'una parte sia equivalente al rettangolo dell'intero segmento e dell'altra parte.

Risol. Indichiamo con a il valore del segmento dato e con x quello della prima parte; il valore dell'altra è $a - x$. Tra questi valori deve sussistere l'equazione:

$$x^2 = a(a - x).$$

Risolvendo si ottiene:

$$x = -\frac{a}{2} \pm \sqrt{\left(\frac{a}{2}\right)^2 + a^2}.$$

La seconda soluzione, perchè negativa, non può esprimere un modo di divisione del segmento, che sodisfaccia alle condizioni del problema, e quindi si trascura. L'altra soluzione mostra che per dividere il segmento nel modo voluto bisogna anzitutto costruire un triangolo rettangolo, un cui cateto sia eguale al segmento dato e l'altro alla metà del segmento stesso. Poi, sottraendo dall'ipotenusa del triangolo la metà del segmento dato, si ottiene la parte maggiore di quelle due in cui si deve dividere il proposto segmento.

E questa è appunto la costruzione, che già conosciamo, per dividere un segmento in sezione aurea.

(La seconda soluzione, insieme con la prima, risolve il seguente problema, in cui il proposto è contenuto come caso particolare,: trovare sopra una retta, che passa per due dati punti A e B, un punto tale che la sua distanza dal punto A sia media proporzionale tra la sua distanza da B ed il segmento AB).

Esercizî.

739. Dati i cateti di un triangolo rettangolo, calcolare l'altezza relativa all'ipotenusa.

740. Dato un cateto di un triangolo rettangolo e l'altezza relativa all'ipotenusa, calcolare l'area del triangolo.

741. Data l'area di un triangolo rettangolo e data l'altezza calata sull'ipotenusa, calcolare i segmenti dell'ipotenusa ed i cateti.

742. Date le distanze di un punto dai cateti di un triangolo rettangolo e dati i cateti, calcolare la distanza di quel punto dall'ipotenusa.

743. Data l'altezza e il perimetro di un triangolo isoscele, se ne calcolino i lati.

744. Dati i lati di un triangolo, se ne calcolino le mediane. [**583**].

745. Calcolare i lati e gli apotemi dei poligoni regolari di 3, 4, 5, 6, 8, 10, 12 lati, dato il raggio del cerchio circoscritto.

746. Nel centro di uno stagno quadrato, il cui lato è lungo 22 piedi, sorge un *bambou*, e la parte di questo, che emerge dall'acqua, è lunga 5 piedi. Tirando il bambou a riva, la sommità viene a coincidere col punto di mezzo di uno dei lati della sponda. Si calcoli la profondità dell'acqua nella vasca. (Da un libro chinese, scritto 2000 anni prima dell'era volgare).

747. Dato un cateto di un triangolo rettangolo e uno dei segmenti in cui l'ipotenusa è tagliata dalla corrispondente altezza, calcolare l'area del triangolo.

748. Calcolare l'area di un triangolo equilatero, data la somma di un lato e dell'altezza.

749. Calcolare l'area di un triangolo rettangolo, data la somma dei cateti e la perpendicolare calata sull'ipotenusa.

750. Data una delle basi d'un trapezio e l'altezza, si calcolino i valori degli altri lati, sapendo che sono eguali.

751. Dati i valori delle distanze di tre punti da due rette che sono perpendicolari tra loro, riconoscere se i tre punti sono in una stessa retta.

Avv. I seguenti problemi si risolvano col sussidio dell'Algebra.

752. Sottrarre da due dati segmenti due segmenti uguali, in modo che la somma dei resti sia eguale ad un terzo segmento dato.

753. Dividere il lato maggiore di un dato rettangolo in modo che la differenza dei quadrati delle parti sia equivalente al rettangolo.

754. Descrivere un rettangolo di dato perimetro, e così che abbia i lati rispettivamente paralleli ai lati di un rettangolo ed equidistanti da questi lati.

755. Segnare sui lati di un rettangolo quattro punti in modo che siano equidistanti rispettivamente dai vertici del rettangolo, e che siano vertici d'una losanga.

756. Dati, sopra una retta, tre punti A, B, C, segnare sulla stessa un punto X tale che sia $(AX)^2 = BX \cdot CX$.

757. Dividere un dato segmento in tre parti in modo che la prima stia alla seconda come due dati segmenti, e la seconda alla terza come due altri segmenti dati.

758. Da due segmenti dati si taglino via due parti eguali in modo che i resti stiano tra loro come due segmenti dati.

759. Dimezzare un triangolo con una retta parallela ad un lato. Oppure dividerlo con questa parallela in parti che stiano tra loro come due dati segmenti.

760. Dimezzare un triangolo in modo che una parte sia un triangolo isoscele.

761. Costruire un triangolo rettangolo, dato il perimetro e l'altezza calata sull'ipotenusa.

762. Dividere un segmento in modo che il rettangolo delle parti sia equivalente ad un quadrato dato; oppure in modo che il quadrato d'una parte sia doppio di quello dell'altra.

763. Dividere un segmento in modo che il quadrato d'una parte sia equivalente al rettangolo contenuto dall'altra parte e da un altro segmento dato.

764. Costruire un rettangolo, che sia equivalente ad un quadrato dato ed abbia doppio perimetro.

765. Costruire un rettangolo, che abbia perimetro eguale a quello di un rettangolo dato, e che sia equivalente ad un altro rettangolo dato.

766. Iscrivere in un quadrato dato un quadrato di lato dato.

767. Iscrivere in un triangolo equilatero un triangolo equilatero, che sia equivalente alla metà del dato.

768. Sottrarre da due segmenti dati due segmenti eguali in modo che la somma dei quadrati dei resti sia equivalente ad un quadrato dato.

769. Iscrivere in un triangolo dato un rettangolo che sia equivalente ad un quadrato dato.

770. Costruire un triangolo rettangolo che abbia dato perimetro e che sia equivalente ad un quadrato dato.

CAPITOLO XIV

CICLOMETRIA

Lemmi.

521. Def. Il segmento, che unisce il punto di mezzo di un arco col punto di mezzo della corda sottesa dall' arco, si dice *freccia* di quell' arco.

522. Per segnare la freccia d'un arco qualunque, basta tirare la perpendicolare alla sua corda nel punto di mezzo. E infatti, poichè il punto in cui codesta perpendicolare incontra l'arco è equidistante [163] dalle estremità dell' arco, e corde uguali sono sottese da archi eguali [219], la perpendicolare incontra l'arco nel suo punto di mezzo.

523. Teor. *Se due archi sono entrambi minori di mezzo cerchio, ed uno è metà dell' altro, la freccia dell' arco minore è minore della metà della freccia dell' arco maggiore.*

Dim. Sia un cerchio di centro O, ed in esso una corda AB qualunque. Caliamo dal centro la perpendicolare sulla corda, e siano C e D i punti in cui essa incontra la corda e l'arco BA. Poichè [187, 522] C e D sono i punti di mezzo della corda e dell'arco, il segmento CD è la freccia dell' arco.

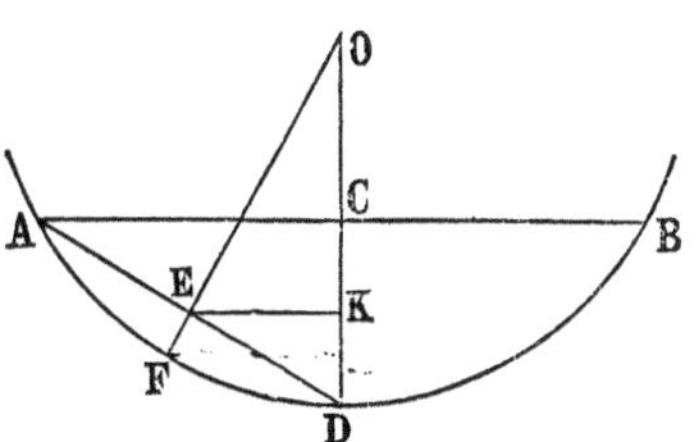

Così, tirando dal centro la perpendicolare alla

corda AD, abbiamo in EF la freccia dell'arco DA.

Ora si tratta di dimostrare che EF è minore della metà di CD.

A tal fine si tiri EK, perpendicolare ad OD. Poichè questa retta passa per il punto di mezzo del lato AD del triangolo ACD, ed è parallela al lato AC, essa dimezza [285] il terzo lato CD. E poichè OE, come ipotenusa del triangolo OEK, è maggiore del cateto OK, sottraendo questi segmenti dai raggi OF, OD, troviamo essere $EF < DK$. Così resta dimostrato che *ecc.*

524. Cor. *Raddoppiando abbastanza il numero dei lati di una spezzata regolare iscritta in un arco, si può ottenere una spezzata regolare iscritta in quell'arco per la quale la freccia dell'arco che sottende un lato sia minore di qualsivoglia segmento dato.*

Infatti, poichè nella serie indefinita formata dalle freccie corrispondenti alle spezzate successive ciascun termine è minore della metà del precedente [523], da un certo posto in poi i termini sono minori d'un segmento dato qualunque. [479].

525. Teor. *La differenza tra i perimetri di due poligoni regolari di* 2n *lati, uno circoscritto e l'altro iscritto in un cerchio, è minore della metà della differenza tra i perimetri di due poligoni regolari di* n *lati, uno circoscritto e l'altro iscritto nel cerchio stesso.*

Dim. Sia un cerchio di centro O, ed AB sia un lato di un poligono regolare iscritto di n lati. Tiriamo da O la perpendicolare alla corda AB; e siano C e D i punti in cui essa incontra la corda e l'arco BA. La corda AD è un lato del poligono regolare iscritto di $2n$ lati. [187, 522].

Tiriamo per A la tangente al cerchio [208], e sia E il punto dove essa incontra [256] la retta OC.

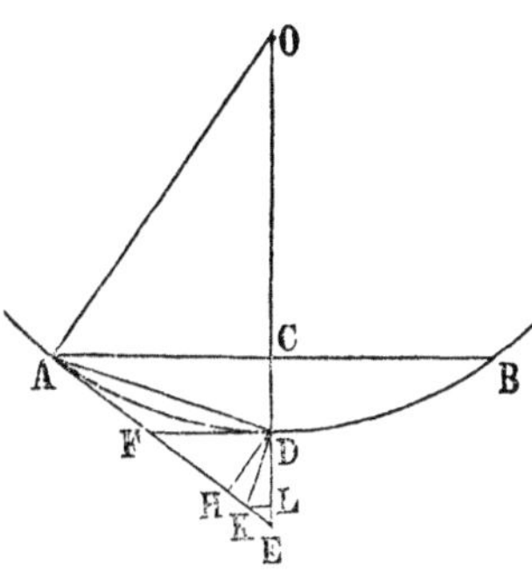

Tiriamo per D la tangente al cerchio, e sia F il punto dove essa incontra AE.

Il segmento AE è metà d'un lato del poligono regolare circoscritto di n lati; e la somma $AF + FD$ è equivalente ad un lato del poligono regolare circoscritto di $2n$ lati.

Si tiri da D la DH perpendicolare ad AE, e poi si faccia $FK \equiv FD$. Essendo [143]:

$$FH < FD < FE,$$

il punto K viene a cadere necessariamente tra i punti H ed E. Infine si tiri KL perpendicolare ad OE.

Ed ora si osservi che, poichè il perimetro del poligono circoscritto di n lati è composto di $2n$ segmenti eguali ad AE, e il perimetro del poligono iscritto di n lati è composto di $2n$ segmenti eguali ad AC, la differenza tra codesti perimetri (differenza che indicheremo con δ_n) è composta con $2n$ segmenti eguali alla differenza tra AE ed AC. Abbiamo adunque:

$$\delta_n = 2n(AE - AC).$$

Così, poichè il perimetro del poligono circoscritto di $2n$ lati è composto di $2n$ segmenti eguali ad $AF + FD$, cioè ad AK, e il perimetro del poligono iscritto di $2n$ lati è composto di $2n$ segmenti eguali ad AD, la differenza tra codesti perimetri (differenza che indicheremo con δ_{2n}) è composta con $2n$

segmenti uguali alla differenza tra AK ed AD. Abbiamo adunque:

$$\delta_{2n} = 2n(AK - AD).$$

Se la differenza $(AK - AD)$ fosse uguale alla metà della differenza $(AE - AC)$, sarebbe δ_{2n} uguale alla metà di δ_n [376]. Provando che la prima differenza è minore della metà della seconda, si potrà conchiudere che δ_{2n} è minore della metà di δ_n.

Confrontando i triangoli ADC, ADH, troviamo che hanno AD comune, retti gli angoli in C ed in H, ed eguali gli angoli in A, perchè [299] angoli al cerchio che comprendono gli archi eguali BD, DA. Per conseguenza [154] è $AC \equiv AK$, e quindi abbiamo:

$$\delta_n = 2n\,HE.$$

Notiamo poi che, essendo $AH < AD$, è:

$$AK - AH > AK - AD$$

cioè $$HK > AK - AD;$$

per conseguenza è:

$$\delta_{2n} < 2n\,HK.$$

Così, se possiamo provare che HK è minore della metà di HE, possiamo conchiudere, a maggior ragione, che δ_{2n} è minore della metà di δ_n.

Perciò si confrontino i triangoli DKH, DKL. Essi hanno DK comune, retti gli angoli in H ed in L, ed eguali gli angoli in D, perchè complementari rispettivamente degli angoli HKD, KDF, che sono gli angoli alla base del triangolo isoscele FDK. Per conseguenza [154] è $HK \equiv KL$. Ma è $KL < KE$; quindi è $HK < KE$, epperò HK minore della metà di HE, e per conseguenza infine δ_{2n} è minore della metà di δ_n, c. d. d. (*).

(*) Per il nostro intento ci è bastato provare che la differenza, che abbiamo rappresentato con δ_{2n}, è minore della

526. Oss. La precedente dimostrazione vale, senz' altro, anche per il caso che, invece di poligoni circoscritti ed iscritti in un cerchio, si tratti di spezzate, circoscritte ed iscritte in un arco qualunque.

527. Cor. *Dato un cerchio ed un segmento qualunque, si possono trovare due poligoni, uno circoscritto e l'altro iscritto, nei quali la differenza tra i perimetri sia minore del segmento dato.*

Infatti, se si costruiscono due poligoni regolari d' egual numero di lati, uno circoscritto e l' altro iscritto nel dato cerchio, e poi si va raddoppiando successivamente il numero dei lati, la differenza tra i perimetri dei poligoni è ogni volta minore della metà della differenza tra i perimetri dei due poligoni precedenti [525]; e perciò, seguitando a bastanza, si perviene necessariamente [479] a due poligoni, uno circoscritto e l'altro iscritto, nei quali la differenza tra i perimetri è minore del segmento dato.

528. Teor. *La differenza tra due poligoni regolari di* 2 n *lati, uno circoscritto e l'altro iscritto in un cerchio, è minore della metà della differenza tra i po-*

metà della differenza δ_n. Ma si può dimostrare che δ_{2n} è minore di *un quarto* di δ_n. Daremo alcuni cenni della dimostrazione. Riferendoci alla nostra figura, cominciamo ad osservare che $K(D)A$ è retto [296]. Perciò è $AH < AD < AK$. Così, se sopra AE, partendo da A, si prende un segmento $AM \equiv AD$, il punto M cade tra H e K. Essendo $MK \equiv AK - AD$, la difficoltà è ridotta a provare che MK è minore di un quarto di HE.

Per K si tiri la perpendicolare a DK, e siano H', M', E' i punti, dove incontra DH, DM, DE. Si proverà che DM dimezza KDK; che è $KM' \equiv KM$; che è $KM' < M'H'$, epperò anche $KM' < \frac{1}{4}\ H'E'$, ed a più forte ragione KM' cioè $KM < \frac{1}{4}\ HE$, perchè [esercizio 400] è $H'E' < HE$.

ligoni regolari di n *lati, uno circoscritto e l'altro iscritto nel cerchio stesso.*

Dim. Sia AB un lato di un poligono regolare di n lati, iscritto in un cerchio. Tiriamo per il centro C la perpendicolare alla corda AB e poi per A la tangente; sia D il punto d'incontro [256] di queste due rette; siano E, F i punti in cui la CD incontra l'arco BA e la corda AB. Infine tiro per E la tangente, e sia H il punto dove essa incontra AD.

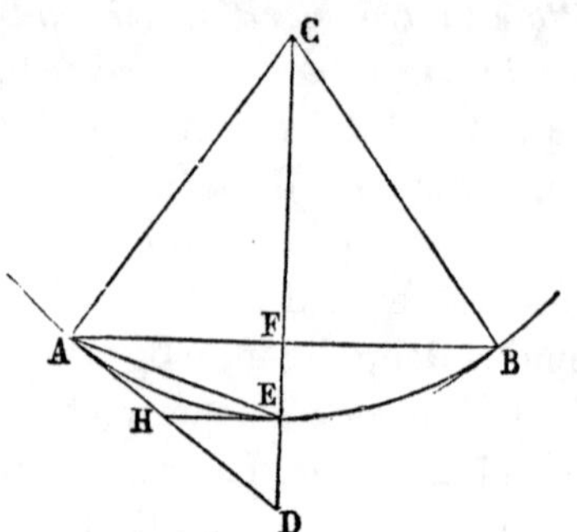

Sappiamo che AD è metà di un lato di un poligono circoscritto di n lati; AE è un lato del poligono iscritto di $2n$ lati; ed AH è metà d'un lato del poligono circoscritto di $2n$ lati.

Poichè il poligono di n lati circoscritto è composto di $2n$ triangoli eguali al triangolo ACD, ed il poligono di n lati iscritto è composto di $2n$ triangoli eguali al triangolo ACF, la differenza tra i due poligoni (differenza che indicheremo con Δ_n) è composta di $2n$ triangoli eguali al triangolo AFD.

E perchè il poligono di $2n$ lati circoscritto è composto di $2n$ quadrangoli uguali al quadrangolo $CAHE$, ed il poligono di $2n$ lati iscritto è composto di $2n$ triangoli eguali al triangolo CAE, la differenza tra i due poligoni (differenza che indicheremo con Δ_{2n}) è composta di $2n$ triangoli eguali al triangolo AHE.

Così, per provare che Δ_{2n} è minore della metà di Δ_n, basta provare che il triangolo AHE è minore della metà del triangolo AFD.

Perciò basta osservare che, essendo $HD > HE$ ed $HE \equiv AH$, è $HD > AH$, e che per conseguenza il triangolo HDE è maggiore [321] del triangolo AHE. Poichè questi due triangoli sono parti distinte del triangolo AFD, il triangolo AHE è minore della metà del triangolo AFD.

Conchiudiamo che è $\Delta_{2n} < \frac{1}{2} \Delta_n$, ed in generale che ecc. (*).

529. Cor. *Dato un cerchio ed un poligono* (**) *qualunque, si possono trovare due poligoni, uno circoscritto e l'altro iscritto nel cerchio, la cui differenza sia minore del poligono dato.*

Infatti, se si costruiscono due poligoni regolari d'egual numero di lati, uno circoscritto e l'altro iscritto nel dato cerchio, e poi si va raddoppiando successivamente il numero dei lati, la differenza tra i poligoni è ogni volta minore della metà della differenza tra i due poligoni precedenti [528]; e perciò, seguitando abbastanza, si perviene necessariamente [479] a due poligoni, uno circoscritto e l'altro iscritto, la cui differenza è minore del poligono dato.

(*) Si può provare senza difficoltà che e $\Delta_{2n} < \frac{1}{4} \Delta_n$. E infatti facilmente si prova che dal triangolo AFD si possono ricavare quattro triangoli equivalenti al triangolo AHE, e che c'è anche un resto.

(**) Se invece d'un poligono fosse data una parte di piano qualunque, si prenderebbe da questa una parte che fosse un poligono e si trascurerebbe il rimanente.

Classi di grandezze. Classi contigue.

530. Diremo *classe di grandezze* l'insieme delle grandezze che sodisfanno ad una determinata condizione. Codeste grandezze si diranno gli *elementi* di quella classe.

Ad es., i perimetri dei poligoni iscritti in un cerchio costituiscono una classe di segmenti.

Indicheremo una classe con una lettera maiuscola; con la stessa lettera minuscola dinoteremo l'elemento generale della classe. Dovendo significare determinati elementi, useremo della stessa lettera minuscola con differenti indici.

531. Def. Diremo *contigue* due classi, quando ogni elemento d'una classe sia maggiore di tutti gli elementi dell'altra, e si possano trovare due elementi, uno d'una classe e l'altro dell'altra, tali che la loro differenza sia minore d'una grandezza della stessa loro specie, data, qualunque.

Ad es., sono contigue la classe dei perimetri dei poligoni circoscritti ad un cerchio e la classe dei perimetri dei poligoni iscritti nel cerchio stesso.

Infatti, il perimetro di qualunque poligono circoscritto è maggiore del perimetro di qualunque poligono (convesso) iscritto [175]; e si possono trovare [527] due poligoni, uno circoscritto e l'altro iscritto, nei quali la differenza tra i perimetri sia minore d'un segmento dato qualunque.

532. Di due classi contigue diremo *maggiore* quella composta con le grandezze che sono maggiori degli elementi dell'altra classe. Questa si dirà la classe *minore*.

Rappresenteremo il gruppo di due classi contigue, scrivendo, tra parentesi, separate da una virgola, le lettere che esprimono le due classi. La lettera, che esprime la classe maggiore, si scriverà a sinistra.

Così, ad es., la notazione (M, N) rappresenta l'insieme di due classi contigue; M è la classe maggiore, ed N la minore.

533. La maggiore di due classi contigue potrebbe contenere un elemento minimo; e la minore di due classi contigue potrebbe contenere un elemento massimo. Ma non può darsi che ad un tempo la classe maggiore contenga elemento minimo e la minore elemento massimo.

Infatti, data la coppia di classi contigue (M, N), se la classe M avesse un elemento minimo m_x, e la classe N un elemento massimo n_y, essendo $m_x > n_y$, la differenza tra un elemento della classe M ed uno della classe N, sarebbe necessariamente uguale o maggiore della differenza $m_x - m_y$, e ciò contro l'ipotesi che le classi M, N siano contigue, che si possano quindi trovare due elementi, uno d' una classe e l' altro dell' altra, la cui differenza sia minore d'una grandezza della loro specie, data, qualunque.

534. Teor. *Data una coppia di classi contigue, esiste una grandezza ed una sola, che ha la proprietà d'essere minore di tutte le grandezze della classe maggiore e di essere maggiore di tutti gli elementi della classe minore.*

Dim. Sia una coppia di classi contigue (M, N). Dico che esiste una grandezza ed una sola, che ha la proprietà d' essere minore di tutti gli elementi della classe M, e di essere maggiore di tutti gli elementi dèlla classe N.

Infatti, qualunque sia la specie degli elementi che compongono le due classi, siano segmenti, od angoli, od archi d'uno stesso cerchio, o poligoni, poichè, preso un elemento qualunque della classe maggiore ed uno qualunque della classe minore, esiste una grandezza che è minore del primo e maggiore del secondo, esiste anche una grandezza che è minore di tutti gli elementi della classe M ed è maggiore di tutti gli elementi della classe N. Chiamiamo λ una grandezza, che abbia questa proprietà.

Dico che nessun' altra grandezza differente da λ (non equivalente a λ) non può godere l'accennata proprietà di λ.

Infatti, se un' altra grandezza λ', differente da λ, fosse anch' essa minore di tutti gli elementi della classe M e maggiore di tutti gli elementi della classe N, la differenza tra un elemento della prima classe ed uno della seconda sarebbe uguale o maggiore della differenza tra λ e λ', e ciò contro l'ipotesi che le due classi siano contigue.

535. Cor. *Una coppia di classi contigue si può usare per determinare una grandezza, cioè quella unica* [534] (*), *che è minore di tutti gli elementi d'una classe e maggiore di tutti gli elementi dell'altra.*

La grandezza determinata da due classi contigue è *compresa* tra le classi, *separa* le due classi.

536. Oss. Se la maggiore di due classi contigue ha elemento minimo, o la minore elemento massimo, allora non c'è grandezza che separi le due classi. In questo caso assumeremo come grandezza di separa-

(*) Quando si tratti di superficie, s'intende *unica rispetto all' estensione,* non già rispetto alla *forma.*

zione rispettivamente [533] l'elemento minimo della classe maggiore o l'elemento massimo della classe minore. (Non abbiamo voluto definire la grandezza, che separa due classi contigue in modo che fosse contemplato anche questo caso, perchè ne risulta un enunciato troppo lungo (che si dovrebbe poi ripetere spesso) ed anche perchè le classi contigue, che dovremo considerare, non presentano mai rispettivamente elemento minimo od elemento massimo.

Rettificazione approssimata del cerchio.

537. Teor. *Dato un cerchio qualunque, esiste un segmento ed uno solo, il quale ha la proprietà di essere minore del perimetro di qualunque poligono circoscritto e maggiore del perimetro di qualunque poligono iscritto.*

Dim. Dato un cerchio qualunque, imaginiamo di comporre due classi, una coi perimetri dei poligoni circoscritti, l'altra coi perimetri dei poligoni iscritti. Codeste due classi sono contigue.

Infatti, poichè di due poligoni qualunque, che siano, uno circoscritto e l'altro iscritto in uno stesso cerchio, il poligono iscritto è parte del circoscritto ed è convesso, il perimetro del poligono circoscritto è maggiore [175] del perimetro dell'iscritto. Ogni elemento della prima classe è dunque maggiore di tutti gli elementi dell'altra.

Si possono poi trovare un elemento della classe maggiore ed uno dell'altra, la cui differenza sia minore d'un segmento dato qualunque, perchè, dato un cerchio ed un segmento qualunque, si possono trovare [527] due poligoni uno circoscritto ed uno iscritto, nei quali la differenza tra i perimetri sia minore del segmento dato.

Le due classi sono adunque contigue; epperò resta provato che, *ecc.* [534].

538. Oss. Giova osservare che delle due classi contigue considerate nel precedente paragrafo, nè la maggiore ha elemento minimo, nè la minore ha elemento massimo; in altre parole, non c' è poligono circoscritto, il quale abbia perimetro minore di quello di ogni altro poligono circoscritto; nè poligono iscritto, il quale abbia perimetro maggiore di quello di ogni altro poligono iscritto.

Infatti, dato un poligono circoscritto, basta tirare una tangente al cerchio, distinta da quelle a cui appartengono i lati del poligono, per ottenere un poligono circoscritto avente perimetro minore [144] di quello del poligono dato. E dato un poligono iscritto, basta unire le estremità d' un lato con un punto dell' arco che lo sottende, e poi sopprimere il lato, per ottenere un poligono iscritto avente perimetro maggiore [144] di quello del poligono dato.

Ed ora, iscritto in un cerchio un poligono regolare di un numero qualunque di lati, imaginiamo di andar successivamente raddoppiando e senza fine il numero dei lati del poligono. Andrà crescendo senza fine il numero dei punti comuni al cerchio ed al contorno del poligono; e diventerà minore d'un segmento dato ε, per quanto piccolo, la freccia [524] dell' arco che sottende il lato del poligono. E quando questa freccia sia minore di un segmento ε, si può dire che è minore di ε la distanza di un punto qualunque M del cerchio dal lato del poligono sotteso dall' arco, a cui questo punto M appartiene. In somma, al raddoppiarsi indefinito del numero dei lati di un poligono regolare iscritto, il contorno del poligono tende a confondersi col cerchio, senza però poter diventare con questo coincidente. [203] (*).

Nel tempo stesso il perimetro del poligono cresce, avvicinandosi a quel segmento, che abbiamo chiamato λ, in modo da differirne di meno d'un segmento dato qualunque, senza poter mai eguagliarlo. Queste considerazioni (**) c'inducono a dare la seguente:

539. Def. *Il segmento, che è maggiore del perimetro di ogni poligono iscritto in un cerchio, e minore*

(*) Analogamente si può dire del poligono regolare circoscritto. Intanto dalla figura del § 525 risulta che, raddoppiando il numero dei lati di un poligono regolare circoscritto, il lato del poligono diventa minore della sua metà; donde segue [479] che, se il numero dei lati di un poligono regolare circoscritto è grande abbastanza, il lato è minore d'un segmento dato qualunque. E perchè la differenza tra la distanza di un vertice del poligono dal centro ed il raggio è [145] minore della metà di un lato del poligono, quando il numero dei lati di un poligono circoscritto è grande abbastanza, la distanza tra un punto qualunque del contorno del poligono ed il cerchio (presa sul segmento che unisce quel punto col centro) è minore [209, 160] d'un segmento dato qualunque.

(**) Aggiungiamo che a cerchio maggiore corrisponde un segmento λ maggiore. Infatti, posti a coincidere i centri dei due cerchi, e iscritto nel maggiore un poligono regolare, raddoppiando a bastanza il numero dei lati del poligono, si può ottenere che il contorno cada tutto fuori del cerchio minore. Ciò ha luogo quando la freccia dell'arco, che sottende un lato, è minore della differenza dei raggi dei cerchi. [524, 215]. Facilmente se ne ricava poi un poligono circoscritto al cerchio minore, e tutto interno al poligono iscritto nel cerchio maggiore. Ecc. [175, 537].

del perimetro di ogni poligono circoscritto, è equivalente al cerchio (*).

540. Il problema di costruire il segmento equivalente a un cerchio dato, problema che porta il titolo « *rettificazione del cerchio* », non si può risolvere (**) col solo sussidio di rette e di cerchi (cioè mediante riga e compasso). Perciò bisogna contentarsi di costruire dei segmenti che siano *approssimativamente* equivalenti ad un cerchio dato. Un modo sarebbe questo di dividere il cerchio in parti eguali, poi una di queste per metà, poi una delle nuove parti per metà, e così via, perchè così si trova il lato di un poligono regolare iscritto, e quindi anche il perimetro del poligono, che è un segmento approssimato al cerchio per difetto. E perchè, conoscendo l'*n.esima* parte di un cerchio, si può [359] costruire il lato e quindi il perimetro del poligono regolare di *n* lati circoscritto, si potrà trovare anche un segmento approssimato al cerchio per eccesso; dimodochè si potrà poi conoscere anche il grado d'approssimazione. Ma in pratica gli errori di costruzione, dovuti all'imperfezione degli istrumenti e all'imperfetto loro uso, errori di tanto peggior conse-

(*) La ragione della difficoltà, che s'incontra nel confronto di un cerchio con un segmento, è questa che non si può dire che il cerchio è maggiore (più lungo) del perimetro d'un poligono iscritto, perchè nessuna parte del perimetro è uguale a parte del cerchio. E finora, dicendo che un ente è minore d'un altro, intendevamo dire che il primo è uguale od equivalente ad una parte dell'altro. Più difficile è il confronto del cerchio col perimetro d'un poligono circoscritto, perchè non interviene l'antico assioma « la retta è il più breve cammino da un punto all'altro ».

(**) Questa impossibilità fu dimostrata (1882) dal LINDEMANN.

guenza finale, quanto è più grande il numero dei lati, impediscono manifestamente di trovar nel modo accennato un segmento che abbia un grado prestabilito qualunque di approssimazione. Perciò si è cercato di risolvere il problema col sussidio del calcolo; e questo metodo è suscettivo di quella approssimazione qualunque che si può desiderare. Per questa via, invece del segmento equivalente al cerchio, si trova il *valore* del segmento, cioè il suo rapporto ad un segmento preso per unità di misura. Ma se ne deduce poi anche una regola semplice per la rettificazione approssimata.

541. Teor. *Il rapporto del cerchio al diametro è costante* (*).

Dim. Indichiamo con C e C' i segmenti, che sono rispettivamente equivalenti a due cerchi di raggi R ed R'. Costruiamo due poligoni qualunque, uno iscritto e l'altro circoscritto al secondo cerchio, e indichiamo con p' e P' i loro perimetri. Costruiamo poi [466] due altri poligoni rispettivamente simili ai due considerati, e che siano uno iscritto e l'altro circoscritto al primo cerchio; e indichiamo con p e P i loro perimetri. Sappiamo che hanno luogo [467] le proporzioni:

$$p : p' = R : R'$$

e

$$P : P' = R : R'.$$

Se indichiamo con D il segmento quarto proporzionale rispetto ad R, R' e C, tale, cioè, che sia:

$$R : R' = C : D,$$

abbiamo [390] poi:

$$p : p' = C : D$$

e

$$P : P' = C : D.$$

(*) Cioè: i rapporti dei segmenti, equivalenti rispettivamente a cerchi dati, ai rispettivi diametri dei cerchi sono eguali.

Da queste proporzioni, essendo $p < C$ e $C < P$, conchiudiamo [401] essere:

$$p' < D < P',$$

ossia che il segmento D ha la proprietà di esser maggiore del perimetro di qualunque poligono iscritto nel cerchio di raggio R', e di essere minore del perimetro di qualunque poligono circoscritto. Egli è pertanto [537, 539] $D \equiv C'$, e per conseguenza:

$$R : R' = C : C',$$

epperò anche [392]:

$$C : C' = 2R : 2R',$$

e [408]: $$C : 2R = C' : 2R',$$ c. d. d.

542. Cor. *Due cerchi stanno tra loro come i raggi.*

Questa proporzione è una conseguenza [395] dell'ultima trovata; ma è stata dimostrata nel corso della precedente dimostrazione.

543. Probl. *Dato il valore del raggio di un cerchio e quello dell'apotema di un poligono regolare iscritto, calcolare l'apotema e il lato del poligono regolare iscritto che ha numero doppio di lati.*

Risol. Sia un cerchio qualunque, O il centro, ed AB il lato del poligono regolare iscritto di n lati. Se si tira il diametro CE perpendicolare alla corda AB, questa viene dimezzata in D, e l'arco AB in C, dimodochè AC è il lato del poligono regolare iscritto di $2n$ lati. E se da O tiriamo OF perpendicolare ad AC, otteniamo in OF l'apotema del poligono di $2n$ lati; ed OD è l'apotema del poligono di n lati. Indichiamo con r, a_n, l_{2n} e a_{2n} rispettivamente i valori dei segmenti OC, OD, AC ed OF.

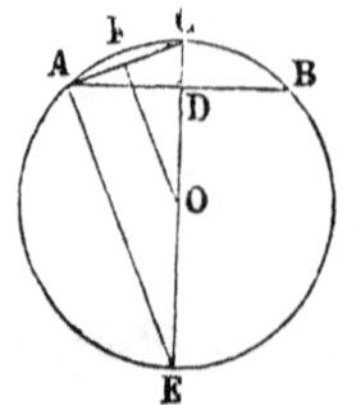

Ora si tiri AE, e si osservi intanto che il segmento OF, perchè unisce i punti di mezzo [187] di due lati del triangolo CAE, è [287] uguale alla metà del terzo lato. Pertanto il valore di AE è $2\,a_{2n}$. E perchè l'angolo CAE, come iscritto in mezzo cerchio, è [296] retto, e AD è perpendicolare ad EC, e ciascun cateto di un triangolo rettangolo è [432] medio proporzionale tra l'ipotenusa e la sua proiezione sull'ipotenusa, abbiamo:

$$CE : AE = AE : ED$$

e

$$CE : AC = AC : CD,$$

ossia [492]:

$$2r : 2a_{2n} = 2a_{2n} : (r + a_n)$$

e

$$2r : l_{2n} = l_{2n} : (r - a_n).$$

Per conseguenza è:

$$2a_{2n} = \sqrt{2r(r + a_n)}$$

ed

$$l_{2n} = \sqrt{2r(r - a_n)}.$$

Queste sono le formule domandate.

541. Probl. *Dato il valore del raggio di un cerchio, e quelli del perimetro e dell'apotema di un poligono regolare iscritto, calcolare il perimetro del poligono regolare circoscritto, di egual numero di lati.*

Risol. Indichiamo ordinatamente con p_n ed a_n i valori del perimetro e dell'apotema di un poligono regolare di n lati, iscritto in un cerchio; e con r e P_n i valori del raggio del cerchio e del perimetro del poligono regolare circoscritto di n lati.

È manifesto che i due poligoni, che consideriamo, sono simili [262], e che l'apotema dell'iscritto e il raggio del cerchio si possono riguardare come i raggi di due cerchi a cui i poligoni stessi sono circoscritti. Quindi [467] abbiamo:

$$P_n : p_n = r : a_n$$

epperò:
$$P_n = \frac{p_n \cdot r}{a_n},$$

e questa è la formula domandata.

545. Abbiamo provato [541] che il rapporto del cerchio al diametro è costante. Rappresentando questo numero con la lettera π, e con c ed r i valori del segmento equivalente ad un cerchio qualunque e quello del suo raggio, abbiamo:

$$\frac{c}{2r} = \pi, \quad \text{donde} \quad c = 2\pi r.$$

Questa formula mostra che, quando fosse noto il valore di π, facilmente, dato il raggio, si potrebbe calcolare la lunghezza del cerchio.

546. Calcolo del numero π. Se indichiamo con p e P i valori dei perimetri di due poligoni qualunque, uno iscritto e l'altro circoscritto ad un cerchio, con c il valore del segmento equivalente al cerchio, e con r quello del raggio, essendo [539]:

$$p < c < P,$$

egli è:
$$\frac{p}{2r} < \pi < \frac{P}{2r}.$$

Questa limitazione fa vedere che, se i perimetri p e P differiscono poco tra loro, i quozienti, che si ottengono dividendoli per il diametro, sono due valori approssimati di π, uno per difetto e l'altro per eccesso. La differenza tra i due quozienti esprime il grado d'approssimazione.

Le formule trovate nei §§ 543, 544 mostrano che, per poter calcolare due valori p e P, tanto approssimati quanto si vuole, basta conoscere l'apotema di un poligono regolare iscritto. Facilmente si trova ad es., essere $a_4 = r\sqrt{2} : 2$ ed $a_6 = r\sqrt{3} : 2$. Così, fondando il calcolo sull'apotema del quadrato iscritto, si possono calcolare successivamente i valori degli apotemi dei poligoni regolari iscritti di 8, 16, 32 lati, ecc. Conoscendo l'apotema di un poligono regolare iscritto e il raggio del cerchio, si può [501] poi dedurne il lato del poligono e quindi il perimetro, e infine anche il perimetro del poligono regolare circoscritto di altrettanti lati [544].

Con questo metodo, e per l'appunto partendo dall'esagono iscritto, spingendo il calcolo fino ad ottenere i perimetri dei poligoni regolari iscritto e circoscritto di 96 lati, Archimede trovò che π è compreso fra $3 + \frac{10}{71}$ e $3 + \frac{10}{70}$. Il secondo valore, ossia $\frac{22}{7}$, molto usato in pratica, supera π di meno di *mezzo centesimo*.

Mezio ha trovato per π il valore $\frac{355}{113}$, facile a tenere a mente, e molto approssimato, giacchè supera π di meno di *mezzo milionesimo*.

Ludolf da Colonia ha calcolato 32 cifre decimali di π.

Recentemente Shanks ne ha calcolate 707.

Questi due ed altri, con varî metodi, trovarono tutti:

$$\pi = 3{,}14159\,26535\,89793\,23846\ldots$$

Ma per qualunque uso pratico ha sufficiente approssimazione il valore $\pi = 3{,}1416$.

Quadratura approssimata del cerchio.

547. Teor. *Un triangolo, che abbia la base equivalente ad un cerchio dato e altezza eguale al raggio, è minore di qualunque poligono circoscritto ed è maggiore di qualunque poligono iscritto.*

Dim. Chiamiamo T un triangolo, che abbia la base C equivalente ad un cerchio dato e l'altezza eguale al raggio.

Poichè un poligono circoscritto è equivalente [328] ad un triangolo, che ha per base il perimetro P del poligono ed altezza uguale al raggio, ed è $C < P$ [539], il triangolo T è minore [322, 344] di qualunque poligono circoscritto.

Consideriamo ora un poligono iscritto qualunque; dividiamolo in triangoli unendo il centro coi vertici; e prendiamo per altezze dei triangoli le perpendicolari calate dal centro sui lati del poligono. Tutte queste altezze sono minori del raggio del cerchio [187, 216]. Se fossero tutte uguali al raggio, allora il poligono iscritto sarebbe equivalente ad un triangolo avente la base uguale al perimetro p del poligono, ed altezza uguale al raggio. E poichè così fatto triangolo, perchè è $p < C$, è minore del triangolo T, a più forte ragione il poligono iscritto è minore del triangolo T.

Così si è provato che *ecc.*

548. Def. *Due superficie, che siano comprese tra due medesime classi contigue, sono* equivalenti (*).

(*) Codesta nuova definizione di equivalenza non contradice quella che abbiamo dato anteriormente; ma ne è una estensione. E infatti, come abbiamo già osservato [535], se due

549. Teor. *La superficie di un cerchio è equivalente ad un triangolo, che ha la base equivalente al cerchio ed altezza eguale al raggio.*

Dim. Dato un cerchio qualunque, consideriamo la classe composta coi poligoni circoscritti e quella composta coi poligoni iscritti. Codeste due classi sono contigue. Infatti, qualunque poligono circoscritto è maggiore di qualunque poligono iscritto; e si possono trovare [529] due poligoni, uno circoscritto e l'altro iscritto, la cui differenza sia minore di qualsivoglia superficie data.

Tra le due classi contigue considerate è compresa manifestamente la superficie del cerchio dato. Ma è compreso tra codeste classi anche il triangolo che ha la base equivalente al cerchio ed altezza eguale al raggio, perchè, come si è dimostrato [547], anch'esso è minore di qualunque poligono circoscritto, e maggiore di qualunque poligono iscritto. Pertanto la superficie del cerchio ed il triangolo sono equivalenti [548], c. d. d.

550. Cor. *L'area di un cerchio è uguale al prodotto di π per il quadrato del raggio.*

Infatti, dacchè la superficie di un cerchio è [549] equivalente ad un triangolo, che ha la base equivalente al cerchio e altezza eguale al raggio, se indichiamo con a l'area del cerchio (l'area della superficie del cerchio), con r il valore del raggio, e con c la lunghezza del cerchio, abbiamo [505] intanto:

$$a = c\,\frac{r}{2}.$$

poligoni sono compresi tra due classi contigue, essi sono equivalenti nel senso che si possono dividere in parti rispettivamente uguali.

Ma [545] è: $c = 2\pi r,$

quindi è: $a = \pi r^2,$ c. d. d.

551. Teor. *La superficie di un cerchio sta al quadrato del raggio, come il cerchio sta al diametro.*

Dim. Imaginiamo che il segmento AB sia equivalente ad un cerchio dato qualunque. Posto il rag-

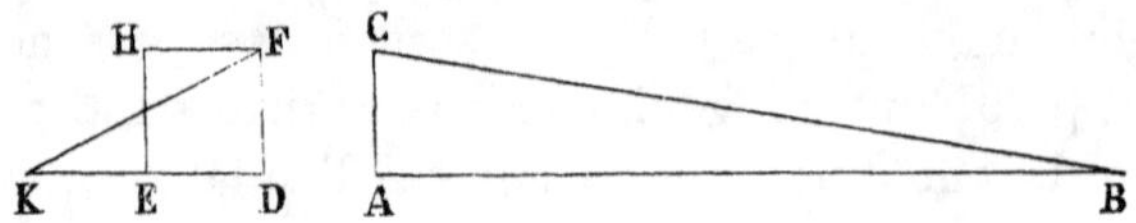

gio del cerchio perpendicolarmente ad AB, ad es. in AC, si unisca C con B. Sappiamo [549] che il triangolo ABC è equivalente alla superficie del cerchio. Ed ora, costruito un quadrato $DEHF$, di lato eguale al raggio del cerchio, si prolunghi DE di un segmento $EK \equiv ED$, e si tiri FK. Il triangolo KDF è equivalente al quadrato HD; e DK è uguale al diametro.

Ora, perchè triangoli d'eguale altezza stanno [384] tra loro come le basi, abbiamo:

$$ABC : DKF = AB : DK;$$

epperò, indicando con S la superficie del cerchio, con R il raggio, con R^2 il quadrato del raggio, e con C il segmento equivalente al cerchio, anche:

$$S : R^2 = C : 2R,$$ c. d. d.

552. Cor. *Le superficie di due cerchi stanno tra loro come i quadrati dei raggi.*

Se indichiamo rispettivamente con S ed S' le superficie di due cerchi di raggi R ed R', e con C e C' i segmenti equivalenti ai cerchi, abbiamo [551]:

$$S : R^2 = C : 2R,$$

ed $$S' : R'^2 = C' : 2R'.$$

Ma [541]: $C : 2R = C' : 2R'$;

quindi [390] anche:

$$S : R^2 = S' : R'^2$$

epperò [408] infine:

$$S : S' = R^2 : R'^2, \qquad \text{c. d. d.}$$

553. Def. La parte della superficie di un cerchio, che è compresa tra un arco ed i raggi che hanno i termini nelle estremità dell'arco, si dice *settore*. L'angolo dei due raggi si dice *angolo del settore.*

554. Teor. *Due archi, o due settori di un medesimo cerchio, stanno tra loro, come gli angoli al centro corrispondenti.*

Dim. In un cerchio qualunque siano due archi qualunque AB e CD. Dico che questi archi stanno tra loro come i corrispondenti angoli al centro AOB, COD. E che anche i due settori AOB, COD stanno tra loro come i loro angoli AOB, COD.

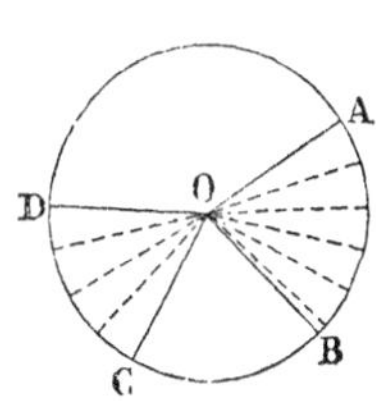

Presa dell'arco CD una parte aliquota ad arbitrio, ad es. una *n.esima* parte, si misuri con essa l'arco AB. Sia m il quoziente della divisione, e supponiamo che ci sia un resto. Se ora uniamo col centro tutti i punti di divisione dei due archi, troviamo che l'angolo COD resta diviso in n parti eguali [200], ed in $(m + 1)$ parti l'angolo AOB; m di queste sono uguali [200] tra loro e alle parti di $C(O)D$, ed una, quella corrispondente al resto, è minore [201] delle altre parti. Pertanto, misurando l'angolo AOB con una *n.esima* parte dell'angolo COD, si trova m per quoziente, appunto come s'è trovato il quoziente m misurando l'arco AB con una *n.esima* parte dell'arco CD.

Se una divisione non dà resto, altrettanto avviene dell' altra.

Così resta dimostrata la proporzione:

arco AB : arco $CD = A(O)B : C(O)D$.

Nello stesso modo, perchè ad angoli eguali corrispondono settori eguali, e ad angolo minore settore minore, si prova che:

settore AOB : settore $COD = A(O)B : C(O)D$.

555. Cor. *Il rapporto di un arco all'intero cerchio, e quello di un settore alla superficie del cerchio, sono uguali ambidue al rapporto del corrispondente angolo a quattro retti.*

Infatti quattro retti è l'angolo al centro, che corrisponde all' intero cerchio; e la superficie di un cerchio si può riguardare quale un settore, il cui angolo è di quattro retti.

556. Poichè si sanno calcolare la lunghezza e l'area di un cerchio di dato raggio, si possono calcolare la lunghezza di un arco e l'area di un settore, purchè, oltre del raggio, sia dato il valore dell'angolo corrispondente.

Se per unità degli angoli prendiamo l'angolo retto, e dinotiamo con x la lunghezza dell'arco con y l'area del settore e con α il valore dato del corrispondente angolo al centro, abbiamo le proporzioni:

$$x : 2\pi r = \alpha : 4,$$

ed
$$y : \pi r^2 = \alpha : 4,$$

le quali valgono a determinare i valori di x e di y.

Esercizî.

771. Se AB, BC, CD,.... HK sono segmenti consecutivi e per diritto, la linea, composta dai semicerchi dei quali detti segmenti sono diametri, è equivalente al mezzo cerchio, che ha per diametro AK. [405].

772. Se sui lati di un triangolo rettangolo, presi come diametri, si costruiscono tre cerchi, la superficie del maggiore è equivalente alla somma di quelle degli altri due. [405].

773. Se un triangolo rettangolo è iscritto in mezzo cerchio, e sui cateti ed esternamente si descrivono due mezzi cerchi, da questi e dal primo sono compresi due *menischi* (*lunule* d'IPPOCRATE), la cui somma è equivalente al triangolo.

774. Se sui lati di un quadrato iscritto in un cerchio ed esternamente si descrivono quattro semicerchi, la somma delle quattro *lunule* è equivalente alla superficie del quadrato.

775. Se sopra ciascun lato di un triangolo equilatero, iscritto in un cerchio, si descrive, esternamente al cerchio, mezzo cerchio, la somma delle tre lunule supera il triangolo di un ottavo della superficie del cerchio dato.

776. Se due poligoni regolari di n lati sono l'uno iscritto e l'altro circoscritto ad uno stesso cerchio, questo cerchio è medio proporzionale tra il cerchio iscritto nel primo poligono ed il cerchio circoscritto al secondo. E così dicasi delle superficie dei tre cerchi.

777. Se un diametro AB si divide in n parti eguali AC, CD,... MB, e poi sui segmenti AC, AD,.... AM da una banda, e sui segmenti CB, DB,..., MB dall'altra, presi per diametri, si descrivono dei semicerchi, la superficie del cerchio dato resta divisa in n parti, che hanno perimetri e superficie equivalenti.

778. Se sopra un raggio OA di dato cerchio si descrive un cerchio, e condotti per O ed O' due raggi OB, $O'B'$, da una stessa banda di OO' e perpendicolari ad OO', poi su BB', preso come diametro, e dalla banda opposta di O, si descrive mezzo cerchio, e si dica C il punto dove esso taglia il cerchio dato, la figura, compresa tra i due archi BC, è equivalente alla somma delle due figure OBB' e $BC'A$.

779. Se sopra due raggi OA, OB di uno stesso cerchio, che siano perpendicolari tra loro, si descrivono due semicerchi dalla banda del quarto di cerchio AB (*quadrante* AB), e sia C il punto dove i semicerchi si tagliano, la figura compresa dai due archi OC è equivalente a quella compresa dagli archi CA, CB e dal quadrante AB.

780. La superficie, compresa tra due cerchi concentrici (*anello*), è equivalente a quella di un cerchio, che ha per diametro una corda del maggior cerchio, che sia tangente al minore.

781. La superficie di un anello è equivalente a quella di un rettangolo, che ha base equivalente a quel cerchio il cui raggio è la semisomma dei raggi dei cerchi che comprendono l'anello, ed altezza eguale alla differenza dei raggi stessi.

782. Se AB, BC, CD sono segmenti consecutivi di una stessa retta, e il primo ed il terzo sono eguali, e si descrivono da una stessa banda tre semicerchi sui diametri AB, CD, AD, ed uno da banda opposta con diametro BC, si ottiene una figura (*salinon*), la cui superficie è equivalente a quella del cerchio, che ha per diametro la somma dei due raggi dei due cerchi concentrici.

783. Se sul diametro AB di un cerchio si prendono due punti C e D ad arbitrio, e si descrivono, su AC e AD da una banda, e su BD e BC dall'altra, quattro semicerchi, il contorno della figura (*pelecoide*) risultante è equivalente al cerchio dato, e la superficie sta a quella del cerchio, come CD sta ad AB.

784. Se si divide in C ad arbitrio il diametro AB di mezzo cerchio, e sui segmenti AC, CB come diametri si descrivono due mezzi cerchi dalla stessa parte del dato, la figura (*arbelo*) limitata dai tre mezzi cerchi è equivalente ad un cerchio, che ha il diametro medio proporzionale tra AC e CB.

785. Se quattro cerchi hanno per diametri rispettivi le parti di due corde di un cerchio che si tagliano ad angolo retto, la somma delle loro superficie è equivalente a quella del cerchio dato.

786. Dividere la superficie di un cerchio in n parti equivalenti, e ciò con cerchi concentrici al dato.

787. Dividere la superficie di un cerchio dato in n parti equivalenti, e ciò con cerchi tangenti al cerchio dato in un punto dato.

788. Due settori circolari, che siano compresi tra angoli eguali, hanno perimetri che stanno come i raggi, e superficie che stanno come i quadrati dei raggi.

789. Se un cerchio ha per diametro un raggio di un altro, i segmenti dei due cerchi, tagliati via da una retta tirata per il punto di contatto, sono uno quadruplo dell'altro.

790. Se un cerchio rotola nell'interno di un cerchio di raggio doppio, ogni punto del primo cerchio percorre un diametro del secondo.

791. Calcolare l'area della superficie, che è chiusa da tre cerchi eguali, che si toccano esternamente a due a due.

792. Sul lato di un esagono regolare, iscritto in un cerchio, ed esternamente al cerchio dato, si descriva mezzo cerchio. Si calcoli l'area della superficie compresa da un sesto del cerchio dato e dal semicerchio descritto.

793. Sopra un lato di un triangolo equilatero preso come diametro, e dalla banda del triangolo, si descriva mezzo cerchio. Si calcolino le aree delle parti della superficie del cerchio, che si trovano fuori del triangolo, e quella della parte del triangolo, che è fuori del cerchio.

794. Due cerchi eguali passano ciascuno per il centro dell'altro. Si calcoli l'area della superficie compresa dai due archi interni dei due cerchi.

795. Un cerchio rotola tutto intorno ad un triangolo equilatero. Si calcoli l'area della superficie descritta dal cerchio. Si risolva lo stesso problema, supponendo che il triangolo sia qualunque, e che sia dato il perimetro del triangolo e il raggio del cerchio.

796. Calcolare l'area del segmento della superficie di un cerchio, che è compreso tra due corde parallele, eguali rispettivamente ai lati del quadrato e dell'esagono regolare iscritti.

797. A e B sono due vertici consecutivi di un esagono regolare iscritto in un cerchio. Da A si cali la perpendicolare sulla tangente nel punto B. Si calcoli l'area della superficie compresa tra la perpendicolare, la tangente e l'arco AB.

798. Dati i lati di un triangolo, calcolare l'area del cerchio iscritto.

799. ABC è un triangolo rettangolo in C. Sul cateto BC, esternamente al triangolo, si descriva mezzo cerchio, e poi si faccia girare la figura intorno al punto A. Si domanda l'area descritta in una rotazione dal semicerchio, supposti noti i valori dei cateti.

800. Dato un rettangolo (di lati a e b), determinare il centro del cerchio di diametro a, che tocca due lati opposti del rettangolo in modo che una delle parti del rettangolo, che cadono fuori del cerchio, sia equivalente alla superficie del cerchio.

STEREOMETRIA

CAPITOLO XV

PIANO E RETTA PERPENDICOLARI

Preliminari.

557. Teor. *Una retta, che passi per un punto di un piano, e per un punto che non appartenga al piano, ha con questo piano quel solo punto in comune.*

Dim. Sia un piano α, un suo punto A e un altro punto B non appartenente al piano. Dico che la retta AB ha in comune col piano il solo punto A.

Infatti se, oltre che A, la retta avesse in comune col piano un altro punto C, essa giacerebbe nel piano [48, 1°] per intero. epperò giacerebbe nel piano anche il punto B. Ciò contro l'ipotesi che il punto B non sia situato nel piano.

558. Quando una retta ha comune con un piano un punto solo, si dice che la retta *incontra* il piano in quel punto, od anche che il piano *taglia* la retta in quel punto.

559. Teor. *Se una retta incontra un piano, e un'altra retta situata nel piano non passa per il punto d'incontro, le due rette non si incontrano, nè vi è piano che le comprenda ambedue.*

Dim. Sia un piano α, e una retta AB, che lo incontri nel punto A. Un'altra retta CD giaccia nel piano α, senza passare per A. Dico che le due rette non s'incontrano.

Infatti, tutti i punti della CD giacciono sul piano α, e la retta AB ha in comune col piano solo il punto A, il quale per ipotesi è fuori della CD.

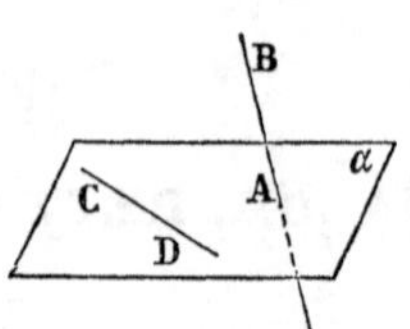

Non può poi esserci un piano che comprenda ambedue le rette, giacchè questo piano, se uno β ci fosse, passando per la retta CD e per il punto A, coinciderebbe [51] col piano α, il quale per ipotesi, anzichè comprendere, taglia la AB.

Così resta dimostrato che, *se ecc.*

560. Due rette distinte possono essere poste, relativamente l'una all'altra, in tre modi:

1°. Possono giacere in uno stesso piano ed incontrarsi.

2°. Possono giacere in uno stesso piano e non [241] incontrarsi.

3°. Possono infine [559] essere situate in guisa che nessun piano, condotto per una, possa comprendere l'altra retta.

Due rette, situate l'una rispetto all'altra in quest'ultimo modo, si dicono *sghembe*.

561. Teor. *Se due piani hanno un punto in comune, hanno in comune una retta passante per il punto comune.*

Dim. Sia A un punto comune a due piani distinti α e β. Dico che questi piani hanno in comune una retta che passa per A.

Si tirino per il punto A e nel piano α due rette qualunque AB ed AC; e poi si prendano due punti, uno D sulla AB, ed uno E sulla AC, in modo che giacciano da bande opposte del piano β [48, 8°]. Per conseguenza il segmento DE incontra il piano β in un punto, che diremo F. D'altra parte, la retta DE, perchè ha comuni col piano α i punti D ed E, giace per intero in questo piano. Ne segue che il punto F appartiene ad entrambi i piani dati, e che la retta AF è [48, 1°] anch' essa comune ai due piani.

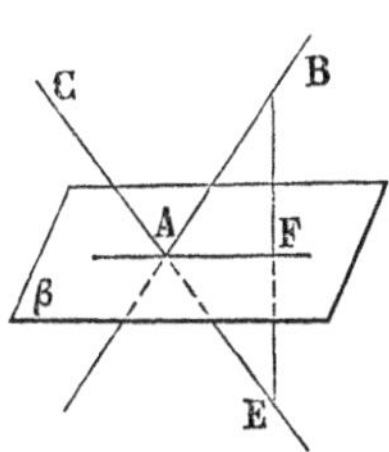

Fuori della AB i piani α e β non possono avere nessun altro punto in comune, perchè [51] altrimenti coinciderebbero. Così si è provato che, *se ecc.*

562. Teor. *Se due piani hanno una retta comune, le due parti in cui ciascun piano è diviso da cotal retta sono situate da bande opposte dell'altro piano.*

Dim. Infatti, se si prendono sopra uno dei piani due punti A e B, che siano da bande opposte [48, 2°] rispetto alla retta comune, e si tira la retta AB, questa incontra la retta comune in un punto C, e i due raggi CA e CB [48, 8°] e per conseguenza anche i punti A e B sono situati da bande opposte rispetto all'altro piano.

563. Se due piani hanno una retta comune, si dice che si *segano* o *s' incontrano lungo* questa retta, la quale si dice *intersezione* dei due piani.

Piano e retta perpendicolari.

564. Teor. *Se due rette sono perpendicolari ad una terza in uno stesso punto, questa retta è perpendicolare a qualunque altra condotta per il detto punto nel piano delle due prime.*

Dim. Due rette BC, BD siano perpendicolari ad una terza AB in un medesimo punto B. Dico che la AB è perpendicolare a qualunque altra retta condotta per il punto B nel piano determinato [52] dalle BC, BD.

Condotta per B e nel piano delle BC, BD una retta BE qualsivoglia, si uniscano due punti C e D, presi ad arbitrio sulle BC, BD. Sia F il punto d'incontro [61] delle rette CD, BE. Quindi, presi sulla AB, partendo da B, due segmenti eguali BA, BH, si uniscano i punti C, F e D con A e con H.

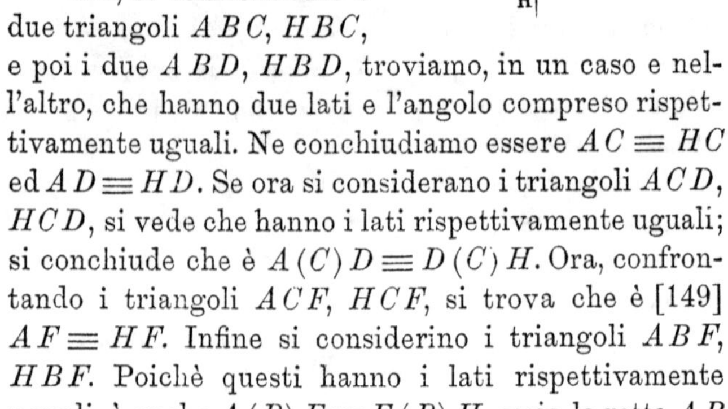

Ora, se confrontiamo i due triangoli ABC, HBC, e poi i due ABD, HBD, troviamo, in un caso e nell'altro, che hanno due lati e l'angolo compreso rispettivamente uguali. Ne conchiudiamo essere $AC \equiv HC$ ed $AD \equiv HD$. Se ora si considerano i triangoli ACD, HCD, si vede che hanno i lati rispettivamente uguali; si conchiude che è $A(C)D \equiv D(C)H$. Ora, confrontando i triangoli ACF, HCF, si trova che è [149] $AF \equiv HF$. Infine si considerino i triangoli ABF, HBF. Poichè questi hanno i lati rispettivamente uguali, è anche $A(B)F \equiv F(B)H$, ossia la retta AB è perpendicolare alla BE.

Resta così dimostrato che, *se ecc.*

565. Def. *Una retta ed un piano si dicono perpendicolari tra loro, se la retta è perpendicolare a tutte le rette condotte nel piano per il punto dove la retta e il piano s' incontrano.*

Questo punto è chiamato il *piede* della perpendicolare.

566. Oss. In base al teorema 564, per poter asserire che una retta è perpendicolare ad un piano, basta sapere che la retta è perpendicolare a *due* rette del piano che la incontrano.

567. Teor. *Tutte le rette, perpendicolari a una stessa in un medesimo punto, giacciono in un medesimo piano.*

Dim. Siano una retta AB, e due altre BC, BD perpendicolari alla prima nello stesso punto B. Dico che qualsivoglia altra retta BE, perpendicolare alla AB nel punto B, giace nel piano α, determinato [52] dalle due BC, BD.

Supponiamo che ciò non sia, e consideriamo il piano β, che passa per le AB, BE. Questo, poichè ha in comune col piano α il punto B, sega [561] codesto piano in una retta BF, passante per B. E poichè, per ipotesi, la AB è perpendicolare alle due BC, BD, essa è perpendicolare [566] al loro piano α, epperò anche alla BF, che è situata in questo piano e la incontra.

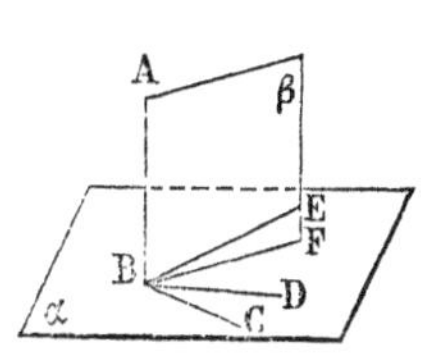

I due angoli ABE, ABF, sono dunque retti ambidue, uno per dato, e l'altro per dimostrazione. Ma ciò non può essere, perchè uno è una parte dell'altro, e tutti gli angoli retti sono eguali tra loro. Conchiudiamo che la BE giace necessariamente nel piano delle BC, BD; ed in generale che *tutte le rette ecc.*

568. Cor. *Se un angolo retto vien fatto girare intorno ad un suo lato, l'altro lato genera un piano.*

569. Teor. *Per qualsivoglia punto di una retta si può far passare un piano che sia perpendicolare alla retta, ed uno soltanto.*

Dim. Sia una retta AB, e su questa un punto C. Dico che per C si può tirare un piano perpendicolare alla retta, ed uno solo.

Intanto, se per C si conducono due rette distinte CM, CN perpendicolari alla AB, queste determinano [52] un piano α, che è perpendicolare [566] alla AB.

Resta da provare che nessun altro piano, passante per C, può essere perpendicolare alla AB.

Chiamiamo β un altro piano, che passi per C e sia perpendicolare alla AB, e imaginiamo tirate in questo piano e per il punto C quattro rette, ad arbitrio. Due almeno tra queste, siano le CP e CQ, sono distinte dalle due CM e CN; ma, perchè perpendicolari anch'esse [565] alla AB nello stesso punto C, giacciono con le CM e CN in uno stesso piano [567]. Adunque il piano α delle CM, CN ed il piano β delle CP, CQ coincidono; epperò resta dimostrato che *ecc.*

570. Teor. *Per qualsivoglia punto, preso fuori di una retta, si può condurre un piano perpendicolare alla retta, ed uno soltanto.*

Dim. Sia data una retta AB, e fuori di questa un punto C. Si tratta di provare che per C si può tirare un piano perpendicolare alla retta AB, ed uno solo.

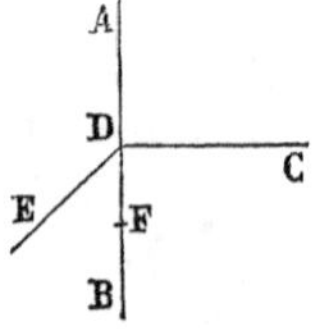

Intanto si cali [119] da C la CD perpendicolare alla AB; e poi per il piede D si tiri [118] un'altra retta DE, che sia perpendicolare alla AB. Il piano, determinato [52] dalle due rette CD, DE, passa per C, ed è [566] perpendicolare alla AB.

Ci rimane da provare che nessun altro piano può sodisfare ad un tempo queste due condizioni.

Intanto un altro piano, che passi per C ed incontri la retta AB in D, non può essere perpendicolare alla AB, giacchè si è provato pur ora [569] che per un punto di una retta non passa che un solo piano, il quale sia perpendicolare alla retta.

Ma neppure un altro piano che, passando per C, incontri la retta AB altrove che in D, sia ad es. nel punto F, potrebb'essere anch'esso perpendicolare alla AB. Giacchè, se fosse tale, l'angolo AFC sarebbe [565] retto, e in tal caso esisterebbe un triangolo CDF con due angoli retti; il che non può [134] essere. Così si è dimostrato che *ecc.*

571. Teor. *Per qualsivoglia punto di un piano si può condurre una retta perpendicolare al piano, ed una soltanto.*

Dim. Sia dato un piano α, e su questo un punto A. Si tratta di provare che per A si può condurre una retta perpendicolare al piano, ed una soltanto.

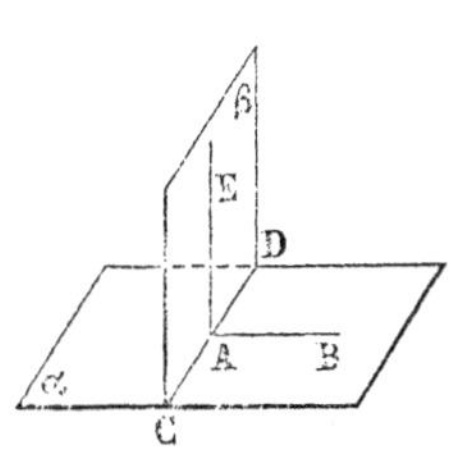

Per A e nel piano α si tiri una retta AB ad arbitrio. Quindi si costruisca [569] il piano β perpendicolare alla AB nel punto A; e sia CD l'intersezione dei due piani α e β. Infine, nel piano β, si tiri la AE perpendicolare alla CD; la AE è perpendicolare al piano α.

Infatti, poichè la AB è perpendicolare al piano β, essa è [565] perpendicolare alla AE, e viceversa la AE è perpendicolare alla AB. La AE è inoltre perpendicolare alla CD; essa è dunque [566] perpendicolare al piano α.

Ci rimane da provare che nessuna altra retta, condotta per A, quale sarebbe, ad es., la AF, può essere perpendicolare al piano α. A tal fine si consideri il piano γ, che passa per le rette AE, AF. Questo piano e il piano α, avendo in comune il punto A, si tagliano in una retta che passa per A; sia essa la HK. Ora, poichè la AE è perpendicolare al piano α, essa è perpendicolare alla HK; per conseguenza [114] la AF è obliqua alla HK. Tanto basta [565] per conchiudere che la AF non è perpendicolare al piano α. Così rimane dimostrato che *ecc.*

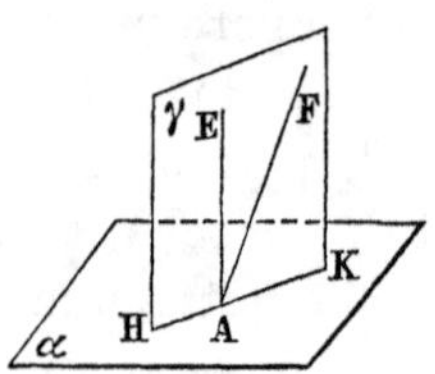

572. Teor. *Per qualsivoglia punto, preso fuori di un piano, si può condurre una retta perpendicolare al piano, ed una soltanto.*

Dim. Sia dato un piano α, e fuori di questo un punto A. Si tratta di provare che dal punto A si può condurre una perpendicolare al piano, ed una soltanto.

Sul piano α si tiri ad arbitrio una retta BC; e su questa si cali [119] da A la perpendicolare AD. Poi si conduca, nel piano α e per il punto D, la DE perpendicolare a BC [118]. Infine si tiri [119] da A sulla retta DE la perpendicolare AF. Dico che la AF è perpendicolare al piano α.

Perciò, preso sulla AF il segmento $FH \equiv AF$, e sulla BC un punto K ad arbitrio, si tirino AK, HD, HK ed FK.

Intanto si osservi che la BC, perchè perpendicolare alle due DA, DE, è [564] perpendicolare anche alla DH, che è situata nel piano delle rette stesse [48, 1°]. Poi si confrontino i triangoli AFD, DFH. Questi hanno due lati e l'angolo compreso rispettivamente uguali; per conseguenza è anche $AD \equiv HD$. Se ora consideriamo i triangoli ADK, HDK, troviamo che hanno $AD \equiv HD$, il lato DK in comune, e $A(D)K \equiv K(D)H$, perchè retti ambidue [565]; pertanto è $AK \equiv HK$. Se infine si confrontano i triangoli AFK, HFK, si conchiude [151] che è $A(F)K \equiv K(F)H$, ossia che le rette AF ed FK sono perpendicolari tra loro. Ma la retta AF, oltre che alla FK, è perpendicolare alla FD; essa è dunque [566] perpendicolare al piano α.

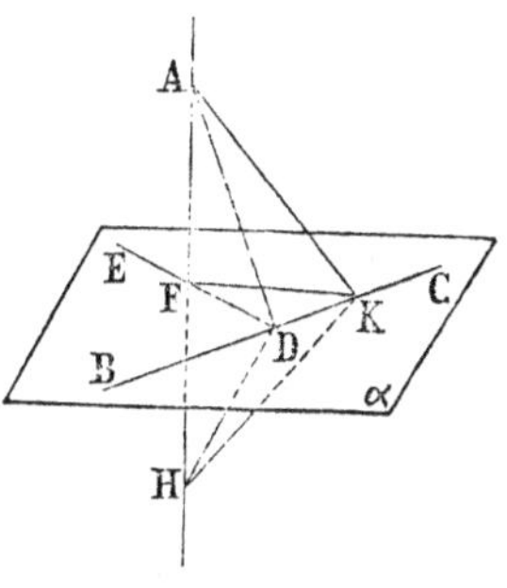

Ci rimane da dimostrare che nessuna altra retta, come sarebbe, ad es., la AK, condotta dal punto A al piano α, può essere perpendicolare a questo piano. A tal fine si tiri FK, e si consideri il triangolo AFK. Poichè in questo triangolo l'angolo AFK è retto, $F(K)A$ è acuto. Tanto basta [565] per conchiudere che la AK non è perpendicolare al piano.

Così abbiamo dimostrato che *ecc.*

Proiezione di una retta sopra un piano.

573. Teor. *Se dal piede di una retta, perpendicolare ad un piano, si cala la perpendicolare su di una retta qualsivoglia situata nel piano stesso, una* *terza retta, che unisca un punto qualunque della prima perpendicolare col piede della seconda, è essa pure perpendicolare alla retta del piano.*

Dim. Siano una retta AB perpendicolare ad un piano α nel punto B, e una retta CD qualunque, situata nel piano stesso. Da B, piede della perpendicolare, si cali la BE perpendicolare alla CD. Ora si tratta di provare che qualsivoglia retta, che unisca un punto della prima perpendicolare, ad es. il punto A, col piede E della seconda, è perpendicolare alla CD.

A tal fine si prendano sulla retta CD, partendo da E, due segmenti eguali EF, EH, e si uniscano i punti F ed H con A e con B.

Intanto, confrontando i triangoli BEF, BEH, si conchiude [149] che è $BF \equiv BH$. I due triangoli ABF, ABH hanno $BF \equiv BH$, hanno il lato AB comune, e retti [565] gli angoli ABF, ABH, perchè la AB è per ipotesi perpendicolare al piano α; per conseguenza è $AF \equiv AH$. Se ora consideriamo i triangoli AEF, AEH, conchiudiamo che [151] è $F(E)A \equiv A(E)H$, ossia che la retta AE è perpendicolare alla CD, c. d. d.

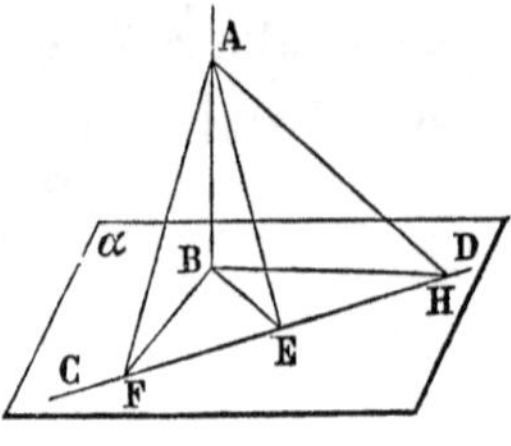

574. Teor. *Due rette, perpendicolari a uno stesso piano, giacciono in un medesimo piano e non s' incontrano.*

Dim. Siano due rette AB, CD perpendicolari ad un piano α. Proveremo che queste due rette stanno in un medesimo piano, e che tuttavia non s' incontrano.

Si uniscano i piedi B, D delle perpendicolari; poi si conduca nel piano α la DE perpendicolare a BD, e si unisca infine il punto D con un punto F qualsivoglia della AB.

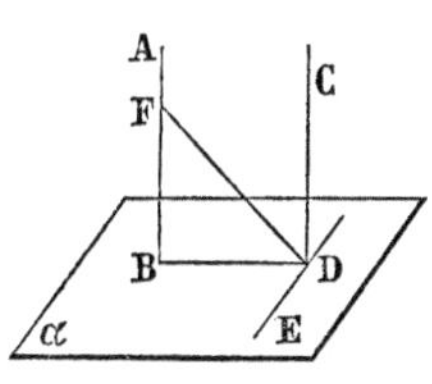

Intanto, poichè FB è perpendicolare al piano α, e la BD è perpendicolare alla DE, la FD è [573] perpendicolare alla DE. A questa retta e nello stesso punto D sono poi perpendicolari, la DB per costruzione, e la retta CD, come [565] perpendicolare al piano α. Pertanto le tre rette DB, DF, DC giacciono [567] in uno stesso piano. Ma in questo piano giace altresì [48, 1°] la retta AB; quindi resta provato che le AB, CD sono situate in un medesimo piano.

Le rette AB, CD, perchè perpendicolari al piano, sono entrambe perpendicolari alla BD, quindi non [245] s'incontrano. Resta così dimostrato che *ecc.*

575. Teor. *Le perpendicolari, condotte ad un piano dai punti di una stessa retta, giacciono tutte in un medesimo piano.*

Dim. Siano un piano α ed una retta AB qualunque. Dico che le perpendicolari, tirate al piano α dai punti della AB, giacciono tutte in un medesimo piano.

Sappiamo già [574] che due qualisivogliano di queste perpendicolari, ad es. le due AD, BE giacciono in uno stesso piano. Basterà provare che in questo piano si trova necessariamente un' altra qualunque delle perpendicolari; prendiamo, ad es., la CF.

Perciò osserviamo che nel piano delle due rette

AD, BE giace [48, 1°] la AB. E perchè due rette di un piano bastano [52] a determinarlo, possiamo dire che la AD giace nel piano delle due BE, AB.

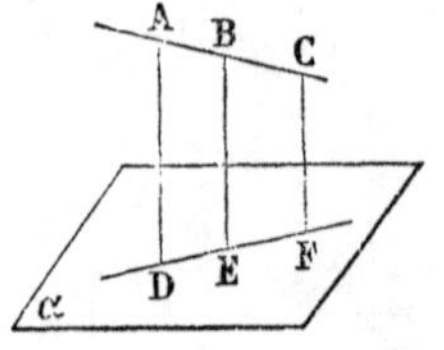

Nel modo stesso perverremo a conchiudere che la CF giace essa pure nel piano delle AB, BE; epperò resta provato infine che le tre rette AD, BE, CF giacciono in uno stesso piano.

576. Cor. *I piedi delle perpendicolari, tirate ad un piano dai punti di una stessa retta, giacciono sopra una retta.*

Si è visto [575] infatti che le perpendicolari, tirate ad un piano α dai punti di una retta, giacciono tutte in uno stesso piano, che chiameremo β. I piedi delle perpendicolari, poichè appartengono ad entrambi i piani α e β, non possono essere altrove che sulla retta intersezione dei due piani, intersezione che è il luogo dei punti comuni ai due piani.

577. Def. *La retta, sulla quale giacciono i piedi di tutte le perpendicolari che si possono tirare dai punti di una retta data a un piano dato, si dice proiezione della retta sul piano.*

578. Poichè due punti bastano a determinare una retta, per ottenere la proiezione di una retta sopra un piano dato, basta calare sul piano le perpendicolari da due punti qualisivogliano della retta (*proiettare* sul piano due punti qualunque della retta), e tirare poi la retta, che passa per i piedi delle perpendicolari (per le *proiezioni* dei due punti sul piano).

Quando una retta incontra un piano, per ottenere la proiezione della retta sul piano, basta proiettare sul piano un punto della retta, e unire il piede della perpendicolare col punto nel quale la retta data incontra il piano dato.

579. Def. Per *proiezione di un segmento sopra un piano* si intende il segmento compreso tra le proiezioni (sul piano) delle estremità del segmento dato.

Oss. Se un segmento è perpendicolare ad un piano, la sua proiezione sul piano si riduce ad un punto (al piede della perpendicolare).

Perpendicolare ed oblique tirate da un punto ad un piano. Inclinazione di una retta con un piano.

580. Teor. *La perpendicolare, tirata da un punto ad un piano, è minore di ogni altro segmento compreso tra il punto stesso ed il piano.*

Dim. Infatti, unendo il piede della perpendicolare con quello di un' obliqua qualsivoglia, si ottiene un triangolo rettangolo, nel quale l'ipotenusa è l'obliqua, e la perpendicolare è un cateto. Quindi [160] la perpendicolare è minore dell' obliqua, c. d. d.

581. Def. *La perpendicolare, tirata da un punto ad un piano, si dice* distanza *del punto dal piano.*

582. Teor. *L' angolo acuto, che una retta, che incontra un piano ed è obliqua al piano, forma con la sua proiezione sul piano, è minore dell' angolo che la retta forma con qualunque altra tirata nel piano per il punto d'incontro.*

Dim. Siano un piano α, e una retta AB obliqua al piano, e che lo incontra in A. Preso sulla AB un punto B qualunque, si cali la BC perpendicolare al piano α, e si tiri la AC. Ora si tratta di dimostrare che l'angolo acuto CAB, fatto dalla retta AB con la sua proiezione AC, è minore dell' angolo, che la retta AB forma con qualunque altra retta tirata nel piano α per il punto A.

Per A e nel piano α si tiri adunque ad arbitrio una retta AE, e preso su questa il segmento $AD \equiv AC$, si tiri BD. Ora, se si confrontano i triangoli ABC, ABD, si trova che hanno il lato AB comune, $AC \equiv AD$ per costruzione, e $BC < BD$, perchè la perpendicolare è [580] minore di ogni obliqua. Per conseguenza [150] è $C(A)B < D(A)B$, c. d. d.

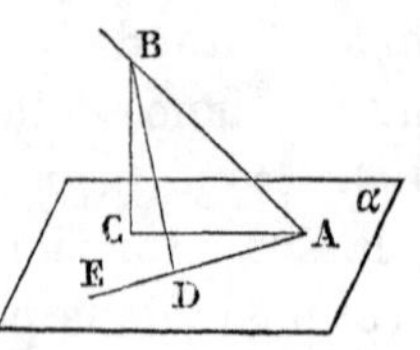

583. Def. *L'angolo acuto, che una retta obliqua ad un piano forma con la sua proiezione sul piano, si dice* inclinazione *della retta col piano.*

584. Teor. *Se due oblique, tirate ad un piano da uno stesso punto, hanno proiezioni eguali, esse sono eguali e sono egualmente inclinate col piano.*

Dim. Da un punto A siano tirate ad un piano α la perpendicolare AB, e due oblique AC, AD. I segmenti BC, BD sono le proiezioni delle oblique, e gli angoli ACB, ADB sono le inclinazioni delle oblique col piano.

Se è $BC \equiv BD$, i due triangoli rettangoli ABC, ABD hanno due lati e l'angolo compreso rispettivamente uguali, e per conseguenza è anche:

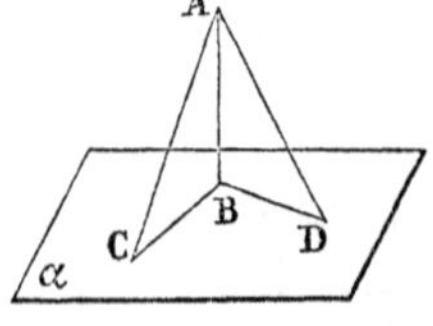

$$AC \equiv AD, \quad \text{ed} \quad A(C)B \equiv A(D)B, \quad \text{c. d. d.}$$

585. Teor. *Se due oblique, tirate ad un piano*

da uno stesso punto, hanno proiezioni disuguali, l'obliqua che ha proiezione maggiore, è maggiore; ha poi col piano inclinazione minore.

Dim. Da un punto A siano tirate ad un piano α la perpendicolare AB e due oblique AC, AD; e sia $BC > BD$. Si vuol provare che è $AC > AD$, ed $A(C)B < A(D)B$.

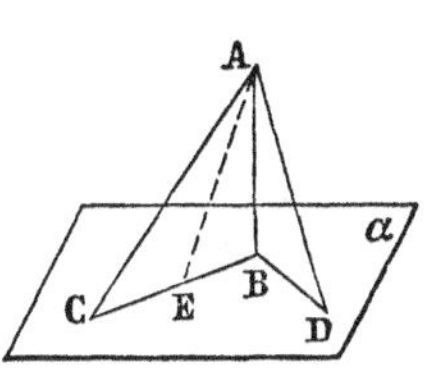

A tale intento si faccia $BE \equiv BD$, e si tiri AE. Allora, perchè le due oblique AE, AD hanno proiezioni eguali, è [584] $AE \equiv AD$, ed $A(E)B \equiv A(D)B$. Ma [160] è $AC > AE$, ed [132] $A(C)B < A(E)B$; quindi è $AC > AD$, ed $A(C)B < A(D)B$, c. d. d.

Esercizî.

801. Se due rette giacciono in uno stesso piano e non s'incontrano, esse non incontrano neanche l'intersezione di due piani passanti rispettivamente per le rette stesse.

802. Una retta ed un piano, perpendicolari a una stessa retta in due punti distinti, non s'incontrano.

803. Di due oblique disuguali, condotte a uno stesso piano da uno stesso punto, la maggiore ha proiezione maggiore ed inclinazione minore.

804. Se due rette sghembe AB, CD sono perpendicolari a uno stesso segmento rispettivamente nelle estremità A e C, ogni altro segmento, che unisce un punto di una retta con un punto dell'altra, è maggiore di AC. (Preso sulla AB un punto E, si tiri EF perpendicolare a CD. Basta provare che è $EF > AC$. Perciò si tiri un piano perpendicolare ad AC in C; si cali da E la EH perpendicolare al piano. Si prova [89] essere $AE \gtreqless CH$; quindi è $AE > CF$, e per conseguenza è $AC < EF$).

805. Se una retta e un piano sono perpendicolari a una stessa retta rispettivamente in A ed in B, e si prendono sulla prima retta due segmenti eguali AC, AD, i punti C e D sono equidistanti dal piano.

806. Se due rette sono perpendicolari a una stessa rispettivamente in A ed in B, e si prendono sulla prima due segmenti eguali AC, AD, e sulla seconda due segmenti eguali BE, BF, anche i segmenti CE, DF sono eguali. (Si tiri un piano perpendicolare ad AB in A, e si proietti su questo l' altra retta).

807. Per il centro di un cerchio si tiri una obliqua al piano del cerchio, e si prenda su questa un punto A. Quale è il maggiore, quale il minore dei segmenti, che si possono condurre dal punto A ai punti del cerchio?

808. Se per il piede B di una retta AB, obliqua ad un piano, passano due rette che facciano angoli eguali con la proiezione della AB, esse hanno dal punto A distanze uguali; e se fanno con la proiezione angoli disuguali (che però non siano supplementari), esse hanno distanze disuguali.

809. Se una retta fa angoli eguali con tre rette che giacciono in un piano, essa è perpendicolare al piano.

810. Se da un punto si calano le perpendicolari sopra due piani che si segano, e dai piedi delle due perpendicolari si calano due perpendicolari sull' intersezione dei piani, le nuove perpendicolari hanno il piede in comune.

811. Ogni punto dell' asse di un cerchio (così si chiama la retta perpendicolare al piano di un cerchio, e che passa per il centro) è equidistante dalle rette, che sono perpendicolari al piano del cerchio nei punti del cerchio stesso.

812. Se una retta incontra due piani, che si segano, in punti egualmente distanti dall' intersezione, la retta ha coi piani inclinazioni eguali. E reciprocamente.

813. Luogo dei punti equidistanti da due punti dati.

814. Luogo dei punti di un piano, che hanno data distanza da un punto situato fuori del piano.

815. Luogo dei punti equidistanti dai punti di un cerchio dato.

816. Luogo dei punti equidistanti dai vertici di un triangolo equilatero.

817. Luogo delle perpendicolari tirate da uno stesso punto ai piani passanti per una stessa retta.

818. Luogo dell' estremità B di un segmento costante AB, che ha l'estremità A in un punto di un piano, e che ha col piano stesso inclinazione costante.

819. Dati due punti sopra due piani che s'incontrano, tracciare sui due piani la più breve spezzata che unisce i punti dati.

820. Date le proiezioni sopra un piano delle estremità di un segmento, e date le proiettanti, costruire il segmento.

821. Date le proiezioni sopra un piano dei vertici di un triangolo, e date le proiettanti, costruire un triangolo eguale al primo.

822. Condurre un piano, che passi per due punti dati, e che sia equidistante da due altri punti dati.

823. Trovare un punto, che abbia data distanza dai punti di un cerchio dato.

824. Per un punto di un piano condurre nel piano una retta, che abbia data distanza da un punto situato fuori del piano.

825. Dati due punti da una stessa banda di un piano, trovare, su questo, cotal punto, che la somma de' segmenti che lo uniscono co' punti dati, sia la più piccola possibile.

826. Per il piede di una obliqua ad un piano tirare cotal retta che formi con la data angolo dato.

Def. *Il luogo dei punti, che da un punto fisso hanno distanze uguali a un dato segmento, si dice* sfera (*superficie sferica*).

Quel punto, quel segmento, si dicono rispettivamente *centro* e *raggio* della sfera.

Se un cerchio, che abbia il centro nel centro della sfera e raggio eguale al raggio della sfera, ruota intorno ad un suo diametro qualsivoglia, esso descrive la sfera.

Una sfera taglia lo spazio in due parti. Quella parte, nella quale è il centro, si dice *interna* alla sfera.

Un segmento, che abbia i termini sopra una sfera, si dice *corda* della sfera. Una corda, che passi per il centro, si dice *diametro.*

---

827. Se la distanza di una retta dal centro di una sfera è minore del raggio, la retta incontra la sfera in due punti. Ogni punto, compreso tra quelli d'incontro, è interno; ogni altro è esterno.

828. Una retta, perpendicolare ad un raggio di una sfera nella estremità, non ha con la sfera in comune altro che l'estremità del raggio, ed ogni altro punto è fuori della sfera. (Una retta così fatta si dice *tangente* della sfera).

829. Se la distanza di una retta dal centro di una sfera è maggiore del raggio, la retta non ha con la sfera nessun punto in comune, ed è tutta esterna.

830. Se la distanza di un piano dal centro di una sfera è minore del raggio, e il piano non passa per il centro, il piano taglia la sfera in un cerchio, il cui raggio è minore di quello della sfera. Ogni punto del piano situato nell'interno del cerchio è interno alla sfera, ogni altro punto è esterno.

831. Se un piano passa per il centro di una sfera, esso taglia la sfera in un cerchio, il cui raggio è uguale al raggio stesso della sfera. (Così fatto cerchio si dice cerchio *massimo* della sfera).

832. Se la distanza di un piano dal centro di una sfera è uguale al raggio, il piano ha con la sfera un solo punto in comune; ogni altro punto è esterno. (Un piano così fatto si dice *tangente* della sfera).

833. Se la distanza di un piano dal centro di una sfera è maggiore del raggio, il piano non ha con la sfera nessun punto in comune, ed è tutto fuori della sfera.

834. Due cerchi massimi di una sfera si tagliano sempre, e si tagliano in due punti che sono le estremità di un diametro della sfera.

835. Per un punto di una sfera si può sempre condurre un piano tangente, ed uno soltanto.

836. La tangente in un punto di una sfera ad un cerchio qualsivoglia segnato sopra la sfera giace nel piano che tocca la sfera in quel punto.

837. Due piani equidistanti dal centro di una sfera e che taglino la sfera, la tagliano in cerchi eguali.

838. Se due piani, che tagliano una sfera, hanno dal centro distanze disuguali, delle due sezioni (cerchi *minori*) è maggiore quella che è fatta dal piano che ha distanza minore.

839. Se due cerchi minori sono eguali, i loro centri sono equidistanti dal centro della sfera; e se sono disuguali, il piano del minore ha dal centro maggiore distanza.

840. Per due punti di una sfera passano innumerevoli cerchi minori ed un solo cerchio massimo.

841. Un cerchio massimo divide la sfera in parti eguali; ed un cerchio minore la divide in parti disuguali.

842. Il piano, perpendicolare a una corda nel punto di mezzo, passa per il centro della sfera.

843. Trovare il centro di una sfera data.

844. Luogo dei punti di contatto delle tangenti tirate ad una sfera da un punto esterno.

845. Luogo dei punti di contatto dei piani tangenti ad una sfera e passanti per un punto che sia fuori della stessa.

846. Di tutti i segmenti, che si possono tirare a una sfera da un punto che non sia il centro, il maggiore è quello che passa per il centro, e quello un cui prolungamento passa per il centro è minore di ogni altro.

847. Se la distanza dei centri di due sfere è maggiore della somma dei raggi, ciascun punto dell'una è fuori dell'altra.

848. Se la distanza dei centri di due sfere è uguale alla somma dei raggi, le sfere hanno un punto in comune, situato sulla retta dei centri, e fra i centri, e ciascun altro punto di ciascuna sfera è fuori dell' altra.

849. Se la distanza dei centri di due sfere è minore della somma e maggiore della differenza dei raggi, le sfere si segano lungo un cerchio posto in un piano perpendicolare alla retta dei centri.

850. Se la distanza dei centri di due sfere è uguale alla differenza dei raggi, le sfere hanno in comune un solo punto, situato sul prolungamento del segmento dei centri. Ciascun altro punto della sfera maggiore è fuori della minore; e ciascun altro punto di questa è interno a quella.

851. Se la distanza dei centri di due sfere è minore della differenza dei raggi, le sfere non hanno nessun punto in comune; ciascun punto della maggiore è esterno all'altra, e ciascun altro punto di questa è interno a quella.

852. Se due sfere hanno in comune un punto, che non sia sulla retta dei centri, hanno in comune un cerchio passante per questo punto, e lungo questo cerchio si tagliano.

853. Teoremi inversi di quelli dall'esercizio 848 all'852.

CAPITOLO XVI

DIEDRO

Sezione normale di un diedro.

586. Def. Due falde, uscenti da una stessa retta, dividono lo spazio in due parti, che si dicono *diedri.*

Un diedro si può anche definire come la parte di spazio, che vien percorsa da una falda, se vien fatta rotare intorno all'origine.

Le due posizioni, prima ed ultima, d'una falda, che abbia descritto un diedro, si dicono *facce* del diedro; la retta comune alle facce si dice *spigolo* o *costola* del diedro.

587. Qualunque punto, per cui sia passata la falda, che ha descritto un diedro, si dice *interno* al diedro; ogni altro punto si dirà *esterno* (*).

Una figura si dirà *interna* od *esterna* ad un diedro, se tutti i suoi punti sono interni od esterni al diedro.

Se il prolungamento di una faccia di un diedro cade fuori del diedro, questo si dice *convesso*; altrimenti esso è *concavo* [562].

Quando le faccie di un diedro formano un piano, il diedro si dice *piatto.*

588. Perchè sia individuata una falda, basta siano determinati l'origine e un punto qualunque della

(*) Se la falda, che ha generato un diedro, ha compiuta una rotazione, non c'è nessun punto che sia esterno al diedro. Ma non vogliamo pensare a diedri che siano eguali o maggiori di tutto lo spazio.

falda [51]. Così due punti dello spigolo di un diedro, un punto d'una faccia, e un punto dell'altra bastano ad individuare spigolo e facce d'un diedro; ma non bastano ad individuare il diedro, perchè due falde aventi origine comune dividono lo spazio in due regioni, che sono diedri ambedue. Manifestamente, perchè il diedro fosse pienamente determinato, basterebbe fosse indicato un quinto punto interno al diedro.

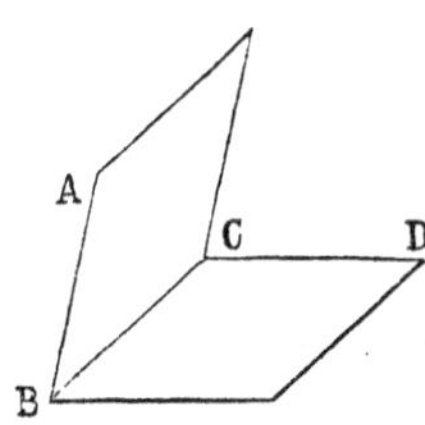

Ma poichè non ci accade mai di considerare diedri concavi, ma soltanto diedri convessi, i quattro punti accennati superiormente ci basteranno per indicare un diedro. Le lettere, che indicano i due punti dello spigolo, si pronunciano e si scrivono frammezzo alle altre due. Così la notazione: *diedro* $ABCD$, o la più semplice $A\,(BC)\,D$, esprimerà il diedro convesso, che ha la retta BC per ispigolo, e le cui facce passano rispettivamente per i punti A e D.

589. Def. L'angolo, compreso da due raggi perpendicolari in uno stesso punto allo spigolo di un diedro e situati uno in una faccia e l'altro nell'altra (*), si dice *sezione normale del diedro.*

Oss. Il piano di una sezione normale di un diedro è perpendicolare allo spigolo [566], e i lati della sezione si possono considerare come le intersezioni di codesto piano con le facce del diedro.

(*) Veramente, perchè l'angolo fosse pienamente determinato, bisognerebbe aggiungere: *e i cui punti sono interni al diedro.* Ma, non volendo considerare diedri concavi, si intende l'angolo convesso compreso dai due raggi.

590. Teor. *Tutte le sezioni normali di un diedro sono eguali tra loro.*

Dim. Sia un diedro $ABCD$, e siano $E(F)H$, $K(L)M$ due sezioni normali qualunque. Dimostreremo che esse sono eguali.

A tal fine, diviso FL per metà in O, si tirino i raggi ON, OP, rispettivamente nelle facce α e β, e perpendicolarmente allo spigolo CB.

Ed ora, presa per asse la bisettrice dell'angolo NOP (*), si faccia compiere a tutta la figura mezza rotazione. Con ciò i lati ON, OP si scambiano di posto. E perchè il piano dell'angolo NOP, ribaltandosi, torna [52] nella posizione primitiva, e il punto O non si muove, e lo spigolo CB è perpendicolare [566] al piano NOP, dopo il ribaltamento lo spigolo CB si trova adagiato sulla primitiva sua posizione [571].

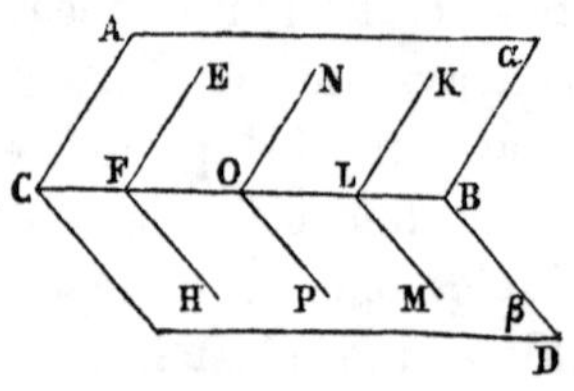

Ma poichè le rette CB, ON della faccia α sono andate a coincidere con le rette BC, OP della posizione primitiva della faccia β, e le rette BC, OP della faccia β sono andate coincidere con le rette CB, ON della posizione primitiva della faccia α, dopo la rotazione la faccia α si trova [52] nella posizione primitiva della faccia β; e questa nella posizione primitiva di quella.

Infine, perchè è $OF \equiv OL$, dopo il ribaltamento i punti F ed L si trovano scambiati di posto. E perchè in un piano ad una retta in un punto dato non si può

(*) Questa bisettrice non è segnata nella figura.

tirare che una sola perpendicolare, a moto compiuto, ciascuno degli angoli EFH, KLM si trova a coincidere con la posizione primitiva dell'altro.

Così resta dimostrato che tutte le sezioni normali di un diedro sono eguali tra loro.

591. Cor. 1°. *Un diedro si può rimettere in una sua primitiva posizione anche scambiando tra loro di posto le facce.*

592. Cor. 2°. *Un diedro può scorrere su se stesso.*

Sia un diedro $ABCD$. Supponiamo che (restando sempre la traccia della primitiva posizione) il diedro venga mosso, e in modo che una faccia, ad es. la BCD, scorra sopra se stessa [58]. Dico che in questo movimento anche la faccia ABC scorre su se stessa.

Infatti, ove questa faccia si staccasse una volta dalla posizione primitiva, tagliando poi i diedri (il primitivo dato, e il diedro nella nuova posizione) con un piano perpendicolare allo spigolo comune, si otterrebbero due sezioni normali disuguali. (Una infatti sarebbe parte dell'altra). E ciò non può essere, perchè infine codeste due sezioni sarebbero sezioni normali ottenute con due piani distinti in un medesimo diedro, e si sa che due sezioni così fatte sono sempre uguali.

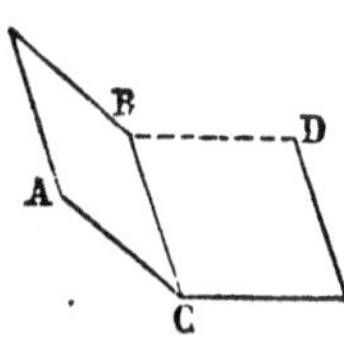

593. Oss. Affine di riconoscere se due diedri sono eguali, si trasporta un diedro sull'altro in guisa che due facce divengano coincidenti, e i diedri cadano dalla stessa banda della faccia comune. Se dopo di ciò anche le altre due facce coincidono, i diedri sono eguali; altrimenti sono disuguali. Infatti con nessuna altra disposizione si potrebbe [592, 591] ottenere la coincidenza delle due figure (*).

594. Se una falda piana, con successive rotazioni parziali fatte in un medesimo senso intorno alla sua origine, sia passata da una posizione primitiva a parecchie altre, ciascuna volta avrà descritto un diedro. Due di questi diedri, se descritti con due movimenti parziali prossimi successivi, si dicono *consecutivi*; e il diedro generato nel movimento complessivo, che ha portato la falda generatrice dalla primitiva posizione all'ultima, si dice *somma* dei diedri generati nei singoli movimenti parziali successivi.

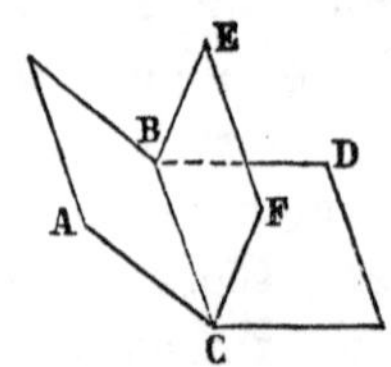

Così nella nostra figura il diedro $ABCD$ è la somma dei due $A\,(BC)\,E$, $E\,(BC)\,D$.

La somma di più diedri è indipendente dall'ordine in cui essi si susseguono, giacchè, senza alterare la somma [591], si possono scambiare di posto due addendi consecutivi.

595. Teor. *Se due diedri hanno sezioni normali eguali, essi sono eguali.*

Dim. Infatti, se i due diedri vengono trasportati uno sull'altro in modo che due loro sezioni normali coincidano, divengono intanto coincidenti anche gli spigoli, perchè essi sono [566] rispettivamente perpendicolari alle sezioni normali, e in uno stesso punto ad uno stesso piano non si può inalzare [571] che una perpendicolare soltanto. Ma quando due piani hanno due rette in comune, essi coincidono [52];

(*) Questo esempio fa vedere che in qualche caso, senza certe cognizioni di Geometria, non si saprebbe decidere, mediante sovrapposizione, se due date figure sono eguali, o no.

per conseguenza anche le facce dei diedri dopo il trasporto coincidono.

596. Teor. *Se due diedri hanno sezioni normali disuguali, è maggiore quello che ha sezione maggiore.*

Dim. Infatti, se si taglia la sezione maggiore in modo che una parte sia eguale alla sezione normale minore, e poi si conduce un piano per lo spigolo e per il raggio, che si è tirato per dividere la prima sezione, uno dei diedri resta diviso in due parti, una delle quali è [595] uguale all'altro diedro.

597. Probl. *Dato un piano, e su questo una retta, costruire un diedro, che abbia una faccia sul piano dato, che abbia la retta data per ispigolo, e che sia eguale a un dato diedro.*

Risol. Sia α il piano dato, ed AB la retta data su questo piano. Per un punto C qualunque, preso su AB, si conduca [569] un piano β perpendicolare alla AB; e sia CD l'intersezione dei due piani α e β. Poi nel piano β si costruisca l'angolo ECD, che sia eguale alla sezione normale del diedro dato. Manifestamente il diedro $EABD$ sodisfa [595] le condizioni volute.

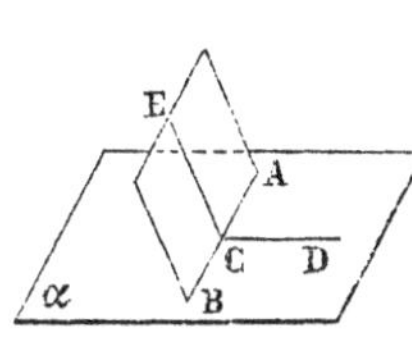

È chiaro che il problema ammette quattro soluzioni.

598. Un diedro si dice acuto, retto, ottuso, secondo che tale denominazione conviene alla sua sezione normale.

Due diedri si dicono complementari o supplementari, secondo che tali sono le loro sezioni normali.

Due diedri consecutivi, se formano un diedro piatto, si dicono *adiacenti.*

599. Teor. *Due diedri adiacenti sono supplementari; ed inversamente, se due diedri supplementari hanno una faccia in comune e sono situati da bande opposte della faccia comune, le altre facce formano un piano (sono per diritto).*

Dim. La cura della dimostrazione si può lasciare allo studioso.

600. Dei quattro diedri, formati da due piani che si segano, due, che siano adiacenti ad uno stesso dei quattro, si dicono *opposti allo spigolo*. Due diedri opposti allo spigolo sono uguali. [595].

601. Teor. *Due diedri stanno tra loro, come le loro sezioni normali.*

Dim. Siano due diedri qualunque $ABCD$, $EFHK$; $A(B)D$, $E(F)K$ siano due loro sezioni normali. Si vuol dimostrare che:

$$A(BC)D : E(FH)K = A(B)D : E(F)K.$$

Presa dell'angolo EFK una parte aliquota ad arbitrio, ad es. una *n.esima* parte, si misuri con essa

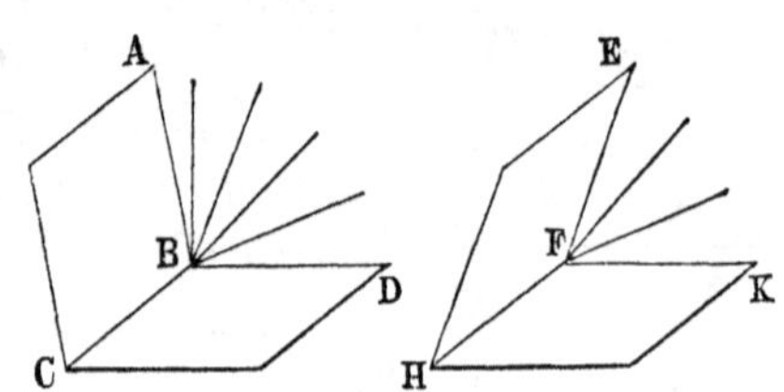

l'angolo ABD. Sia m il quoziente della divisione, e supponiamo che ci sia un resto. Se ora consideriamo i piani, che passano rispettivamente per gli spigoli FH, BC e per i raggi che tagliano i due angoli EFK, ABD, troviamo che il diedro $EFHK$ resta diviso in n parti eguali [595], e in $(m + 1)$ parti il diedro $ABCD$; m di queste sono eguali tra loro e alle parti [595] di $E(FH)K$, ed una, quella corrispondente al resto, è minore [596] delle altre parti. Pertanto, misurando il diedro $ABCD$ con una *n.esima* parte del diedro $EFHK$, si trova m per quoziente, come misurando l'angolo ABD con una *n.esima* parte dell'angolo EFK.

Se una divisione finisce senza resto, altrettanto avviene dell' altra.

Piani perpendicolari.

602. Teor. *Se un diedro è retto, è retto anche il diedro adiacente.*

Dim. Sia un diedro retto $ADCF$. Dico che è retto anche il diedro adiacente $EDCA$.

Perciò, per un punto qualunque B dello spigolo comune, e nella faccia β, si tiri BA perpendicolare allo spigolo CD; e poi si tiri la EF nel piano α, perpendicolarmente alla stessa CD. I due angoli EBA, ABF sono sezioni normali dei due diedri.

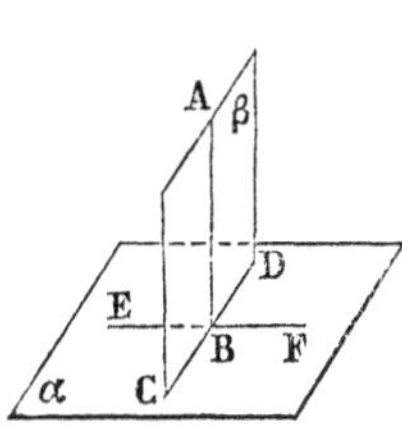

Poichè per ipotesi il diedro $ADCF$ è retto, l'angolo ABF è retto. È quindi retto anche l' angolo EBA, epperò è retto anche il diedro $EDCA$, come d. d.

603. Def. *Due piani si dicono perpendicolari tra loro, se i diedri formati da essi sono eguali.*

604. Teor. *Se due piani sono perpendicolari tra loro i diedri compresi dai due piani sono retti.*

Dim. I due piani α e β siano perpendicolari tra loro, siano cioè uguali i diedri $EDCA$, $ADCF$. Dico che questi diedri sono retti.

Preso un punto B qualunque sull' intersezione dei

piani, si tirino le BA, EF perpendicolari a CD, e poste rispettivamente nei piani β ed α.

Gli angoli EBA, ABF sono eguali, altrimenti anche i diedri sarebbero disuguali [596]. I due angoli sono adunque retti, e tali [598] i diedri, c. d. d.

605. Teor. *Se una retta è perpendicolare ad un piano, ogni piano che passa per la retta è perpendicolare al piano dato.*

Dim. Sia un piano α ed una retta AB perpendicolare a questo piano; e un piano β passi per la retta AB. Si vuol provare che il piano β forma col piano α diedri adiacenti eguali.

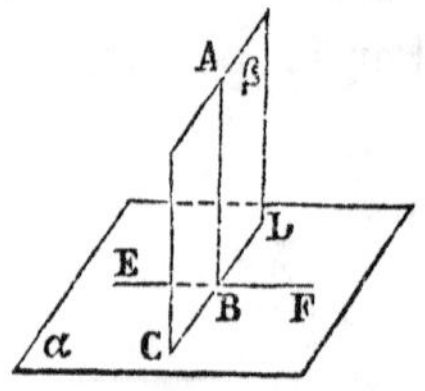

Posto che B sia il piede della perpendicolare AB, i due piani si tagliano [561] in una retta che passa per B; sia dessa la CD. Si conduca per B, e nel piano α, la retta EF perpendicolare a CD. Allora, poichè anche la AB (perchè [565] perpendicolare al piano α) è perpendicolare alla CD, gli angoli EBA, ABF sono le sezioni normali dei diedri $EDCA$, $ADCF$. Ma è $E(B)A \equiv A(B)F$, perchè la AB, perpendicolare al piano α, è perpendicolare alla EF. Quindi [595] anche i diedri $EDCA$, $ADCF$ sono eguali, c. d. d.

606. Cor. *Un piano, perpendicolare alla comune intersezione di due altri, è perpendicolare ad ambidue questi piani.*

607. Teor. *Se due piani sono perpendicolari tra loro, ogni retta, tirata in un piano perpendicolarmente all'intersezione comune, è perpendicolare all'altro piano.*

Dim. Siano due piani α e β perpendicolari tra loro, e sia $A\,B$ l'intersezione. In uno dei piani, ad es. nel piano β, si tiri ad arbitrio una retta $C\,D$ perpendicolare alla $A\,B$. Dico che la $C\,D$ è perpendicolare al piano α.

A tal fine si tiri per D, e nel piano α, la $D\,E$ perpendicolare ad $A\,B$. L'angolo $C\,D\,E$ è pertanto una sezione normale del diedro dato; e poichè questo è retto per supposizione, $C\,(D)\,E$ è retto. Ma poichè la $C\,D$ è perpendicolare alle rette $A\,B$ e $D\,E$ situate nel piano α, essa è perpendicolare [566] a questo piano, c. d. d.

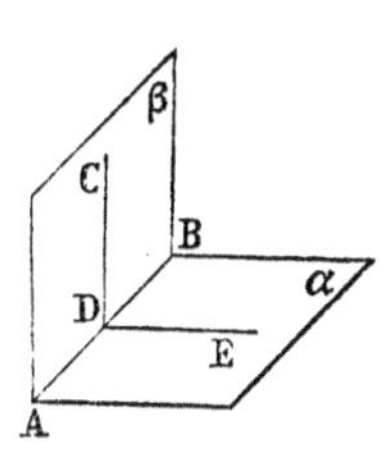

608. Cor. *Se due piani sono perpendicolari tra loro e una retta è perpendicolare ad uno (in un punto che non sia sull'intersezione dei due piani), essa non ha con l'altro piano nessun punto in comune.*

Infatti, se la retta potesse incontrare il secondo piano in un punto M, tirando per M la perpendicolare alla comune intersezione, si otterrebbe [607] una retta perpendicolare al primo piano distinta dall'altra, che per ipotesi incontra il piano in un punto che non è sull'intersezione dei piani. Ma allora da uno stesso punto M sarebbero tirate ad uno stesso piano due perpendicolari; e ciò non può [572] essere.

609. Teor. *Per una retta, che non sia perpendicolare ad un piano, si può condurre un piano perpendicolare al dato ed uno soltanto.*

Dim. Sia un piano α, ed una retta $A\,B$, che non sia perpendicolare al piano. Dico che per la $A\,B$ si può far passare un piano, che sia perpendicolare al piano α, ed uno solo.

Intanto, se da un punto C, preso ad arbitrio sulla retta data, si tira la CD perpendicolare al piano α, il piano, che passa per la AB e per la CD, è perpendicolare [605] al piano dato.

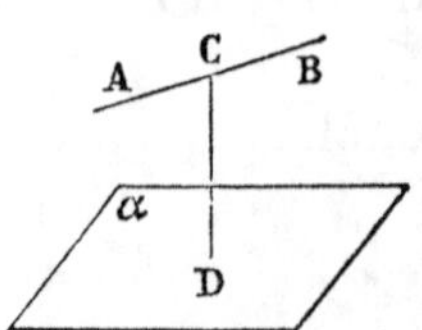

Nessun altro piano, che passi per la AB, non può essere perpendicolare al piano α.

Infatti, se un secondo piano così fatto potesse esistere, la sua intersezione col piano α non passerebbe (*) per D; epperò, calando da C la perpendicolare su questa intersezione, si otterrebbe [607] un' altra perpendicolare al piano α; e ciò non può [572] essere.

610. Cor. *Se due piani perpendicolari ad un terzo si tagliano, la loro intersezione è perpendicolare al terzo piano.*

Infatti, se l'intersezione fosse obliqua al terzo piano, allora per una retta, che non è perpendicolare ad un piano, passerebbero due piani perpendicolari entrambi ad un terzo; e ciò non può essere [609].

Esercizî.

854. La sezione normale di un diedro è l'inclinazione di ciascun lato della sezione con la faccia che contiene l'altro lato.

855. Se per uno stesso punto dello spigolo di un diedro si conducono una obliqua allo spigolo in una faccia e la perpen-

(*) Infatti, se passasse per D, avendo in comune con l'altro piano la retta AB e un punto esterno a questa, coinciderebbe col piano stesso. Come si vede, la dimostrazione suppone che la AB non giaccia nel piano α, e neppure il punto C. Il teorema però sussiste anche nel caso che la AB fosse situata nel piano.

dicolare nell'altra, si ottiene un angolo che è maggiore, uguale, o minore della sezione normale, secondo che il diedro è acuto, retto od ottuso.

856. Tra i piani, che si possono tirare per una retta obliqua ad un piano, quello, che interseca il piano dato lungo una perpendicolare alla proiezione dell'obliqua, forma col piano dato il minore diedro.

857. Tutti i piani, condotti per uno stesso punto, perpendicolarmente a rette poste in un piano, passano per una stessa retta.

858. Luogo dei punti equidistanti da due piani che si tagliano.

859. Luogo dei punti equidistanti da due rette che si tagliano.

860. Luogo dei punti equidistanti dai lati di un triangolo.

861. Se una retta è perpendicolare ad un piano, la sua proiezione sopra un altro piano è perpendicolare all'intersezione dei due piani.

862. Due piani, perpendicolari ad un terzo lungo due rette poste in questo piano e che non hanno nessun punto comune, non possono avere alcun punto in comune. [607, 572].

863. Se due rette sono perpendicolari ad un piano, e due piani condotti per queste si tagliano, l'intersezione è perpendicolare al primo piano.

864. I piani, che dimezzano due diedri adiacenti, sono perpendicolari tra loro.

865. Se le perpendicolari, calate da due punti A e B sopra un piano α, sono eguali, e i punti si trovano da una stessa banda del piano, la retta AB non incontra il piano.

866. Per un punto dato condurre un piano perpendicolare a due altri.

867. Per una retta obliqua ad un piano condurre un piano, che formi col dato un diedro dato.

868. Per il vertice di un angolo tirare una retta, che formi angoli eguali coi lati dell'angolo dato, ed abbia col piano dell'angolo data inclinazione.

869. Per un punto condurre un piano perpendicolare a due altri, e ciò senza usare dell'intersezione dei piani.

870. Per una retta data condurre un piano, che abbia data distanza da un punto dato.

CAPITOLO XVII

TRIEDRO

Preliminari.

611. Def. Tre o più raggi, uscenti da uno stesso punto, considerati in un certo ordine, e tali che tre consecutivi qualunque (*) non siano in uno stesso piano, determinano una figura, che si dice *angoloide* (*angolo solido*).

I raggi, che determinano un angoloide, si dicono gli *spigoli* o le *costole* dell'angoloide; il loro punto comune si chiama il *vertice* dell'angoloide.

Gli angoli *convessi,* che hanno per lati due spigoli consecutivi, si dicono le *facce* dell'angoloide.

La *superficie di un angoloide* è quella composta dalle sue facce.

Secondo che il numero delle facce (che è pur quello degli spigoli) è 3, 4, 5..., l'angoloide vien chiamato *angoloide triedro, tetraedro, pentaedro...*

Un angoloide triedro si suol dire *triedro,* senz'altro.

Per indicare un angoloide si nominano con lettere il vertice e poi un punto di ciascuno spigolo, prendendo questi punti nell'ordine stesso in cui si seguono gli spigoli. Scrivendo, chiuderemo tra parentesi la lettera che accenna il vertice dell'angoloide. Così, ad es., la scrittura $(V)ABCDE$ accenna l'angoloide pentaedro, che ha il vertice in V, di cui VA,

(*) Si considerano come consecutivi anche l'ultimo ed il primo.

VB, VC, VD, VE, sono gli spigoli successivi, ed $A(V)B$, $B(V)C$, $C(V)D$, $D(V)E$, $E(V)A$ sono le facce, prese consecutivamente.

612. Un angoloide si dice *convesso,* se il piano di ciascuna faccia lascia l'angoloide tutto da una stessa banda; altrimenti si dice *concavo.*

Per ottenere un angoloide convesso, basta prendere un punto fuori del piano di un poligono convesso, e, tirati da quel punto dei raggi a tutti i vertici del poligono, considerare gli angoli convessi compresi da ciascuna coppia di raggi passanti per due vertici consecutivi del poligono. Questo poligono (ed ogni altro che si ottenga con un piano, che tagli tutte le facce dell'angoloide) si dice *sezione dell'angoloide.*

613. In un angoloide convesso si dicono *diedri dell'angoloide* i diedri convessi ciascuno dei quali è *compreso* da due facce consecutive; codeste facce si dicono *adiacenti* al diedro. Ciascuno di tali diedri è minore di un diedro piatto.

Nel seguito, parlando di angoloidi, intenderemo sempre che siano convessi.

La superficie di un angoloide convesso divide lo spazio in due regioni illimitate. I prolungamenti degli spigoli cadono tutti in una stessa di queste regioni [48, 8°]. Ogni punto di questa regione si dice *esterno* all'angoloide; ogni punto dell'altra è *interno.*

Proprietà di ogni angoloide.

614. Teor. *Ciascuna faccia di un angoloide è minore della somma delle altre.*

Dim. 1°. Consideriamo dapprima il caso in cui l'angoloide è triedro. È evidente che basta provare che il teorema sussiste anche per una faccia, la quale superi ciascuna delle altre due.

Sia adunque un triedro $(V)\,ABC$, e supponiamo che in esso la faccia $A\,(V)\,B$ sia maggiore di ciascuna delle altre due.

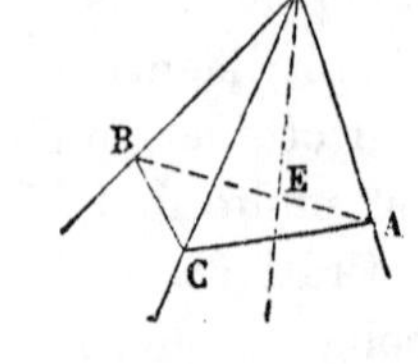

Dell'angolo maggiore AVB si tagli l'angolo EVB eguale al minore CVB. Poi, uniti due punti A, B, presi ad arbitrio sui raggi VA, VB, e fatto [61] $VC \equiv VE$, si tirino CA, CB.

Intanto, poichè nei triangoli BVE, BVC due lati e l'angolo compreso sono rispettivamente uguali, è anche $BE \equiv BC$. Ma nel triangolo ABC è [144]: $BC + CA > BE + EA$.
Per conseguenza è anche $CA > EA$. Ed ora, dacchè i triangoli VAC, VAE hanno il lato VA comune, uguali i lati VC, VE, e il terzo lato CA del primo è maggiore di EA, è [150] $A\,(V)\,C > A\,(V)\,E$. Aggiungendo rispettivamente a questi angoli disuguali gli angoli eguali CVB, EVB, si ottiene appunto: $A\,(V)\,C + C\,(V)\,B > A\,(V)\,B$.

2°. Passiamo a considerare un angoloide qualunque, ad es. l'angoloide pentaedro $(V)\,ABCDE$, e proponiamoci di provare che la faccia $A\,(V)\,B$ è minore della somma delle altre quattro.

Imaginiamo tirato il piano, che passa per gli spigoli VA, VC, e quello che passa per gli spigoli VA, VD; così l'angoloide dato resta diviso nei tre triedri:

$$(V)\,ABC,\quad (V)\,ACD,\quad (V)\,ADE.$$

Intanto nel triedro $(V)\,ABC$ è:

$$A(V)B < B(V)C + A(V)C.$$

Ma nel triedro $(V)\,ACD$ è:

$$A(V)C < C(V)D + A(V)D;$$

quindi, a maggior ragione, è:

$$A(V)B < B(V)C + C(V)D + A(V)D.$$

Nel triedro $(V)\,ADE$ si ha:

$$A(V)D < D(V)E + E(V)A;$$

quindi infine, a maggior ragione, è:

$$A(V)B < B(V)C + C(V)D + D(V)E + E(V)A.$$

615. Teor. *La somma delle facce di un angoloide convesso è minore di quattro retti.*

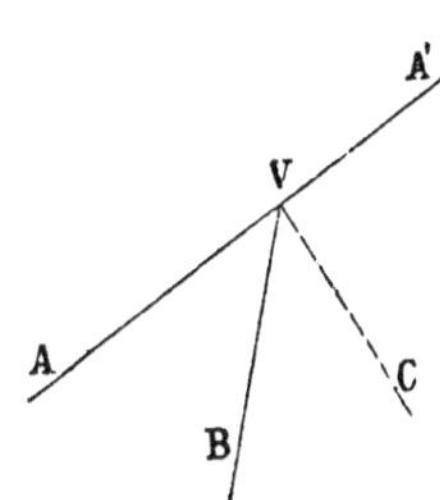

Dim. 1°. Consideriamo dapprima un triedro $(V)\,ABC$.

Prolungando lo spigolo AV in A', si ottiene il triedro $(V)\,A'BC$, nel quale [614] è:

$$B(V)C < A'(V)C + A'(V)B.$$

Aggiungendo ai due membri della disuguaglianza gli angoli CVA, BVA, si ottiene:

$$B(V)C + C(V)A + B(V)A < A'(V)C + \\ + A'(V)B + C(V)A + B(V)A.$$

Ma ciascuna delle due somme $A'(V)C + C(V)A$ ed $A'(V)B + B(V)A$, perchè composta di due angoli adiacenti, è uguale a due retti; quindi la somma:

$$B(V)C + C(V)A + B(V)A$$

è minore di quattro retti, c. d. d.

2°. Sia ora un angoloide qualunque, ad es. l'angoloide pentaedro $(V)\,ABCDE$.

Sia VH l'intersezione de' piani [561] delle facce $A(V)E$, $C(V)B$ contigue alla $A(V)B$.

Osserviamo ora che l'angoloide $(V)HCDE$ ha una faccia di meno che il dato, e che la somma delle sue facce è maggiore della somma delle facce dell'angoloide dato, perchè nel triedro $(V)HBA$ è [614]:

$$B(V)H + H(V)A > B(V)A.$$

Nel modo stesso si può passare dall'angoloide $(V)EHCD$ ad un nuovo angoloide, nel quale il numero delle facce sia di nuovo diminuito di una unità; e nel nuovo angoloide la somma delle facce è maggiore che nell'ultimo. Così proseguendo, giungeremo infine ad un triedro, nel quale la somma delle facce è maggiore che in qualunque degli angoloidi precedenti. Ma si è dimostrato che la somma delle facce di un triedro è minore di quattro retti; altrettanto, a maggior ragione, si può dire della somma delle facce dell'angoloide $(V)ABCDE$.

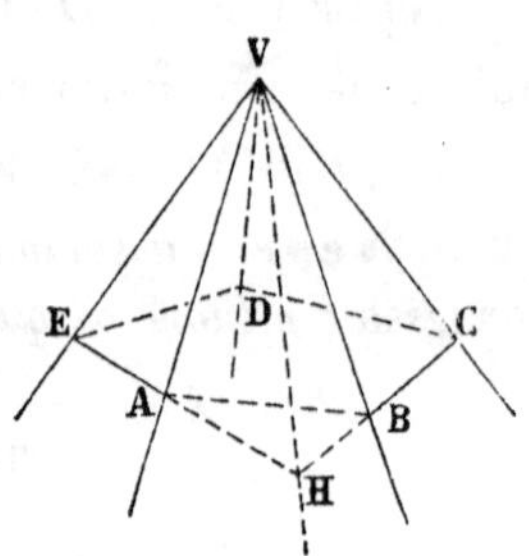

Così si è provato che *ecc.*

Angoloidi simmetrici.

616. Sia $(V)ABCDE$ un angoloide qualunque. Prolunghiamo tutti gli spigoli, e consideriamo l'angoloide determinato dai prolungamenti.

I due angoloidi, *opposti al vertice,* hanno intanto le facce rispettivamente uguali, perchè gli angoli opposti al vertice sono eguali. Ed anche i diedri degli angoloidi sono eguali rispettivamente, perchè due diedri opposti allo spigolo sono eguali.

E possiamo aggiungere che facce uguali sono contigue a facce uguali; e che diedri eguali sono compresi da facce uguali.

Eppure i due angoloidi, in generale, non sono eguali; e infatti, come ora vedremo, non si può ottenere che divengano coincidenti.

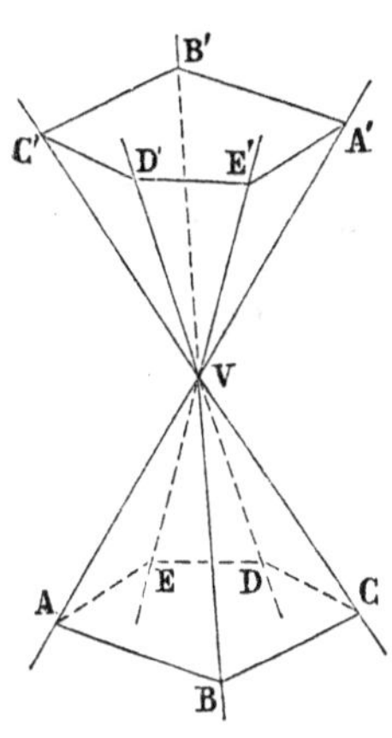

Ed invero, se mai la coincidenza è possibile questa deve aver luogo quando la faccia $A'(V)B'$ coincida con la faccia $A(V)B$. Per il nostro intento, ci giova imaginare che l'angolo $A'(V)B'$ vada a sovrapporsi all'angolo $A(V)B$, una volta compiendo, nel piano comune, mezza rotazione intorno al vertice V; un' altra compiendo mezza rotazione intorno alla retta che dimezza gli angoli AVB', $A'VB$.

Nel primo caso i due triedri, che prima del movimento giacciono da bande opposte del piano delle facce $A'VB'$, AVB, si mantengono tali durante il movimento, epperò a moto compiuto non hanno in comune altro che le faccie diventate coincidenti.

Nel secondo caso, a moto compiuto, i due angoloidi cadono dalla stessa banda della faccia comune; ma, poichè lo spigolo VA' è venuto a coincidere con VB, e i diedri degli angoloidi che hanno codesti spigoli in generale non sono eguali, la faccia $A'(V)E'$ e la faccia $B(V)C$ giacciono in piani distinti.

Così possiamo conchiudere che i due angoloidi non sono eguali.

617. Imaginiamo che due osservatori si trovino nell'interno dei due angoloidi opposti al vertice considerati nel paragrafo precedente, co' piedi nei vertici, e che siano rivolti rispettivamente verso due facce opposte al vertice, ad es. verso le facce $A(V)B$, $A'(V)B'$. Imaginiamo poi che la retta AVA', rotando intorno a V, percorra le superficie dei due angoloidi, cominciando a descrivere le facce considerate. È facile riconoscere che, mentre l'osservatore posto nel triedo superiore vede la retta mobile passare dinanzi a sè con movimento diretto dalla sua destra alla sua sinistra, per l'altro osservatore il movimento del raggio che descrive la faccia $A(V)B$ è diretto dalla sua sinistra alla sua destra. Gli elementi dei due angoloidi sono adunque *ordinatamente* (*) uguali, ma non sono *similmente disposti.*

Triedri supplementari.

618. Lemma 1°. *Se un angolo ha il vertice sopra un piano, se un suo lato è perpendicolare al piano, e tutti e due i lati cadono da una stessa banda del piano, l'angolo è acuto. Reciprocamente: se un angolo acuto ha il vertice sopra un piano, e un lato è perpendicolare al piano, i due lati giacciono da una stessa banda del piano.*

Dim. Sia un piano α, e un angolo BAC abbia il vertice A sul piano, il lato AB sia perpendicolare al piano, ed ambidue i lati cadano da una stessa banda del piano. Dico che l'angolo BAC è acuto.

(*) Cioè, a facce consecutive dell'uno corrispondono facce consecutive dell'altro; e diedri corrispondenti sono compresi da facce corrispondenti.

Infatti, se AD è l'intersezione del piano dell'angolo col piano α, poichè AB è perpendicolare a questo piano, l'angolo BAD è retto. Per conseguenza $B(A)C$, che è parte di $B(A)D$, è acuto.

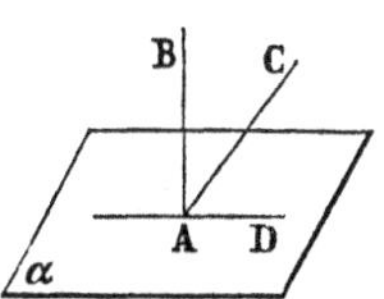

Invece, se AB ed AC giacessero da bande opposte del piano, allora $B(A)D$ sarebbe parte di $B(A)C$, epperò quest'angolo sarebbe ottuso.

Perciò, dall'ipotesi che AB sia perpendicolare al piano, e che $B(A)C$ sia acuto, si può conchiudere che i due lati AB, AC cadono necessariamente da una stessa banda del piano.

619. Lemma 2°. *Se per un punto dello spigolo di un diedro si tirano due raggi rispettivamente perpendicolari alle facce, e in modo che ciascuno cada, rispetto alla faccia alla quale è perpendicolare, dalla stessa banda che l'altra faccia, l'angolo dei due raggi è supplementare della sezione normale del diedro.*

Dim. Sia un diedro $ABCD$, dinotiamo le facce con α e β.

Per un punto C qualsivoglia dello spigolo si tiri il raggio CE perpendicolarmente alla faccia α, e in maniera che il raggio e la faccia β cadano da una stessa banda della faccia α. Poi, di nuovo per il punto C, si conduca il raggio CF perpendicolarmente alla faccia β, e da quella banda di questa faccia dove si trova la faccia α.

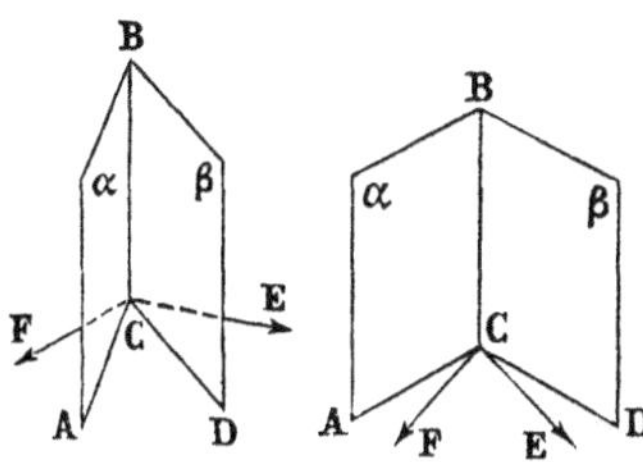

Poichè i due raggi CE e CF sono perpendicolari ambidue allo spigolo BC, anche il loro piano è perpendicolare a codesto spigolo. Epperò, se CA e CD sono le intersezioni di codesto piano con le facce α e β, l'angolo DCA è la sezione normale del diedro. Dico che gli angoli ECF, DCA sono supplementari.

Intanto, poichè i raggi CE, CF, come perpendicolari rispettivamente alle facce α, β, sono [565] perpendicolari ai lati CA, CD, abbiamo:

$$E(C)A + D(C)F \equiv 2R.$$

Da questa eguaglianza, per un caso e per l'altro, si ricava facilmente:

$$E(C)F + D(C)A \equiv 2R, \qquad \text{c. d. d.}$$

620. Teor. *Se per il vertice di un triedro si tirano tre raggi rispettivamente perpendicolari alle facce, e in modo che ciascuno di essi, rispetto alla faccia alla quale è perpendicolare, cada dalla stessa banda dove è lo spigolo opposto alla faccia stessa, le tre perpendicolari determinano un secondo triedro, che è reciproco del primo, tale cioè che il primo si può derivare dal secondo, come questo da quello. E le facce di ciascun triedro sono rispettivamente supplementari delle sezioni normali dei diedri dell' altro triedro.*

Dim. Sia il triedro $(V)ABC$. Per V si tiri il raggio VA', perpendicolarmente alla faccia $B(V)C$, e in guisa che VA e VA' cadano da una stessa banda della faccia stessa. Analogamente si tirino gli altri due raggi VB', VC'. Ora si tratta di provare che il raggio VA è perpendicolare alla

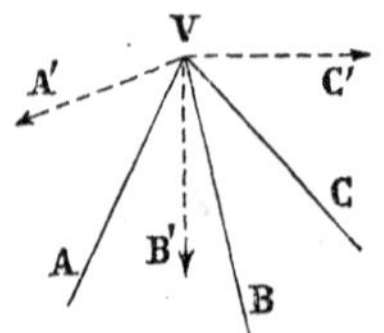

$$\begin{matrix} VA & VB & VC \\ VA' & VB' & VC' \end{matrix}$$

faccia $B'(V)C'$, e che rispetto a questa faccia esso è situato dalla stessa banda che il raggio VA'. Ed analogamente per gli altri due raggi VB, VC.

Intanto, poichè VB' è perpendicolare alla faccia $A(V)C$, esso è perpendicolare [565] a VA, epperò VA è perpendicolare a VB' (*). E perchè VC' è perpendicolare alla faccia $A(V)B$, esso è perpendicolare [565] a VA, epperò VA è perpendicolare a VC'. Il raggio VA è dunque perpendicolare alle rette VB', VC', epperò [566] al loro piano.

D'altra parte, perchè il raggio VA' fu tirato perpendicolarmente al piano BVC, e rispetto a questo dalla stessa banda del raggio VA, l'angolo AVA' è [618] acuto. Ne segue [618] che, inversamente, il raggio VA, perpendicolare alla faccia $B'(V)C'$, ed il raggio VA' giacciono da una stessa banda della faccia $B'(V)C'$.

Il ragionamento stesso si può ripetere per i due raggi VB, VC; epperò resta provato che il triedro $(V)ABC$ si può derivare dal triedro $(V)A'B'C'$, come si è derivato questo dal primo.

Ci resta da provare che una faccia qualsiasi di uno dei triedri e la sezione normale del diedro corrispondente nell'altro triedro sono supplementari. Perciò consideriamo, ad es., la faccia AVB e il diedro $A'VC'B'$.

Il raggio VA è perpendicolare in V (punto dello spigolo VC' del diedro) alla faccia $B'(V)C'$, e rispetto a questa faccia è situato dalla stessa banda che l'altra faccia del diedro stesso. Infatti VA e VA',

(*) Giova, in questa dimostrazione, tener d'occhio, invece della figura, il quadro sottoposto, formato con le notazioni de' sei spigoli.

raggio posto nella faccia $A'(V)C'$, stanno dalla stessa banda rispetto alla faccia $B'(V)C'$.

Similmente si prova che il raggio VB è perpendicolare alla faccia $A'(V)C'$, e che rispetto a questa è situato dalla stessa banda in cui si trova l'altra faccia del diedro.

Conchiudiamo [619] che l'angolo AVB e la sezione normale del diedro $A'VC'B'$ sono supplementari.

Resta dunque dimostrato che *ecc.*

621. Per la relazione che passa tra le facce e le sezioni normali dei diedri di due triedri derivati l'uno dall'altro nella maniera accennata dal precedente teorema, i triedri si dicono *supplementari*.

Relazioni tra gli elementi di due triedri.

622. Teor. *Due triedri, se hanno due facce e il diedro compreso rispettivamente uguali, hanno eguali rispettivamente anche gli altri elementi. E se gli elementi contemplati nell' ipotesi sono anche similmente disposti, allora anche i triedri sono eguali tra loro; altrimenti ciascuno è uguale all' opposto al vertice dell' altro.*

Dim. Nei due triedri $(V)ABC$, $(V')A'B'C'$ sia $A(V)B \equiv A'(V')B'$, $B(V)C \equiv B'(V')C'$ ed

$$A(VB)C \equiv A'(V'B')C'.$$

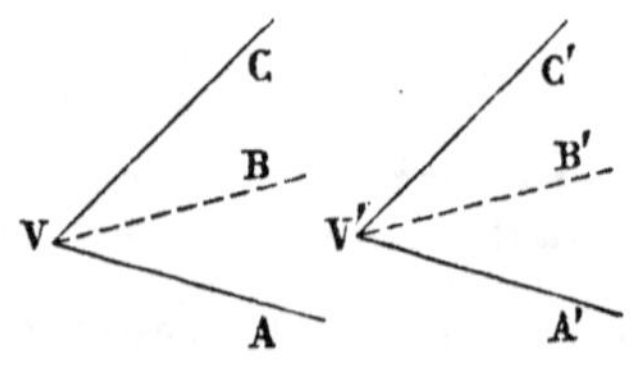

Dico che anche gli altri elementi sono rispettivamente uguali, e che, poichè nel caso nostro gli elementi considerati sono anche similmente disposti, anche i due triedri sono eguali tra loro.

A tal fine si imagini di trasportare il triedro (V) in modo che il vertice V cada in V', che lo spigolo VB si disponga sullo spigolo $V'B'$, e il piano BVA sul piano $B'V'A'$.

Poichè è $B(V)A \equiv B'(V')A'$, lo spigolo VA cade sullo spigolo $V'A'$. Per l'eguaglianza dei due diedri $AVBC$, $A'V'B'C'$, il piano BVC coincide col piano $B'V'C'$. Infine, essendo $B(V)C \equiv B'(V')C'$, il terzo spigolo VC cade sullo spigolo $V'C'$. Così è provata la coincidenza delle due figure, epperò l'eguaglianza rispettiva di tutti gli elementi delle due figure e delle figure stesse.

Ma quando gli elementi dati si succedono in un triedro in senso opposto che nell'altro, ciascun triedro è uguale [616, 622] all'opposto al vertice dell'altro. Pertanto anche in questo caso i rimanenti elementi dei due triedri sono rispettivamente uguali; ma i due triedri non sono eguali.

623. Teor. *Due triedri, se hanno una faccia e i diedri adiacenti rispettivamente uguali, hanno eguali anche gli altri elementi. E se gli elementi contemplati nell' ipotesi sono anche similmente disposti, allora anche i triedri sono eguali; altrimenti ciascuno è uguale all' opposto al vertice dell' altro.*

Dim. Siano due triedri (V) e (V'). Dinotiamo con A, B, C i diedri del primo, e con a, b, c rispettivamente le facce opposte. Similmente A', B', C', a', b', c' dinotino gli elementi del triedro (V'). E sia $a \equiv a'$, $B \equiv B'$ e $C \equiv C'$. Dico che anche gli altri elementi sono rispettivamente uguali.

A tal fine consideriamo i triedri supplementari dei dati. Poichè i triedri (V) e (V') hanno una faccia e i diedri adiacenti rispettivamente uguali, ne' triedri supplementari sono eguali rispettivamente due facce e il diedro compreso. Per conseguenza tutti gli elementi dei triedri supplementari sono rispettivamente uguali [622]. Epperò anche i triedri (V) e (V') hanno tutti gli elementi rispettivamente uguali (*).

Se nei triedri dati gli elementi contemplati nell'ipotesi sono similmente disposti, anche i triedri sono eguali. Nel caso contrario ciascun triedro è uguale all'opposto al vertice dell'altro.

624. Teor. *Due triedri, se hanno le facce rispettivamente uguali, hanno anche i diedri rispettivamente uguali. E se le facce sono anche similmente disposte, allora anche i triedri sono eguali; altrimenti ciascuno è uguale all'opposto al vertice dell'altro.*

Dim. Nei due triedri $(V)ABC$, $(V')A'B'C'$ le facce siano rispettivamente uguali; sia cioè:

$$A(V)B \equiv A'(V')B', \quad B(V)C \equiv B'(V')C'$$

e $C(V)A \equiv C'(V')A'$. Manifestamente basta provare che due diedri compresi da facce uguali sono eguali. Proponiamoci, ad es., di provare che è:

$$C(VA)B \equiv C'(V'A')B'.$$

Caso 1°. Supponiamo che le facce, che comprendono i due diedri dei quali si deve provare l'eguaglianza, siano angoli acuti.

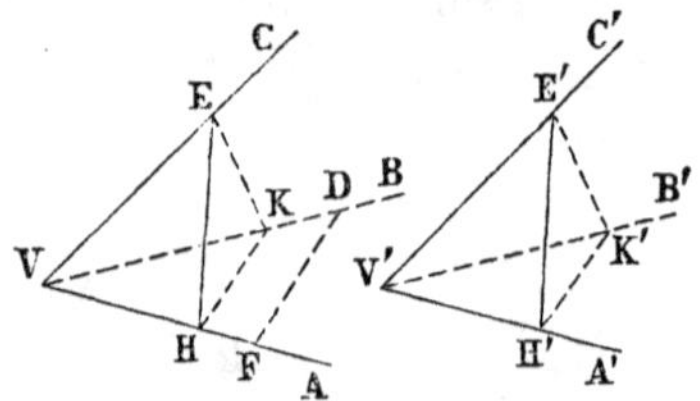

(*) Questo teorema, nel primo caso, si può dimostrare facilmente, imaginando di far coincidere una figura con l'altra. Nella scelta della dimostrazione abbiamo imitato Euclide, il quale, quando può o sa farlo, schiva di ricorrere all'artificio della sovrapposizione.

Sugli spigoli VB, VC di uno dei triedri si prendano ad arbitrio due punti D ed E, e si calino [119] da questi le perpendicolari DF, EH sul terzo spigolo VA. Poi dal punto H (poichè è il piede della perpendicolare EH quello, che è venuto a cadere tra il vertice del triedro e il piede dell'altra perpendicolare) si tiri, nel piano BVA, la HK perpendicolare alla retta VA. Questa, poichè entra per H nel triangolo FVD, e non può [245] incontrare la retta FD, incontra necessariamente [173] il lato VD; sia K il punto d'incontro (*).

Ciò fatto, sugli spigoli dell'altro triedro si prendano i segmenti $V'E'$, $V'K'$, $V'H'$ eguali rispettivamente ai segmenti VE, VK, VH, e si tirino EK, $E'K'$, $E'H'$, $K'H'$.

Se confrontiamo i triangoli EVH, $E'V'H'$, troviamo che hanno $E(V)H \equiv E'(V')H'$ per ipotesi, ed eguali per costruzione i lati che comprendono i due angoli; quindi è anche:

$$EH \equiv E'H', \text{ e } V(H)E \equiv V'(H')E'.$$

Ma $V(H)E$ è retto, tale è quindi $V'(H')E'$.

Similmente, confrontando i triangoli HVK, $H'V'K'$, si viene alla conchiusione che è $HK \equiv H'K'$, e $V(H)K \equiv V'(H')K'$. Ma $V(H)K$ è retto per costruzione; quindi $V'(H')K'$ è retto.

Si osservino ora i triangoli EVK, $E'V'K'$. In questi è $E(V)K \equiv E'(V')K'$ per ipotesi, e per costruzione è $VK \equiv V'K'$ e $VE \equiv V'E'$. Per conseguenza è anche $EK \equiv E'K'$.

(*) Con questo artificio si schiva il postulato della parallela, al quale non si è mai fatto ricorso nei tre primi capitoli della *Stereometria*.

Infine, se confrontiamo i triangoli $EHK, E'H'K'$, troviamo che hanno i lati rispettivamente uguali. Pertanto gli angoli EHK, $E'H'K'$ sono eguali. Ma questi angoli sono sezioni normali dei diedri $CVAB$, $C'V'A'B'$; i due diedri sono [595] dunque uguali, epperò [622] *ecc.*

Caso 2°. La dimostrazione precedente suppone che due facce almeno di un triedro, epperò anche le corrispondenti nell'altro, siano angoli acuti. Passiamo a considerare il caso nel quale due facce (od anche tutte e tre) di un triedro, epperò anche le corrispondenti nell' altro, sono angoli o retti, od ottusi.

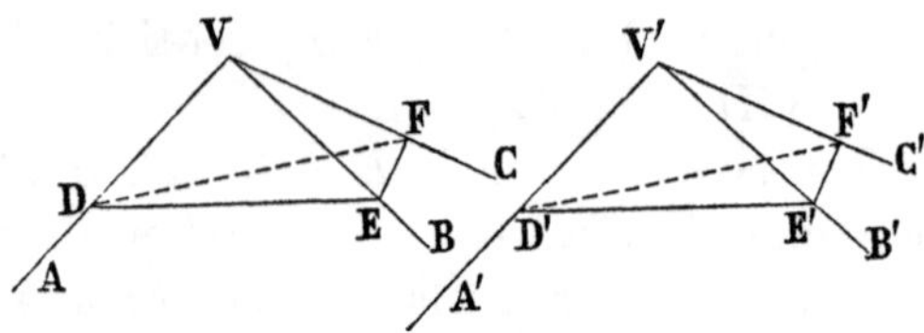

Partendo dai vertici, si prendano sugli spigoli dei triedri dei segmenti VD, VE, VF, $V'D'$, $V'E'$, $V'F'$, tutti uguali tra loro, e si compiano i triangoli DEF, $D'E'F'$.

Poichè i due triedri (V) e (V') hanno le facce ordinatamente uguali, i sei triangoli isosceli, tagliati via dalle facce de' triedri, hanno eguali ordinatamente le basi e gli angoli alle basi. Così è:

$$D(F)V \equiv D'(F')V' \text{ ed } E(F)V \equiv E'(F')V'.$$

Sono poi eguali anche gli angoli EFD, $E'F'D'$, come angoli corrispondenti di triangoli i cui lati sono rispettivamente uguali. I due triedri $(F)DEV$, $(F')D'E'V'$ hanno adunque facce rispettivamente uguali. Inoltre le facce $D(F)V$, $E(F)V$, $D'(F')V'$, $E'(F')V'$ sono angoli acuti, perchè [138] angoli alla base di triangoli isosceli. Per questi due triedri vale adunque la precedente dimostrazione, epperò quei loro diedri che hanno per ispigoli le rette VC, $V'C'$ sono eguali. Ma codesti diedri son diedri compresi da facce uguali ne' due triedri dati; quindi [622] ecc.

Quando le facce dei due triedri sono rispettivamente uguali, e inoltre similmente disposte, allora anche i triedri sono eguali; altrimenti ciascuno è uguale all' opposto al vertice dell' altro.

Resta dunque provato che, *se ecc.*

625. Teor. *Due triedri, se hanno i diedri rispettivamente uguali, hanno anche le facce rispettivamente uguali. E se i diedri sono anche similmente disposti, allora anche i triedri sono eguali; altrimenti ciascuno è uguale all'opposto al vertice dell'altro.*

Dim. Due triedri (V), (V') abbiano i diedri rispettivamente uguali. Proveremo che anche le facce sono eguali, ciascuna a ciascuna.

A tal fine si considerino i triedri supplementari dei dati. Poichè le facce di questi sono rispettivamente supplementari delle sezioni normali dei diedri dei triedri dati, ed in questi i diedri sono eguali ciascuno a ciascuno, nei triedri supplementari le facce sono eguali ordinatamente, e per conseguenza [624] sono eguali rispettivamente anche i diedri.

Ma le facce dei triedri dati sono supplementari rispettivamente delle sezioni normali dei diedri dei loro supplementari. E poichè s' è dimostrato che questi diedri sono eguali ciascuno a ciascuno, si conchiude che sono eguali ordinatamente anche le facce dei triedri dati.

Se poi i diedri ne' triedri dati, oltre che uguali

rispettivamente, sono anche similmente disposti, altrettanto si può dire delle facce; epperò in tal caso anche triedri sono eguali. Nel caso contrario i triedri non sono eguali; ciascuno è uguale all'opposto al vertice dell'altro.

Problemi.

626. Probl. *Costruire un triedro, le cui facce siano eguali rispettivamente a tre angoli dati, tali che la loro somma sia minore di quattro retti, e che ciascuno sia minore della somma degli altri due.*

Risol. In uno stesso piano si dispongano consecutivamente tre angoli AOB, BOC, COD, eguali rispettivamente agli angoli dati. Poi, con centro O e raggio arbitrario si descriva un cerchio; e siano A, B, C, D i punti nei quali esso taglia i lati degli angoli. Poichè la somma dei tre angoli, che si son posti consecutivamente intorno ad O, è minore di quattro retti, l'arco $ABCD$ è minore dell'intero cerchio. E perchè ciascuno degli angoli dati è minore della somma degli altri due, ciascuno degli archi AB, BC, CD è [199] minore della somma degli altri due, ossia è:

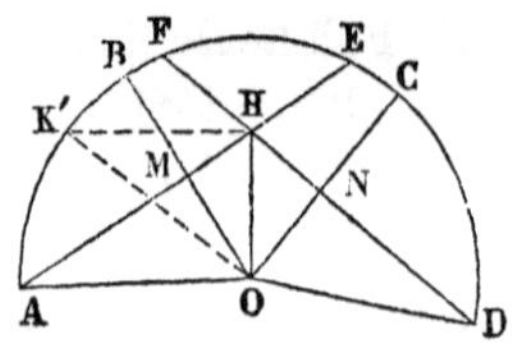

(1) $$\text{arco } AB < \text{arco } BCD,$$

(2) $$\text{arco } BC < \text{arco } AB + \text{arco } CD,$$

(3) $$\text{arco } CD < \text{arco } ABC.$$

Dai punti A e D si tirino le corde AE, DF rispettivamente perpendicolari ai raggi OB, OC. Così, essendo arco $BE \equiv$ arco AB, ed arco $FC \equiv$ arco

CD, per le disuguaglianze (1) e (3) è pure: arco $BE <$ arco BCD, ed arco $FC <$ arco ABC. Queste disuguaglianze provano che il punto E cade necessariamente sull'arco BCD, e il punto F sull'arco ABC.

Prendiamo ora la disuguaglianza (2), ed aggiungiamo a' suoi membri l'arco AB e l'arco CD. Ci risulta:

$$\text{arco } ABCD < 2\,\text{arco } AB + 2\,\text{arco } CD,$$

ossia:

$$\text{arco } ABCD < \text{arco } AE + \text{arco } FD.$$

Sottraendo dai due membri l'arco FD, otteniamo:

$$\text{arco } AF < \text{arco } AE.$$

Questa disuguaglianza prova che il punto F cade necessariamente sull'arco AE, e fra i termini di questo arco.

I quattro punti A, F, E, D sull'arco AD, minore di un cerchio, sono adunque schierati necessariamente nell'ordine in cui li vediamo nella nostra figura; epperò le corde AE, DF si tagliano necessariamente (senza che occorra prolungarle) nell'interno del cerchio. Diciamo H il punto d'intersezione.

Ed ora si tiri OH, e poi nel piano della figura la HK', perpendicolare ad OH, fino ad incontrare il cerchio in K'. (Questo incontro succede necessariamente [97], dacchè abbiamo provato che il punto H giace nell'interno del cerchio). Poi imaginiamo condotta per H la perpendicolare al piano della figura; e, preso su questa un segmento $HK \equiv HK'$, si tiri il raggio OK. Il triedro $(O)\,BCK$ è il triedro domandato.

Dim. Intanto la faccia $B\,(O)\,C$ è uno degli angoli dati. Sta dunque a provare che è $B\,(O)\,K \equiv A\,(O)\,B$ e $C\,(O)\,K \equiv C\,(O)\,D$.

A tal fine imaginiamo tirati i segmenti KM, KN, e consideriamo intanto i triangoli KMO ed AMO. In questi troviamo OM comune, ed $OA \equiv OK$, perchè è $OK \equiv OK'$ (come si riconosce purchè si confrontino i triangoli rettangoli OHK, OHK'). Inoltre sono eguali $O(M)A$, $O(M)K$, perchè retti ambidue; il primo per costruzione; il secondo, perchè KH è perpendicolare al piano, ed HM è perpendicolare alla retta OB posta nel piano [573]. Pertanto è [155] $B(O)K \equiv A(O)B$.

Nello stesso modo, considerando i triangoli KON, DON, si prova essere $C(O)K \equiv C(O)D$. E così resta dimostrato che le facce del triedro $(O)BCK$ sono eguali rispettivamente agli angoli dati.

Prolungando gli spigoli del triedro $(O)BCK$, si ottiene una seconda soluzione del problema. Questa si sarebbe ottenuta portando il segmento HK' sulla perpendicolare al piano della figura, condotta per H, dall'altra parte del piano.

627. Oss. Le condizioni, poste nel precedente problema agli angoli dati, sono *necessarie,* perchè il triedro si possa costruire. Esse infatti sono sodisfatte [615, 614] da ogni triedro. La costruzione precedente prova che quelle condizioni sono anche *sufficienti,* perchè il problema ammetta soluzione.

628. Probl. *Costruire un triedro, i cui diedri siano eguali rispettivamente a tre diedri dati.*

Risol. Si prendano tre angoli, che siano rispettivamente supplementari delle sezioni normali dei diedri dati, e si costruisca [626] un triedro, le cui facce siano eguali rispettivamente ai tre angoli. Costruendo poi il triedro supplementare [620] del triedro ottenuto, si ottiene il triedro domandato.

Dim. Infatti, poichè le sezioni normali dei diedri del secondo triedro sono supplementari delle facce dell'altro, esse sono eguali rispettivamente alle sezioni normali dei diedri dati, epperò [595] anche i diedri del triedro sono eguali rispettivamente ai diedri dati.

Prolungando gli spigoli del triedro trovato, si ottiene nel nuovo triedro la [625] seconda soluzione del problema.

629. Indicando con A, B, C i diedri di un triedro e con a', b', c' le facce del triedro supplementatare, abbiamo [620]:

$$A + a' = 2R, \quad B + b' = 2R, \quad C + c' = 2R.$$

1°. Da queste relazioni, sommando, si ottiene:

$$(A + B + C) + (a' + b' + c') = 6R,$$

dalla quale, perchè $(a' + b' + c')$ è minore [615] di $4R$, si conchiude che:

La somma dei diedri d'un triedro qualunque è maggiore di due retti e minore di sei.

2°. Essendo:

$$a' < b' + c',$$

abbiamo:

$$2R - A < 2R - B + 2R - C,$$

ossia:

$$B + C < A + 2R.$$

Adunque:

In un triedro ciascun diedro, aumentato di due retti, riesce maggiore della somma degli altri due.

Così abbiamo trovato le condizioni che devono esser sodisfatte da tre triedri dati, perchè si possa [627] con essi costruire un triedro.

CAPITOLO XVIII

PARALLELISMO DI RETTE E DI PIANI

Retta e piano paralleli.

630. Rispetto alla posizione, che una retta ed un piano possono avere relativamente l'una all'altro, si possono distinguere tre casi.

1°. O la retta e il piano hanno un solo punto comune. [557].

2°. O la retta giace nel piano per intero. [48, 1°].

3°. O la retta ed il piano non hanno nessun punto in comune. [608].

Una retta e un piano, che non abbiano nessun punto comune, si dicono *paralleli.*

631. Teor. *Dati comunque nello spazio un punto ed una retta che non passi per esso, per il punto si può condurre una retta parallela alla data, ed una sola.*

Dim. Infatti, si può [51] condurre un piano ed un solo, che passi per il punto e per la retta; e in codesto piano, per il punto, si può condurre una retta [246] ed una sola [248], che non incontri la retta data.

632. Teor. *Una retta, se è parallela ad una retta d'un piano, o giace in questo piano, ovvero è parallela al piano.*

Dim. Sia un piano α, e in esso una retta AB. E sia CD un'altra retta parallela alla AB. Dico che la CD, o giace nel piano α, o non ha con questo piano nessun punto in comune.

Intanto, se la CD ha col piano α un punto in comune, allora, il piano α e il piano delle parallele, avendo in comune una retta e un punto fuori di essa, coincidono [51]. Per conseguenza in tal caso anche la CD giace nel piano α.

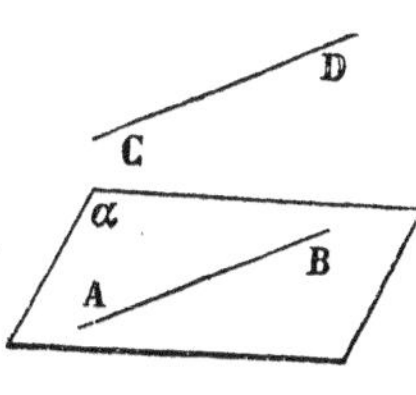

Ma quando la retta CD passi per un punto che sia fuori del piano α, essa non può aver nessun punto in comune con questo piano, giacchè, ove un punto comune ci fosse, si conchiuderebbe nuovamente che la retta CD giace nel piano, e ciò contro la supposizione che essa passi per un punto che sia fuori del piano.

Così resta dimostrato che, *se ecc.*

633. Teor. *Se una retta è parallela ad un piano, qualsivoglia altro piano, che passi per la retta e per un punto del primo, taglia questo piano lungo una retta parallela alla data.*

Dim. Sia un piano α, e una retta AB ad esso parallela. E un secondo piano, che chiameremo β, passi per la retta AB e per un punto C del piano α. Dico che i due piani α e β si segano in una retta parallela alla AB.

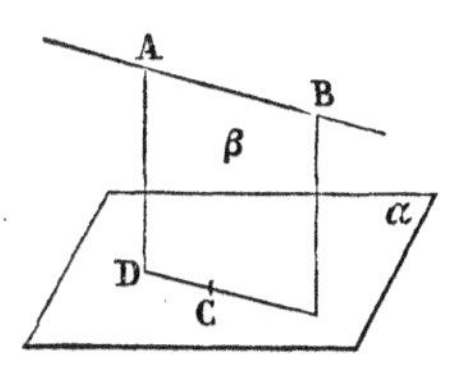

Intanto, poichè i due piani hanno in comune il punto C, essi si segano [561] in una retta CD, che passa per questo punto. Ma la AB non può incontrare la CD, perchè altrimenti essa incontrebbe il piano α, e ciò contro l'ipotesi che essa sia parallela a questo piano. In conchiusione le rette AB e CD sono in uno stesso piano β, e non s'incontrano; sono dunque parallele, c. d. d.

634. Teor. *Se due rette sono parallele, e un piano ne incontra una, esso incontra anche l'altra.*

Dim. Siano due rette parallele AB, CD e un piano α ne incontri una, sia la AB, nel punto E. Dico che il piano α incontra anche la CD.

Intanto, poichè il piano α *incontra* la AB, esso è distinto dal piano delle parallele; e perchè codesti due piani hanno in comune il punto E, essi si segano in una retta EF, che passa per E. [561].

Ed ora, perchè la retta EF giace nel piano delle parallele, e ne incontra una in E, essa incontra [250] anche l'altra; sia F il punto d'incontro. Così intanto abbiamo provato che il piano α e l'altra parallela hanno un punto comune. Ci rimane da provare che in questo punto il piano sega la retta.

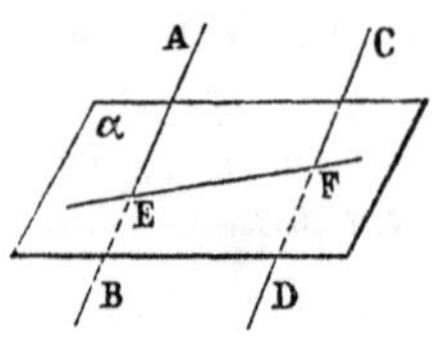

Non può infatti essere altrimenti, giacchè, se la CD giacesse nel piano α, vi giacerebbe [632] anche la AB, perchè parallela alla CD e condotta per un punto E del piano. Ciò contro l'ipotesi.

Così si è dimostrato che, *se ecc.*

635. Teor. *I segmenti di due rette parallele, compresi tra un piano e una retta paralleli, sono eguali.*

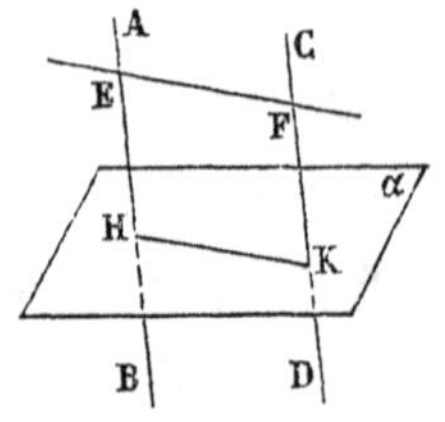

Dim. Siano due rette parallele AB, CD, tagliate da una retta EF nei punti E ed F, e da un piano α nei punti H e K. E la retta EF

e il piano α siano paralleli. Si vuol provare che è $EH \equiv FK$.

Intanto, poichè il piano delle parallele e il piano α hanno in comune i punti H e K, essi si segano nella retta HK. Ma poichè il piano delle parallele passa per la retta EF, e questa retta è parallela al piano, la retta HK è parallela [633] alla EF. Il quadrangolo $EFKH$ è dunque un rombo, epperò è [268] $EH \equiv FK$, c. d. d.

636. Cor. *I punti di una retta parallela ad un piano sono egualmente distanti dal piano.*

Infatti le perpendicolari, calate sul piano da due punti qualisivogliano della retta, sono [574] parallele. Per la proposizione precedente sono eguali.

637. Def. Se una retta è parallela ad un piano, la distanza di un punto qualsivoglia della retta dal piano si dice *distanza della retta dal piano.*

638. Teor. *Se due rette sono parallele, ed una è perpendicolare ad un piano, anche l'altra è perpendicolare a questo piano.*

Dim. Siano due rette parallele AB, CD, ed una, supponiamo la AB, sia perpendicolare in B ad un piano α. Si vuol provare che anche la CD è perpendicolare a codesto piano.

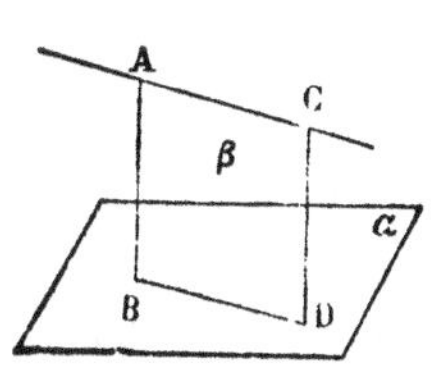

Intanto il piano β delle parallele, poichè comprende la AB, che è perpendicolare al piano α, è [605] perpendicolare a questo piano. Sia BD l'intersezione dei due piani.

Ora, essendo che le parallele AB, CD sono tagliate dalla trasversale BD, gli angoli coniugati BDC, ABD sono [253] supplementari. Ma il secondo è retto, perchè la AB è perpendicolare al piano α; quindi anche $B(D)C$ è retto.

Sappiamo [607] poi che, se due piani sono perpendicolari tra loro, una retta, che giaccia in uno e sia perpendicolare all'intersezione comune, è perpendicolare all'altro piano. La CD è dunque perpendicolare al piano α, come d. d.

639. Teor. *Se due rette sono parallele a una terza, esse sono parallele tra loro.*

Dim. Due rette A, B siano parallele ad una terza C. Dico che esse sono parallele tra loro.

Si tiri un piano α, perpendicolare alla retta C.

Ora, poichè le due rette A e C sono parallele, e la C è perpendicolare al piano α, anche la retta A è [638] perpendicolare a questo piano. Similmente, poichè la retta B è parallela alla C, e questa è perpendicolare al piano α, anche la retta B è perpendicolare a codesto piano. Le rette A e B sono dunque perpendicolari ambedue al piano α. Per conseguenza [574] esse giacciono in uno stesso piano e non s'incontrano; sono dunque parallele, c. d. d.

640. Teor. *Date due rette sghembe, esiste un segmento ed uno solo, che unisce due punti delle rette ed è perpendicolare ad ambedue. Codesto segmento è minore di qualunque altro che unisca parimente un punto dell'una retta con un punto dell'altra.*

Dim. Siano due rette sghembe AB, CD. Per una di esse, ad es. per la CD, si faccia passare un piano α, che sia parallelo all'altra retta. Perciò basta tirare per un punto della CD una retta parallela alla AB. Codesta parallela e la CD determinano [52] appunto un piano α, che è [632] parallelo alla AB. Quindi, da due punti A e B della AB si tirino due rette AE,

BF perpendicolari al piano α; e poi si conduca la retta EF, che passa per i piedi delle due perpendicolari. Questa retta EF, perchè parallela [574, 633] alla AB, non può [639] essere parallela alla CD; incontra dunque necessariamente questa retta; sia H il punto d'incontro. Infine nel piano delle rette AB, EF si tiri per H una retta perpendicolare ad EF. Questa perpendicolare incontra [250] la AB; dicasi K il punto d'incontro. Proveremo che il segmento HK è perpendicolare ad ambedue le rette date, e che è minore di qualsivoglia altro segmento che unisca un punto d'una retta con un punto dell'altra.

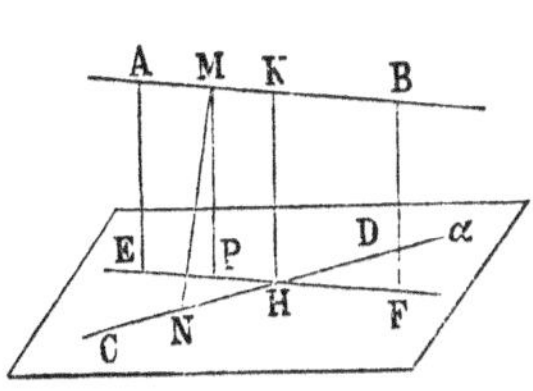

Intanto, poichè le rette AB ed EF sono parallele [633], e la HK è perpendicolare ad EF, essa è perpendicolare [254] anche alla AB.

Poi si osservi che il piano delle rette AB, EF, come quello che passa per la retta AE, la quale è perpendicolare al piano α, è perpendicolare [605] a questo piano. E perchè la retta HK giace in uno dei piani ed è perpendicolare alla loro intersezione, essa è perpendicolare [607] all'altro piano, cioè al piano α; quindi [565] è perpendicolare alla retta CD.

Il segmento HK è dunque in fatto perpendicolare ad ambedue le rette date.

Si prendano ora sulle AB, CD due punti qualunque M, N, e si tiri il segmento MN. Proveremo essere $HK < MN$. A tal fine da M si tiri la MP perpendicolare ad EF. Il segmento MP è uguale [276] ad HK, e perpendicolare [607] al piano α, e per conseguenza esso è minore [580] dell' obliqua MN. Quindi è anche $HK < MN$.

Ci resta a provare che nessun altro segmento, che unisca un punto della AB con un punto della CD, potrebb' essere anch' esso perpendicolare ad un tempo ad ambedue queste rette. Supponiamo che sia tale il segmento MN; e tiriamo da M la retta MP perpendicolare ad EF. Essa è per conseguenza [254] perpendicolare anche alla AB. Ora la AB, perchè perpendicolare alle MP, MN è perpendicolare al loro piano. A questo piano per conseguenza è perpendicolare [638] anche la EF, perchè parallela alla AB. Anche PN è quindi [565] perpendicolare ad EH, epperò essa è obliqua a CD. Ora, se da P si cala la perpendicolare su CD, e si unisce il punto M col piede della stessa, si ottiene una retta perpendicolare alla CD [573]. Ma allora da uno stesso punto M sarebbero condotte due perpendicolari ad una stessa retta, e ciò non può essere.

Resta dunque dimostrato che, *ecc.*

641. Def. Il minimo tra i segmenti, che hanno le estremità su due rette sghembe, si chiama *distanza* tra le due rette.

642. Teor. *Se due rette, che si tagliano, sono parallele ad uno stesso piano, il piano delle due rette e il piano dato non hanno nessun punto comune.*

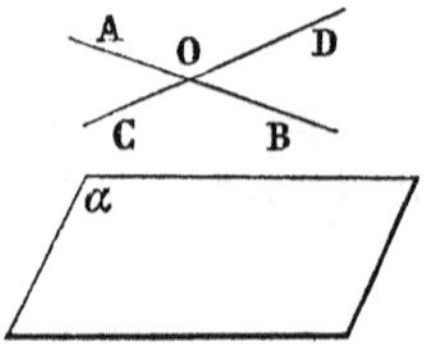

Dim. Due rette AB, CD, che si segano in O, siano parallele a uno stesso piano α. Dico che il piano delle due rette [52] e il piano α non hanno nessun punto in comune.

Infatti, se i due piani avessero un punto comune, e quindi [561] una retta comune, questa dovrebbe essere parallela ad un tempo [633] ad ambedue le rette AB, CD. Ma allora per uno stesso punto O passerebbero due parallele ad una stessa retta (all'intersezione dei piani), e ciò non può [631] darsi.

Così si è dimostrato che, *ecc.*

Piani paralleli.

643. Def. *Due piani, che non abbiano nessun punto in comune, si dicono* paralleli.

644. Teor. *Due piani perpendicolari a una medesima retta sono paralleli.*

Dim. Siano due piani perpendicolari ad una stessa retta AB, rispettivamente nei punti A e B. Dico che i piani non hanno nessun punto in comune.

Infatti, se potessero avere in comune un punto M, unendo questo punto coi punti A e B, risulterebbero due rette situate [48, 1°] rispettivamente nei due piani, ed alle quali la AB sarebbe [565] perpendicolare. Ma allora esisterebbe un triangolo MAB con due angoli retti. Poichè ciò è impossibile, conchiudiamo che *due piani ecc.*

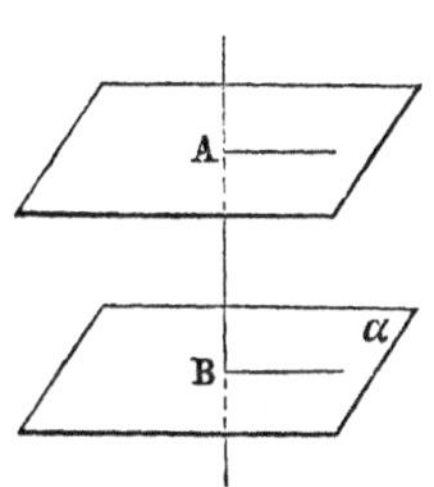

645. Teor. *Se due piani sono paralleli, e una retta ne incontra uno, essa incontra anche l'altro.*

Dim. Siano due piani paralleli α, β, e una retta AB ne incontri uno, sia il piano α, nel punto C. Dico che essa incontra anche il piano β.

Per la retta AB e per un punto D del piano β si faccia passare un piano, che diremo γ. Codesto piano taglia i due piani α, β in due rette che passano rispettivamente per C e per D [561]; siano le rette EC, DF. Codeste due rette, perchè giacciono rispettivamente in due piani, che non hanno nessun punto comune, non s'incontrano, sebbene giacciano in uno stesso piano γ. Esse sono dunque parallele. E perchè la retta AB giace nel loro piano, e ne incontra una in C, essa incontra [561] anche l'altra. In H, punto d'incontro, la AB incontra il piano β. Resta così dimostrato che, *se ecc.*

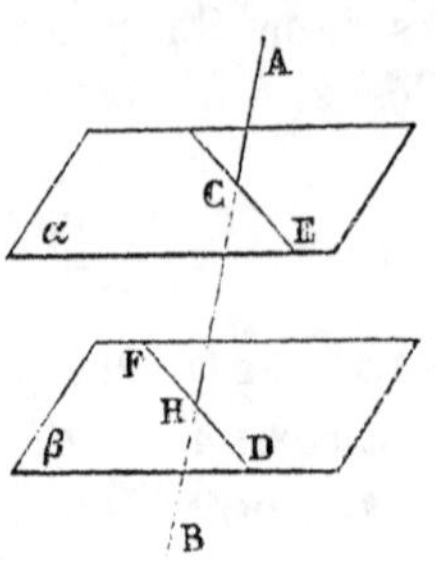

646. Cor. *Se due piani sono paralleli, ed un terzo piano ne sega uno, esso sega anche l'altro.*

Siano due piani paralleli α, β e un terzo piano γ ne seghi uno, ad es. il piano α. Dico che esso sega anche il piano β.

Infatti una retta AB tirata nel piano γ per un punto della sua intersezione col piano α, incontra questo piano, e quindi incontra anche il piano β, che è parallelo ad α. Il punto d'incontro H, appartiene ad ambedue i piani γ e β, i quali per conseguenza [561] si segano.

647. Teor. *Se due piani paralleli sono tagliati da un terzo, le intersezioni sono parallele.*

Dim. Siano α e β due piani paralleli, e un terzo piano γ ne incontri uno, e quindi [646] anche l'altro. Dico che le intersezioni sono parallele.

Esse giacciono intanto in uno stesso piano, nel piano γ. Ma non possono incontrarsi, perchè, se avessero un punto M in comune, questo punto apparterrebbe anche ai due piani α e β, e ciò è contro l'ipotesi che i due piani siano paralleli. Adunque, *ecc.*

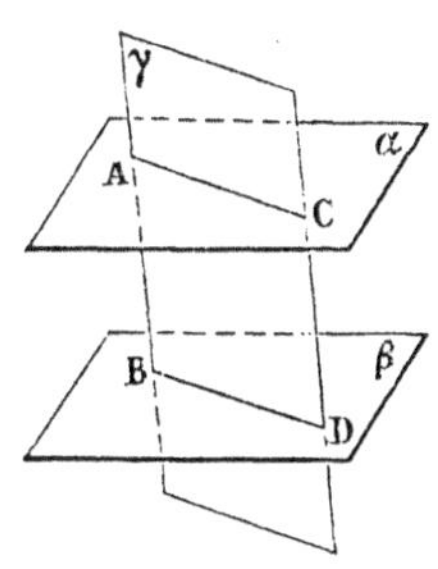

648. Teor. *Se due piani sono parallelli, e una retta è perpendicolare ad uno, essa è perpendicolare anche all'altro.*

Dim. Siano due piani paralleli α e β, e una retta AB sia perpendicolare ad uno, sia perpendicolare al piano α, nel punto C. Dico che essa è perpendicolare anche al piano β.

Intanto, perchè i piani α e β sono paralleli, e la retta AB incontra il piano α, essa incontra [645] anche il piano β. Sia D il punto d'intersezione. Ora per i punti C e D, o, ciò che è lo stesso, per la retta AB, si facciano passare due piani γ e δ. Ambidue tagliano [561] i piani dati; e perchè questi sono paralleli, le intersezioni sono rispettivamente parallele. Siano CE, DF le intersezioni fatte dal piano γ, e CH, DK quelle fatte dal piano δ.

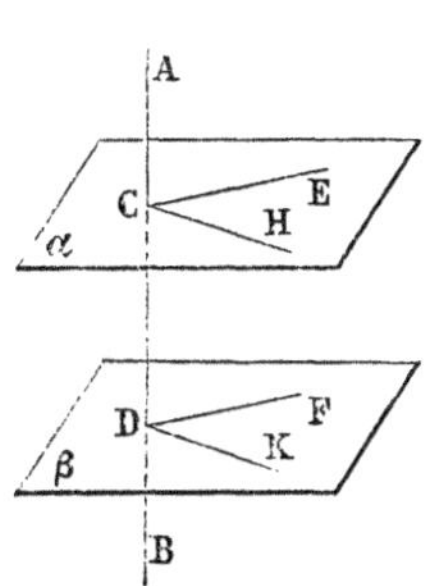

Ora si osservi che i due angoli ACE, ADF sono eguali, perchè corrispondenti fatti dalle parallele CE, DF con la trasversale AB. Per la stessa ragione sono eguali gli angoli ACH, ADK. Ma i due angoli ACE, ACH sono retti, perchè la AB è perpendicolare al piano α; sono dunque retti anche gli angoli ADF, ADK; epperò la AB è [566] perpendicolare al piano β, appunto c. d. d.

649. Teor. *Due piani paralleli ad un terzo sono paralleli tra loro.*

Dim. Due piani α e β siano paralleli ad un terzo γ. Dico che essi sono paralleli tra loro.

Infatti, se si tira una retta, che sia perpendicolare al piano γ, essa è perpendicolare anche ai piani α e β [648], e per conseguenza [644] questi piani sono paralleli.

650. Teor. *Dati comunque un piano ed un punto, per il punto si può far passare un piano, ed uno soltanto, che sia parallelo al piano dato.*

Dim. Siano dati un piano α, e un punto A che non sia situato sul piano. Proveremo che per A si può condurre un piano ed uno soltanto, che sia parallelo al piano α.

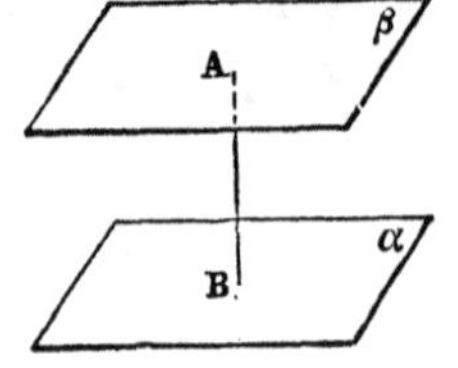

A tal fine si cali [572] da A la AB perpendicolare al piano α. Poi si tiri [569] un piano β perpendicolare ad AB in A. Il piano α e il piano β, perchè perpendicolari a una stessa retta AB, sono [644] paralleli.

Nessun altro piano, che passi per A e sia distinto dal piano β, può essere parallelo al piano α. Infatti, se un piano γ così fatto esistesse, allora la retta AB, perchè perpendicolare al piano α, sarebbe perpendicolare [648] anche al piano γ, e in tal caso per uno stesso punto A passerebbero due piani distinti perpendicolari a una stessa retta. Ciò non può [569] essere; epperò resta dimostrato che *ecc.*

651. Teor. *I segmenti di rette parallele, compresi tra due piani paralleli, sono eguali.*

Dim. Siano due piani paralleli α e β, e due rette parallele AB, CD, che li incontrino [634, 645] rispettivamente nei punti A, B, C, D. Dico essere $AB \equiv CD$.

Si tirino le rette AC, BD. Queste sono parallele, perchè [647] sono le intersezioni del piano γ delle rette AB, CD coi piani paralleli α e β. Il quadrangolo $ABDC$ è dunque un rombo, epperò è [268]:

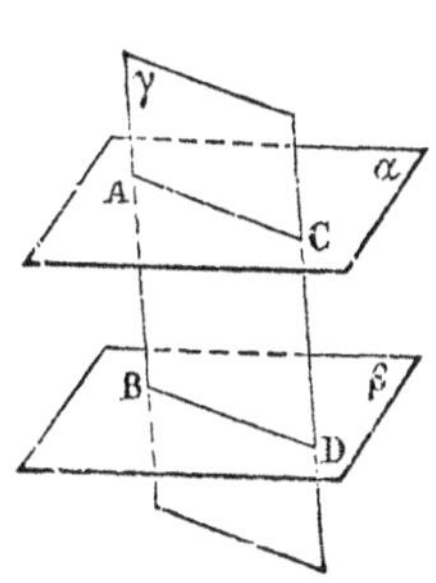

$$AB \equiv CD, \quad \text{c. d. d.}$$

652. Oss. Sappiamo [574] che, se due rette sono perpendicolari a uno stesso piano, esse sono parallele; e che, se una retta è perpendicolare ad uno di due piani paralleli, essa è [648] perpendicolare anche all'altro. Per questo, e per il teorema precedente, possiamo dire che il segmento di una retta perpendicolare a due piani paralleli, compreso tra questi piani, è *costante*. Questo segmento si dice *distanza dei due piani paralleli.*

653. Teor. *Se i lati di due angoli hanno direzioni rispettivamente uguali, gli angoli sono eguali, e i loro piani sono paralleli.*

Dim. Siano due angoli CAB, FDE, i cui lati abbiano direzioni rispettivamente uguali. Dico che gli angoli sono eguali, e che i loro piani sono paralleli.

Si faccia $AB \equiv DE$, $AC \equiv DF$, e si conducano AD, BE, CF, BC ed EF.

Ed ora, poichè i due segmenti AB, DE sono

eguali e paralleli, anche BE è uguale e parallelo ad AD [274]. E perchè i segmenti AC, DF sono eguali e paralleli, anche il segmento CF è uguale e parallelo ad AD. I due segmenti BE, CF sono quindi uguali e paralleli [639] tra loro; per conseguenza [274] è $BC \equiv EF$.

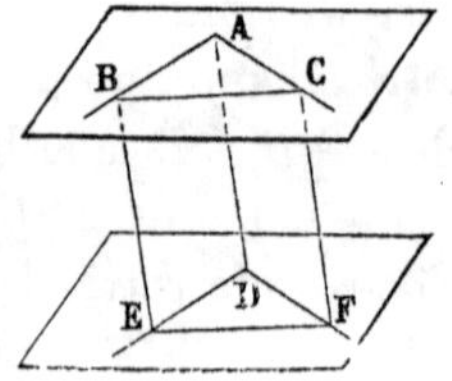

Se ora consideriamo i triangoli ABC, DEF, troviamo che hanno i lati rispettivamente uguali; quindi [151] è $C(A)B \equiv F(D)E$.

Ci rimane da provare che i piani dei due angoli sono paralleli. Perciò basta osservare che, essendo le rette AB ed AC parallele rispettivamente a DE, DF, esse sono [632] parallele al piano dell'angolo FDE, epperò [642] anche il piano dell'angolo CAB è parallelo a quello dell'angolo FDE.

654. Oss. Se per un punto qualunque si tirano due rette rispettivamente parallele a due rette sghembe, le due rette fanno angoli rispettivamente uguali [653] agli angoli compresi da due altre rette tirate per un altro punto qualunque parallelamente alle due rette sghembe stesse.

Uno degli angoli acuti formati da due rette, condotte per uno stesso punto parallelamente a due rette sghembe, si dice *inclinazione* di queste rette. Se le nuove rette sono perpendicolari tra loro, si dicono perpendicolari tra loro anche le rette sghembe. Così possiamo dire, ad es., che se una retta è perpendicolare ad un piano, essa è perpendicolare a tutte le rette del piano.

655. Teor. *I segmenti di una trasversale di un*

fascio di piani paralleli sono proporzionali ai segmenti di qualsivoglia altra trasversale dello stesso fascio di piani.

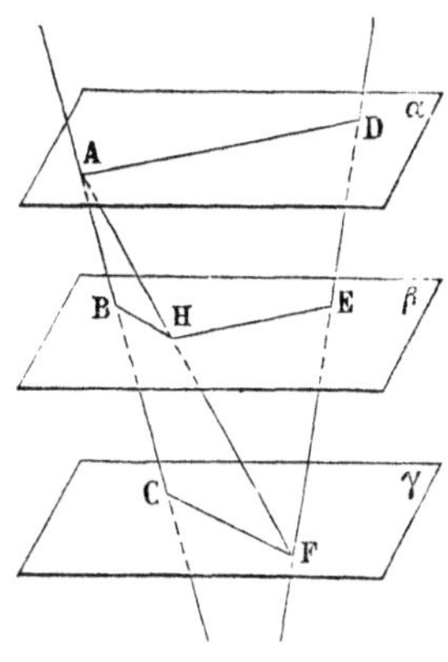

Dim. Siano α, β, γ dei piani paralleli, ed AC, DF due trasversali [645]. Dico che:

$$AB : BC = DE : EF.$$

Si tiri AF, e sia H il punto nel quale essa incontra il piano β. Ed ora si osservi che le rette AD, HE sono parallele, perchè sono le intersezioni fatte nei piani paralleli α e β dal piano delle rette FA, FD [52]. Per la medesima ragione BH è parallela a CF.

Per il teorema di Talete, abbiamo:

$$AB : BC = AH : HF$$

e

$$DE : EF = AH : HF,$$

epperò:

$$AB : BC = DE : EF, \qquad \text{c. d. d.}$$

Esercizî.

871. Se due rette sono parallele, ed una è parallela a un piano, anche l'altra è parallela al piano, o vi giace tutta intera.

872. Se due piani passano per due rette parallele, ciascuno per una, e si segano, l'intersezione è una retta parallela alle altre due.

873. I piani, condotti per uno stesso punto, parallelamente a una stessa retta data, passano per una medesima retta.

874. Se una retta è perpendicolare ad un piano, ogni piano parallelo alla retta è perpendicolare al piano dato.

875. Se una retta è parallela ad un piano, ogni piano perpendicolare alla retta è perpendicolare al piano.

876. Se per un punto O si conducono due rette OA, OB parallele ad un piano α, e poi per O due piani rispettivamente perpendicolari alle rette OA, OB, l'intersezione di questi piani è perpendicolare al piano α.

877. Due segmenti eguali e paralleli si proiettano sopra uno stesso piano in segmenti eguali e paralleli.

878. Rette parallele hanno con uno stesso piano inclinazioni eguali.

879. Se due rette si proiettano sopra due piani non paralleli in rette rispettivamente parallele, esse sono parallele.

880. Se dalle estremità e dal punto di mezzo di un segmento, situato per intero da una stessa banda di un piano, si tirano tre segmenti paralleli fino al piano, il segmento, che parte dal punto di mezzo, è uguale alla semisomma degli altri due.

881. I diedri, formati da un piano con due altri piani paralleli, sono eguali.

882. La proiezione di un segmento è minore del segmento, purchè questo non sia parallelo al piano di proiezione.

883. Se un triangolo ha un solo lato parallelo a un piano, la proiezione del triangolo su questo piano è minore del triangolo dato.

884. Se un triangolo giace in un piano non parallelo al piano di proiezione, la proiezione del triangolo è minore del triangolo primitivo.

885. In qualunque solido poliedro ciascuna faccia è minore della somma di tutte le altre.

886. Si può sempre condurre un piano, che tagli tutti gli spigoli di un angoloide convesso.

887. Se più rette parallele incontrano due piani paralleli, le figure che si ottengono unendo ordinatamente i punti d'intersezione, sono eguali.

888. Se due piani sono paralleli, e per i punti di un cerchio, posto in uno de' piani, si tirano delle rette parallele, queste incontrano l'altro piano lungo un cerchio eguale al dato.

889. Se si hanno due piani paralleli e un cerchio in uno di essi, le rette, che passano per uno stesso punto, situato fuori

dei piani, e per i punti del cerchio dato, incontrano l'altro piano in punti, che appartengono ad uno stesso cerchio.

890. I punti, dove le rette che passano per uno stesso punto, sono tagliate da due piani paralleli, sono i vertici di due poligoni simili (*omotetici*).

891. Se due triangoli simili giacciono in piani paralleli, e due lati omologhi sono paralleli, le rette, che passano per i vertici omologhi, passano per un medesimo punto.

892. I segmenti, che uniscono i punti di mezzo dei lati opposti di un quadrangolo (gobbo), si dimezzano scambievolmente.

893. Se da un punto si tirano tre raggi con direzioni rispettivamente uguali a quelle degli spigoli di un triedro, si ottiene un triedro eguale al dato.

894. In ogni triedro la somma degli angoli, compresi ciascuno da uno spigolo e dalla bisettrice della faccia opposta, è minore della somma delle facce.

895. Se per il vertice di un triedro e in ciascuna faccia si tira la perpendicolare allo spigolo opposto, le tre perpendicolari giacciono in uno stesso piano.

896. I piani, che dimezzano i diedri di un triedro, si segano lungo una stessa retta.

897. I piani, perpendicolari rispettivamente alle facce di un triedro lungo le bisettrici delle facce, passano per una stessa retta.

898. I piani, ciascuno dei quali passa per uno spigolo di un triedro ed è perpendicolare alla faccia opposta, si segano in una medesima retta.

899. I piani, ciascuno dei quali passa per uno spigolo di un triedro e per la bisettrice della faccia opposta, passano per una stessa retta.

900. Il punto d'incontro delle altezze del triangolo, che si ottiene tagliando con un piano un triedro trirettangolo, è la proiezione del vertice del triedro sul piano della sezione.

901. Luogo dei punti di un piano, i quali sono equidistanti da due punti dati.

902. Luogo dei punti equidistanti da tre punti dati, che non sono in linea retta.

903. Luogo delle rette parallele a un piano dato e che passano per un medesimo punto.

904. Luogo delle rette, che tagliano una retta data, e che sono parallele a un' altra retta data.

905. Luogo delle rette parallele a due rette parallele date ed equidistanti da queste rette.

906. Luogo dei punti, che hanno data distanza da un piano dato.

907. Luogo dei punti equidistanti da due piani paralleli.

908. Luogo dei punti, le cui distanze da due piani paralleli stanno in rapporto dato.

909. Luogo dei punti, ne' quali i segmenti compresi tra due piani paralleli sono divisi in rapporto dato.

910. Luogo de' punti, le cui distanze da due piani che si tagliano stanno in rapporto dato.

911. Luogo de' punti, nei quali i segmenti, compresi tra un punto dato e un piano dato sono divisi in rapporto dato.

912. Luogo dei piedi delle perpendicolari tirate da un punto dato sulle rette che giacciono in uno stesso piano e passano per uno stesso punto.

913. Luogo de' punti, le cui distanze da due piani che si tagliano fanno una somma data.

914. Luogo de' punti, le cui distanze da due punti dati stanno in rapporto dato. [447].

915. Quale è la condizione perchè si possano condurre tre piani paralleli che passino rispettivamente per tre rette date?

916. Per un punto condurre una retta, che tagli due rette date.

917. Tirare una retta parallela ad una data, e che tagli due altre rette date.

918. Dati un punto ed un triedro, condurre per il punto un piano, che tagli gli spigoli del triedro in punti equidistanti dal vertice.

919. Condurre per un punto dato un piano parallelo a due rette date.

920. Tirare un piano, che passi per due punti dati, e che sia equidistante da due altri punti dati.

921. Tirare un piano, che abbia data distanza da tre punti dati.

922. Tirare un piano che sia equidistante da quattro punti dati.

923. Condurre un piano parallelo a uno dato e tangente a una sfera data.

924. Trovare un punto, che sia egualmente distante da quattro punti dati.

925. Trovare un punto, che abbia date distanze da tre piani dati.

926. Trovare sopra un piano dato un punto, che sia equidistante da tre punti dati.

927. Trovare un punto, che disti egualmente da tre rette parallele date e da due punti dati.

928. Trovare sopra un piano un punto, che sia equidistante da due punti dati, e che sia equidistante da due dati piani paralleli.

929. Tirare da un punto dato a un piano dato un segmento, che sia eguale a un segmento dato e parallelo a un piano dato.

930. Condurre una retta, che tagli due rette date, che sia parallela ad un piano dato, e che abbia da questo piano data distanza.

931. Condurre in un piano una retta, che sia parallela ad una retta del piano, e che abbia data distanza da un punto dato fuori del piano.

932. Condurre, da un punto dato fuori di un piano, una retta ad una retta posta nel piano, e in modo che la prima abbia col piano inclinazione data.

933. Trovare un punto, che sia equidistante da due piani paralleli dati, e che abbia date distanze da due punti dati.

934. Condurre per un punto dato un piano, che abbia data distanza da una retta data.

935. Per un punto dato condurre una retta in modo che sia parallela ad un piano dato e che il segmento di essa, compreso tra due dati piani, sia dimezzato dal punto dato.

936. Tirare una retta, che sia equidistante da un piano e da due rette parallele tra loro e parallele al piano.

937. Per due punti tirare due piani, che siano paralleli a una retta data, e che abbiano distanza data.

938. Tirare in un piano una retta, che abbia date distanze da due punti non situati nel piano.

939. Per un punto dato condurre un segmento, che sia eguale a un segmento dato, che termini su due piani dati, e che sia egualmente inclinato con questi piani.

940. Tirare il piano che dimezza un diedro dato, e ciò senza usare dello spigolo del diedro.

941. Condurre per un punto dato un piano, che passi per l'intersezione di due altri, ma senza usare di questa intersezione.

942. Condurre per un punto dato una retta, che passi per il punto di concorso di due altre, senza usare di questo punto.

943. Per trovare la distanza di due rette, si può tirare due piani rispettivamente perpendicolari alle rette date, e poi una retta che le tagli e sia parallela all'intersezione dei piani.

944. Una retta parallela ad un piano è equidistante dalle rette, che giacciono nel piano e non le sono parallele.

945. Tirare un piano, che sia equidistante da due rette date.

946. Dato un punto, un piano, e una retta parallela al piano, condurre per il punto una retta, che incontri la retta data e il piano in due punti che abbiano data distanza.

947. Tagliare un angoloide tetraedro in modo che la sezione sia una losanga di lato dato.

948. Condurre un piano, che passi per un punto dato, e che abbia eguali inclinazioni con tre rette date.

949. Condurre per una retta data un piano, che con un altro piano dato comprenda un diedro dato.

950. Condurre per un punto dato un piano parallelo a una retta data, e che formi con un piano dato un diedro dato.

951. Costruire un triedro trirettangolo, i cui spigoli passino per tre punti dati.

952. Tagliare un triedro trirettangolo in modo che la sezione sia eguale a un triangolo dato.

CAPITOLO XIX

PRISMA

Definizioni e teoremi relativi al prisma.

656. Se per i vertici di un poligono (il cui contorno non sia intrecciato) si conducono delle rette parallele a una retta non giacente nel piano del poligono, e poi si considerano le striscie [639], ciascuna delle quali è contenuta dalle parallele condotte per due vertici successivi, si ottiene una figura aperta, che si dice *prisma indefinito* (spazio prismatico).

Le striscie, che contengono un prisma indefinito, si dicono *facce* del prisma; e si dicono *spigoli* o *lati* del prisma le rette parallele, che limitano le facce.

Se un piano taglia uno spigolo di un prisma indefinito, esso taglia [634] tutti gli altri spigoli; la figura, formata dalle intersezioni del piano con le facce del prisma, si chiama *sezione* del prisma.

657. Teor. *Due sezioni di un prisma indefinito, fatte da piani paralleli, sono eguali.*

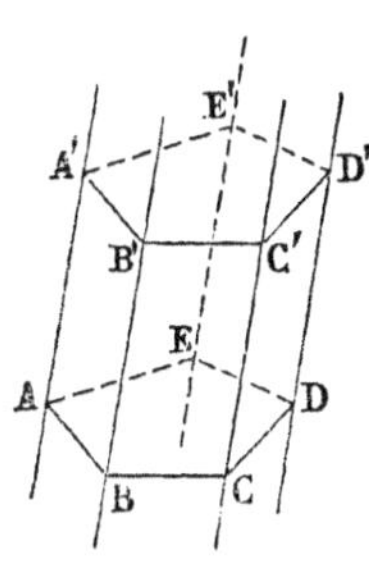

Dim. Siano AD, $A'D'$ due sezioni fatte in un prisma indefinito da due piani paralleli. Dico che esse sono eguali.

Intanto, perchè due piani paralleli sono tagliati da un terzo in rette parallele [647], ciascun lato di una sezione è parallelo a quello dell'altra, che è situato nella medesima faccia. Così gli angoli delle due sezioni, perchè compresi da lati che hanno direzioni rispettivamente uguali, sono [653] ordinatamente uguali.

E poichè le parti delle facce del prisma, che sono contenute dai piani seganti, sono rombi, e in ogni rombo [268] i lati opposti sono eguali, i lati delle sezioni sono ordinatamente uguali. Le sezioni hanno adunque lati ed angoli rispettivamente uguali ed egualmente disposti, epperò sono eguali [178], c. d. d.

658. Se un piano è perpendicolare a uno spigolo di un prisma indefinito, esso è [638] perpendicolare ad ogni altro spigolo. E poichè due piani perpendicolari a una stessa retta sono paralleli [644], ne segue [657] che tutte le sezioni, fatte in un medesimo prisma indefinito da piani perpendicolari agli spigoli, sono eguali.

659. Def. La sezione, fatta in un prisma indefinito da un piano perpendicolare agli spigoli, si dice *sezione normale del prisma.*

Le sezioni normali di uno stesso prisma indefinito sono [658] *eguali.*

660. Def. La parte di un prisma indefinito, che è compresa tra due piani paralleli, si dice *prisma definito*, e più spesso semplicemente *prisma*, senz'altro.

Le due sezioni si dicono le *basi* del prisma; i rombi, che insieme con le basi formano la superficie *totale* del prisma, si dicono le *facce laterali*; il loro insieme costituisce la *superficie laterale* del prisma.

Qualunque lato di una base o di una faccia laterale di un prisma si dice *spigolo* del prisma. Quegli spigoli del prisma, che uniscono un vertice di una base con un vertice dell'altra, si dicono spigoli *laterali* od anche semplicemente *lati* del prisma.

Gli spigoli laterali di un prisma sono eguali [651].

La distanza tra i piani delle basi di un prisma si dice *altezza* del prisma.

Un prisma si dice *triangolare*, *quadrangolare*..., secondo che le basi sono triangoli, quadrangoli...,

Per *sezione di un prisma* s'intende la sezione fatta nel prisma indefinito a cui il prisma appartiene.

Un prisma si dice *retto*, quando gli spigoli laterali sono perpendicolari ai piani delle basi [648, 638]. Altrimenti si dice *obliquo*.

In un prisma retto gli spigoli laterali sono eguali all'altezza del prisma [652].

Se la base di un prisma retto è un poligono regolare, il prisma si dice *regolare*.

661. Teor. *La superficie laterale di un prisma retto è equivalente ad un rettangolo, che ha base uguale al perimetro della base, e altezza uguale all'altezza del prisma.*

Dim. Infatti, se si costruisce un rettangolo, che abbia base uguale al perimetro della base di un prisma retto e altezza uguale all'altezza del prisma, e si divide la base del rettangolo in parti rispettivamente uguali ai lati della base del prisma, e poi si tirano per i punti di divisione delle rette perpendicolari alla base del rettangolo, questo vien diviso in parti rispettivamente uguali [269] alle facce laterali del prisma.

Romboide.

662. Def. Un prisma, che abbia per base un rombo, si dice *romboide* (*o parallelepipedo*).

663. Teor. *Le facce opposte di un romboide sono eguali e parallele.*

Dim. Il solido AH sia un romboide, un prisma cioè nel quale la base $ABCD$ è un rombo. Si vuol provare che le facce sono a due a due uguali e parallele.

In quanto alle basi AC ed EH il teorema ha luogo, perchè esso ha luogo [657] in ogni prisma. Ci restano adunque da confrontare le facce AK, BH, e le due AF, DH.

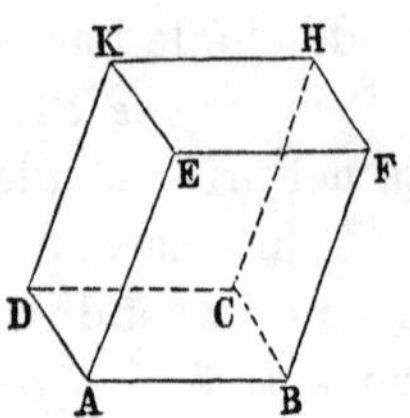

Intanto, poichè $ABCD$ è un rombo, AD è parallela a BC. Come spigoli laterali di un prisma sono poi parallele le rette AE, BF. Gli angoli DAE, CBF sono dunque compresi da lati che hanno direzioni rispettivamente uguali, epperò [653] sono eguali. Inoltre è $AD \equiv BC$, perchè [268] lati opposti del rombo $ABCD$, ed $AE \equiv BF$, perchè il quadrangolo $ABFE$, come faccia laterale di un prisma, è un rombo. I due rombi AK, BH hanno adunque un angolo e i lati che lo comprendono rispettivamente uguali, epperò [269] sono eguali.

E perchè i lati de' due angoli DAE, CBF sono rispettivamente paralleli, i loro piani, cioè i piani delle facce opposte AK, BH, sono paralleli [653].

Nello stesso modo si proverebbe che le facce AF, DH sono eguali e parallele. Epperò resta dimostrato che *ecc.*

664. Oss. Poichè i quattro spigoli di un romboide, che passano per i vertici di una stessa faccia, sono paralleli [639], e le facce opposte sono parallele, un romboide si può [660] riguardare qual prisma in tre modi diversi. Prendendo cioè per basi due facce opposte, o due altre opposte, o le due rimanenti.

665. Teor. *Qualunque sezione di un romboide è un rombo.*

Dim. Infatti, poichè le facce opposte di un romboide giacciono in piani paralleli, le intersezioni fatte da un piano con le quattro facce del prisma indefinito, di cui è parte un dato romboide, sono a due a due parallele, epperò la sezione stessa è un rombo.

666. Se le basi di un romboide retto sono rettangoli, tutte le facce del romboide sono rettangoli, e il romboide si dice *ortogonale.*

Tre spigoli di un romboide ortogonale, concorrenti in uno stesso vertice, si dicono le *dimensioni* del romboide.

667. Un romboide ortogonale, le cui dimensioni siano eguali tra loro, si dice *cubo.* Le facce di un cubo sono sei quadrati eguali.

Poliedro.

668. Un solido, la cui superficie sia formata di poligoni, in modo che ciascun loro lato sia comune a due di essi e che due di questi poligoni aventi un lato comune giacciano in piani distinti, si dice *poliedro.*

In un prisma abbiamo un esempio di un poliedro.

I poligoni, che compongono la superficie di un poliedro, i vertici, i lati dei poligoni, si dicono rispettivamente le *facce,* i *vertici,* gli *spigoli* del poliedro.

Un poliedro non può aver meno di quattro facce; se ha quattro facce, si dice *tetraedro.* Se le facce sono 5, 6, 8, 12, 20,..., il poliedro si chiama rispettivamente *pentaedro, esaedro, ottaedro, dodecaedro, icosaedro,...*

Un poliedro è *convesso*, se, rispetto a ciascuna faccia, tutti i vertici che non appartengono alla faccia che si considera, sono da una stessa banda del piano della faccia. Ad es., un romboide è un poliedro convesso; così un prisma, se la base è un poligono convesso.

Per *diedri* di un poliedro convesso s'intendono i diedri convessi, ciascuno dei quali è compreso da due facce contigue.

Angoloidi di un poliedro sono gli angoloidi, ciascuno dei quali ha il vertice in un vertice del poliedro e per ispigoli gli spigoli del poliedro che concorrono nel vertice che si considera. (Questi spigoli si devono poi intendere presi in tal ordine, che ciascuna faccia dell'angoloide contenga una faccia del poliedro).

La superficie di un poliedro convesso (*) *divide* lo spazio in due parti, una limitata e l'altra illimitata. Chiameremo *interni* al poliedro i punti dell'una; *esterni* quelli dell'altra.

Delle due parti, in cui lo spazio è diviso dalla superficie di un poliedro (non intrecciato), quella limitata si dice *solido del poliedro,* o più semplicemente *poliedro,* senz'altro.

Solidi equivalenti.

669. Due solidi, che abbiano parte della loro superficie comune e nessun altro punto comune, si dicono *adiacenti.*

(*) Oppure anche *concavo*; non però *intrecciato.* Un poliedro si dice *non-intrecciato*, se ciascuna faccia ha il suo contorno e nessun altro punto in comune con la rimanente superficie del poliedro.

Ad es. due romboidi si possono rendere adiacenti; anzi in innumerevoli modi.

670. Sopprimendo la parte di superficie comune di due solidi adiacenti, ne risulta un nuovo solido, che si dice *somma* di quei due, o *composto* di quei due; e questi sono *parti* di quello.

Così resta stabilito il concetto di *addizione* di due, e quindi anche di quanti si vogliano solidi (*).

671. In un solido finito si possono segnare superficie che lo *dividano in parti,* le quali pure sono solidi finiti; e il solido primitivo si può riguardare come somma di quelli in cui è stato diviso.

Se due solidi sono eguali ed uno di essi è comunque diviso in parti, l'altro si può dividere in parti nello stesso modo. Infatti, facendo coincidere i due solidi, si ottiene che le superficie di divisione dell'uno dividano egualmente l'altro solido.

672. Def. *Due solidi, che si possano dividere in parti rispettivamente uguali, si dicono* equivalenti.

Due solidi eguali sono equivalenti.

673. Teor. *Due solidi composti di parti rispettivamente equivalenti sono equivalenti.*

Dim. Analoga a quella del teorema 314.

674. Teor. *Due solidi equivalenti ad un terzo sono equivalenti tra loro.*

Dim. Analoga a quella del teorema 315. Invece di *linee* α, si dovranno considerare *superficie* α; ecc.

675. Def. Un solido si dice *somma* di altri solidi, quando quello e questi si possono dividere in parti

(*) Avvertiamo che non sempre due solidi si possono rendere adiacenti. Epperò in questo luogo va da sè che s'intende parlare di solidi che si possano rendere adiacenti.

in modo che ogni parte del primo sia uguale ad una delle parti dei secondi, e viceversa.

676. Teor. *Aggiungendo a solidi equivalenti solidi equivalenti, si ottengono solidi equivalenti.*

Dim. Analoga a quella del § 317.

677. Cor. *Solidi equimultipli di solidi equivalenti sono equivalenti.*

678. Def. Un solido, che sia equivalente ad una parte d'un'altro, si dice *minore* di questo, e questo si dice *maggiore* di quello.

679. Postulato dell'equivalenza. *Una parte d'un solido non può essere equivalente all'intero.*

680. Teor. *Se un solido è minore, equivalente o maggiore d'un altro, non può aver luogo rispettivamente nessuno degli altri due casi.*

Dim. Analoga a quella dei §§ 345, 346.

Prismi equivalenti.

681. Teor. *Due prismi retti, se hanno basi eguali ed eguale altezza, sono eguali.*

Dim. Infatti, rendendo coincidenti due basi dei prismi, in modo che questi cadano da una stessa banda della base comune, si ottiene che ciascuno spigolo laterale d'un prisma coincida con uno di quelli dell'altro [571], e per conseguenza che coincidano anche i due prismi.

682. Teor. *Un prisma triangolare è equivalente a un prisma retto, che ha base uguale alla sezione normale del prisma dato, e altezza eguale al lato di questo prisma.*

Dim. Sia un prisma trilatero qualunque $ABCDEF$; ABC, DEF sono le basi. Dico che esso è equivalente ad un prisma retto, che ha base uguale alla sezione normale del prisma dato, e altezza eguale al lato di codesto prisma.

1°. Si calino dai punti A e D le perpendicolari AH, DK sullo spigolo CF, e si tirino BH, EK.

Poichè AH e DK, come situate in uno stesso piano e perpendicolari a una stessa retta, sono parallele, ed anche le AB, DE sono parallele, perchè lati opposti di una faccia di un prisma, i piani degli angoli HAB, KDE sono [653] paralleli. Pertanto anche il poliedro $ABHDEK$ è un prisma trilatero.

Si può dimostrare senza nessuna difficoltà che le facce de' tetraedri $ABCH$, $DEFK$ sono rispettivamente uguali e similmente disposte; epperò, essendo eguali [624] i loro angoloidi triedri che hanno i vertici in C ed in F, facendo diventar coincidenti codesti angoloidi, tali divengono anche i due tetraedri. E così è manifesto che i prismi $ABCDEF$, $ABHDEK$ sono equivalenti.

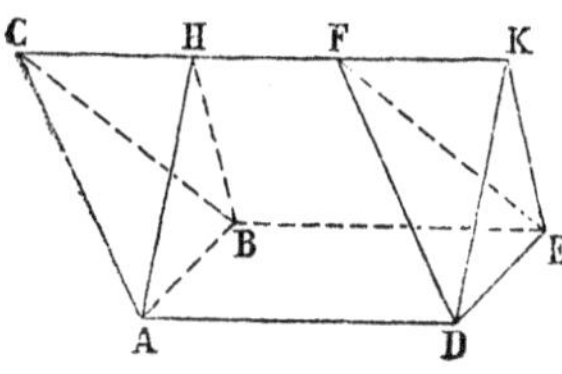

Il nostro ragionamento suppone che uno dei punti H, K si trovi sul segmento CF, e non vale, senz'altro, per il caso che ambidue i piedi delle perpendicolari AH, DK cadessero sopra un prolungamento del segmento CF.

In questo caso, prendendo sulla retta CF dei segmenti consecutivi eguali a CF ed in numero sufficiente, si otterrà infine che uno di questi segmenti contenga il piede di una delle perpendicolari. Ora, tutti i prismi triangolari, che hanno comuni gli spigoli AB, DE, e che hanno per terzo spigolo uno dei segmenti considerati, sono equivalenti tra loro, perchè per due consecutivi qualunque valgono le considerazioni fatte per i due prismi $ABCDEF$ ed $ABHDEK$. Epperò possiamo dire che in ogni caso, dato un prisma triangolare $ABCDEF$, si può dedurne uno di equivalente $ABHDEK$, nel quale la faccia $ADKH$ è un rettangolo.

Ed ora per dispensarci dal costruire una nuova figura, supponiamo di ribaltare il prisma ottenuto, in modo che la faccia rettangolare, che si trova sul dinanzi, divenga la faccia inferiore. E sia $ABCDEF$ il prisma in questa nuova disposizione.

2°. Ora dai punti A e D si calino le perpendicolari AH, DK sullo spigolo CF, e si tirino BH ed EK. Così si ottiene un prisma $ABHDEK$, che, per quanto si è già dimostrato, è equivalente al prisma $ABCDEF$, e quindi anche [674] al prisma primitivo. Esso ha i lati eguali ai lati di questo prisma, perchè, come è facile riconoscere, tutti i prismi che abbiamo considerato hanno uno spigolo laterale comune. Resta da provare che la base ABH è la sezione normale del prisma dato.

Perciò basta osservare che tutti i prismi, che abbiamo considerato, sono tutti tagliati fuori da uno stesso prisma indefinito, epperò, essendo retti gli angoli BAD, HAD, e per conseguenza [566] perpendicolare ai lati dei prismi il piano dell'angolo HAB, il triangolo HAB è appunto una sezione normale del prisma dato. Conchiudiamo che *ecc.*

683. Teor. *Due prismi, che abbiano sezioni normali equivalenti e spigoli laterali eguali, sono equivalenti.*

Dim. 1°. Consideriamo prima il caso che i due prismi siano triangolari e che le sezioni normali siano eguali.

Sappiamo [682] che i due prismi sono rispettivamente equivalenti a due prismi retti aventi basi eguali alle sezioni normali dei prismi dati e altezze uguali ai loro spigoli laterali. Ma codesti due prismi sono eguali [681]; quindi [674] i prismi dati sono equivalenti, c. d. d.

2°. Passiamo a considerare il caso di due prismi, le cui sezioni normali siano due poligoni qualunque.

In questo caso una sezione normale d'un prisma ed una dell'altro, poichè sono equivalenti, si possono dividere in uno stesso numero di poligoni rispettivamente uguali, e quindi anche in uno stesso numero di triangoli rispettivamente uguali.

Imaginiamo che le sezioni siano così divise e di condurre per tutti i vertici dei triangoli delle rette rispettivamente parallele agli spigoli laterali dei prismi. E segniamo le striscie, ciascuna delle quali è contenuta da due parallele passanti per due vertici d'uno stesso triangolo (*). In questo modo i due prismi vengono divisi in uno stesso numero di prismi triangolari, che sono rispettivamente equivalenti, perchè hanno sezioni normali eguali e spigoli laterali eguali. [651]. Per conseguenza [673] anche i due prismi dati sono equivalenti, c. d. d.

684. Teor. *Il piano, che passa per due spigoli*

(*) Si può indicare la costruzione della striscia, i cui lati passano per due dati punti AB e sono paralleli ad una retta CD, dicendo di *proiettare il segmento* AB, *parallelamente alla retta* CD. Così, nel nostro caso si direbbe di proiettare parallelamente ai lati del prisma quei lati dei triangoli che non fanno parte del contorno della sezione.

opposti di un romboide, divide il romboide in due prismi equivalenti.

Dim. Sia un romboide AH. Per due spigoli opposti, ad es. per i due KD, FB, si faccia passare un piano [639]. Dico che i due prismi triangolari $ABDEFK$, $BCDFHK$, in cui resta diviso il romboide, sono equivalenti.

Perciò si tagli il romboide con un piano, che sia perpendicolare allo spigolo AE. Se $LMNP$ è la sezione, essa è un rombo [665], che vien diviso dal piano $KFBD$ nei due triangoli eguali LPM, NMP. Ma questi triangoli sono sezioni normali dei due prismi, i quali inoltre hanno eguali gli spigoli laterali. Pertanto i due prismi sono equivalenti [683], c. d. d.

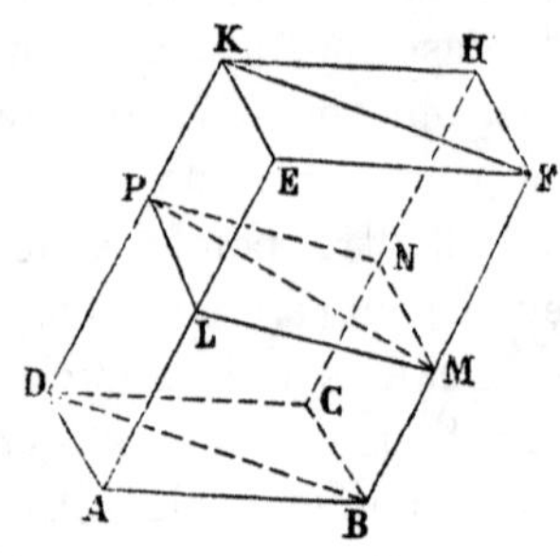

685. Teor. *Due romboidi, che abbiano una faccia eguale, ed eguali le altezze corrispondenti, sono equivalenti.*

Dim. Nei due romboidi AH, $A'H'$ siano eguali

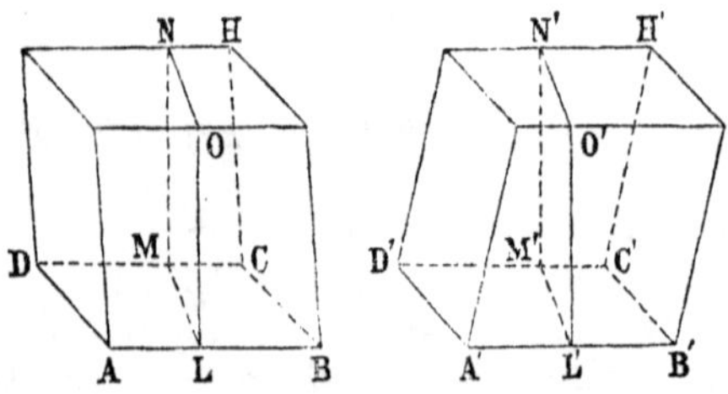

le facce AC, $A'C'$, ed eguali le altezze corrispondenti.

Siano LN, $L'N'$ due sezioni fatte con piani perpendicolari agli spigoli AB ed $A'B'$. Codeste due sezioni sono equivalenti, perchè i lati LM, $L'M'$, come altezze [565] di rombi eguali, sono eguali; e rispetto a questi lati le sezioni hanno eguali altezze, dacchè queste sono le altezze [607] dei romboidi rispetto alle facce AC ed $A'C'$.

Se ora riguardiamo i romboidi come due prismi aventi per basi BH e $B'H'$, troviamo che hanno le sezioni normali equivalenti ed eguali gli spigoli laterali. Pertanto [683] essi sono equivalenti, c. d. d.

686. Teor. *Due prismi triangolari, che abbiano basi eguali ed altezze eguali, sono equivalenti.*

Dim. Nei due prismi triangolari $ABCDEF$, $A'B'C'D'E'F'$ siano eguali le basi ABC, $A'B'C'$, ed eguali le altezze.

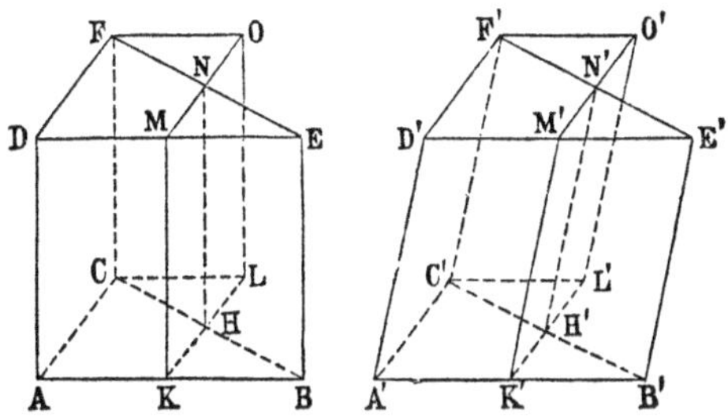

Diviso per metà il lato CB in H, si tiri per H la KL parallela ad AC, e per C la CL parallela ad AB. Per i punti K, H, L si tirino poi le rette KM, HN, LO parallelamente ad AD e fino ad incontrare il piano DEF. Con questa costruzione si ottengono due prismi triangolari $HKBNME$, $CHLFNO$, che sono equivalenti, perchè hanno eguali (come è facile provare) le sezioni normali e gli spigoli laterali. Ora questi due prismi sono parti, uno del prisma $ABCDEF$, l'altro del romboide AO, i quali hanno il rimanente in comune. Per conseguenza [673] il prisma ed il romboide sono equivalenti.

Con analoga costruzione si ottiene il romboide $A'O'$ equivalente al prisma $A'B'C'D'E'F'$.

E perchè le basi dei romboidi AO, $A'O'$ sono eguali (perchè sono eguali i triangoli ABC, $A'B'C'$) e sono eguali le altezze, i due romboidi sono equivalenti [685]; e però [674] sono equivalenti tra loro anche i prismi dati, c. d. d.

687. Teor. *Due prismi, che abbiano basi equivalenti ed altezze eguali, sono equivalenti.*

Dim. Le basi dei due prismi, poichè sono equivalenti, si possono dividere in uno stesso numero di poligoni rispettivamente uguali, e quindi anche in uno stesso numero di triangoli rispettivamente uguali. Per conseguenza i due prismi si possono dividere in egual numero di prismi triangolari, che sono equivalenti, ciascuno a ciascuno, perchè hanno basi eguali ed eguali altezze [686]. Quindi i prismi dati sono equivalenti [674], c. d. d.

688. Cor. *Un prisma è equivalente ad un romboide ortogonale, che ha base equivalente a quella del prisma ed altezza eguale all' altezza del prisma.*

689. Probl. *Costruire un romboide, che sia equivalente ad un prisma dato ed abbia un'altezza eguale ad un dato segmento.*

Risol. Si costruisca dapprima un romboide, che sia equivalente al prismo dato [340, 687]. Sia AH codesto romboide, e sia poi ε il dato segmento.

Prolungato uno spigolo del romboide, ad es. lo

spigolo AB, si faccia $BL \equiv \varepsilon$. Quindi, prolungando DC e tirando per L la parallela a BC, si compia il rombo CL. Si tiri MB, e sia N il punto d'incontro delle rette MB e DA. Infine si tiri per N la parallela ad AB; e sia P il punto dove essa incontra ML; ed O il punto d'incontro delle rette CB ed NP.

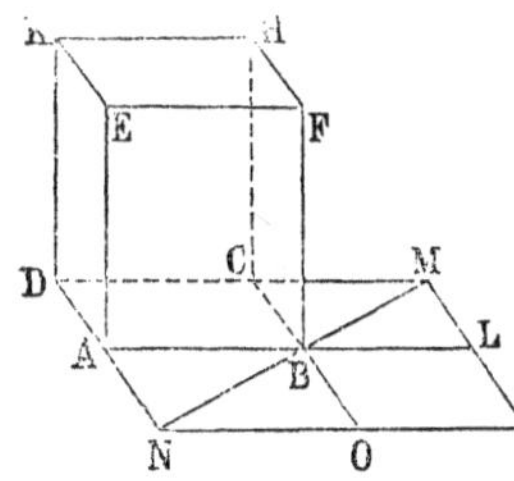

Sappiamo [329] che i rombi AC ed OL sono equivalenti; epperò un romboide R, che abbia OL per base e altezza uguale a quella del romboide AH, è equivalente [687] ad AH.

Infine, facendo nel romboide R una sezione normale con un piano perpendicolare a BL, e costruendo poi un romboide retto S con base uguale alla detta sezione e altezza uguale a BL, si avrà in quest'ultimo romboide una soluzione del problema.

Dim. Infatti il romboide S è equivalente [683] al romboide R, e quindi [674] anche al romboide AH ed al prisma dato; ed ha una altezza eguale a BL, cioè al dato segmento ε.

690. Probl. *Costruire un prisma, che sia equivalente ad un prisma dato ed abbia per base un poligono dato.*

Risol. Si trasformi il prisma dato in un romboide ortogonale AH (vedi fig. prec.), ed il poligono dato in un rettangolo, che abbia un lato eguale allo spigolo BF. L'altra dimensione del rettangolo si metta sul prolungamento di AB in BL. Poi si faccia la stessa costruzione che nel problema precedente. Infine si costruisca un prisma P, che abbia per base il poligono dato ed altezza eguale a BO. Codesto prisma è il domandato.

Dim. Infatti il prisma P ed il romboide FP, perchè hanno altezze uguali a BO e basi equivalenti, sono [687] equivalenti. Il romboide FP è poi equivalente [687] al romboide AH, e questo al prisma dato; per conseguenza [674] anche il prisma P è equivalente al prisma dato. Ha poi le basi eguali al poligono dato; quindi è il prisma richiesto.

691. Probl. *Costruire un prisma, che sia la somma di alquanti prismi dati.*

Risol. Si trasformino i prismi P dati in altri prismi P' aventi medesima altezza qualunque [689]. Poi si costruisca un prisma S, che abbia questa stessa altezza e base equivalente alla somma delle basi dei prismi P'. Codesto prisma è il solido domandato.

Dim. Infatti, poichè la base del prisma S è la somma delle basi dei prismi P', la base del prisma S e quelle dei prismi P' si possono decomporre in triangoli rispettivamente uguali, e quindi anche il prisma S e i prismi P' si possono decomporre in prismi rispettivamente equivalenti. Quindi il prisma S è equivalente alla somma dei prismi P' [675], e per conseguenza anche alla somma dei dati prismi P.

692. Probl. *Riconoscere se due prismi sono equivalenti.*

Risol. Chiamiamo A e B i due prismi dati. Per riconoscere se essi sono equivalenti, se ne trasformi uno, ad es. il prisma B, in un prisma C, che abbia la stessa altezza del prisma A; e poi si confrontino [347] le basi dei prismi A e C. Se le basi sono equivalenti, tali sono i due prismi, e quindi [674] anche i due prismi dati A e B.

Nel caso che le basi siano disuguali, e sia, ad es., la base del prisma A maggiore [348] di quella del prisma C, in tal caso dal prisma A si può tagliar via una parte, che sia equivalente al prisma C, e quindi anche al prisma B; epperò il prisma A è maggiore [678] del prisma B, e i due prismi non sono equivalenti [680].

693. Teor. *Se un prisma di data base ha l'altezza piccola abbastanza, il prisma è minore di un solido dato qualunque.*

Dim. Chiamiamo B la base data ed ε il solido dato. Presa di questo solido una parte ω, che sia un prisma, si trasformi questa parte in un prisma Q, che abbia le basi eguali al poligono B [690]. Chiamiamo H l'altezza di codesto prisma. Ora, se un prisma ha le basi eguali al poligono B e altezza minore del segmento H, esso è minore del prisma Q [678], ossia del prisma ω, e quindi è anche minore del solido ε.

694. Teor. *Se un prisma di data altezza ha la base piccola abbastanza, esso è minore di un solido dato qualunque.*

Dim. Chiamiamo H l'altezza ed ε il solido dato. Presa da questo una parte che sia un prisma, si trasformi questa parte in un prisma ω avente altezza eguale ad H [689]; e chiamiamo B la sua base. Un prisma, che abbia altezza uguale ad H e base minore di B, è minore [678] del prisma ω e quindi anche del solido ε.

Esercizî.

953. Tagliare un cubo in modo che la sezione sia eguale a un rombo dato.

954. Le diagonali di un romboide e i segmenti, che uniscono i punti d'incontro delle diagonali di due facce opposte, passano per uno stesso punto.

955. Se le diagonali di un prisma quadrangolare passano per uno stesso punto, il prisma è un romboide.

956. La somma delle distanze dei vertici di un romboide da un piano, che non lo interseca, è ottupla della distanza del punto d'incontro delle diagonali del romboide dal piano stesso.

957. Il quadrato della diagonale di un romboide ortogonale è equivalente alla somma dei quadrati delle tre dimensioni.

958. Il cubo della somma di due segmenti è equivalente alla somma de' cubi dei segmenti, più il triplo del romboide che ha per base il rettangolo de' segmenti e altezza eguale alla loro somma.

959. Se per il punto d'incontro delle diagonali di un cubo si conduce un piano perpendicolare a una diagonale, la sezione risultante è un esagono regolare.

960. In un romboide la somma de' diedri è uguale a 12 retti. E in un prisma di n lati è uguale a $4(n-1)$ retti.

961. Trovare il lato di un cubo, data la diagonale.

962. In un prisma triangolare indefinito, a facce uguali sono opposti diedri eguali; e reciprocamente. E a faccia maggiore è opposto diedro maggiore; e reciprocamente.

963. Se la sezione normale di un prisma è un poligono regolare, la somma delle distanze di un punto preso nell'interno del prisma dalle facce laterali e dalle basi del prisma è costante.

964. I centri di gravità de' triangoli, che sono sezioni di un prisma triangolare indefinito, sono in linea retta.

965. La superficie laterale di un tronco di prisma (*) triangolare è equivalente a un rettangolo, che ha per base il perimetro di una sezione normale, e altezza eguale alla distanza dei centri di gravità delle basi del tronco.

966. Un tronco di romboide è equivalente a un romboide, che ha per base una sezione normale, e altezza eguale al quarto della somma de' quattro spigoli laterali.

967. Un tronco di prisma triangolare è equivalente a un prisma, che ha per base una sezione normale, e altezza eguale alla distanza de' centri di gravità delle basi.

(*) Così si chiama la parte di un prisma indefinito compresa tra due piani non paralleli, che si tagliano esternamente al prisma.

CAPITOLO XX

PIRAMIDE

Definizioni e teoremi relativi alla piramide.

695. Preso un poligono, a contorno non intrecciato, e un punto, che non giaccia nel piano del poligono, si conducano per questo punto e per i vertici del poligono dei raggi, e si considerino gli angoli convessi compresi da ciascuna coppia di raggi passanti per due vertici consecutivi (*). Così si ottiene una figura aperta, che si chiama *piramide indefinita* (*angoloide, spazio piramidale*).

Il punto comune ai raggi, i raggi, gli angoli, si dicono ordinatamente il *vertice,* gli *spigoli,* le *facce* della piramide indefinita; il poligono primitivo ed ogni altro formato dalle intersezioni delle facce con un piano, che tagli tutti i lati della piramide, si dicono *sezioni* della piramide.

Per *piramide*, senz'altro, s'intende più frequentemente il solido limitato da una sezione di una piramide indefinita e dalla parte della superficie di questa, che è da quella banda della sezione dove si trova il vertice. La sezione si dice allora *base* della piramide; e si chiama *superficie laterale* l'insieme dei triangoli, che hanno un vertice in comune nel vertice della piramide, e un lato in comune con la base. Per

(*) Si può accennare la costruzione di codesti angoli dicendo di *proiettare i lati del poligono dal punto preso fuori del piano del poligono.*

altezza della piramide s'intende la distanza [581] del vertice dalla base.

Una piramide si dice *triangolare, quadrangolare, ecc.*, secondo il numero delle facce laterali, o, ciò che è lo stesso, secondo il numero dei lati della base.

Una piramide *triangolare*, poichè è un solido contenuto da quattro facce, suol dirsi più spesso *tetraedro*, senz'altro. Un tetraedro è una piramide in cui una qualunque delle facce si può assumere per base.

Quando la base di una piramide è un poligono regolare, e il piede della perpendicolare, calata dal vertice sulla base, cade nel centro della base, la piramide si dice *regolare.*

La parte di uno spazio piramidale, compreso tra due sezioni, i cui piani si seghino esternamente alle sezioni stesse, si dice *tronco di piramide*; e se le sezioni sono parallele, il tronco si dice *a basi parallele.* In questo caso la distanza [652] delle basi si chiama *altezza del tronco.*

696. Teor. *Due sezioni parallele di una piramide indefinita sono poligoni simili.*

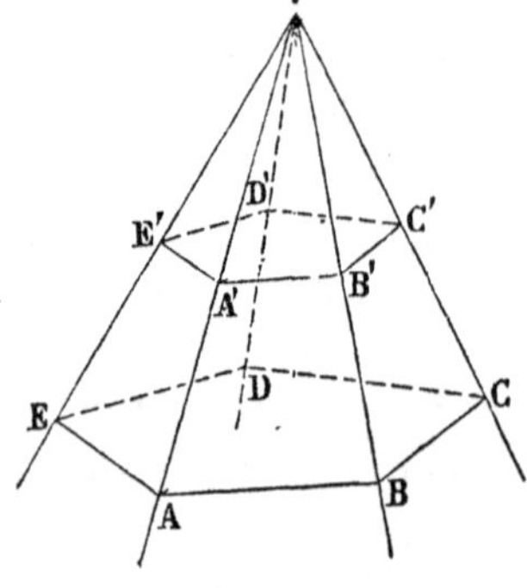

Dim. Sia una piramide indefinita qualunque $VABCDE$; ed $ABCDE$, $A'B'C'D'E'$ siano due sezioni parallele. Dico che esse sono simili.

Intanto, perchè le intersezioni fatte in due piani paralleli da un terzo piano sono [647] parallele, i lati delle due sezioni sono rispettivamente paralleli, epperò gli angoli delle sezioni sono [653] rispettivamente uguali.

Ora, considerando i triangoli VAB, $VA'B'$, abbiamo [450]:

$$AB : A'B' = VB : VB';$$

e dai triangoli VBC, $VB'C'$ si ha:

$$BC : B'C' = VB : VB';$$

perciò [390] anche:

$$AB : A'B' = BC : B'C'.$$

Le sezioni hanno adunque angoli ordinatamente uguali e lati proporzionali, ossia sono simili, c. d. d.

697. Teor. *Se due piramidi hanno eguali altezze e basi equivalenti, due sezioni parallele alle basi, ed equidistanti da queste, sono equivalenti.*

Dim. 1°. Dobbiamo considerare dapprima il caso, in cui le basi delle due piramidi sono due triangoli eguali. Proveremo che allora anche le sezioni, fatte con piani paralleli alle basi ed equidistanti dalle basi, sono eguali.

Siano adunque i due tetraedri $ABCD$, $EFHK$. Siano eguali le basi BCD, FHK, ed eguali le altezze AM, EN. Presi su queste due segmenti eguali MM', NN', per M' e per N' si conducano due piani rispettivamente paralleli alle basi. Dico che le sezioni $B'C'D'$, $F'H'K'$ sono eguali.

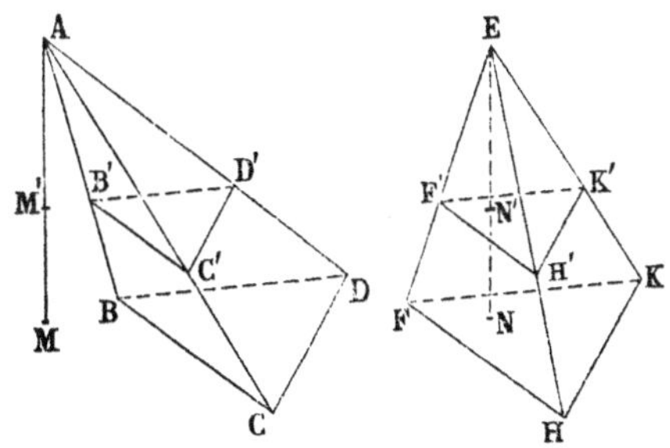

Se per i vertici A ed E imaginiamo condotti i piani paralleli alle basi, e poi consideriamo quei segmenti delle AM, AB da una parte, e delle EN, EF dall'altra, che sono compresi tra i piani paralleli, troviamo [655] che:

$$AB : AB' = AM : AM'$$

ed
$$EF : EF' = EN : EN'.$$

In queste proporzioni i secondi rapporti sono eguali, perchè è $AM \equiv EN$ per dato, ed $AM' \equiv EN'$ per costruzione. Quindi anche:

$$AB : AB' = EF : EF'.$$

D'altra parte, perchè $B'C'$ è [647] parallela a BC, ed $F'H'$ ad FH, abbiamo [450]:

$$AB : AB' = BC : B'C'$$

ed
$$EF : EF' = FH : F'H';$$

quindi anche:

$$BC : B'C' = FH : F'H'.$$

Ma è $BC \equiv FH$, perchè lati corrispondenti nei triangoli eguali BCD, FHK; quindi è anche $B'C' \equiv F'H'$.

Nel modo stesso si proverebbe essere:

$$C'D' \equiv H'K' \quad \text{e} \quad B'D' \equiv F'K'.$$

Epperò i triangoli $B'C'D'$, $F'H'K'$ sono eguali.

2°. Passiamo ora a considerare il caso generale, quello, cioè, in cui le basi delle due piramidi sono equivalenti.

Poichè le basi sono equivalenti, noi possiamo supporle divise in poligoni rispettivamente uguali, epperò anche in triangoli rispettivamente uguali. Per conseguenza le piramidi date si possono imaginare divise in egual numero di tetraedri aventi basi rispettivamente uguali e medesima altezza. E poichè, per quanto abbiamo provato precedentemente, le sezioni, fatte in ciascuna delle coppie dei tetraedri da piani equidistanti dalle basi, sono eguali tra loro, le sezioni, fatte nelle piramidi da piani equidistanti dalle basi sono composte di triangoli rispettivamente uguali, epperò sono equivalenti. Adunque, *ecc.*

698. Teor. *La superficie laterale di una piramide regolare è equivalente ad un triangolo, che ha base uguale al perimetro della base della piramide, e altezza eguale all'apotema.*

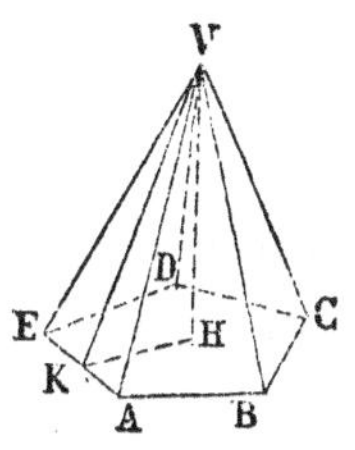

Dim. Sia $VABCDE$ una piramide regolare. La perpendicolare VH, calata dal vertice sul piano della base, ha quindi il piede H nel centro del poligono. E perchè le oblique, che hanno proiezioni eguali, sono eguali [584], in una piramide regolare i segmenti, che uniscono il vertice della piramide coi punti di mezzo dei lati della base, sono eguali.

E perchè i segmenti, che uniscono il centro della base coi punti di mezzo de' suoi lati, sono perpendicolari a questi lati, i segmenti, che uniscono il vertice della piramide regolare coi punti di mezzo dei lati della base, sono anch'essi perpendicolari a questi lati [573]. Il vertice di una piramide regolare ha dunque uguale distanza dai lati della base; codesta distanza si dice *apotema della piramide.* Ora proveremo che la superficie laterale della piramide è equivalente ad un triangolo, che ha base uguale al perimetro della base e altezza eguale all'apotema.

A tal fine imaginiamo di portare sopra una stessa retta e consecutivamente tanti segmenti eguali ai lati della base, quanti sono questi lati, e di unir poi le estremità di tutti i segmenti con un punto, che abbia dalla retta distanza eguale all'apotema della piramide. I triangoli, così formati, sono equivalenti alle facce della piramide, come quelli che hanno basi ed altezze rispettivamente uguali alle basi e alle altezze delle facce. Epperò [317] anche il triangolo, che è somma dei triangoli parziali, è equivalente alla superficie laterale della piramide. Così si è dimostrato che *ecc.*

699. Oss. È chiaro che la precedente proposizione vale anche per la superficie laterale di una piramide, che abbia per base un poligono qualunque circoscritto ad un cerchio, e il vertice in un punto della perpendicolare tirata al piano della base per il centro del cerchio. Infatti anche in questo caso le perpendicolari, calate dal vertice della piramide sui lati della base, sono eguali tra loro [209, 573, 136]. Anche in questo caso la distanza del vertice della piramide dai lati della base si dice *apotema* della piramide.

Equivalenza tra piramidi e prismi.

700. Def. *Due solidi, che siano compresi tra due classi contigue, si dicono* equivalenti.

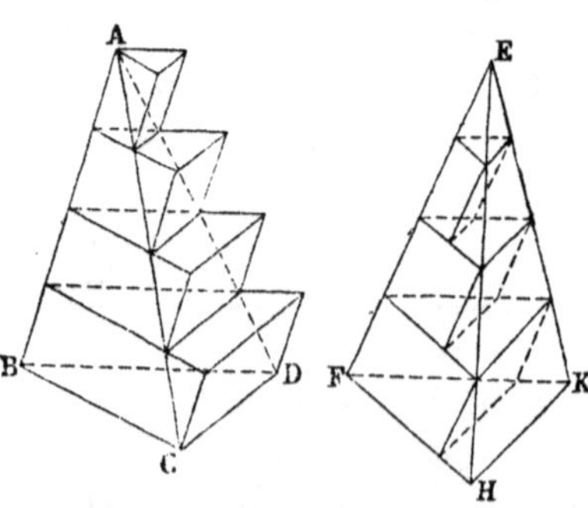

701. Teor. *Due tetraedri, che abbiano basi equivalenti ed altezze uguali, sono equivalenti.*

Dim. Nei tetraedri $ABCD$, $EFHK$ le facce BCD, FHK siano equivalenti; e le altezze relative a codeste facce siano eguali. Dico che i tetraedri sono equivalenti.

Si dividano le due altezze in un numero qualunque di parti eguali, e per i punti di divisione si tirino dei piani rispettivamente paralleli alle basi. Le sezioni, che questi fanno nei due tetraedri, sono rispettivamente equivalenti [697]. Ed ora sulle basi de' tetraedri e su ciascuna delle sezioni si costruiscano dei prismi, in modo che ciascuno abbia per uno spigolo laterale una qualsivoglia di quelle parti di spigoli de' tetraedri, che sono comprese tra la sezione che si considera e la prossima superiore. I prismi così ottenuti si diranno *circoscritti*. È manifesto che i due tetraedri sono rispettivamente minori [678] dei due solidi composti con i prismi circoscritti.

Se poi confrontiamo uno qualsivoglia dei prismi, che sono in una figura, col corrispondente nell'altra, riconosciamo che sono [687] equivalenti, come quelli che hanno basi equivalenti e medesima altezza. Per conseguenza la somma de' prismi, che sono da una banda, è [673] equivalente alla somma de' prismi che sono dall'altra; epperò, se dinotiamo con Σ l'una o l'altra delle due somme, possiamo dire che ambidue i tetraedri sono minori di uno stesso solido Σ.

Ora, prendendo ciascuna delle sezioni per base (superiore) e per ispigolo laterale una qualsivoglia di quelle parti di spigoli de' tetraedri, che sono comprese tra il piano della sezione che si considera e quello della sezione prossima inferiore, si costruiscano dei prismi (*). I prismi, così ottenuti, si diranno *iscritti*. È manifesto che i tetraedri sono rispettivamente

(*) Nel nostro disegno, per maggiore chiarezza, sono rappresentati soltanto i prismi circoscritti al tetraedro $ABCD$,

maggiori [678] dei due solidi composti con i prismi iscritti.

E perchè ancora tutti i prismi, che sono da una banda, sono [687] equivalenti rispettivamente a quelli che sono dall'altra, anche la somma dei primi è equivalente alla somma dei secondi [673]; epperò, se indichiamo con Σ' l'una o l'altra delle due somme, possiamo dire che i tetraedri dati sono maggiori ambidue di uno stesso solido Σ'.

Se poi consideriamo i prismi circoscritti e i prismi iscritti, che si trovano in uno stesso tetraedro, vediamo che ciascuno dei primi è equivalente a quello dei secondi che gli è immediatamente sottoposto [687]; e che pertanto la differenza tra la somma Σ e la somma Σ' è per l'appunto il maggiore dei prismi circoscritti; quello una cui base è la base stessa del tetraedro.

Ed ora imaginiamo di andar indefinitamente crescendo il numero n, e di formare due classi: una con le somme di prismi circoscritti e l'altra con le somme di prismi iscritti, corrispondenti ai singoli valori di n. Dico che codeste due classi sono contigue.

Intanto, ogni somma di prismi circoscritti è maggiore di qualunque somma di prismi iscritti [678].

E si possono poi trovare due elementi, uno della classe maggiore ed uno della classe minore, la cui differenza sia minore di qualunque solido ω dato. Infatti, quando n sia grande abbastanza, la differenza

e soltanto gli iscritti nell'altro tetraedro. Avvertiamo non essere necessario che, ad. es., i prismi circoscritti alle parti del tetraedro $ABCD$ abbiano tutti tra i loro spigoli laterali una parte di uno stesso spigolo del tetraedro. Altrettanto dicasi de' prismi iscritti.

tra le corrispondenti due somme di prismi, cioè il corrispondente prisma avente per base una delle basi dei tetraedri dati, avendo altezza abbastanza piccola, è minore del dato solido ω. [693].

Poichè ambidue i tetraedri sono compresi tra le due classi contigue, essi sono equivalenti [700].

702. *Due piramidi, che abbiano basi equivalenti ed altezze uguali, sono equivalenti.*

Dim. Infatti, le basi delle due piramidi, poichè sono equivalenti, si possono dividere in poligoni rispettivamente uguali, e quindi anche in triangoli rispettivamente uguali. Per conseguenza le piramidi date si possono dividere in egual numero di tetraedri aventi basi rispettivamente uguali e altezze uguali. Ma poichè così fatti tetraedri sono rispettivamente equivalenti [701], anche le due piramidi date sono equivalenti.

703. Teor. *Una piramide è la terza parte di un prisma, se questo ha base equivalente a quella della piramide e medesima altezza.*

Dim. 1°. Consideriamo dapprima un tetraedro $ABCD$; e sia ABC la faccia che si prende per base.

Si conducano per A e per C due rette AF, CE parallele a BD, e poi per D un piano parallelo a quello del triangolo ABC. Si ottiene così il prisma $ABCFDE$, che ha la stessa base e la stessa altezza del tetraedro dato.

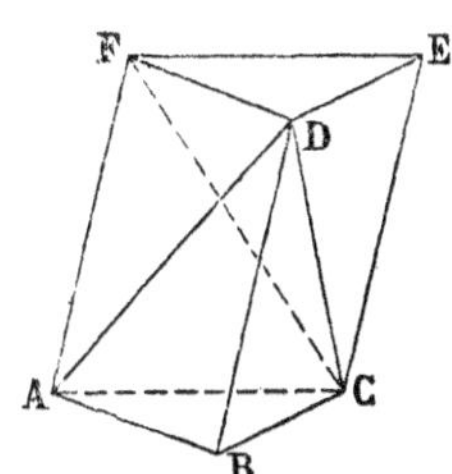

Il piano ACD divide il prisma nel tetraedro $ABCD$ e nella piramide che ha per base il quadrangolo $ACEF$ e il vertice in D; e questa piramide, se si conduce il piano FDC, resta divisa ne' due tetraedri $DACF$ e $DCEF$.

Ora i due tetraedri $DACF$, $DCEF$ sono [701] equivalenti, perchè hanno eguali le basi ACF, CEF ed eguale altezza.

Anche i tetraedri $ABCD$, $DCEF$ sono equivalenti [701]; infatti hanno eguali le basi ABC, DEF, come basi di un prisma, ed hanno eguali altezze, perchè essi sono compresi tra i medesimi piani paralleli ABC, DEF. [652].

Pertanto il tetraedro $ABCD$ è la terza parte del prisma $ABCFDE$, col quale ha base ed altezza comune. [702].

2°. Passiamo a considerare una piramide poligonale qualunque.

Prendiamo un prisma, che abbia la base equivalente alla base della piramide e altezza eguale a quella della piramide.

Dividendo le basi equivalenti della piramide e del prisma in uno stesso numero di triangoli rispettivamente uguali, poi la piramide si può dividere in tetraedri ed il prisma in prismi triangolari. Ciascun tetraedro essendo un terzo del prisma parziale corrispondente, anche la piramide è un terzo del prisma totale [376].

Così si è dimostrato che *ecc.*

704. Teor. *Un tronco di piramide a basi parallele è equivalente alla somma di tre piramidi, le quali hanno la stessa altezza del tronco, e per basi rispettive le due basi del tronco e la media proporzionale tra esse.*

Dim. 1°. Consideriamo dapprima un tronco di piramide triangolare; e sia il tronco $ABCDEF$.

Intanto, se tiriamo il piano BDF, tagliamo via dal tronco il tetraedro $BDEF$, che ha la base DEF in comune col tronco dato, e medesima altezza di questo. Ci rimane poi la piramide col vertice in B, e la cui base è il quadrangolo $ADFC$. Questa piramide, tagliata col piano BAF, ci dà il tetraedro $ABCF$, il quale, ove si prenda per base il triangolo ABC, ha anch'esso la stessa altezza del tronco. Prescindendo dai due tetraedri considerati, rimane il tetraedro $BADF$, il quale è [701] equivalente al tetraedro $HADF$, che ha col primo la base ADF in comune, ed ha il vertice nel punto H, dove la parallela ad AD, condotta per B, incontra DE. (Si sa infatti che una retta, condotta parallelamente ad una retta di un piano, è [632] parallela al piano, e che [636] i punti di una retta parallela ad un piano hanno dal piano eguali distanze). Se ora nel tetraedro $HADF$ prendiamo per base il triangolo DHF, troviamo che ha altezza comune col tronco dato; e però solo ci resta da provare che il triangolo DHF è medio proporzionale tra le basi del tronco, medio adunque fra il triangolo DEF ed il triangolo DHK, ottenuto tirando HK parallelamente ad EF, e che è uguale manifestamente al triangolo ABC.

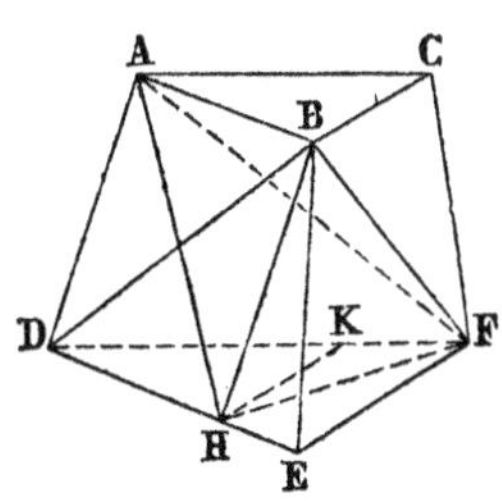

Intanto, se confrontiamo i triangoli DEF, DHF, troviamo che, rispetto ai lati DE, DH, hanno altezza comune. Quindi [384]:

$$DHF : DEF = DH : DE.$$

Medesimamente, poichè i triangoli DHK, DHF, rispetto ai lati DK, DF, hanno comune l'altezza, abbiamo:

$$DHK : DHF = DK : DF.$$

Ma per il teorema di TALETE, egli è:

$$DK : DF = DH : DE;$$

quindi [390] anche:

$$DHK : DHF = DHF : DEF.$$

Ossia, perchè è $DHK \equiv ABC$, egli è appunto:

$$ABC : DHF = DHF : DEF.$$

2°. Ora proveremo che il teorema sussiste anche nel caso, in cui le basi del tronco siano poligoni di quanti si vogliano lati.

Siano $ABCDEF$, $A'B'C'D'E'F'$ le basi di un tronco di piramide a basi parallele (*), le quali sono perciò [696] due poligoni simili.

Tirate da due vertici omologhi tutte le diagonali, si considerino i piani, che passano (**) per ciascuna coppia di diagonali omologhe. Così il tronco dato resta diviso in tronchi a basi parallele e triangolari; e ciascuno di questi, come si è dimostrato pur ora, è equivalente alla somma di tre tetraedri, che hanno *ecc.*

Ora è manifesto che la somma dei tetraedri, che hanno per basi i triangoli ABC, ACD, ADE, AEF, è equivalente [701] ad una piramide, che ha per base la base $ABCDEF$ del tronco dato, e la stessa altezza di questo. Così la somma dei tetraedri, che hanno per basi i triangoli $A'B'C'$, $A'C'D'$, $A'D'E'$,

(*) Per maggior chiarezza si son disegnate soltanto le basi del tronco.

(**) Due diagonali omologhe sono in uno stesso piano, perchè le estremità sono situate su due rette (su due lati della piramide, a cui appartiene il tronco) che si incontrano.

$A'E'F'$, è equivalente ad una piramide, che ha per base la base $A'B'C'D'E'F'$ del tronco dato, e la stessa altezza di questo. Così ci restano da considerare i tetraedri, che hanno per basi le medie proporzionali, e provare che la somma di queste è media proporzionale tra le basi del tronco dato.

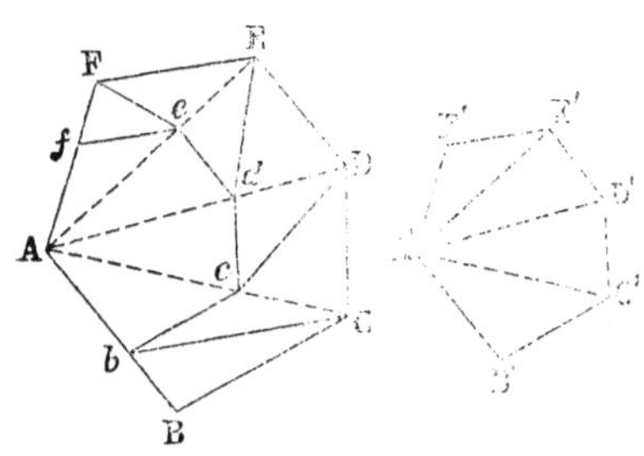

A tal fine, preso su AB un segmento $Ab \equiv A'B'$, si conduca bc parallelamente a BC, fino ad incontrare in c la diagonale AC; poi per c la cd parallela a CD, fino ad incontrare in d la diagonale AD; e così via. Facilmente si proverebbe [461] che i triangoli Abc, Acd, Ade, Aef sono eguali rispettivamente ai triangoli $A'B'C'$, $A'C'D'$, $A'D'E'$, $A'E'F'$. Epperò i triangoli AbC, AcD, AdE, AeF sono appunto le medie proporzionali rispettive tra le basi di ciascuno dei tronchi parziali che abbiamo considerato. Or dunque bisogna provare che la somma dei triangoli AbC, AcD, AdE, AeF (somma che indicheremo con σ) è media proporzionale tra i due poligoni $ABCDEF$, $A'B'C'D'E'F'$ (che indicheremo rispettivamente con P e P'). Perciò osserviamo che [384]:

$$Abc : AbC = Ac : AC,$$

ed

$$Acd : AcD = Ad : AD.$$

Ma [417]:

$$Ac : AC = Ad : AD;$$

quindi anche:

$$Abc : AbC = Acd : AcD.$$

Nel modo stesso si proverebbe che:

$$Acd : AcD = Ade : AdE,$$

e che $$Ade : AdE = Aef : AeF.$$

Ma se alquanti rapporti tra grandezze omogenee sono eguali, la somma degli antecedenti sta a quella dei conseguenti, come uno degli antecedenti sta al suo conseguente; quindi:

$$P' : \sigma = Abc : AbC.$$

Nella stessa maniera si può dimostrare che:

$$\sigma : P = AbC : ABC.$$

Ma $$Abc : AbC = AbC : ABC;$$

quindi infine anche:

$$P' : \sigma = \sigma : P.$$

Così si è dimostrato che *ecc.*

705. Probl. *Trasformare un tetraedro in uno equivalente, che abbia un'altezza eguale ad un segmento dato.*

Risol. Sia $ABCD$ il tetraedro dato ed ε il segmento dato. Imaginiamo condotto un piano α parallelo al piano BCD e talmente che abbia da codesto piano distanza uguale al segmento ε; e sia EF la retta in cui esso sega il piano ABD. Si costruisca [337] il triangolo HBK equivalente al triangolo ABD. Il tetraedro $HBCK$ è il domandato.

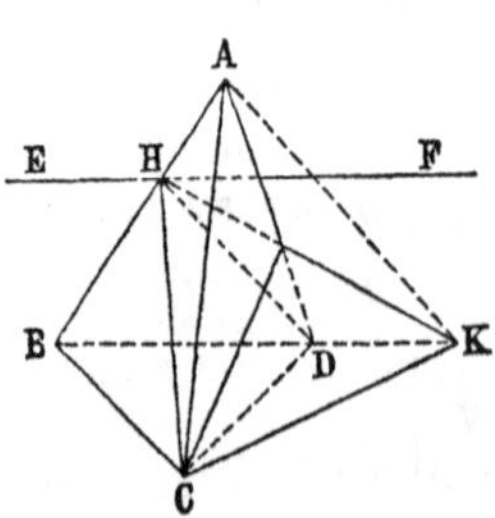

Dim. Intanto la perpendicolare calata da H sulla

base BCK è uguale al segmento ε [652]. Poi i due tetraedri $ABCD$ ed $HBCK$, avendo le basi ABD, HBK equivalenti e comune la relativa altezza, sono equivalenti. [701].

706. Teor. *Se una piramide di data altezza ha la base piccola abbastanza, essa è minore di un solido dato qualunque.*

Dim. Chiamiamo H l'altezza della piramide data ed ε il solido dato. Presa di questo una parte ω che sia un tetraedro, si trasformi [705] codesta parte in un tetraedro ω', che abbia un' altezza uguale ad H. Chiamiamo B la base relativa. Ora, se una piramide ha altezza eguale ad H e base minore [344] del triangolo B, essendo la detta base equivalente ad una parte del triangolo B, la piramide è equivalente [702] ad una parte del tetraedro ω', epperò è minore del solido ε, come d. d.

707. Probl. *Costruire la somma di quante si vogliano piramidi date.*

Risol. Si decompongano le piramidi in tetraedri T, e poi si trasformino questi tetraedri [705] in altri T', i quali abbiano tutti un' altezza uguale ad un segmento arbitrario H. Infine si costruisca una piramide P, che abbia la base equivalente alla somma delle basi dei tetraedri T', ed altezza H. Codesta piramide è il solido domandato.

Dim. Infatti, poichè la piramide P ha base equivalente alla somma di quelle dei tetraedri T', la sua base e le basi dei tetraedri T' si possono decomporre in parti rispettivamente eguali, e quindi anche la piramide P e i tetraedri T' si possono decomporre in tetraedri rispettivamente equivalenti. Quindi *ecc.*

708. Probl. *Sommare dei poliedri dati.*

Risol. Si decompongano i poliedri in piramidi, e si sommino poi le piramidi.

709. Probl. *Riconoscere se due poliedri sono equivalenti.*

Risol. Si trasformino i due poliedri in due tetraedri d'uguale altezza. Se le basi dei tetraedri sono equivalenti, sono equivalenti [701] i tetraedri e quindi anche i poliedri. Nel caso contrario un poliedro è equivalente ad una parte dell'altro.

Esercizî.

969. In ogni tetraedro i segmenti, che uniscono i punti di mezzo di due spigoli opposti, si dimezzano reciprocamente.

970. In un tetraedro, a facce uguali corrispondono altezze uguali.

971. Date tre rette parallele, si prenda un punto sulla prima, un punto sulla seconda, ed un segmento eguale a un dato sulla terza. Il tetraedro, che ha per vertici i due primi punti e le estremità del segmento, è costante.

972. I centri di gravità de' triangoli, che sono sezioni di uno stesso angoloide triedro, sono in linea retta.

973. I segmenti, che uniscono i vertici di un tetraedro con i centri di gravità delle facce opposte, passano per uno stesso punto. Da questo punto ciascun segmento resta diviso così che una parte è tripla dell'altra.

974. Gli assi dei cerchi circoscritti alle facce di un tetraedro passano per uno stesso punto.

975. Se un piano è parallelo a due lati opposti di un tetraedro, e taglia il tetraedro, la sezione è un rombo.

976. In ogni tetraedro regolare il quadrato della distanza dei punti di mezzo di due spigoli opposti è equivalente alla metà del quadrato di uno spigolo del tetraedro.

977. La somma dei diedri di un tetraedro è compresa tra quattro retti e sei retti.

978. In qualunque tetraedro la somma dei quadrati de' sei spigoli è quadrupla della somma dei quadrati de' segmenti che uniscono i punti di mezzo degli spigoli opposti.

979. Qualunque piano, tirato per i punti di mezzo di due lati opposti di un tetraedro, divide il tetraedro in due parti equivalenti.

980. In ogni tetraedro il piano, che dimezza un diedro, taglia lo spigolo opposto in parti, che stanno tra loro, come le facce che comprendono il diedro dimezzato.

981. Se si unisce il punto d'incontro delle diagonali di un romboide coi vertici dello stesso, si taglia il romboide in sei piramidi quadrangolari equivalenti.

982. Un tronco di prisma triangolare è equivalente alla somma di tre piramidi, che hanno per base una delle basi del prisma, e i vertici, opposti alla base comune, ne' vertici dell'altra base del tronco.

983. Un tronco di romboide è equivalente alla somma di quattro piramidi, che hanno per base comune una base del tronco, e i vertici ne' vertici dell'altra base.

984. Un tetraedro è equivalente a un sesto del romboide, le cui facce opposte passano per due spigoli opposti del tetraedro.

985. Un cubo è sestuplo dell'ottaedro che ha i vertici ne' centri delle facce del cubo.

986. Se quattro tetraedri hanno uno spigolo comune, e rispettivamente per ispigoli opposti quei tre spigoli e la diagonale di un romboide che partono da uno stesso vertice, il quarto tetraedro è equivalente alla somma degli altri tre.

987. In piramidi di eguale altezza, sezioni equidistanti dalle basi stanno tra loro come le basi.

988. Due piramidi d'eguale altezza stanno come le basi.

989. La somma delle distanze di un punto interno qualunque dalle facce di un poliedro convesso, che abbia le facce uguali, è costante.

990. Dividere un tetraedro in due parti equivalenti mediante un piano condotto per un punto dato sopra uno spigolo.

CAPITOLO XXI
POLIEDRI SIMILI

710. Def. *Si dicono* simili *due poliedri, se hanno le facce rispettivamente simili e similmente disposte, e gli angoloidi eguali, ciascuno a ciascuno* (*).

Nei poliedri simili due facce simili e che si corrispondano si dicono *omologhe.* Si dicono omologhi i vertici omologhi di facce omologhe; omologhi gli spigoli che congiungono vertici omologhi; omologhi i diedri compresi da facce omologhe; omologhi gli angoloidi che hanno i vertici in vertici omologhi.

Gli angoloidi omologhi sono dunque uguali per definizione. L'eguaglianza degli angoloidi omologhi ha per conseguenza quella dei diedri omologhi.

711. Teor. *Se si taglia una piramide con un piano parallelo alla base, si ottiene una piramide simile alla data.*

Dim. Sia $VABCDE$ la piramide, nella quale un piano parallelo alla base ha fatto la sezione $A'B'C'D'E'$. Si vuol provare che la piramide $VA'B'C'D'E'$ è simile alla data.

Intanto le basi sono simili, perchè [696] sezioni parallele di uno stesso angoloide. E le facce triangolari

(*) Due romboidi ortogonali, che abbiano per basi due quadrati eguali, e in cui l'altezza dell'uno sia doppia del lato del quadrato, e l'altezza del secondo sia la metà del lato stesso, sono solidi che hanno gli angoloidi eguali ciascuno a ciascuno, e le facce ordinatamente simili, ma non similmente disposte. E i due romboidi non sono simili. Questo esempio mostra che la condizione che le facce siano similmente disposte non è compresa nelle precedenti.

$VA'B'$, $VB'C'$,.... sono [450] simili ordinatamente alle facce VAB, VBC,... perchè le rette $A'B'$, $B'C'$,... sono [647] rispettivamente parallele alle rette AB, BC,... Le due piramidi hanno dunque facce rispettivamente simili e similmente disposte.

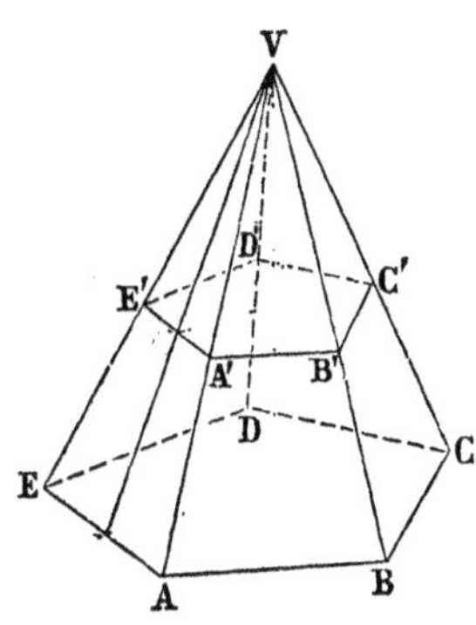

Gli angoloidi poi sono ordinatamente uguali, giacchè quello poliedro in V è comune, e gli angoloidi alle basi sono [624] rispettivamente uguali, perchè sono triedri contenuti da facce ordinatamente uguali e similmente disposte. Così si è provato che, *se ecc.*

712. Teor. *Due tetraedri sono simili, se hanno un diedro eguale compreso da facce rispettivamente simili e similmente disposte.*

Dim. Nei due tetraedri $ABCD$, $EFHK$ sia il diedro $CABD$ eguale al diedro $HEFK$, e le facce ABC, ABD siano rispettivamente simili alle faccc EFH, EFK, e similmente disposte. Si vuol provare che i due tetraedri sono simili.

A tale intento si faccia $AF' \equiv EF$, $AH' \equiv EH$, $AK' \equiv EK$, e si tirino $F'H'$, $H'K'$ e $K'F'$.

Ora, essendo $C(A)B \equiv H(E)F$ per la simiglianza delle facce ABC, EFH, e $D(A)B \equiv K(E)F$ per quella delle facce ABD, EFK, i triangoli $AF'H'$, $AF'K'$ sono [149] rispettivamente uguali ai due EFH, EFK. Per conseguenza è $A(F')H' \equiv E(F)H$, ed $A(F')K' \equiv E(F)K$. Ma è $E(F)H \equiv A(B)C$ ed

$E(F)K \equiv A(B)D$; quindi è $A(F')H' \equiv A(B)C$ ed $A(F')K' \equiv A(B)D$; e però le rette $F'H'$, $F'K'$ sono [243] rispettivamente parallele alle rette BC, BD, e il piano $F'H'K'$ è [653] parallelo al piano BCD. Da quest'ultima conchiusione tiriamo l'altra [711] che il tetraedro $AF'H'K'$ è simile al tetraedro $ABCD$; e però, se possiamo provare che il primo è uguale al tetraedro $EFHK$, il teorema è dimostrato.

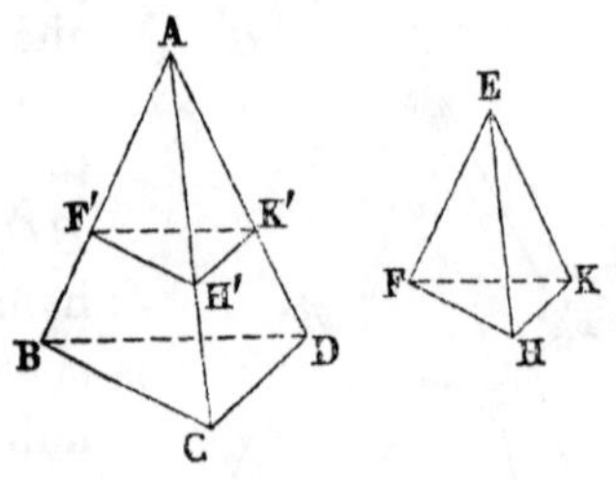

Imaginiamo adunque di trasportare il tetraedro $EFHK$ sul tetraedro $AF'H'K'$ in modo che le facce $AF'K'$, EFK, che si son dimostrate uguali, divengano coincidenti. Allora, perchè sono eguali i diedri $HEFK$, $CABD$, il piano della faccia EFH si adagia su quello della faccia $AF'H'$. Ma i triangoli EFH, $AF'H'$ sono eguali e similmente disposti; anch'essi divengono adunque coincidenti, ed H cade in H'. Il tetraedro $EFHK$ è dunque uguale al tetraedro $AF'H'K'$, e quindi simile al tetraedro $ABCD$, c. d. d.

713. Teor. *Due poliedri, composti d'egual numero di tetraedri ordinatamente simili e similmente disposti, sono simili.*

Dim. Sia un poliedro P, composto dei tetraedri

$$OABC, \quad OAED, \quad OABE, \ldots$$

ordinatamente simili e similmente disposti ai tetraedri

$$O'A'B'C', \quad O'A'E'D', \quad O'A'B'E', \ldots,$$

che compongono un altro poliedro P' (*). Si deve provare che i due poliedri P e P' sono simili.

1°. Per fermare le idee, consideriamo in uno dei poliedri, ad es. nel poliedro P, la faccia $ABED$, che è composta dalle due facce ADE, ABE de' tetraedri dati. Poichè queste due facce sono per diritto l'una all'altra, la somma di quei diedri de' solidi dati,

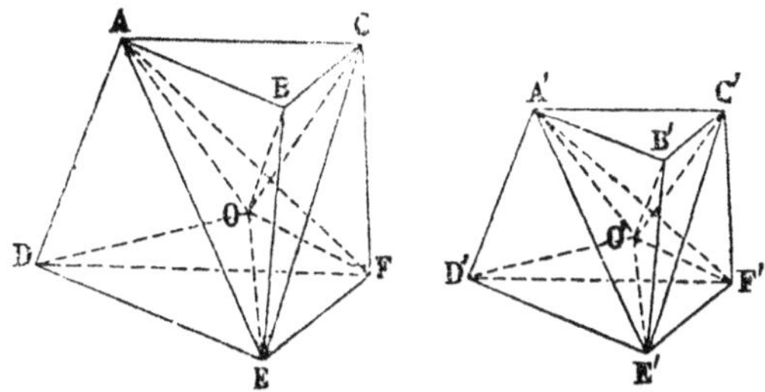

che hanno lo spigolo AE in comune, è uguale a un diedro piatto. Ora, perchè a diedri, che sono in una figura, corrispondono nell'altra diedri rispettivamente uguali e similmente disposti, nel poliedro P' la somma dei diedri, corrispondenti a quelli che nel poliedro P hanno lo spigolo AE in comune, è essa pure uguale a un diedro piatto, e però le facce corrispondenti alle due ABE, ADE sono esse pure per diritto l'una all'altra. L'argomentazione precedente ci permette di conchiudere che, quando due facce o più de' tetraedri proposti concorrono da una banda a formare una delle facce di uno de' poliedri, le facce corrispondenti dall'altra banda concorrono anch' esse a formare una delle facce dell'altro poliedro. E però a ciascuna fac-

(*) È sottintesa la condizione che due tetraedri contigui abbiano una faccia in comune. Se questa condizione non è sodisfatta, i poliedri, in generale, non sono simili.

cia di uno de' poliedri, composta da parecchie di quelle dei solidi dati, corrisponde nell'altro poliedro una faccia composta da altrettanti triangoli ordinatamente simili ai primi e similmente disposti; pertanto le due facce dei due poliedri sono simili tra loro.

E quando una delle facce de' tetraedri dati, come nel caso nostro è la faccia ABC, costituisca da sè sola una delle facce di uno dei poliedri, nell'altro poliedro il triangolo corrispondente al primo rappresenta da sè solo la faccia corrispondente.

Così intanto resta provato che le facce dei due poliedri P e P' sono ordinatamente simili e similmente disposte.

2°. Ci resta da provare che gli angoloidi dei due poliedri sono eguali, ciascuno a ciascuno. Perciò osserveremo dapprima che, essendo già provato che le facce dei due poliedri sono rispettivamente simili e similmente disposte, è pur provato che gli angoloidi sono formati da angoli rispettivamente uguali e similmente disposti. Allora, poichè i diedri, compresi dagli angoli eguali, sono eguali, o come diedri omologhi di tetraedri simili, o come somme di diedri ordinatamente uguali, conchiudiamo che anche gli angoloidi sono eguali, ciascuno a ciascuno. Così si è provato che *ecc.* (*).

714. Teor. *Due poliedri simili si possono decomporre in tetraedri rispettivamente simili e similmente disposti.*

Dim. Siano $ABCDEF$, $A'B'C'D'E'F'$ due po-

(*) Codesta dimostrazione e quella del § 711 provano che ci sono poliedri con le proprietà espresse dalla definizione del § 710.

liedri simili P e P'. E siano A, B, C,... i vertici rispettivamente omologhi dei vertici A', B', C',...

Intanto, poichè due poligoni simili si possono [461] decomporre mediante diagonali in triangoli simili, ciascuno a ciascuno, le superficie dei due poliedri si possono riguardare come formate di triangoli rispettivamente simili, aventi i vertici nei vertici de' poliedri.

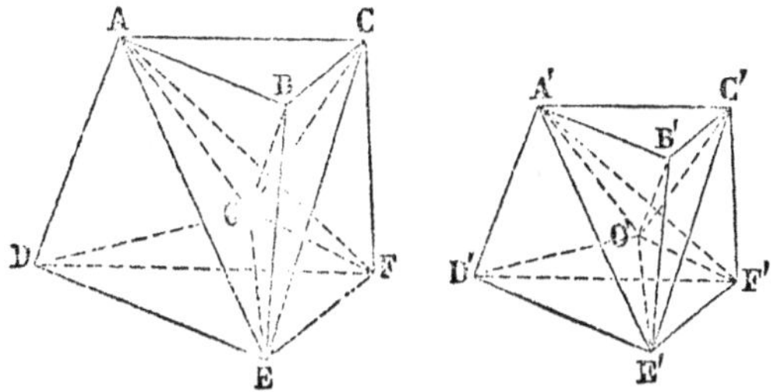

Ed ora si unisca un punto O, preso nell'interno del poliedro P, con tutti i vertici del poliedro, e si considerino i piani dei triangoli OAB, OBC,... ecc. Il poliedro vien decomposto così nei tetraedri $OABC$, $OABE$, $OADE$... ecc.

Consideriamo ora uno dei triangoli che compongono la superficie de poliedro P, ad es. il triangolo ADE, ed il triangolo corrispondente $A'D'E'$; e proponiamoci di costruire su questo un tetraedro simile al tetraedro $OADE$, che è costruito sul primo, e similmente posto. Perciò basterà condurre per uno dei lati del triangolo $A'D'E'$, ad es. per $D'E'$, un piano in modo che il diedro, che esso comprende con $A'D'E'$, sia eguale e similmente posto al diedro $OEDA$, e costruire poi su questo piano un triangolo $D'E'O'$ simile al triangolo DEO, e similmente posto. Chè allora i due tetraedri $OADE$, $O'A'D'E'$, avendo un diedro eguale, e simili e similmente poste le facce che lo comprendono, sono [712] simili tra loro.

Se ora si unisce il punto O' con tutti gli altri vertici del poliedro P', questo resta diviso dai piani de' triangoli risultanti in tetraedri simili a quelli nei quali si è diviso il poliedro P, e similmente disposti.

Infatti, per la simiglianza dei due tetraedri $OADE$, $O'A'D'E'$, sono eguali i diedri $OADE$, $O'A'D'E'$; epperò, essendo eguali per dato i diedri $FADE$, $F'A'D'E'$, sono eguali anche i rimanenti diedri $OADF$, $O'A'D'F'$. Quindi, se confrontiamo i tetraedri $OADF$, $O'A'D'F'$, troviamo che, oltre di un diedro eguale, hanno simili e similmente disposte le facce che comprendono il diedro stesso. Infatti il triangolo OAD è simile ad $O'A'D'$ per la simiglianza dei tetraedri $OADE$, $O'A'D'E'$; e sono simili, per la simiglianza dei poliedri e per la osservazione preliminare, i triangoli ADF, $A'D'F'$.

Ormai è palese come, provata la simiglianza di due tetraedri, si possa dimostrare quella di due tetraedri contigui, e che pertanto è dimostrato che *ecc.*

715. Lemma. *Se si taglia un romboide con un piano parallelo ad una faccia, i due romboidi risultanti stanno tra loro, come le parti in cui resta diviso dal piano segante uno qualunque degli spigoli che sono tagliati dal piano stesso.*

Dim. Sia il romboide AH, ed $MNPQ$ sia un piano parallelo alla faccia AK. Dico che il romboide AP sta al romboide MH, come AM ad MB.

Si divida MB in un numero arbitrario n di parti

eguali, e con una di queste si misuri AM. Sia m il quoziente, e la divisione dia un resto. Quindi, per i punti di divisione dei due segmenti AM, MB si conducano de' piani paralleli al piano $MNPQ$. Il romboide MH vien diviso così in n parti, che sono manifestamente uguali; ed in $(m+1)$ parti vien diviso il romboide AP; m di queste sono eguali tra loro e alle parti del romboide MH, ed una (quella corrispondente al resto della divisione) è minore delle altre parti. Da ciò risulta che, misurando il romboide AP con una *n.esima* parte del romboide MH, si trova m per quoziente, appunto come misurando AM con una *n.esima* parte di MB. Se una divisione non dà residuo, non ne dà nemmeno quell'altra. Resta così dimostrato che:

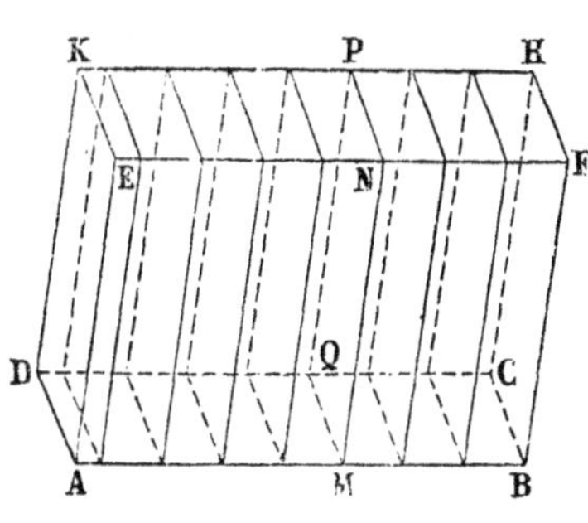

$$AP : MH = AM : MB,$$

e in generale che, *ecc.*

716. Teor. *Due romboidi simili stanno tra loro, come uno spigolo del primo sta al segmento, che è quarto proporzionale continuo rispetto al detto spigolo e all'omologo nel secondo romboide.*

Dim. Siano AM ed EN due romboidi simili; gli spigoli AB, AC siano rispettivamente omologhi degli spigoli EF, EH.

Sia BP terzo proporzionale dopo AB ed EF; e sia BQ terzo proporzionale dopo EF e BP. Il segmento BQ è perciò quarto proporzionale continuo rispetto ad AB ed EF. Dico che il romboide AM sta al romboide EN, come AB sta a BQ.

Si tirino per i punti P e Q due piani paralleli alla faccia CD, e fatto $ET \equiv AD$, si compia il romboide EV. Osserviamo intanto che questo romboide e l'altro AM, rispetto alle basi HF, CB, hanno altezze uguali; che sono eguali, ad es., le perpendicolari calate dai punti D e T sulle basi. Infatti, i due triedri (A) ed (E), come angoloidi omologhi di so-

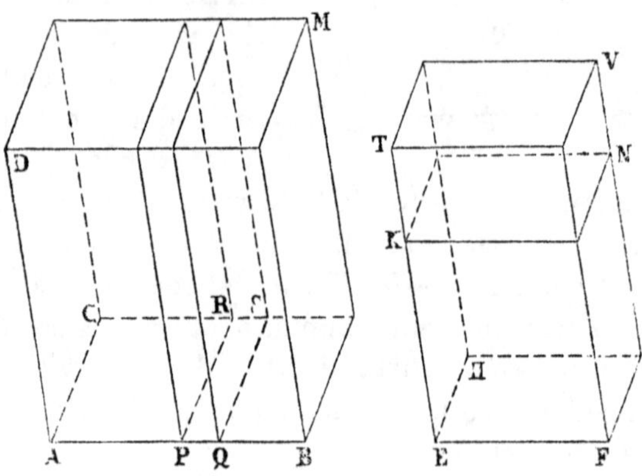

lidi simili, sono eguali, e però, se uno vien trasportato sull'altro, i punti D e T, perchè è $AD \equiv ET$, divengono coincidenti, e tali divengono anche le altezze considerate [572].

Ora, perchè le facce CB, HF sono simili, abbiamo $AB : EF = AC : EH$,

ossia $AB : EF = PR : EH$.

Ma per costruzione:

$$AB : EF = EF : PB;$$

quindi anche:

$$PR : EH = EF : PB.$$

Osserviamo ora che gli angoli RPB, HEF sono eguali. Infatti sono eguali ambidue allo stesso angolo CAB; i due $R(P)B$, $C(A)B$ sono eguali, perchè corrispondenti, fatti dalle parallele PR, AC con la trasversale AB; i due $H(E)F$, $C(A)B$, perchè omologhi ne' rombi simili CB, HF. I due rombi RB, HF hanno adunque un angolo eguale, compreso tra lati inversamente proporzionali; perciò essi sono [428] equivalenti.

I due prismi PM, EV, poichè hanno basi equivalenti ed eguale altezza, sono [687] equivalenti.

Ora, perchè nel romboide EV è condotto il piano KN parallelamente alla faccia HF, abbiamo:

$$KV : EN = TK : KE,$$

dalla quale proporzione, componendo, si ricava:

$$EV : EN = TE : KE,$$

ossia:

$$EV : EN = AD : KE.$$

Ma per la simiglianza de' romboidi dati:

$$AD : KE = AB : EF,$$

e per costruzione:

$$AB : EF = EF : PB,$$

ed $$EF : PB = PB : QB.$$

E perchè nel romboide PM per il punto Q è tirato un piano parallelo alla faccia BM, egli è:

$$PB : QB = PM : QM.$$

Nelle cinque proporzioni ultime si vede che il secondo rapporto di ciascuna precedente è uguale al primo della successiva, perciò anche:

$$EV : EN = PM : QM.$$

Ma si è dimostrato che i due solidi EV e PM sono equivalenti; tali sono per conseguenza [401] anche i due EN e QM. Quindi:

$$AM : EN = AM : QM.$$

Infine, perchè nel romboide AM per il punto Q è condotto un piano parallelo alla faccia BM, [715]:

$$AM : QM = AB : QB;$$

quindi anche:

$$AM : EN = AB : QB, \qquad \text{c. d. d.}$$

717. Cor. *Due romboidi simili stanno tra loro, come i cubi di due loro spigoli omologhi.*

Dim. Siano R ed R' due romboidi simili; AB ed $A'B'$ due loro spigoli omologhi. Dico che i cubi, i quali hanno rispettivamente per ispigoli i due segmenti AB ed $A'B'$, e che indicheremo con le notazioni $(AB)^3$, $(A'B')^3$, stanno tra loro come i romboidi dati.

Se α dinota il segmento, che è quarto proporzionale continuo rispetto ad AB ed $A'B'$, allora, per la simiglianza dei romboidi dati, e perchè due cubi qualisivogliano sono due romboidi simili, abbiamo [716]:

$$R : R' = AB : \alpha$$

ed $$(AB)^3 : (A'B')^3 = AB : \alpha.$$

Per conseguenza:

$$R : R' = (AB)^3 : (A'B')^3, \qquad \text{c. d. d.}$$

718. Teor. *Due tetraedri simili stanno tra loro, come i cubi di due loro spigoli omologhi.*

Dim. Siano due tetraedri simili:

$$ABCD,\ A'B'C'D',$$

e i vertici A, B, C dell'uno siano gli omologhi dei vertici A', B', C' dell'altro. Così CD e $C'D'$ sono due spigoli omologhi. Dico che il primo tetraedro sta al secondo, come il cubo di CD sta al cubo di $C'D'$.

Per B e per D si conducano le rette BE, DE, rispettivamente parallele alle due CD, CB, e si compia poi il romboide CK. Analogamente nell'altra figura.

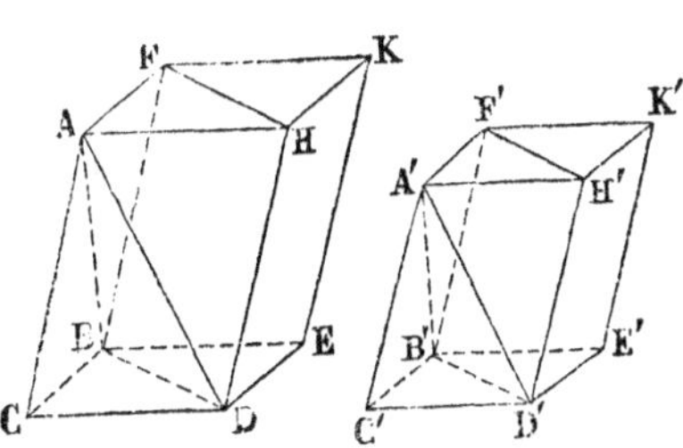

Ora, se confrontiamo i due rombi CE, $C'E'$, troviamo che hanno angoli rispettivamente uguali e lati proporzionali. Infatti è $B(C)D \equiv B'(C')D'$, perchè angoli corrispondenti nelle facce BCD, $B'C'D'$ dei tetraedri dati; e:

$$BC : B'C' = CD : C'D'.$$

E perchè le facce opposte di un romboide sono [663] eguali, anche le facce AK ed $A'K'$ sono simili tra loro.

Nello stesso modo si proverebbe la simiglianza delle facce CH, $C'H'$, e delle due CF, $C'F'$; e però [663] sono simili tra loro anche le due BK, $B'K'$, e tra loro le due DK, $D'K'$.

I due romboidi CK, $C'K'$ sono dunque contenuti da facce rispettivamente simili e similmente disposte. Ne viene la conseguenza che gli angoloidi sono eguali rispettivamente; infatti essi sono triedri, e triedri, contenuti da facce rispettivamente uguali e similmente disposte, sono eguali. Pertanto i due romboidi sono simili, ed essendo CD e $C'D'$ due loro spigoli omologhi, abbiamo [717]:

$$CK : C'K' = (CD)^3 : (C'D')^3.$$

Ora dobbiamo osservare che i due tetraedri dati sono [703] rispettivamente le terze parti dei prismi triangolari $BCDFAH$, $B'C'D'F'A'H'$, costruiti sulle basi stesse de' tetraedri ed egualmente alti che questi. Alla lor volta i due prismi sono [684] rispettivamente metà dei romboidi; e però i tetraedri sono rispettivamente le seste parti dei romboidi. Pertanto [392]: $ABCD : A'B'C'D' = CK : C'K'$.

Da questa proporzione e dalla precedente si conchiude che:

$ABCD : A'B'C'D' = (CD)^3 : (C'D')^3$, c. d. d.

719. Teor. *Le superficie di due poliedri simili stanno come i quadrati di due spigoli omologhi; e i poliedri stanno come i cubi di due spigoli omologhi.*

Dim. Siano P e P' due poliedri simili, S ed S' le loro superficie, L ed L' due spigoli omologhi. Dico che $S : S' = L^2 : L'^2$,

e che $P : P' = L^3 : L'^3$.

1°. Se indichiamo con F_1 ed F_2 due facce contigue nel poliedro P, e con L un loro lato comune, le corrispondenti facce F'_1, F'_2 nell'altro poliedro sono anch'esse contigue ed hanno in comune lo spigolo L'. E perchè due poligoni simili stanno tra loro [463] come i quadrati di due lati omologhi, abbiamo:

$F_1 : F'_1 = L^2 : L'^2$

ed $F_2 : F'_2 = L^2 : L'^2$,

epperò: $F_1 : F'_1 = F_2 : F'_2$.

Le facce di un poliedro sono dunque proporzionali alle facce dell'altro, epperò [391] la somma delle prime, cioè la superficie del primo poliedro, sta alla somma delle seconde, cioè alla superficie dell'altro poliedro, come una delle facce del primo sta alla faccia corrispondente nel secondo. Così, essendo:

$S : S' = F_1 : F'_1$

ed $F_1 : F'_1 = L^2 : L'^2$,

anche: $S : S' = L^2 : L'^2$, c. d. d.

2°. Per conto della seconda parte della proposizione, dobbiamo rammentare che due poliedri simili si possono decomporre in egual numero di tetraedri rispettivamente simili e similmente disposti, ciascuno dei quali ha un vertice in un punto situato nell'interno del poliedro di cui fa parte, e gli altri tre vertici in tre vertici del poliedro stesso. Pertanto, se supponiamo di aver decomposto in questo modo ambidue i poliedri P e P', ed indichiamo con T_1, T_2, T_3,... i tetraedri che compongono il poliedro P, e con T'_1, T'_2, T'_3... i corrispondenti dall'altra parte, e supponiamo che L ed L' siano due lati omologhi dei poliedri e comuni rispettivamente ai tetraedri T_1, T_2, ed ai tetraedri T'_1, T'_2, abbiamo [718]:

$$T_1 : T'_1 = L^3 : L'^3$$

e

$$T_2 : T'_2 = L^3 : L'^3;$$

per conseguenza:

$$T_1 : T'_1 = T_2 : T'_2.$$

Questa proporzione mostra che i tetraedri T sono proporzionali ai tetraedri T'; epperò [391] la somma dei primi, cioè il poliedro P, sta alla somma dei secondi, cioè al poliedro P', come uno degli antecedenti sta al suo conseguente. Così, essendo:

$$P : P' = T_1 : T'_1$$

e

$$T_1 : T'_1 = L^3 : L'^3,$$

conchiudiamo che:

$$P : P' = L^3 : L'^3.$$

E però rimane dimostrato che *ecc.*

CAPITOLO XXII

VOLUMI DEI POLIEDRI

720. Def. *Si dice* volume *di un solido il rapporto del solido a quello che si prende per unità di misura.*

721. Per unità di misura dei solidi si prende il cubo, i cui lati sono eguali all' unità lineare.

722. Lemma. *Due prismi retti, che abbiano basi equivalenti, stanno tra loro come le altezze.*

Dim. Siano due prismi retti CM, HN; le basi $ABCD$, $EFHKL$ siano equivalenti. Dico che il prisma CM sta al prisma HN, come AM, altezza del primo, sta ad LN, che è l'altezza del secondo.

Diviso LN in un numero arbitrario n di parti eguali, con una di queste si misuri AM. Sia m il quoziente, e la divisione dia un resto. Quindi per i punti di divisione de' segmenti LN, AM si conducano de' piani rispettivamente paralleli alle basi dei prismi. Il prisma HN vien diviso così in n parti eguali [657, 681]; ed in $(m + 1)$ parti vien diviso il prisma CM; m di queste sono uguali tra loro ed equivalenti [687] alle parti dell'altro prisma, ed una (quella corrispondente al resto della divisione) è minore delle altre parti. Da

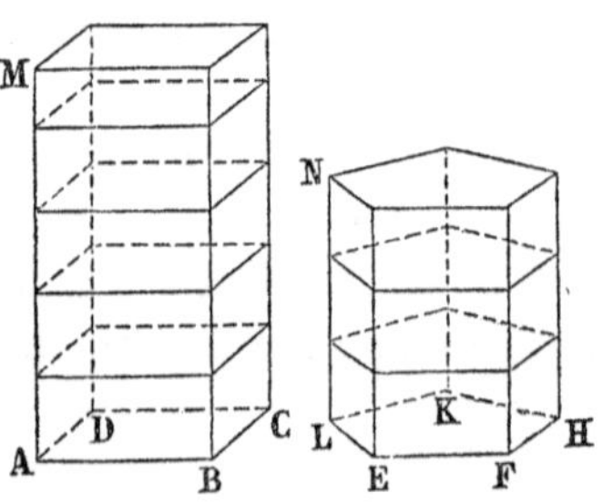

ciò risulta che, misurando il prisma CM con una n-*esima* parte del prisma HN, si trova m per quoziente, appunto come misurando l'altezza del primo prisma con una *n.esima* parte dell'altezza del secondo. Se una divisione non dà resto, non ne dà nemmeno quell'altra. Così si è dimostrato che *ecc.*

723. Teor. *Il rapporto di due romboidi ortogonali è uguale al prodotto dei rapporti che le tre dimensioni del primo hanno rispettivamente alle dimensioni del secondo.*

Dim. Siano due romboidi ortogonali A e B; indichiamo con a, b, c le tre dimensioni del primo, e con a', b', c' quelle del secondo. Proveremo che il rapporto di A a B è uguale al prodotto dei rapporti, che i segmenti a, b, c hanno rispettivamente ai segmenti a', b', c'.

A tal fine si costruisca un romboide ortogonale P, le cui dimensioni siano a', b, c; e un romboide ortogonale Q, le cui dimensioni siano a', b', c.

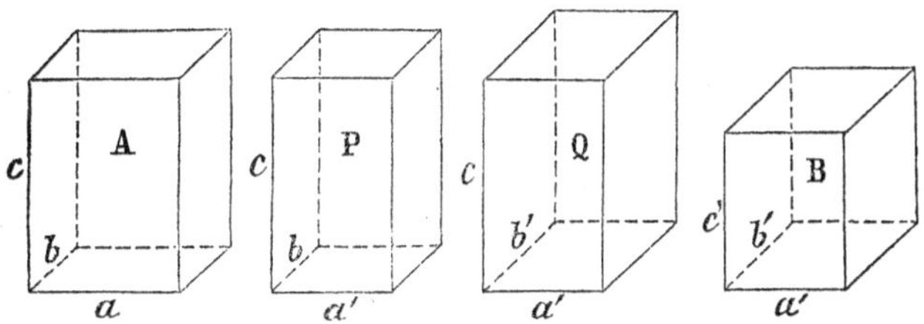

Insegna l'Aritmetica che, ove sia data una serie di grandezze omogenee, il rapporto della prima all'ultima è uguale al prodotto dei rapporti, che si hanno confrontando ciascuna delle grandezze date con quella che la segue. Così, nel caso nostro, considerando i solidi A, P, Q, B, abbiamo che il rapporto di A a B è uguale al prodotto del rapporto di A a P, per il rapporto di P a Q, per il rapporto di Q a B.

Ma il rapporto di A a P è uguale al rapporto di a ad a', perchè [722] rispetto a questi spigoli, presi come altezze, i due romboidi hanno basi eguali. E per la ragione stessa il rapporto del romboide P al romboide Q è uguale al rapporto di b a b', e il rapporto di Q a B è uguale al rapporto di c a c'. Quindi è:

$$\frac{A}{B} = \frac{A}{P} \cdot \frac{P}{Q} \cdot \frac{Q}{B}$$

$$\text{»} = \frac{a}{a'} \cdot \frac{b}{b'} \cdot \frac{c}{c'}, \qquad \text{c. d. d.}$$

724. Cor. *Il volume di un romboide ortogonale è uguale al prodotto delle sue tre dimensioni.*

Infatti, poichè per volume di un solido s'intende il rapporto del solido al cubo i cui spigoli sono eguali all'unità lineare, il volume di un romboide ortogonale è uguale [723] al prodotto dei rapporti delle sue tre dimensioni all'unità lineare. Questi tre rapporti si dicono le *lunghezze* delle tre dimensioni, o brevemente le *dimensioni*, senz'altro. E però il *volume* ecc.

725. Cor. *Il volume di un cubo è uguale alla terza potenza (al cubo) del lato.*

726. Teor. *Il volume di un prisma è uguale al prodotto della base per l'altezza.*

Dim. Infatti un prisma qualunque è equivalente [688] a un romboide ortogonale, che ha base equivalente a quella del prisma, ed uguale altezza. [724].

727. Teor. *Il volume di una piramide è uguale ad un terzo del prodotto della base per l'altezza.*

Dim. Infatti una piramide è [703] la terza parte di un prisma, che ha la stessa base e la stessa altezza.

728. Teor. *Il volume di un tronco di piramide a basi parallele è uguale a un terzo dell'altezza mol-*

tiplicato per la somma delle basi e della loro media proporzionale.

Dim. Sappiamo infatti [704] che un tronco di piramide a basi parallele è equivalente alla somma di tre piramidi, che hanno la stessa altezza del tronco, e per basi rispettive le basi del tronco e la media proporzionale tra esse. Così, se dinotiamo con h l'altezza del tronco, con B e b le aree delle basi e con V il volume del tronco, abbiamo [727]:

$$V = \frac{1}{3} hb + \frac{1}{3} hB + \frac{1}{3} h\sqrt{Bb}$$

$$» = \frac{1}{3} h(b + B + \sqrt{Bb}), \qquad \text{c. d. d.}$$

CAPITOLO XXIII

CILINDRO E CONO

Cilindro.

729. Preso un rettangolo $ABCD$ qualunque, imaginiamo che esso compia una rotazione intorno ad un lato, ad es. intorno al lato AD. Il solido, che vien generato dal rettangolo in tale movimento, si dice *cilindro*.

La superficie del cilindro vien descritta dalla spezzata $ABCD$. Le parti della superficie, che vengono generate dai lati AB, CD, si dicono le *basi* del cilindro; e si dice superficie *laterale* la superficie descritta dal lato BC. Le rette, di cui sono parti i lati AB, DC, poichè sono perpendicolari all'asse AD, e si mantengono tali durante il movimento, generano [568] due piani, perpendicolari [566] alla retta AD, e però [644] paralleli tra loro. Le basi del cilindro sono le parti di questi piani, che sono comprese dai cerchi descritti dai punti B e C; sono adunque le superficie di questi due cerchi eguali, di centri A e D.

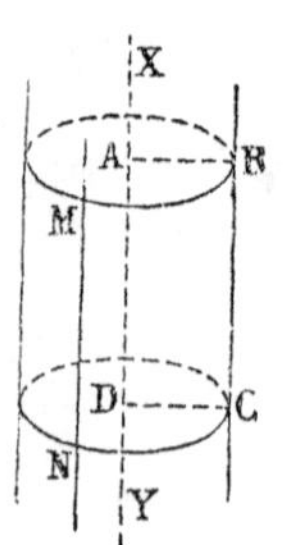

Il raggio delle basi di un cilindro si dice il *raggio del cilindro*. La distanza dei piani paralleli, in cui stanno le basi, distanza che è rappresentata [652] dall'*asse* AD, si dice l'*altezza* del cilindro.

Il lato BC, in qualunque delle posizioni che esso prende durante la rotazione, si chiama *lato* del cilindro. Ogni lato del cilindro, perchè parallelo all'asse, è [638] perpendicolare ai piani delle basi. Perciò, se si imagina che un lato di un cilindro si muova, mantenendosi perpendicolare al piano di una delle basi, e in modo che con una delle estremità percorra tutto il contorno di una base, esso lato torna [571] a descrivere la superficie laterale del cilindro.

730. Sia un cilindro di asse OO' e di raggio OA. Consideriamo due poligoni qualunque, uno iscritto, l'altro circoscritto ad una delle basi, e poi i prismi retti, che hanno per basi i due poligoni e altezza eguale a quella del cilindro. Poichè le superficie laterali dei due prismi si possono imaginare descritte da un segmento eguale ad OO', il quale, conservandosi perpendicolare al piano dei poligoni, si muova percorrendo con una delle estremità i perimetri dei due poligoni, riesce manifesto che la superficie laterale di quel prisma, che ha per base il poligono iscritto, ha in comune con la superficie laterale del cilindro quei lati del cilindro che corrispondono ai vertici del poligono, e, oltre di questi, nessun [179] altro punto; e che la superficie laterale di quel prisma, che ha per base il poligono circoscritto, ha in comune con la superficie laterale del cilindro quei lati del cilindro, che corrispondono ai punti di contatto de' lati del poligono circoscritto, e, oltre di questi, nessun [205] altro punto. Ed è pur manifesto che le altre basi dei due prismi sono esse pure, una iscritta, e l'altra circoscritta all'altra base del cilindro.

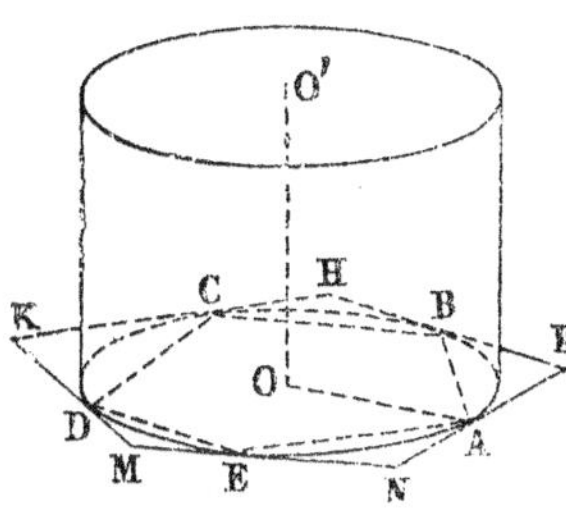

Un prisma, le cui basi siano iscritte nelle basi di un cilindro, si dice *iscritto* nel cilindro. Un prisma si dice *circoscritto* a un cilindro, se le sue basi sono circoscritte alle basi del cilindro.

731. Teor. *Per qualsivoglia cilindro esiste un poligono ed uno soltanto, che ha la proprietà di essere maggiore della superficie laterale di qualunque prisma iscritto, e di essere minore della superficie laterale di qualunque prisma circoscritto.*

Dim. Dato un cilindro qualunque, imaginiamo di formare due classi, una con le superficie dei prismi circoscritti al cilindro, e l'altra con le superficie dei prismi iscritti. Codeste due classi sono contigue.

Intanto, la superficie laterale di qualunque prisma circoscritto è maggiore della superficie laterale di qualunque prisma iscritto, perchè il perimetro di qualunque poligono circoscritto alla base del cilindro è maggiore del perimetro di qualunque poligono iscritto.

Si possono poi trovare due prismi, uno circoscritto al cilindro e l'altro iscritto, nei quali la differenza tra le superficie laterali sia minore d'una superficie data qualunque, perchè si possono trovare due poligoni, uno circoscritto alla base del cilindro ed uno iscritto, nei quali la differenza tra i perimetri sia minore d'un segmento dato qualunque. [527] (*).

Giova osservare che delle due classi, che abbiamo considerate, nè la maggiore ha elemento minimo, nè la minore ha elemento massimo.

(*) Se sia data una superficie ε, piana, finita, qualunque, presa una sua parte ω che sia un poligono, si può intanto trasformarla in un triangolo, e poi questo in un triangolo che abbia altezza eguale all'altezza del cilindro, e infine in un rettangolo che abbia altezza uguale a quella del cilindro; chia-

Infatti, poichè non c'è poligono circoscritto, il cui perimetro sia minore di quello di qualunque altro poligono circoscritto, non c'è prisma circoscritto, la cui superficie laterale sia minore di quella di qualunque altro prisma circoscritto. E perchè non c'è poligono iscritto, il cui perimetro sia maggiore di quello di qualunque altro poligono iscritto, non c'è prisma iscritto, la cui superficie sia maggiore di quella di qualunque altro prisma iscritto.

Infine, poichè, date due classi contigue, esiste sempre una grandezza ed una sola [534], che è minore di tutti gli elementi d'una classe ed è maggiore di tutti gli elementi dell'altra, conchiudiamo che *per qualunque cilindro dato, esiste un poligono* (che chiameremo A) *ed uno soltanto, il quale ecc.*

732. Iscritto in un cilindro un prisma regolare avente per base un poligono di un numero qualunque di lati, imaginiamo di andar raddoppiando indefinitamente il numero dei lati della base. Così andrà crescendo indefinitamente il numero dei segmenti che appartengono nel tempo stesso alla superficie laterale del cilindro e alla superficie laterale del prisma. E diventerà minore di qualunque segmento dato la distanza tra un lato qualunque del cilindro e la superficie laterale del prisma [632, 637, 524]. Al raddoppiarsi indefinito del numero dei lati della base del prisma, la superficie laterale del prisma tende adun-

miamo β la base di codesto rettangolo. Quando la differenza tra i perimetri di due poligoni, uno circoscritto e l'altro iscritto nella base del cilindro, è minore di β, la differenza tra le superficie laterali dei corrispondenti prismi, uno circoscritto e l'altro iscritto nel cilindro, è minore del rettangolo accennato, quindi anche di ω, e per conseguenza anche di ε.

que a confondersi con la superficie laterale del cilindro, senza però che ciò possa avverarsi. Nel tempo stesso un poligono, che sia sempre equivalente alla superficie laterale del prisma, cresce e tende a confondersi (in estensione) con quel poligono, che abbiamo chiamato A, senza però poter mai diventare ad esso equivalente (*). Queste considerazioni c' inducono a dare la seguente:

733. Def. *Il poligono, che è minore della superficie laterale di qualunque prisma circoscritto ad un cilindro, e che è maggiore della superficie laterale di qualunque prisma iscritto, è equivalente alla superficie laterale del cilindro.*

734. Teor. *La superficie laterale di un cilindro è equivalente ad un rettangolo, che ha l'altezza eguale a quella del cilindro e la base equivalente al contorno della base del cilindro.*

Dim. Infatti, il rettangolo, che ha la base equivalente al contorno della base del cilindro e altezza eguale a quella del cilindro, è minore della superficie laterale di qualunque prisma circoscritto ed è maggiore della superficie laterale di qualunque prisma iscritto. Esso è dunque, per definizione [733], equivalente alla superficie laterale del cilindro.

735. Cor. Se r rappresenta il valore del raggio di un cilindro, ed h quello dell'altezza, il prodotto $2\pi r \cdot h$ rappresenta [499, 545] l'area della superficie laterale, epperò [550]:

$$2\pi r h + 2\pi r^2 = 2\pi r(h + r)$$

è l'area della superficie totale del cilindro.

(*) Analoghe considerazioni si potrebbero fare rispetto ai prismi circoscritti. (Cfr. la nota che è nella pag. 356).

736. Teor. *Un cilindro è equivalente ad un prisma, che ha la base equivalente a quella del cilindro e l'altezza eguale a quella del cilindro.*

Dim. Indichiamo con B un poligono equivalente alla base di un cilindro dato. Dico che il cilindro è equivalente ad un prisma Q, che ha per base il poligono B e altezza eguale a quella del cilindro.

Imaginiamo di formare due classi, una coi prismi circoscritti al cilindro, e l'altra coi prismi iscritti. Codeste due classi sono contigue.

Infatti qualunque prisma circoscritto è maggiore [678] di qualunque prisma iscritto.

Si possono poi trovare due prismi, uno circoscritto e l'altro iscritto, la cui differenza sia minore d'un solido dato qualunque (*), perchè la differenza tra due prismi così fatti è un prisma che ha la loro stessa altezza e per base la differenza delle basi, e sappiamo [529] che, dato un cerchio, si possono trovare due poligoni, uno circoscritto e l'altro iscritto, la cui differenza sia minore di qualunque superficie data.

Ora, poichè tra le due classi contigue considerate è compreso il prisma Q [692] e manifestamente anche il cilindro, il cilindro ed il prisma sono equivalenti [700], c. d. d.

737. Cor. Se r dinota il valore del raggio di un cilindro, h quello dell'altezza e v il volume, egli è [726, 550] $$v = \pi r^2 h.$$

(*) Dato un solido ε qualunque, presa una parte ω che sia un prisma, possiamo trasformarla in un prisma di altezza eguale a quella del cilindro; chiamiamo β la base. Quando la differenza tra due poligoni, uno circoscritto e l'altro iscritto nella base del cilindro, è minore di β, la differenza tra i prismi corrispondenti è minore di ω e quindi anche di ε.

Cono.

738. Preso un triangolo rettangolo ABC qualunque, imaginiamo che esso compia una rotazione intorno ad un cateto, ad es. intorno al cateto AB. Il solido, che vien generato dal triangolo in tale movimento, si dice *cono*. Il punto A si chiama il *vertice* del cono; il segmento AB si dice l'*asse* del cono, e rappresenta l'*altezza* del cono.

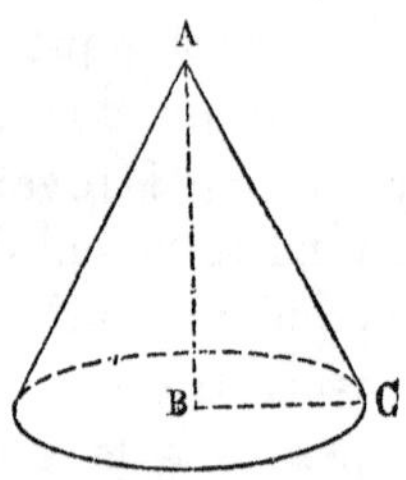

La superficie del cono vien descritta dalla spezzata ACB. La parte della superficie, che vien generata dal cateto BC, si chiama la *base* del cono; e si dice superficie *laterale* la superficie descritta dall'ipotenusa AC. La retta, di cui è parte il cateto BC, poichè è perpendicolare all'asse AB, e si mantien tale durante il movimento, genera [568] un piano. La base del cono, poichè è la parte di questo piano compresa dal cerchio descritto dal punto C, è la superficie di questo cerchio.

Il lato AC, in qualunque delle posizioni che esso assume durante il movimento, si chiama *lato* del cono. Il lato del cono si dice anche *apotema* del cono.

739. Prendiamo a considerare un cono qualunque, quello, ad es., generato in una rotazione intorno al cateto VO dal triangolo rettangolo VOA. Consideriamo due poligoni qualisivogliano, uno circoscritto e l'altro iscritto nella base del cono, e poi le piramidi, che hanno per basi rispettive i due poligoni, e il vertice nel vertice del cono. Quella piramide, che ha per base il poligono circoscritto, si dice *circoscritta* al cono; l'altra si dice *iscritta*.

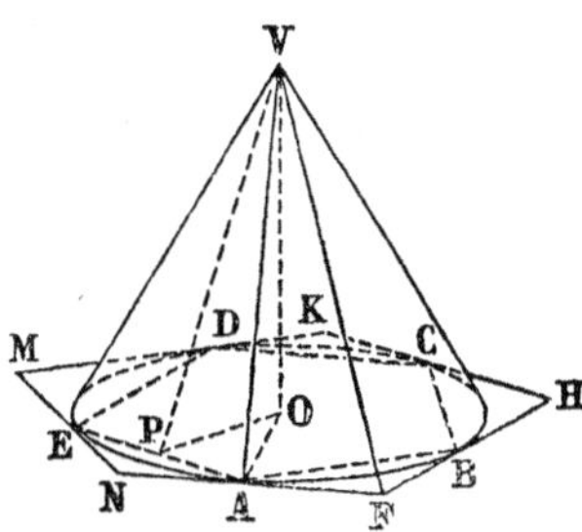

Poichè le superficie laterali delle due piramidi considerate si possono imaginare descritte da un segmento di lunghezza variabile, il quale, avendo sempre una estremità nel vertice delle piramidi, si muova percorrendo con l'altra estremità i perimetri delle basi, riesce manifesto che la superficie laterale della piramide circoscritta e la superficie laterale del cono hanno in comune quei lati del cono, che terminano nei punti di contatto dei lati del poligono circoscritto, e non hanno nessun [203] altro punto comune; ed è pur manifesto che la superficie laterale della piramide iscritta e la superficie laterale del cono hanno in comune quei lati del cono, che corrispondono ai vertici della base della piramide, e che, oltre di questi, non hanno in comune nessun [203] altro punto.

740. Ed ora dal centro O si cali la perpendicolare sopra uno dei lati del poligono iscritto, ad es. sul lato AE, e poi si unisca il piede P con V.

Poichè VO è perpendicolare al piano della base, ed OP si è tirata perpendicolarmente alla retta AE, che giace nel piano stesso, anche [573] VP è perpendicolare ad AE; epperò VP è l'altezza della faccia VAE rispetto al lato AE.

Quando il poligono iscritto è regolare, allora, perchè le perpendicolari calate dal centro sui lati sono [222] eguali, ed oblique, che hanno proiezioni eguali, sono [584] eguali, anche le perpendicolari, calate dal vertice V sui lati della base, sono eguali tra loro.

Ma quando il poligono non è regolare, allora non sono [223] tutte uguali le distanze dei lati dal centro, e per conseguenza non sono [585] tutte uguali neanche le altezze delle facce laterali della piramide iscritta; sono però [585] tutte minori dell'apotema del cono, perchè i piedi delle altezze sono nell'interno della base.

Per la piramide circoscritta, invece, le perpendicolari, calate dal vertice sui lati della base, sono tutte uguali tra loro, e ciò anche nel caso che il poligono circoscritto non sia regolare. Infatti, poichè la perpendicolare tirata da O sopra uno qualunque dei lati, ad es. sul lato NF, è il raggio OA corrispondente al punto di contatto [209], la perpendicolare, calata da V su NF, è il lato VA del cono.

741. Teor. *La superficie laterale di qualunque piramide circoscritta ad un cono è maggiore della superficie laterale di qualunque piramide iscritta.*

Dim. Poichè tutte le facce laterali di una piramide circoscritta ad un cono hanno per altezza un lato del cono, la superficie laterale di una piramide circoscritta è equivalente ad un triangolo T, che ha l'altezza eguale al lato del cono, e la base uguale al perimetro P della base della piramide.

Così, se le facce laterali di una piramide iscritta avessero tutte altezza eguale al lato del cono (laddove tutte hanno altezza minore del lato), la superficie laterale della piramide iscritta sarebbe equivalente ad un triangolo t, con altezza eguale al lato del cono, e base uguale al perimetro p della base della piramide. Anche in tal caso, essendo $P > p$, sarebbe

$T > t$; perciò a più forte ragione il triangolo T, cioè la superficie laterale della piramide circoscritta, è maggiore della superficie laterale della piramide iscritta.

742. Teor. *Se il numero dei lati della base di una piramide regolare iscritta in un cono è grande abbastanza, la differenza tra l' apotema del cono e l' apotema della piramide è minore d' un segmento dato qualunque.*

Dim. Sia AB un lato di una piramide regolare iscritta nel cono generato dal triangolo rettangolo VOD. Caliamo da O la perpendicolare OC sulla corda AB, e prolunghiamola fino al cerchio in D. Il segmento VD è l'apotema del cono, e VC è l' apotema della piramide; CD è la freccia dell' arco BA.

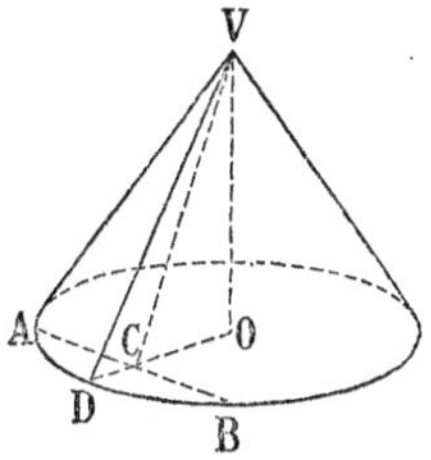

Ora noi sappiamo [524] che, se l' arco BA è abbastanza piccolo, la freccia CD è minore di qualsivoglia segmento dato. Minore di questo segmento, a più forte ragione, è la differenza tra VD e VC, perchè essa è minore di CD [145]. Conchiudiamo che, *se ecc.*

743. Teor. *Per qualunque cono si possono trovare due piramidi, una circoscritta e l' altra iscritta, nelle quali la differenza tra le superficie laterali sia tanto piccola, quanto si voglia.*

Dim. Indichiamo con S_n ed s_n le superficie laterali di due piramidi, una circoscritta e l' altra iscritta in un cono, e aventi per basi due poligoni regolari di n lati, i cui perimetri siano rappresentati da P_n e p_n. Ora proveremo che, raddoppiando n abbastanza, si può ottenere che la differenza tra le superficie laterali delle due piramidi, divenga tanto piccola quanto si voglia.

Sopra un lato di un angolo retto prendiamo due segmenti AC, AE rispettivamente uguali a P_n e p_n; e sull'altro lato due segmenti AB, AD eguali rispettivamente al lato del cono e all'apotema della piramide iscritta. I triangoli ABC, ADE, così costruiti, sono equivalenti rispettivamente [698] ad S_n ed s_n; epperò la differenza tra le superficie laterali delle due piramidi in questione è rappresentata dal quadrangolo $BDEC$. Dico che, raddoppiando n abbastanza, si può ottenere che codesto quadrangolo divenga tanto piccolo, quanto si vuole.

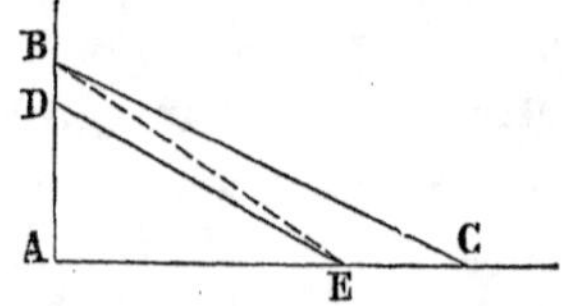

Qui, per fermare le idee, supponiamo che sia ω la superficie data, di cui deve diventar minore la differenza tra le due superficie laterali delle due piramidi date. Possiamo supporre che ω sia un poligono, giacchè nel caso diverso potremmo prendere di ω una parte che fosse un poligono, e trascurare il rimanente. Con una retta si divida ω in due parti ω' ed ω'', e poi si trasformi ω' in un triangolo t' con altezza eguale ad AB; e sia β' la base. E si trasformi ω'' in un triangolo t'' con altezza eguale al perimetro P di un poligono circoscritto preso ad arbitrio; e sia β'' la base.

Ora, perchè EC è la differenza tra i perimetri di due poligoni regolari di n lati, uno circoscritto e l'altro iscritto in un medesimo cerchio, raddoppiando n abbastanza, possiamo [525, 469] ottenere che EC divenga minore di β'. Allora il triangolo BEC sarà minore di t', epperò anche ω'.

Così, poichè BD è la differenza tra il lato di un cono e l'apotema di una piramide regolare iscritta, raddoppiando n abbastanza, possiamo [742] ottenere che BD divenga minore di β''. Allora il triangolo BDE (poichè è $BD < \beta''$, ed è sempre $AE < P$) è minore di t'', epperò anche di ω''.

Per conseguenza è:

$$BEC + BDE < \omega' + \omega'',$$

cioè, per n abbastanza grande, egli è:

$$S_n - s_n < \omega, \qquad \text{c. d. d.}$$

744. Teor. *Per qualsivoglia cono esiste un poligono ed uno soltanto, il quale ha la proprietà di essere minore della superficie laterale di qualunque piramide circoscritta, e di essere maggiore della superficie laterale di qualunque piramide iscritta.*

Dim. Dato un cono qualunque, formiamo due classi, una con le superficie laterali delle piramidi circoscritte e l'altra con le superficie laterali delle piramidi iscritte. Codeste due classi sono contigue [741, 743]. Per conseguenza [534] esiste un poligono, che chiameremo A, ed uno soltanto, che è compreso tra le due classi. Così resta provato che *ecc.*

745. Iscritta in un cono una piramide regolare, la cui base abbia un numero qualunque di lati, imaginiamo di andar raddoppiando questo numero indefinitamente. Andrà aumentando senza fine il numero dei segmenti comuni alla superficie laterale del cono e alla superficie laterale della piramide, e diventerà minore di qualsivoglia segmento [524, 580] la distanza tra un punto qualunque della superficie del cono e una delle facce laterali della piramide. Al raddoppiarsi indefinito del numero dei lati della base di una piramide regolare iscritta, la superficie laterale della piramide tende adunque a confondersi con la superficie laterale del cono, senza però che ciò possa avverarsi. Nel tempo stesso la superficie laterale della piramide tende a raggiungere quel poligono, che abbiamo chiamato A, senza però poter mai diventare ad esso equivalente. Queste considerazioni c'inducono a dare la seguente:

746. Def. *Il poligono, che è minore della superficie laterale di qualunque piramide circoscritta ad un cono ed è maggiore della superficie laterale di qualunque piramide iscritta, è equivalente alla superficie laterale del cono.*

747. Teor. *La superficie laterale di un cono è equivalente ad un triangolo, che ha la base equivalente al contorno della base del cono e l'altezza eguale all'apotema del cono.*

Dim. Consideriamo un triangolo, che diremo T, di base C equivalente al contorno della base del cono, e la cui altezza sia eguale all'apotema del cono. Codesto triangolo è minore della superficie laterale di qualunque piramide circoscritta, perchè questa superficie è equivalente ad un triangolo che ha anch' esso altezza eguale all'apotema del cono, ma base maggiore del segmento C. Esso è poi maggiore della superficie laterale di qualunque piramide iscritta, perchè questa superficie è minore, come abbiamo veduto, d'un triangolo che abbia altezza eguale all'apotema del cono e base uguale al perimetro della base, il quale perimetro è minore del segmento C.

Il triangolo T è quindi [746, 744] equivalente alla superficie laterale del cono, c. d. d.

748. Cor. Se r dinota il valore del raggio della base di un cono, ed l quello dell'apotema, l'area della superficie laterale del cono è [747, 505, 545] espressa da:

$$2\pi r \cdot \frac{l}{2} = \pi r l,$$

e l'area della superficie totale [550] da:

$$\pi r l + \pi r^2 = \pi r (l + r).$$

749. Consideriamo il cono generato dal triangolo rettangolo VOB in una rotazione intorno a VO, e seghiamolo con un piano α parallelo alla base. Siano O' e B' i punti, dove il piano taglia [645] l'asse VO ed il lato VB. Poichè l'asse del cono è perpendicolare alla base, esso è [648] anche perpendicolare al piano α; epperò l'angolo $VO'B'$ è retto.

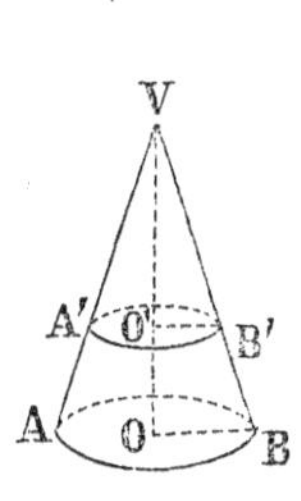

Se ora torniamo a far rotare il triangolo VOB intorno a VO, troviamo che il segmento $O'B'$ si mantiene nel piano α; per conseguenza il cerchio descritto dal punto B' è l'intersezione del piano α con la superficie laterale del cono, e la superficie di codesto cerchio è l'intersezione fatta nel cono dal piano.

La parte di un cono, compresa tra la base e un piano segante parallelo alla base, si dice *tronco di cono a basi parallele.* La base del cono e la sezione, fatta nel cono dal piano, si dicono le *basi* del tronco; la distanza tra le basi è l'*altezza* del tronco; la parte del lato del cono, che è compresa tra le basi del tronco, si dice *apotema* od anche *lato* del tronco.

Il tronco di cono, che abbiamo considerato, si può intendere generato dal trapezio $OBB'O'$ in una rotazione intorno al lato OO', che è perpendicolare alle basi del trapezio. Le basi OB, $O'B'$ descrivono le basi del tronco, e BB' descrive la superficie *laterale.*

750. Teor. *La superficie laterale di un tronco di cono a basi parallele è equivalente ad un trapezio, che ha le basi equivalenti rispettivamente ai contorni delle basi del tronco, e l'altezza eguale all'apotema.*

Dim. Consideriamo il tronco di cono a basi parallele, generato in una rotazione intorno ad OO' dal trapezio $OBB'O'$. La superficie laterale del tronco è manifestamente la differenza tra le superficie laterali dei due coni generati dai triangoli VOB, $VO'B'$.

Si tiri ora per B, in un piano condotto per VB, un segmento BD, che sia perpendicolare a VB ed equivalente al cerchio di raggio OB. Infine, condotto VD, si tiri per B' la $B'D'$ parallela a BD.

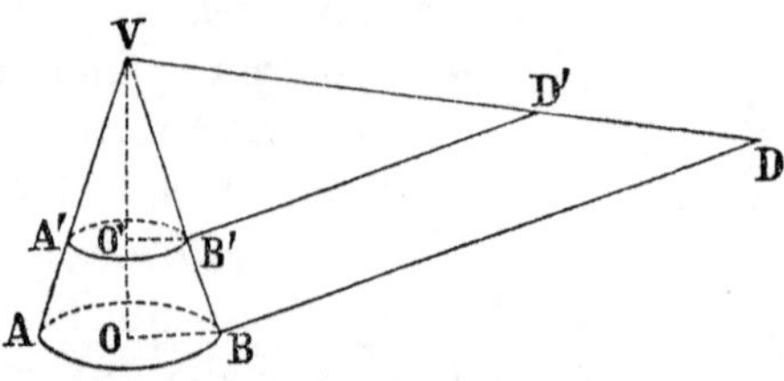

Intanto dalle proporzioni [450]:

$$BD : B'D' = VB : VB',$$
$$OB : O'B' = VB : VB',$$

si ricava $BD : B'D' = OB : O'B'$.

E perchè due cerchi stanno tra loro [542] come i raggi (indicando con C e C' i segmenti equivalenti ai cerchi di raggi OB ed $O'B'$), abbiamo:

$$C : C' = OB : O'B'.$$

Questa proporzione, combinata con la precedente, ci dà:

$$C : C' = BD : B'D'$$

Ma per supposizione è $C \equiv BD$, quindi è anche [401]

$C' \equiv B'D'$. I due triangoli VBD, $VB'D'$, poichè hanno le basi BD, $B'D'$ equivalenti ai contorni delle basi dei coni VAB, $VA'B'$, e altezze [252] uguali agli apotemi dei coni, sono equivalenti [747] rispettivamente alle superficie laterali dei due coni; e però il trapezio $B'D'DB$ è equivalente alla superficie laterale del tronco. E in questo trapezio le basi BD, $B'D'$ sono appunto equivalenti rispettivamente ai contorni delle basi del tronco, e l'altezza BB' è l'apotema del tronco. Resta dunque dimostrato che *ecc.*

751. Cor. Se r ed r' indicano i valori dei raggi delle basi di un tronco di cono, ed l quello dell'apotema, l'area della superficie laterale è espressa [750, 504] da:

$$\frac{2\pi r + 2\pi r'}{2} l = \pi (r + r') l.$$

752. Teor. *Un cono è equivalente ad una piramide, che ha la base equivalente a quella del cono, e l'altezza eguale a quella del cono.*

Dim. Indichiamo con B un poligono equivalente alla base di un cono dato. Dico che il cono è equivalente ad una piramide Q, che ha per base il poligono B e l'altezza eguale a quella del cono.

Consideriamo le classi composte, una dalle piramidi circoscritte al cono e l' altra dalle piramidi iscritte. Codeste due classi sono contigue.

Infatti qualunque piramide circoscritta è maggiore di qualunque piramide iscritta.

Si possono poi trovare due piramidi una circoscritta e l'altra iscritta, la cui differenza sia minore di qualunque solido dato, perchè la differenza tra due piramidi così fatte è rappresentata da una piramide, che ha altezza uguale a quella del cono e base uguale alla differenza delle basi delle piramidi. E noi sappiamo [529] che, dato un cerchio qualunque, si possono trovare due poligoni, uno circoscritto e l'altro iscritto, la cui differenza sia minore d'un poligono dato qualunque.

Tra le due classi contigue è compresa la piramide Q e manifestamente anche il cono. Il cono e la piramide sono dunque equivalenti [700], c. d. d.

753. Cor. Se r dinota il valore del raggio d'un cono, h quello dell'altezza, e v il volume, abbiamo [752, 727, 550]:

$$v = \frac{1}{3} \pi r^2 h.$$

CAPITOLO XXIV

SFERA

Preliminari.

754. La superficie, che vien descritta da un semicerchio, in una rotazione intorno al diametro che ne unisce le estremità, si dice *sfera (superficie sferica).*

Il centro e il raggio del semicerchio si dicono rispettivamente *centro* e *raggio* della sfera.

755. Poichè i punti del semicerchio, che genera una sfera, hanno dal centro distanze uguali, e queste distanze si conservano invariate durante la rotazione, i punti della sfera hanno eguali distanze dal centro.

Reciprocamente, se un punto M ha dal centro O della sfera una distanza eguale al raggio del semicerchio ABC che la ha generata, il punto M appartiene alla sfera. Infatti, se si conduce un piano per l'asse di rotazione AC e per il punto M, e poi in questo piano, con centro O e raggio $OM \equiv OA \equiv OC$, si descrive mezzo cerchio che termini in A e C, si ottiene una delle posizioni del semicerchio generatore. Quindi il punto M giace sulla sfera. Pertanto:

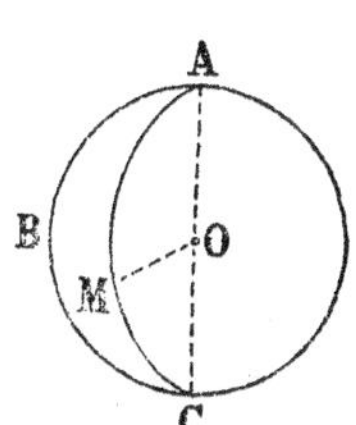

Una sfera è il luogo dei punti, le cui distanze da un punto dato sono eguali a un dato segmento.

756. Ogni raggio tirato dal centro di una sfera incontra la sfera in un punto, e in un punto soltanto. La sfera è adunque una superficie chiusa. Un punto, che abbia dal centro della sfera distanza minore del raggio, si dice *interno* alla sfera; ed è *esterno* ogni punto, che ha dal centro distanza maggiore del raggio.

Ogni segmento, che abbia le estremità sopra una sfera, si dice *corda* della sfera; ogni corda, che passa per il centro, si dice *diametro*; e perchè ogni diametro è doppio del raggio, tutti i diametri di una sfera sono eguali.

757. Teor. *Se la distanza di un piano dal centro di una sfera è maggiore del raggio, il piano non ha con la sfera nessun punto in comune, ed è tutto esterno.*

Dim. Infatti, poichè la perpendicolare, calata dal centro sul piano, è maggiore del raggio, il piede della perpendicolare è esterno alla sfera. Ed ogni altro punto del piano è esterno a maggior ragione, perchè [580] ogni obliqua, tirata da un punto ad un piano, è maggiore della perpendicolare calata sul piano dal punto stesso.

758. Teor. *Se la distanza di un piano dal centro di una sfera è uguale al raggio, il piano ha con la sfera un solo punto in comune; ed ogni altro punto del piano è esterno alla sfera.*

Dim. Infatti, poichè la perpendicolare calata dal centro sul piano è uguale al raggio, il piede della perpendicolare giace sulla sfera. Ogni altro punto del piano è esterno, perchè il segmento che lo unisce al centro, essendo [580] maggiore della perpendicolare, è maggiore del raggio.

759. Teor. *Se la distanza di un piano dal centro di una sfera è minore del raggio, il piano e la sfera si segano lungo un cerchio.*

Dim. Infatti, se si fa centro nel piede della perpendicolare calata dal centro della sfera sul piano, e si descrive sul piano un cerchio con raggio eguale al cateto di un triangolo rettangolo, che abbia la detta perpendicolare per altro cateto, e il raggio della sfera per ipotenusa, tutti punti del cerchio hanno [565, 149] dal centro della sfera distanza eguale al raggio della sfera, epperò appartengono al piano e alla sfera.

Ogni altro punto del piano, preso nell'interno del cerchio, è [585] interno alla sfera, giacchè il segmento, che lo unisce col centro, ha sul piano una proiezione minore del raggio del cerchio. Ed ogni punto, preso sul piano esternamente al cerchio, è [585] esterno alla sfera.

760. Sappiamo che, se due triangoli rettangoli hanno ipotenuse uguali, e un cateto del primo è maggiore di un cateto del secondo, il rimanente cateto del primo [156] è minore del rimanente cateto del secondo. Perciò di due sezioni, fatte in una sfera da due piani, che abbiano dal centro distanze disuguali, è maggiore quella che è fatta dal piano che ha distanza minore.

761. Quando un piano passa per il centro di una sfera, esso la sega in un cerchio, il cui raggio è uguale al raggio della sfera. Infatti, poichè l'intersezione è il luogo dei punti del piano, la cui distanza dal centro della sfera è uguale al raggio della sfera, e il centro di questa giace sul piano, l'intersezione è un cerchio, che ha il centro nel centro della sfera e raggio eguale al raggio di essa.

Il cerchio, in cui una sfera è tagliata da un piano condotto per il centro, si dice *cerchio massimo* della sfera. Le altre sezioni, fatte da piani che non passano per il centro, si dicono *circoli minori*.

Area della sfera.

762. Teor. *L'area della superficie, che è generata da un segmento in una rotazione intorno ad una retta con cui giace in uno stesso piano senza essere tagliato, è uguale alla lunghezza del cerchio descritto dal punto di mezzo del segmento, moltiplicata per la lunghezza del segmento.*

Dim. 1°. Quando il segmento AB è parallelo all'asse di rotazione XY, la superficie, che esso genera rotando, è la superficie laterale di un cilindro; epperò, se C, D, N sono rispettivamente le proiezioni sull'asse delle estremità e del punto di mezzo del segmento, e indichiamo con S l'area della superficie generata da AB, abbiamo [735]:

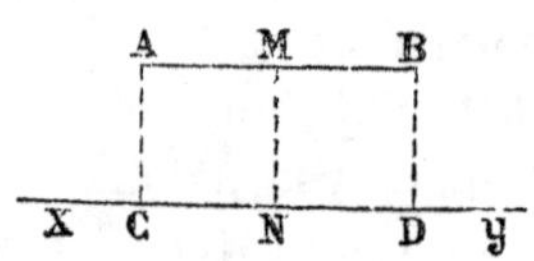

$$S = 2\pi \cdot BD \cdot AB.$$

Ma è $BD \equiv MN$, quindi è:

$$S = 2\pi \cdot MN \cdot AB.$$

E perchè $(2\pi \cdot MN)$ è la lunghezza del cerchio di raggio MN, del cerchio adunque descritto dal punto M, per il caso in questione il teorema è dimostrato.

2°. Quando il segmento AB ha un'estremità sull'asse, la superficie, che esso genera rotando, è la superficie laterale di un cono; epperò [748] egli è:

$$S = \pi \cdot BD \cdot AB.$$

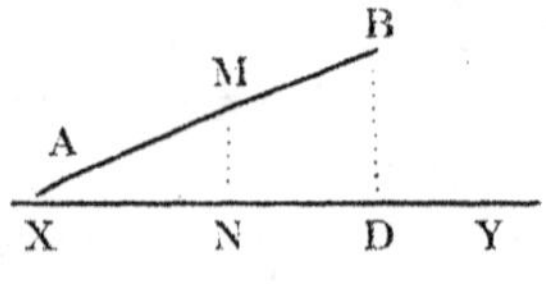

Ora, dappoichè nel triangolo ABD la corda MN è tirata per il punto di mezzo del lato AB, parallelamente a BD, essa è la metà di BD, ossia è $BD = 2MN$. Quindi è:

$$S = 2\pi \cdot MN \cdot AB, \qquad \text{c. d. d.}$$

3°. Quando infine il segmento AB non ha nessun punto sull'asse, nè è parallelo all'asse, la superficie, che esso genera rotando, è la superficie laterale di un tronco di cono; epperò [751] egli è:

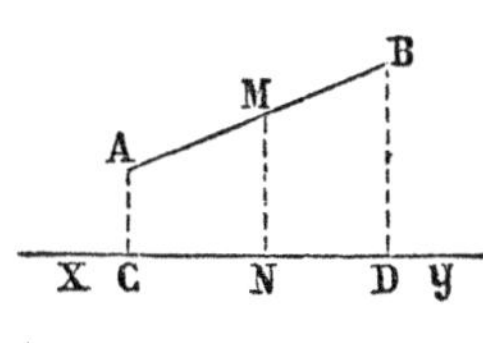

$$S = \pi (AC + BD) AB.$$

Ora, essendo $AC + BD = 2MN$,

abbiamo: $S = 2\pi \cdot MN \cdot AB$, c. d. d.

763. Teor. *L'area della superficie, che è descritta da un segmento in una rotazione intorno ad una retta con cui sta in uno stesso piano senza essere tagliato, è uguale alla proiezione del segmento sull'asse di rotazione, moltiplicata per la lunghezza del cerchio il cui raggio è quella parte dell'asse del segmento, che è compresa tra il segmento e l'asse di rotazione.*

Dim. Noi sappiamo [762] intanto che, se AB dinota la lunghezza del segmento, MN la distanza del suo punto medio M dall'asse XY, ed S l'area della superficie generata da AB, egli è:

$$S = 2\pi \cdot MN \cdot AB.$$

1°. Quando il segmento AB è parallelo all'asse, il segmento AB è uguale a CD sua proiezione sull'asse; ed MN, perchè perpendicolare ad XY, è [254] perpendicolare ad AB. Per questo caso è adunque: $S = 2\pi \cdot MN \cdot CD$, secondo l'enunciato della proposizione.

2°. Consideriamo il caso in cui il segmento AB ha un' estremità sull' asse; e sia O il punto dove l'asse del segmento incontra l'asse di rotazione XY. È manifesto che i triangoli

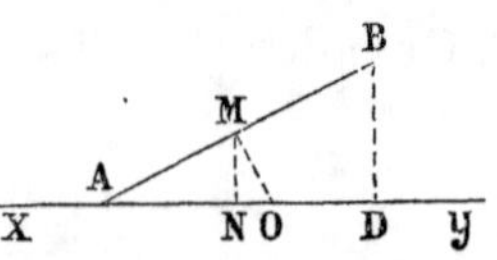

ABD, MNO hanno gli angoli rispettivamente uguali; quindi [450]:

$$AB : MO = AD : MN,$$

epperò:

$$AB \cdot MN = MO \cdot AD.$$

Sostituendo nell' espressione di S, otteniamo:

$$S = 2\pi \cdot MO \cdot AD, \qquad \text{c. d. d.}$$

3°. Passiamo al terzo caso, il quale ha luogo quando il segmento AB non è parallelo all'asse di rotazione, nè ha con questo alcun punto in comune; diciamo O il punto dove la perpendicolare, tirata ad

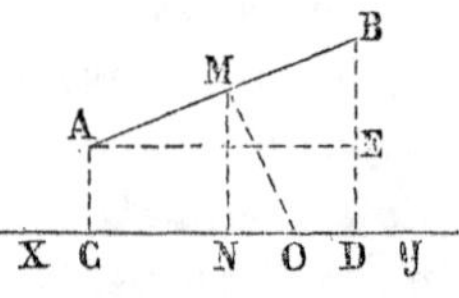

AB nel punto medio, incontra la retta XY, e tiriamo AE parallela ad XY.

Dai triangoli ABE, MNO, che sono simili perchè hanno gli angoli rispettivamente uguali, abbiamo:

$$AB : MO = AE : MN,$$

ossia:

$$AB : MO = CD : MN,$$

epperò:

$$AB \cdot MN = MO \cdot CD.$$

Sostituendo nell'espressione di S, otteniamo:

$$S = 2\pi \cdot MO \cdot CD.$$

E così resta provato, per ogni caso, che *ecc.*

764. Teor. *L'area della superficie, che vien ge-*

nerata da una spezzata regolare in una rotazione intorno ad una retta che passa per il suo centro, giace nel suo piano e non la taglia, è uguale alla lunghezza del cerchio, che ha per raggio l'apotema della spezzata, moltiplicata per la proiezione della spezzata sull'asse di rotazione.

Dim. Sia $ABCD$ una spezzata regolare ed O il suo centro. Sia OH l'apotema della spezzata, ed a, b, c, d le proiezioni dei vertici A, B, C, D sopra una retta MN, che giace nel piano della spezzata, passa per il centro O della spezzata, ma non la taglia. Allora ab, bc, cd sono le proiezioni dei lati della spezzata sulla retta MN, e ad è la proiezione dell'intera spezzata.

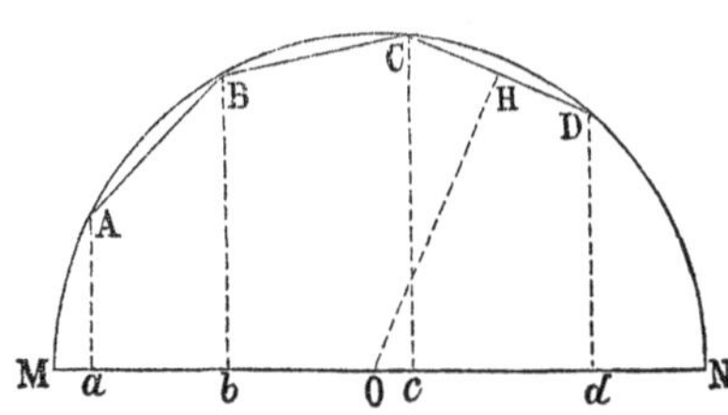

Poichè gli assi dei lati della spezzata passano [188] per O, e le loro parti comprese tra i lati e il punto O sono [222] tutte uguali ad OH, le aree delle superficie, che vengono generate rispettivamente dei segmenti AB, BC, CD, in una rotazione intorno ad MN, sono espresse rispettivamente da:

$$2\pi \cdot OH \cdot ab, \quad 2\pi \cdot OH \cdot bc, \quad 2\pi \cdot OH \cdot cd;$$

e però l'area della superficie generata dalla spezzata è espressa appunto da:

$$2\pi \cdot OH\,(ab + bc + cd) = 2\pi \cdot OH \cdot ad.$$

Oss. È manifesto che la proposizione sussiste anche nel caso che l'asse di rotazione passi per una estremità della spezzata, o per tutte e due. E sussiste anche se la spezzata sia soltanto circoscritta ad un cerchio, senza essere regolare.

765. La parte di una sfera, che è compresa tra due piani perpendicolari a uno stesso diametro e che incontrano la sfera, si dice *zona*. La distanza tra i due piani si dice *altezza* della zona.

Se tutti e due i piani segano la sfera, la zona è limitata da due cerchi [759], che si dicono le *basi* della zona. Quando uno dei piani è perpendicolare al diametro per l'appunto in una estremità, esso ha in comune con la sfera [758] un punto solo. In tal caso la *zona* si dice *a una base*; ma si dice anche *calotta*.

Così si può dire, ad es., che le parti, in cui una sfera è divisa da un piano che la seghi, si dicono *calotte*; il cerchio, in cui la sfera resta segata dal piano, si dice *base* per ciascuna calotta; e le *altezze* delle calotte sono rappresentate rispettivamente dalle parti del diametro perpendicolare al piano segante, in cui questo diametro è diviso dal piano.

Se consideriamo, ad es., la figura del paragrafo seguente, e imaginiamo che essa compia una rotazione intorno ad MN, l'arco AD genera una zona, le cui basi sono i cerchi descritti dai punti A e D. La distanza dei piani di questi cerchi è rappresentata dal segmento ad; codesto segmento è l'altezza della zona.

L'arco DN genera una zona ad una base, ossia una calotta; il segmento dN è l'altezza della calotta.

766. Teor. *La superficie generata da una spezzata regolare, circoscritta a mezzo cerchio od a parte di esso, in una rotazione intorno al diametro del semicerchio, è maggiore della superficie generata nella rotazione stessa da qualunque spezzata regolare iscritta nel medesimo arco, e si possono trovare due di così fatte superficie, la cui differenza sia minore d'un poligono dato qualunque.*

Dim. Sia un semicerchio MN di centro O. Nell'arco AD, che è una parte qualunque del semicerchio, sia iscritta una spezzata regolare $ABCD$. Tirando per ciascuno degli archi AB, BC, CD la tangente nel punto di mezzo, e considerando la parte della tangente che termina sui prolungamenti dei raggi tirati alle estremità dell'arco, si ottiene la spezzata regolare $A'B'C'D'$ circoscritta all'arco AB. Dico che la superficie generata in una rotazione intorno alla retta MN dalla spezzata circoscritta è maggiore della superficie generata dalla spezzata iscritta.

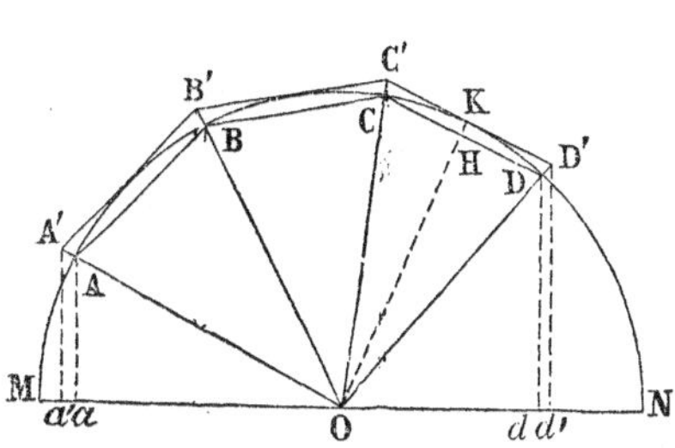

Uniamo il centro O con K, punto di contatto della tangente $C'D'$, e sia H il punto in cui OK incontra CD. I segmenti OH, OK sono gli apotemi delle spezzate.

Dalle estremità delle spezzate caliamo le perpendicolari sulla retta MN. I segmenti $a'd'$, ad sono le proiezioni delle spezzate sull'asse di rotazione. Dimostreremo anzitutto che $a'd'$ è maggiore di ad.

Quando l'arco AD è l'intero semicerchio, il segmento $a'd'$ supera ad di due volte DD'.

Quando l'angolo MOA è acuto (o nullo) ed $M(O)D$ è ottuso, il segmento $a'd'$ supera ad di $aa' + dd'$ (oppure di $DD' + dd'$).

Se $M(O)A$ è acuto ed $M(O)D$ è retto, il segmento $a'd'$ supera ad di quanto è aa'.

Infine, se ambidue gli angoli MOA, MOD sono

acuti e il primo è minore del secondo, egli è $aa' > dd'$, ed il segmento $a'd'$ supera ad di quanto è la differenza $(aa' - dd')$.

Ora noi sappiamo [764] che la superficie generata dalla spezzata circoscritta è equivalente al rettangolo che ha base equivalente al cerchio di raggio OK ed altezza uguale ad $a'd'$. E la superficie generata dalla spezzata iscritta è equivalente al rettangolo che ha base equivalente al cerchio di raggio OH ed altezza eguale ad ad. Poichè le dimensioni del primo rettangolo sono rispettivamente maggiori di quelle del secondo, la superficie generata dalla spezzata circoscritta è maggiore di quella generata dalla spezzata iscritta. E ciò ha luogo manifestamente qualunque sia il numero dei lati d'una spezzata e qualunque sia il numero dei lati dell'altra.

Per dimostrare la seconda parte del teorema, dobbiamo partire da due spezzate regolari d'egual numero di lati, quali le abbiamo nella nostra figura.

Costruiamo perciò i rettangoli a cui sono equivalenti le superficie generate dalle due spezzate. Se EF è equivalente al cerchio di raggio OK, ed è $EL \equiv a'd'$, il rettangolo EQ è equivalente alla superficie generata dalla spezzata circoscritta. Così, se ER è equivalente al cerchio di raggio OH ed è $ES \equiv ad$, il rettangolo ET è equivalente alla superficie generata dalla spezzata iscritta. Prolunghiamo ST in V, e consideriamo i rettangoli SQ ed RV, che insieme formano la dif-

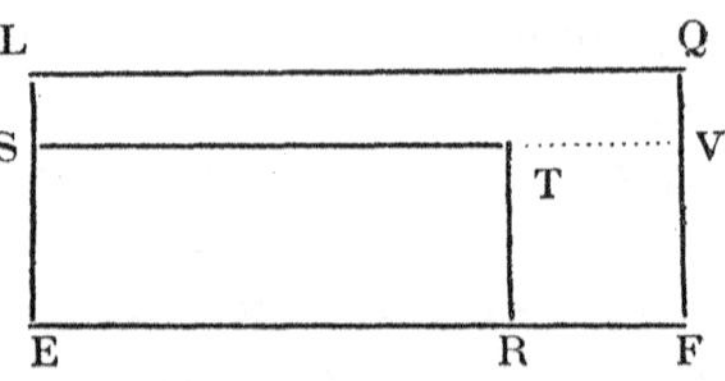

ferenza tra le superficie generate dalle due spezzate. Vedremo che, se il numero dei lati delle spezzate è grande abbastanza, ciascun rettangolo è minore d'un poligono dato qualunque.

Infatti, la base SV del primo è costante, cioè indipendente dal numero dei lati delle spezzate, perchè per qualunque spezzata circoscritta l'apotema è sempre OK. E l'altezza SL, poichè è la differenza tra $a'd'$ ed ad, è in ogni caso minore di $2DD'$. Ora DD', perchè è la differenza tra OD' ed OK, è [144] minore di KD'; quindi è $2DD' < C'D'$. Ma noi sappiamo che, raddoppiando abbastanza il numero dei lati d'una spezzata regolare circoscritta ad un arco, si può ottenere che il lato divenga minore di qualunque segmento dato. Quindi, a maggior ragione, raddoppiando abbastanza il numero dei lati di due spezzate regolari, una circoscritta e l'altra iscritta, si può ottenere che SL, differenza delle loro proiezioni su MN, divenga tanto piccola quanto si vuole. Altrettanto per conseguenza si può dire del rettangolo SQ.

Passiamo a considerare il rettangolo RV. In questo l'altezza TR è indipendente dal numero dei lati delle spezzate. Invece la base RF, perchè è la differenza di due cerchi di raggi OK ed OH, è tanto più piccola, quanto è maggiore il numero dei lati delle due spezzate. E poichè, raddoppiando abbastanza il numero dei lati delle spezzate, si può ottenere [524] che HK, differenza dei raggi, divenga minore di qualunque segmento dato, altrettanto si può dire di RF, differenza tra i cerchi (*). In conchiu-

(*) Poichè i cerchi sono proporzionali ai raggi, ponendo questi raggi sopra un lato d'un angolo, tutti e due partendo

sione, quando il numero dei lati delle spezzate sia grande abbastanza, il rettangolo RV è minore d'un poligono dato qualunque.

Avendo provato che, quando il numero dei lati delle spezzate è grande abbastanza, ciascuno dei rettangoli SQ, RV è minore d'un poligono dato qualunque, altrettanto si può dire della loro somma, e quindi anche della differenza tra le superficie generate dalle due spezzate.

767. Cor. *Se mezzo cerchio ruota intorno alla retta che passa per le sue estremità, le superficie generate dalle spezzate regolari circoscritte al semicerchio, o ad una sua parte, e le superficie generate dalle spezzate regolari iscritte formano due classi contigue.*

768. Da quanto abbiamo veduto nei due paragrafi precedenti conchiudiamo che esiste un poligono ed uno soltanto, che è minore delle superficie generate dalle spezzate regolari circoscritte all'arco AD, e maggiore delle superficie generate dalle spezzate regolari iscritte. E queste superficie differiscono da codesto poligono tanto meno quanto maggiore è il numero dei lati delle spezzate da cui sono generate. D'altra parte, al crescere del numero dei lati delle spezzate, queste tendono a confondersi con l'arco AD, e quindi le superficie generate dalle spezzate tendono a confondersi con la zona generata dall'arco. Codeste riflessioni ci inducono a dare la seguente:

769. Def. *Una zona è equivalente al poligono, che è minore delle superficie generate dalle spezzate*

dal vertice, e ponendo sull'altro lato i segmenti equivalenti ai cerchi, si riconosce poi agevolmente che la differenza tra i cerchi si può rendere tanto piccola quanto si vuole, quando tale si può far diventare la differenza dei raggi.

regolari circoscritte all'arco che genera la zona, e che è maggiore delle superficie generate dalle spezzate regolari iscritte nell'arco stesso.

770. Teor. *Una zona è equivalente ad un rettangolo, che ha la base equivalente a un cerchio massimo della sfera a cui appartiene la zona, e l'altezza uguale all'altezza della zona.*

Dim. Infatti, riferendoci a quanto abbiamo visto precedentemente, se consideriamo la zona generata dall'arco AD, il rettangolo EV, la cui base EF è equivalente al cerchio di raggio OK, e la cui altezza SE è uguale ad ad, altezza della zona, è minore del rettangolo EQ, che è equivalente ad una superficie generata da una spezzata regolare qualunque circoscritta all'arco AD, ed è maggiore del rettangolo ET, che è equivalente alla superficie generata da una spezzata regolare qualunque iscritta nell'arco stesso. Quindi [767, 769] la zona è equivalente al rettangolo.

771. Se r è il raggio di una sfera ed h l'altezza di una zona (sia essa ad una, o a due basi), l'area della zona è espressa da $2\pi r \cdot h$.

772. Se dinotiamo con h' ed h'' i valori delle parti in cui un diametro di una sfera è diviso da un piano perpendicolare al diametro stesso, $2\pi r h'$ e $2\pi r h''$ sono le aree delle calotte in cui la sfera è tagliata dal piano. Quindi:

$$2\pi r h' + 2\pi r h'' = 2\pi r\,(h' + h'')$$

è l'area della sfera. E perchè è $h' + h'' = 2r$, l'area della sfera di raggio r è espressa infine da $4\pi r^2$.

773. Oss. Poichè πr^2 è [550] l'area di un cerchio di raggio r, e $4\pi r^2$ è l'area di una sfera di raggio r, si può dire:

La superficie di una sfera è equivalente alla somma delle superficie di quattro cerchi massimi.

774. Teor. *Le superficie di due sfere stanno tra loro come i quadrati dei raggi.*

Dim. Infatti, se r ed r' dinotano i valori dei raggi di due sfere, ed s ed s' le aree delle stesse, essendo:

$$s = 4\pi r^2 \quad \text{ed} \quad s' = 4\pi r'^2,$$

si ha

$$s : s' = r^2 : r'^2.$$

775. I piani di due cerchi massimi di una stessa sfera, poichè passano per il centro, si segano lungo un diametro. E i cerchi massimi si tagliano scambievolmente per metà nelle estremità del detto diametro. La sfera poi resta divisa in quattro parti, che si chiamano *fusi*. I due mezzi cerchi, che limitano un fuso, si dicono i *lati* del fuso; e *vertici* del fuso si dicono i termini dei lati. La sezione normale del diedro, compreso dai piani in cui stanno rispettivamente i lati di un fuso, si dice *angolo* del fuso. (Se si prende per vertice della sezione normale uno dei vertici del fuso, si riconosce che l'angolo del fuso è uguale all'angolo compreso dalle tangenti tirate ai lati del fuso per uno de' suoi vertici).

776. Teor. *Due fusi, appartenenti a una stessa sfera, oppure a sfere uguali, se hanno angoli eguali, sono eguali.*

Dim. Infatti, se i fusi vengono trasportati, uno sull'altro, in modo che un lato dell'uno coincida con un lato dell'altro, e che cadano da una stessa banda del lato comune, allora, attesa l'eguaglianza degli angoli, anche l'altro lato del primo fuso cade sull'altro lato del secondo, e così i due fusi coincidono.

777. Teor. *Due fusi, appartenenti alla stessa sfera, oppure a sfere uguali, stanno tra loro come i loro angoli.*

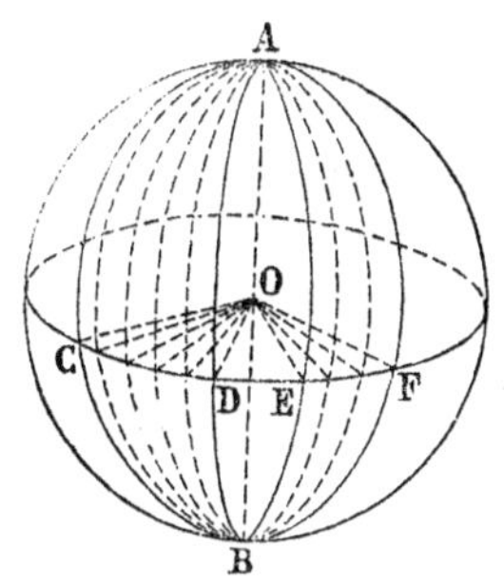

Dim. Siano $ACBDA$, $AEBFA$ due fusi, e $D(O)C$, $F(O)E$ i loro angoli. Dico che un fuso sta all'altro, come l'angolo del primo sta all'angolo del secondo.

Diviso $F(O)E$ in n parti eguali, con una di queste si misuri l'altro angolo; sia m il quoziente e ci sia resto. Ed ora per il diametro AB e per i singoli raggi, che dividono i due angoli, si conducano de' piani. Così il fuso $AEBFA$ resta tagliato in n parti eguali [776], ed in $(m+1)$ parti resta tagliato il fuso $ACBDA$; di queste parti m sono uguali tra loro e alle parti del fuso $AEBFA$, ed una (quella corrispondente al resto della divisione) è minore delle altre. È manifesto pertanto che, misurando il fuso $ACBDA$ con una *n.esima* parte dell'altro fuso, si trova m per quoziente, appunto come misurando $D(O)C$ con una *n.esima* parte di $F(O)E$.

Se una divisione non dà resto, non ne dà neanche l'altra. Epperò rimane dimostrato che *ecc.*

778. Oss. Poichè una sfera si può considerare come un fuso, il cui angolo è di quattro retti, per ottenere l'area f di un fuso, appartenente ad una sfera di raggio r, quando sia dato il valore α dell'angolo del fuso (cioè il rapporto dell'angolo del fuso ad un angolo retto), si porrà la proporzione $f : 4\pi r^2 = \alpha : 4$.

Volume della sfera.

779. Teor. *Il volume del solido generato da un triangolo in una rotazione intorno ad una retta, la quale passa per un vertice del triangolo ed è situata nel piano stesso del triangolo ma non lo taglia, è uguale all' area della superficie generata dal lato opposto al vertice considerato, moltiplicata per un terzo dell' altezza corrispondente a questo lato.*

Dim. Sia XY l' asse di rotazione, il quale passa per il vertice C del triangolo ABC, giace nel piano del triangolo, ma non taglia il triangolo. Dico che il volume del solido, generato in una rotazione dal triangolo ABC, è uguale all' area della superficie generata dal lato AB, moltiplicata per un terzo dell' altezza CH, calata da C su AB. Distingueremo tre casi.

1°. Il lato AB abbia un' estremità A sull' asse (il quale in tal caso contiene il lato AC). Si tiri BD perpendicolarmente all' asse. Secondo che il punto D cade

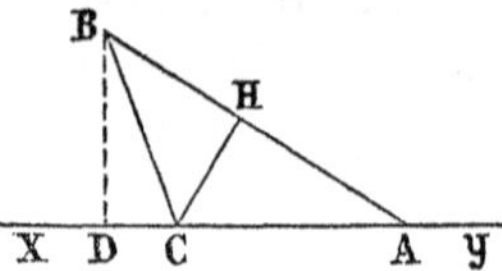

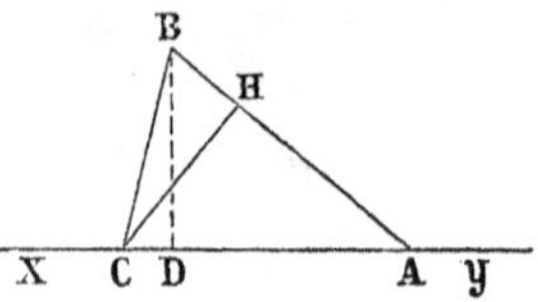

sul lato AC o sul prolungamento, il solido generato dal triangolo ABC è la somma o la differenza dei due coni generati dai triangoli ABD, CBD. Questi due coni hanno in comune la base, che è la superficie del cerchio descritto dal punto B; le altezze dei due coni sono rispettivamente i segmenti AD, CD. Quindi, indicando con la notazione « vol. ABC » il volume del solido generato dal triangolo ABC, abbiamo:

$$\text{vol.}\, ABC = \text{vol.}\, ABD \pm \text{vol.}\, CBD$$
$$\text{»} \quad = \tfrac{1}{3}\pi (BD)^2 AD \pm \tfrac{1}{3}\pi (BD)^2 CD$$
$$\text{»} \quad = \tfrac{1}{3}\pi (BD)^2 (AD \pm CD)$$
$$\text{»} \quad = \tfrac{1}{3}\pi \cdot BD \cdot BD \cdot AC.$$

Ma i due prodotti $(BD \cdot AC)$ e $(AB \cdot CH)$ sono eguali, perchè rappresentano entrambi il doppio dell'area del triangolo ABC; quindi è:

$$\text{vol.}\, ABC = \tfrac{1}{3}\pi \cdot BD \cdot AB \cdot CH.$$

Ma $(\pi \cdot BD \cdot AB)$ è [748] l'area della superficie generata da AB; quindi infine, rappresentando con « area AB » l'area della superficie generata da AB, abbiamo:

$$\text{vol.}\, ABC = \text{area}\, AB\, \frac{CH}{3}, \qquad \text{c. d. d.}$$

2°. Consideriamo per secondo il caso, in cui il segmento AB non ha nessun punto sull'asse, ma prolungato lo incontra in D. Il volume del solido generato da ABC è la differenza dei volumi dei solidi generati dai triangoli CBD, CAD, e che sappiamo valutare. Onde:

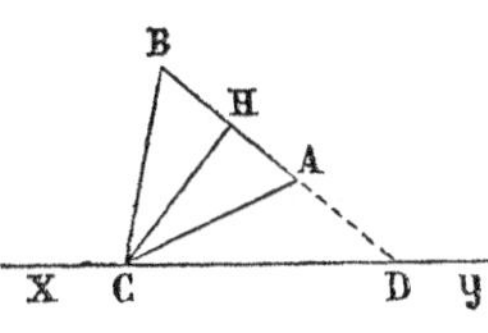

$$\text{vol.}\, ABC = \text{vol.}\, BDC - \text{vol.}\, ADC$$
$$\text{»} \quad = \text{area}\, BD \cdot \frac{CH}{3} - \text{area}\, AD \cdot \frac{CH}{3}$$
$$\text{»} \quad = (\text{area}\, BD - \text{area}\, AD)\, \frac{CH}{3}$$
$$\text{»} \quad = \text{area}\, AB \cdot \frac{CH}{3}, \qquad \text{c. d. d.}$$

3°. Consideriamo per ultimo il caso, in cui il lato AB è parallelo all'asse. Dai punti A e B si tirino AE,

BD perpendicolarmente all'asse. Secondo che il pun-

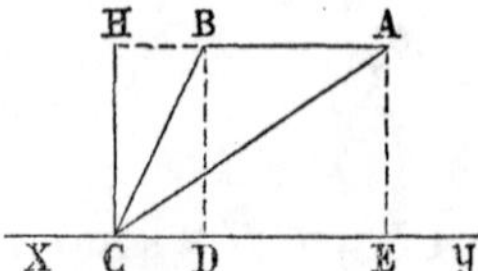

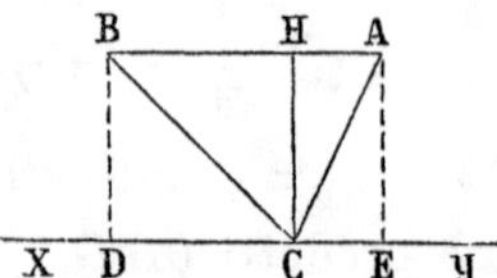

to C cade sul segmento DE o su un prolungamento di DE, abbiamo:

$$\text{vol.}\, ABC = \text{vol.}\, ABDE \mp \text{vol.}\, CBD - \text{vol.}\, CAE$$

$$» \quad = \pi (CH)^2 DE \mp \pi (CH)^2 \frac{CD}{3} - \pi (CH)^2 \frac{CE}{3}$$

$$» \quad = \pi (CH)^2 \tfrac{1}{3} (3DE \mp CD - CE)$$

$$» \quad = \pi \cdot CH \frac{CH}{3} \cdot 2DE$$

$$» \quad = \text{area}\, AB \cdot \frac{CH}{3}, \qquad \text{c. d. d.}$$

780. Si dice *settore sferico* il solido generato da un settore circolare in una rotazione intorno a un diametro del cerchio a cui appartiene il settore, e che non taglia il settore.

Il settore sferico, generato dal settore circolare MOA in una rotazione intorno al diametro MN, è terminato dalla calotta generata dall' arco MA e dalla superficie conica descritta dal raggio OA. Il settore sferico, generato dal settore circolare AOB in una rotazione intorno al diametro MN, è terminato dalla zona generata dall' arco AB e dalle superficie coniche descritte dai raggi OA, OB.

La zona o la calotta, che limita un settore sferico, si dice la *base* del settore.

Il volume del solido, generato dalla superficie del semicerchio MAN, in una rotazione intorno al diametro MN, si dice *volume* della sfera.

781. Teor. *Il volume di un settore sferico è uguale al prodotto dell'area della zona, base di esso, per il terzo del raggio.*

Dim. Consideriamo il settore sferico generato in una rotazione intorno ad MN dal settore circolare AOD. Iscriviamo e circoscriviamo all'arco AD due spezzate regolari di n lati; siano le spezzate $ABCD$, $A'B'C'D'$. È manifesto che il volume del settore sferico è compreso tra i volumi V e V' generati in una rotazione intorno ad MN dai poligoni $OABCD$ ed $OA'B'C'D'$. E

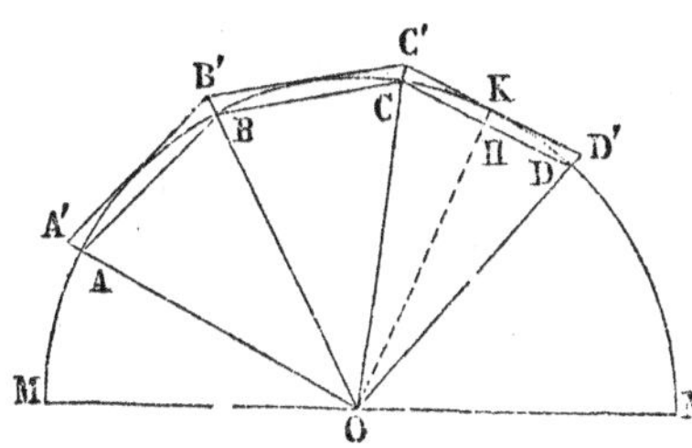

poichè questi volumi sono rispettivamente le somme di quelli dei solidi generati rispettivamente dai triangoli OAB, $OBC,\ldots$, $OA'B'$, $OB'C',\ldots$, abbiamo [779]:

$$V = \text{area } AB \cdot \frac{OH}{3} + \text{area } BC \cdot \frac{OH}{3} + \text{area } CD \cdot \frac{OH}{3}$$

$$= (\text{area } AB + \text{area } BC + \text{area } CD)\, \frac{OH}{3}$$

$$= \text{area } ABCD \cdot \frac{OH}{3}.$$

Nello stesso modo si trova:

$$V' = \text{area } A'B'C'D' \cdot \frac{OK}{3}.$$

Quindi è:

$$V' - V = \text{area } A'B'C'D' \cdot \frac{OK}{3} - \text{area } ABCD \cdot \frac{OH}{3},$$

$$\text{»} \quad = \text{area } A'B'C'D' \cdot \frac{OK}{3} - \text{area } ABCD \cdot \frac{OK}{3}$$

$$+ \text{area } ABCD \cdot \frac{OK}{3} - \text{area } ABCD \cdot \frac{OH}{3},$$

$$\text{»} \quad = (\text{area } A'B'C'D' - \text{area } ABCD)\frac{OK}{3} +$$

$$+ \text{area } ABCD \, (OK - OH) \frac{1}{3}.$$

Ora noi sappiamo [766, 524] che tanto la differenza

area $A'B'C'D'$ — area $ABCD$,

quanto la differenza (OK — OH), raddoppiando abbastanza il numero dei lati delle spezzate, si possono rendere tanto piccole quanto si voglia. Conchiudiamo che si possono trovare due solidi V e V', la cui differenza sia tanto piccola quanto si vuole.

Ed ora formiamo due classi, una coi solidi V' e l'altra coi solidi V. È manifesto che qualunque dei primi supera qualunque dei secondi; si è poi dimostrato che se ne possono trovar due, uno d'una classe e l'altro dell'altra, la cui differenza sia tanto piccola quanto si vuole. Epperò le due classi sono contigue.

Ora, essendo che tra le superficie generate da due spezzate regolari, una circoscritta e l'altra iscritta, è sempre compresa la zona generata dall'arco AD, una piramide, che abbia base equivalente alla zona e altezza eguale al terzo del raggio, è compresa tra le classi considerate. Tra queste è poi sempre compreso il settore sferico generato dal settore $OABCD$. Quindi la piramide ed il settore sono equivalenti; e per conseguenza *il volume del settore sferico è uguale ecc.*

782. Cor. Sia ABC il semicerchio che genera una sfera. Condotto un raggio OB ad arbitrio, abbiamo che il volume della sfera è uguale alla somma dei volumi dei solidi generati dai due settori AOB, BOC. E poichè questi volumi si ottengono moltiplicando per il terzo del raggio le aree delle due calotte generate dagli archi AB, BC, il volume della sfera è uguale al terzo del raggio moltiplicato per la somma delle aree delle due calotte, ossia per l'area della sfera. Pertanto, detto r il raggio della sfera e v il volume di essa, abbiamo:

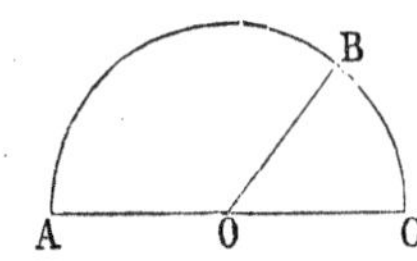

$$v = 4\pi r^2 \cdot \frac{r}{3} \quad \text{ossia} \quad v = \frac{4}{3}\pi r^3.$$

783. Cor. *I volumi di due sfere stanno tra loro come i cubi dei raggi.*

Infatti, se v e v' dinotano i volumi di due sfere di raggi r ed r', essendo:

$$v = \frac{4}{3}\pi r^3 \quad \text{e} \quad v' = \frac{4}{3}\pi r'^3,$$

è appunto: $\quad v : v' = r^3 : r'^3.$

784. Il solido, compreso da un fuso sferico e dalle superficie dei due semicerchi che sono lati del fuso, si dice *unghia sferica* o *spicchio sferico.* Intenderemo per angolo di un' unghia l'angolo del fuso corrispondente.

Nel modo stesso, nel quale si è dimostrato che in una stessa sfera, od in isfere uguali, due fusi stanno come gli angoli corrispondenti, si dimostrerebbe che anche le unghie stanno come i loro angoli. E perchè il volume di una sfera è manifestamente quello di un' unghia, il cui angolo sia diventato di quattro retti, per ottenere il volume u di un' unghia, quando sia dato il valore α del suo angolo, basta porre la proporzione:

$$u : \frac{4}{3} \pi r^3 = \alpha : 4.$$

Esercizî.

991. Se in mezzo cerchio è iscritta una linea poligonale regolare e circoscritta la spezzata simile, la superficie della sfera, generata dal mezzo cerchio in una rotazione intorno al diametro che ne unisce le estremità, è media proporzionale tra le superficie generate dalle due spezzate.

992. I solidi, generati nella rotazione di un triangolo rettangolo intorno ai cateti, sono inversamente proporzionali a questi lati.

993. Il volume del solido, generato nella rotazione di un triangolo intorno ad un asse che sta nel piano di esso e non lo traversa, è uguale al prodotto dell'area del triangolo per il cerchio descritto dal centro di gravità del triangolo.

994. La zona, che due date sfere concentriche determinano in una sfera qualunque che passi per il loro centro, ha un' area costante.

995. La calotta, che una sfera data taglia via da una sfera che passa per il centro di essa, ha un' area costante.

996. Il volume del cilindro equilatero iscritto in una sfera è medio proporzionale tra il volume del cono equilatero iscritto e il volume della sfera. (Un cilindro (od un cono) si dice *iscritto* in una sfera, se la sezione, fatta nel cilindro (o nel cono) da un piano condotto per l' asse, è iscritta nel cerchio, in cui la sfera è tagliata dal piano stesso. — Si dice *circoscritto* invece, se ecc. — Un cilindro (od un cono) si dice *equilatero,* se il lato è uguale al diametro della base).

998. La superficie totale del cilindro equilatero iscritto è equivalente a tre quarti della superficie sferica ed è media proporzionale tra la superficie sferica e la superficie totale del cono equilatero iscritto.

999. La superficie della sfera, la superficie totale del cilindro circoscritto, e la superficie totale del cono equilatero circoscritto stanno tra loro come i numeri 4, 6, 9.

1000. Il volume della sfera, il volume del cilindro equilatero circoscritto e il volume del cono equilatero circoscritto stanno tra loro come i numeri 4, 6, 9.

INDICE